供應鏈管理實務

（第二版）

胡建波　編著

S崧燁文化

序

物流活動是社會經濟基礎活動，是國民經濟的重要保障。在社會生產力水平低下的時期，物流活動處於企業生產經營的次要地位；進入20世紀50年代，由於生產力水平的迅速提高，產品數量膨脹，流通成本居高不下，為了降低流通費用，人們開始研究物流活動的規律，物流學科應運而生；隨著科技進步，社會發展，人們購買力進一步增強，消費已進入個性化時代，需求呈現多品種、小批量的特徵，對物流的準時性有了更高的要求，物流的內涵逐漸深化；供應鏈管理理論的形成並迅速發展，全面拓展了物流管理。在供應鏈管理時代，物流作為供應鏈流程的一部分，在供應鏈整合中起著十分重要的作用。

供應鏈管理已超越了傳統物流活動的範疇，它是對供應鏈涉及的全部活動進行計劃、組織、協調與控制，目的是增強供應鏈成員企業的協同性，提高供應鏈流程效率，降低供應鏈系統成本，快速回應市場需求的變化，實現供應鏈成員企業和用戶的「共贏」。

近年來，世界500強企業紛紛將供應鏈管理作為提升企業核心競爭力的重要手段，而在國內，供應鏈管理人才卻相當匱乏。與此同時，我國的供應鏈管理教育也正處於起步階段，能滿足高等職業教育所需的供應鏈管理實務教材匱乏，精品罕見。

作為ILT、CIPS、CPLM、CPS、高級物流師認證培訓師的胡建波教授，近年來主要從事物流與供應鏈管理的教學、研究與諮詢。他出版專著3部，編著、主編經濟管理類高等學校教材10余部，公開發表學術論文20余篇。

本書借鑑並吸收了國內外供應鏈管理領域的最新研究成果，密切結合我國企業管理實際、物流管理發展以及高等職業教育需要，克服了現行同類教材的不足，以「工作過程導向」及「職業活動導向」等先進職業教育理念為編寫指導思想，強調理論與實踐的有機結合，突出了能力本位的職業技術教育特點，充分體現了高等職業教育的針對性、創新性和實踐性的要求。本書行文流暢，表述準確，淺顯易懂，理論深淺適度，有

大量經典案例和較新案例作為支撐，有助於學生學習，有利於教師組織教學。

為此，我願意向廣大師生和企業管理人員推薦胡建波教授編著的這部《供應鏈管理實務》教材，並希望能培養出更多更好的人才，為促進現代物流業發展作貢獻。

第二版前言

　　本書是按照高等職業教育人才培養的要求,編寫而成。我們按照「職業活動導向」的理念,遵循由淺入深的認知規律,置入供應鏈的認知、供應鏈管理理論基礎、供應鏈的構建、供應鏈合作關係的構建、信息技術在供應鏈管理中的應用、供應鏈管理策略的選擇與實施、供應鏈管理環境下的生產運作管理、供應鏈管理環境下的採購與供應管理、供應鏈管理環境下的客戶關係管理、供應鏈管理環境下的物流管理、供應鏈管理環境下的庫存管理、供應鏈績效評價與激勵機制共十二單元。本次修訂的主要變化如下:

　　一、在每個單元的開頭,將學習目標按照知識目標和能力目標分別描述。
　　二、更新了案例和習題。
　　三、各單元的主要變化如下:
　　單元一:增加了「全球供應鏈管理」「電子供應鏈管理」「綠色供應鏈管理」「彈性供應鏈管理」以及「供應鏈金融」等供應鏈管理的最新發展趨勢;增加了「推—拉式供應鏈」及「推—拉分界點」(COPDP)的合理界定方法;增加了「精益供應鏈」和「敏捷供應鏈」,並將兩者的特點進行了對比;增加了「供應鏈管理的特點」;分析了「延遲策略」的實質,並強化了「延遲策略」在供應鏈管理中的應用;增加了「供應鏈協同管理」(SCCM),包括供應鏈協同管理的內涵、層次和關鍵;增加了「供應鏈運作參考模型」(SCOR)第三層(流程元素層)內容,並強化了SCOR模型在供應鏈管理中的應用。
　　單元二:增加了「供應鏈事件管理」(SCEM)以及「供應鏈可視化」(Visibility)等內容。
　　單元四:強化了「供應鏈業務外包管理」,增加了「業務外包的風險與規避」(包括風險的類型、成因、對策與舉措)以及「業務外包的模式、類型、決策的影響因素」,更新了「業務外包的實施與管理」。刪除了「基於戰略夥伴關係的供應鏈質量保證體系」「基於戰略夥伴關係的供應鏈知識與技術擴散機制」和「我國企業構建供應鏈合作關係的障礙」。供應鏈合作夥伴的選擇方法部分增加了「加權平均法」,並舉例進行了說明。
　　單元八:增加了「採購與供應管理的目標與策略」「採購流程及其變革」,強化了

「供應鏈管理環境下的電子化協調採購流程」。

單元十：增加了「第三方物流的發展階段」。

單元十二：增加了「中國企業供應鏈管理績效評價參考模型」（SCPR）。

本書主要由胡建波教授編著，高俊峰博士、張錦惠、付濤、秦儉、李永春、高潔、張潔、羅雁君、陳敏參與了部分內容的編寫。

本書可作為高等職業院校及應用技術本科院校物流管理、物流工程、採購與供應管理、物流金融管理、工程物流管理、冷鏈物流技術與管理、連鎖經營管理、工商管理、企業管理及其他財經類、管理類、交通運輸類專業學生的教材，且適合相關領域的從業人員作培訓教材。

因修訂時間倉促，加之本人水平所限，書中錯誤或不妥之處難免，懇請使用本書的廣大師生提出寶貴意見，以便進一步完善。

作者

目 錄

CONTENTS

單元 1　供應鏈的認知 ……………………………………………… (1)
　1.1　供應鏈管理的產生和發展 ………………………………… (2)
　1.2　供應鏈的認知 ……………………………………………… (13)
　1.3　供應鏈管理的認知 ………………………………………… (20)
　單元小結 ………………………………………………………… (33)
　思考與練習題 …………………………………………………… (33)

單元 2　供應鏈管理理論基礎 ……………………………………… (37)
　2.1　供應鏈成長理論 …………………………………………… (38)
　2.2　集成化供應鏈管理理論 …………………………………… (39)
　2.3　BPR 與供應鏈組織變革 …………………………………… (45)
　單元小結 ………………………………………………………… (54)
　思考與練習題 …………………………………………………… (54)

單元 3　供應鏈的構建 ……………………………………………… (61)
　3.1　供應鏈結構模型的認知 …………………………………… (62)
　3.2　供應鏈的設計 ……………………………………………… (66)
　單元小結 ………………………………………………………… (71)
　思考與練習題 …………………………………………………… (71)

單元 4　供應鏈合作關係的構建 …………………………………… (75)
　4.1　企業核心競爭力的辨識與培育 …………………………… (76)
　4.2　供應鏈業務外包管理 ……………………………………… (82)

4.3 供應鏈合作關係及構建 ································· (90)
　　4.4 供應鏈合作夥伴的選擇 ··································· (94)
　　單元小結 ··· (101)
　　思考與練習題 ··· (102)

■ 單元5　信息技術在供應鏈管理中的應用 ··············· (107)
　　5.1 信息技術的發展及其在供應鏈管理中的應用 ······· (108)
　　5.2 Internet/Intranet 在供應鏈管理中的應用 ··········· (110)
　　5.3 EDI 在供應鏈管理中的應用 ·························· (114)
　　5.4 RFID 在供應鏈管理中的應用 ························ (119)
　　單元小結 ··· (121)
　　思考與練習題 ··· (121)

■ 單元6　供應鏈管理策略的選擇與實施 ·················· (125)
　　6.1 QR 策略的認知與實施 ································· (126)
　　6.2 ECR 策略的認知與實施 ······························ (131)
　　6.3 辨識供應鏈管理策略成功實施的關鍵 ············· (135)
　　單元小結 ··· (141)
　　思考與練習題 ··· (141)

■ 單元7　供應鏈管理環境下的生產運作管理 ··········· (143)
　　7.1 供應鏈管理環境下生產運作管理的認知 ·········· (144)
　　7.2 供應鏈管理環境下生產計劃的制訂 ··············· (158)
　　7.3 供應鏈管理環境下的生產控制與協調 ············ (162)
　　單元小結 ··· (168)
　　思考與練習題 ··· (168)

■ 單元8　供應鏈管理環境下的採購與供應管理 ········ (171)
　　8.1 採購與供應管理的認知 ······························ (172)
　　8.2 辨識供應鏈管理環境下的採購與供應管理基本特徵 ··· (179)

8.3　準時採購的實施與管理 ……………………………………… (182)
　8.4　供應商的選擇與管理 ………………………………………… (187)
　單元小結 ………………………………………………………………… (195)
　思考與練習題 …………………………………………………………… (196)

■ 單元9　供應鏈管理環境下的客戶關係管理 ……………………… (201)
　9.1　客戶關係管理的認知 ………………………………………… (202)
　9.2　樹立 CRM 的觀念 …………………………………………… (204)
　9.3　辨識 CRM 的內容 …………………………………………… (205)
　9.4　CRM 的實施與應用 ………………………………………… (209)
　9.5　辨識 CRM 與物流管理的關係 ……………………………… (210)
　9.6　ERP、CRM 與供應鏈管理的整合 ………………………… (210)
　單元小結 ………………………………………………………………… (215)
　思考與練習題 …………………………………………………………… (215)

■ 單元10　供應鏈管理環境下的物流管理 ………………………… (219)
　10.1　供應鏈物流管理的認知 ……………………………………… (220)
　10.2　供應鏈物流管理戰略的構建 ………………………………… (224)
　10.3　物流外包與第三方物流管理 ………………………………… (226)
　10.4　第四方物流運作模式的選擇 ………………………………… (242)
　單元小結 ………………………………………………………………… (247)
　思考與練習題 …………………………………………………………… (247)

■ 單元11　供應鏈管理環境下的庫存管理 ………………………… (255)
　11.1　庫存與庫存管理的認知 ……………………………………… (256)
　11.2　辨識傳統庫存管理方法的局限性 …………………………… (262)
　11.3　供應鏈庫存管理策略的選擇 ………………………………… (264)
　11.4　牛鞭效應的成因與減弱對策 ………………………………… (279)
　單元小結 ………………………………………………………………… (283)
　思考與練習題 …………………………………………………………… (284)

- 單元 12　供應鏈績效評價與激勵機制 ···（289）
  - 12.1　供應鏈績效評價的認知 ···（290）
  - 12.2　供應鏈績效評價指標體系的構建 ··（294）
  - 12.3　供應鏈企業績效標杆管理 ··（301）
  - 12.4　供應鏈企業的激勵機制 ···（305）
  - 單元小結 ··（310）
  - 思考與練習題 ···（311）

單元 1

供應鏈的認知

【知識目標】
1. 能簡述供應鏈管理的產生和發展歷程
2. 能簡述供應鏈管理的發展趨勢
3. 能闡釋供應鏈的概念與內涵
4. 能列舉供應鏈的結構模型
5. 能列舉供應鏈和供應鏈管理的主要特點
6. 能簡述供應鏈的分類
7. 能闡釋供應鏈管理的概念與要旨
8. 能列舉供應鏈管理的主要領域
9. 能闡明供應鏈管理的目標
10. 能列舉供應鏈管理的主要職能

【能力目標】
1. 能分析供應鏈中物流、資金流、信息流的流向
2. 能判斷特定企業的供應鏈類型
3. 能分析供應鏈管理的優勢
4. 能正確運用供應鏈管理的基本原則分析供應鏈管理問題
5. 能運用 SCOR 模型對供應鏈流程進行優化

引例：Benetton 公司供應鏈管理的創新

Benetton 公司是一家服裝製造商，該公司過去在生產服裝產品的時候，一般是先把紗線染成各種各樣的顏色，然后再把經染色的紗線編織成最終產品。但對顏色各異的服裝產品的需求預測不準確，往往導致季末大減價，給公司造成了巨大損失。后來，公司的總裁創造性地通過調換染色和編織這兩個工藝過程改變了供應鏈。現在，公司先把經漂白的紗線編織成各式各樣和型號的服裝，等到賣季來臨時，根據更加充分的市場信息再將這些產品染色，從而得到成品。

引導問題：
1. Benetton 公司在供應鏈管理中的創新之處體現在哪裡？
2. 該管理創新體現了供應鏈管理的什麼原則？

隨著科技進步及經濟社會的發展，企業經營環境變得高度動態、複雜與多變。顧客越來越挑剔，競爭越來越激烈。特別是進入20世紀90年代以後，許多企業經營管理者發現僅僅依靠一個企業的力量不足以在競爭中獲勝，於是紛紛聯合，企業間從競爭走向合作；相應地，企業的競爭模式逐漸演變為供應鏈與供應鏈的競爭。

1.1 供應鏈管理的產生和發展

供應鏈管理的產生和發展與企業經營環境的演變有著密切的聯繫。

1.1.1 21世紀企業經營環境的主要特徵

經濟全球化、競爭國際化、信息網路化、知識資源化、管理人文化是新經濟時代的重要特徵。技術進步，尤其是信息技術的飛速發展，增大了環境的不確定性，加劇了企業之間的競爭。企業面臨著市場需求多變，產品生命週期（PLC）及交貨期縮短，提高產品質量和服務質量，降低企業經營成本的壓力。總體而言，當今企業經營環境主要呈現出以下幾個主要特徵。

1.1.1.1 外部環境主要特徵

1. 經濟全球化

世界貿易組織（WTO）倡導貿易自由，促進資源在全球範圍內的優化配置。近年來，全球經濟一體化趨勢日益明顯，歐盟、北美自由貿易區等統領了區域經濟一體化的潮流。企業間的合作日益加強，跨國經營日益明顯。很多企業面臨的是全球供應商、全球分銷商、全球用戶、全球化的市場。

2. 信息網路化

科技日新月異，社會不斷發展，信息時代已經來臨。因特網、全球村相繼出現，天涯成為咫尺。企業通過數字程控交換技術、寬帶交換技術、光纖通信技術、衛星通信技術等高新科技，使數據、信息的收集、處理、儲存、傳輸更加快捷、方便，導致企業與供應商、分銷商、客戶、物流服務商之間的即時信息共享成為可能。

3. 技術進步加快

技術進步越來越快，高新技術的應用範圍日益廣泛。計算機輔助設計（CAD）、計算機輔助製造（CAM）、柔性製造系統（FMS）等以計算機及其他高新技術為基礎的新生產技術在企業中得到了廣泛應用。高新技術的應用不僅節省了人力，降低了成本，更重要的是提高了產品質量和服務質量，縮短了對用戶需求的回應週期，使企業獲得了強大競爭優勢。實踐證明，科技是第一生產力，科技進步對企業的競爭方式和競爭強度都產生了巨大的影響。

4. 市場轉型

新經濟所依賴的市場環境是買方市場環境。當今，新經濟正在重新瓜分全球市場，重新制定世界經濟游戲規則，重新排定企業的座次。企業為了更好地滿足顧客的個性化需求，實現利潤最大化的經營目標，不斷地投入新產品的研究開發並進行規模化生產，結果導致產品品種成倍增長，產品數量急遽增加，產品供過於求；相應地，市場逐漸由

賣方轉變為買方。在買方市場環境下，買方擁有主動權和主導權，買賣雙方在交易中以買方為核心，以滿足買方的需求為前提。

5. 顧客挑剔

一方面，由於市場轉型，買方在交易中處於有利地位；另一方面，隨著人們收入水平及受教育程度的提高，顧客需求層次及消費行為發生了巨大的變化。在消費觀念上，他們不但注重產品的質量、功能和價格，而且還希望能給自己的生活帶來舒適、美感和活力；他們既關注產品的品牌，又希望能滿足自身的個性化需求；他們希望供方有求必應，並對自身的需求作出快速回應。廠商發現，最好的產品不是他們為用戶設計的，而是他們和用戶共同設計的。

6. 競爭激烈

(1) 上述各因素在不同程度上加劇了企業的競爭。經濟全球化加劇了全球競爭。在經濟全球化浪潮的衝擊下，競爭將更加激烈。競爭使各種產品與服務的定義都在變化，越變越無常化，越變越軟體化。世界經濟體系創造了一個多變的全球競爭環境，競爭國際化趨勢日益明顯。很多企業在國內發展成熟后便不斷開拓海外市場，多國公司、全球公司、國際公司、跨國公司相繼出現。企業在建立全球化市場的同時也在全球化範圍內造就了更多的競爭者。儘管發達國家認為發展中國家需要訂單和產品，但許多發展中國家卻堅持認為它們需要最新的技術，希望能參與全球競爭。

信息網路化加劇了競爭。如果說 20 世紀 80 年代企業間的競爭是「大魚吃小魚」，那麼進入 90 年代以后則演變成了「快魚吃慢魚」。全球信息共享，市場瞬息萬變，競爭十分激烈。

高新技術的應用加劇了競爭。新技術使企業獲得新的競爭手段，同時企業也面臨著更大的競爭壓力。敏捷的教育體系使越來越多的人在越來越短的時間內掌握最新的技術，進一步加劇了競爭。教育的發展使原本相對專門的工作技能成為大眾化的普通技能，從而使工人的工資不得不從他們原有水準上降下來，以維持企業的競爭優勢。

此外，市場轉型、顧客挑剔，要讓「上帝」滿意的難度越來越大。企業利潤下滑，競爭白熱化。

(2) 21 世紀市場競爭呈現出新特點。與 20 世紀的市場競爭相比，21 世紀的市場競爭又有了新的特點：

①產品生命週期越來越短。由於消費者需求呈現出多元化特徵；相應地，企業的產品研發能力在不斷提高。目前，新產品從開發到上市的週期大大縮短，產品更新換代的速度明顯加快。由於產品生命週期變短，產品在市場上的存留時間縮短，企業在產品開發和上市期間的活動余地越來越小，由此給企業帶來了巨大的競爭壓力。與半個世紀前相比，典型行業的產品生命週期如圖 1.1 所示。

例如，美國電話電報公司（AT&T）新電話的開發週期從過去的 2 年縮短為 1 年，惠普打印機的開發週期從過去的 4.5 年縮短為 10 個月，計算機技術更是日新月異。英特爾公司中央處理器（CPU）的開發週期從 1 年縮短至 6 個月，而后又減至 3 個月；宏碁公司則僅用半年就開發出筆記本電腦。現在企業中流行著「銷售一代，生產一代，研究一代，構思一代」的說法，但技術創新需要消耗企業大量的人力、物力和財力等資源，一般的中小企業難以為繼，力不從心。

圖1.1 產品生命週期不斷縮短

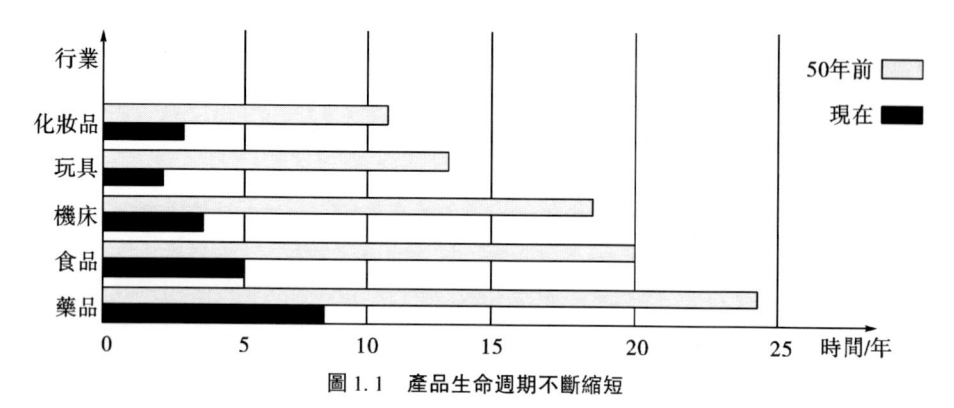

②產品品種數量飛速膨脹。廠商為了更好地滿足消費者多元化的需求，不斷地推出新產品，引發了一輪又一輪的新產品開發競爭，結果導致產品的品種數目成倍增長。

③產品研發的難度越來越大。許多企業的經營管理者已充分認識到了新產品開發能為企業帶來強大競爭優勢，於是紛紛加大了對新產品研發的投入力度，但資金利用率和投入產出比往往不盡如人意。其中，一個很重要的原因是產品研發的難度越來越大，特別是一些結構複雜、技術含量高的產品，其研製往往涉及多種先進的設計技術、製造技術和質量保證技術，不僅跨學科，而且往往是多學科交叉的產物。因此，如何低成本、高效率地開發出新一代功能更強大、質量更卓越的產品是擺在企業面前的頭等大事。

④顧客對需求回應速度的要求越來越高。一般而言，品種、質量、價格、時間和服務是決定企業競爭力的五大關鍵要素，但在不同時期，它們對企業競爭力的作用是不同的。工業化初期，企業競爭關注的焦點是價格；第二次世界大戰後則主要是以「質」取勝；20世紀80年代以後，競爭的優勢逐漸轉移到了品種和服務上；進入20世紀90年代，出現了基於時間的競爭（Time-based Competition, TBC）。由於企業經營環境的不確定性增加，圍繞新產品的市場競爭更加激烈，企業必須對不斷變化的市場作出快速反應。換言之，誰能在激烈的市場競爭中率先發現商機，並及時推出新產品滿足顧客的個性化需求，誰就能搶占先機，領先同業。例如，20世紀90年代初，日本汽車廠商平均每兩年推出一個新車型，同期美國的廠商要5~7年。近年來，各汽車廠商推出新車型的週期進一步縮短，有的甚至6個月至1年左右的時間就推出了替代車型。

⑤顧客呼喚全球性的技術支持和售後服務。顧客的品牌忠誠是企業獲取持久競爭優勢的關鍵。贏得用戶的青睞不僅要靠品種、質量、價格和需求回應時間，而且還要有良好的技術支持與售後服務作保證。許多顧客甚至願意多支付費用購買知名大公司的品牌產品，原因之一就是為了購買其良好的售後服務。例如，世界500強企業一般具有健全高效的售後服務網路，其產品基本上實施了全球聯保，這便是一個很好的佐證。

7. 可持續發展對企業提出新要求

人類只有一個地球，維持生態平衡和加強環境保護的呼聲越來越高。在全球製造和國際化經營趨勢日益明顯的今天，各國政府都將環保問題納入發展戰略，相繼制定出各種各樣的政策法規，以約束本國及外國企業的經營行為。人類消耗資源的速度正在加快，多種地球資源都在迅速地接近極限。資源的短缺越來越對企業的生存和發展形成強

大的制約。如何在資源日益短缺的情況下取得長久的經濟效益,是企業經營管理者必須考慮的問題。

1.1.1.2 內部環境主要特徵

1. 知識資源化

隨著知識經濟的來臨,企業競爭日益加劇,迫使企業經營管理者更加關注企業核心能力(Core Competence/ Core Competency)的形成,企業間的競爭逐漸上升為核心能力的較量。企業核心競爭力是企業一切知識最深層次的內涵,知識資源化、資本化傾向日益明顯。

所謂知識經濟,是指以智力資源、無形資產為第一要素,以高新技術產業為核心,充分利用富有的自然資源來創造財富,減少對稀缺資源的依賴為特徵的經濟。換言之,知識經濟是建立在知識和信息的生產、分配和使用基礎之上的經濟,以創造性人力資源為依託,以高科技產業及智力為支柱。

2. 管理人文化

人力資源是企業的首要資源、核心資源、戰略資源。為了發揮人力資源的最大效力,雇主逐漸將員工從「車輪上的輪齒」視為「合作的夥伴」;相應地,企業管理模式逐漸演變為文化管理。文化管理的根本目標就是要實現「以技術去評價人、以制度去約束人、以文化去激勵人」,切實調動員工的積極性、主動性和創造性,使企業在激烈的市場競爭中立於不敗之地。

3. 業務流程整合化,組織結構扁平化

專業化分工是社會化大生產的標誌,是傳統組織設計的一條基本原則。分工可以提高效率,降低成本。然而,分工過度帶來了企業管理者的本位主義、隧道視野,導致職能間、部門間的協調費用上升,影響了員工的創造性思維,降低了整個業務流程的效率。

現代組織設計中出現了機構職能綜合化和業務流程整合化的改革傾向。業務流程重組/業務流程再造(Business Process Reengineering, BPR)的基本思想是強化協調,弱化分工,打破職能間、部門間、企業間的界限,利用現代信息技術手段對業務流程進行根本的重新思考和徹底的重新設計,以實現質量、成本、業務處理週期等績效指標顯著改善。隨著流程再造改革的深化,企業的縱向金字塔型的層級制組織結構逐漸扁平化,乃至水平化,企業內外出現低分化度的「無邊界組織」形態,企業與供應商、顧客建立起廣泛而緊密的合作或聯盟,增強了企業對多變環境的適應能力。

4. 營運由需求驅動

進入20世紀90年代以後,企業的營運模式逐漸由「推式」轉變為「拉式」,即經營運作由顧客需求所驅動。其經營機制從買方開始構築,圍繞著買方開展經營活動,採用「貨到付款」的結算體制以及「送貨制」的交貨體制。企業經營管理重心下移,更加關注客戶服務,從戰略高度重視滿足顧客的需求,使顧客滿意。

綜上所述,企業面臨的經營環境發生了巨大的變化,複雜性、動態性增加,這進一步增大了企業管理的難度。企業要在激烈的市場競爭中生存、發展,必須增強環境適應性,增強對市場需求變化的敏感性和回應性。

1.1.2 企業管理模式的演變

企業管理模式是一種系統化的指導與控制方法，通過先進、科學的管理，企業把人、財、物、時間和信息等資源高質量、低成本、快速及時有效地轉換為市場所需的產品和服務。企業管理模式一般是圍繞質量、成本和時間來發展的。質量是企業的立足之本，成本是企業的生存之道，時間則是企業的發展之源。

在買方市場環境下，市場需求變化莫測，傳統的生產經營模式顯得越來越被動，對市場的回應越來越遲緩。為了擺脫困境，企業先後採取了一系列先進的製造技術和管理方法，取得了一定的成效，但在經營的靈活性、快速回應市場需求的變化等方面並沒有實質性的改變，最終人們意識到了問題並不在於具體的製造技術和管理方法本身，而在於它們仍採用傳統的生產經營模式。

1.1.2.1 傳統管理模式

質量、成本和時間（生產週期）一直是企業經營的三個核心要素，企業的生存和發展依賴於對這三個核心要素的有效管理。從管理模式上看，企業出於對製造資源的佔有和對生產過程直接控制的需要，過去通常採用的策略是擴大企業經營的範圍，前向整合或后向整合或參股到供應商，與為其提供原材料、原輔料、零部件的企業形成一種所有權關係，形成典型的「縱向一體化（Vertical Integration）」模式。

從生產計劃與控制機制來看，企業管理系統在不同時期有著不同的發展和變化。20世紀60年代以前，盛行的管理方法是通過合理確定經濟生產批量（EPL）、安全庫存（SS）量和訂貨點（ROP）來保證生產的穩定性，但由於沒有注意到獨立需求與相關需求的差別，採用這些方法並未取得預期的績效。到了60年代中期以後，人們一直探求更好的製造組織和管理模式，出現了物料需求計劃（MRP）、製造資源計劃（MRPⅡ）、準時生產（JIT）以及精益生產（LP）等新的生產（管理）方式。這些生產（管理）方式對提高企業經濟效益和提升企業競爭力起到了不可低估的作用。然而進入90年代以後，消費者的需求特徵發生了前所未有的變化，全球經濟活動也呈現出一體化特徵，要求企業能快速回應用戶需求，原有的管理模式受到了極大的挑戰。

1.1.2.2 企業管理模式的發展

人們早就認識到，環境變化對企業管理模式會產生重大影響，只有適應環境變化的企業管理模式才能發揮有效作用。為此，人們從技術和組織的角度採取了許多有效措施，採用了一系列適應不斷變化的競爭環境的技術與方法，例如：計算機輔助設計（CAD）、計算機輔助製造（CAM）、計算機集成製造系統（CIMS）、敏捷製造（AM）等。歸納起來，企業管理模式的變化可分為兩個階段，即基於單個企業的管理模式和基於擴展企業的管理模式。

1. 基於單個企業的管理模式

所謂基於單個企業的管理模式，是指管理模式的設計以某一個企業的資源利用為核心，資源的概念僅局限於本企業。這一階段較為典型的技術及管理模式主要有以下幾種形式：

（1）成組技術（Group Technology，GT）。成組技術的概念始於20世紀50年代的蘇聯，由米特洛凡諾夫首先提出。當初稱成組工藝，目的是解決多品種、小批量生產的零

部件的柔性問題。他把結構和工藝路線相似的零件組成一個零件組，再在零件組中選擇一個典型零件，並根據典型零件選擇配套的設備和工藝裝備，通過擴大零件組的「組批量」來降低單件小批生產的成本。后經德、美、英、日等多國學者的研究、推廣和應用，並與數控技術和計算機技術、生產管理、產品設計、資源配置等相結合，將成組概念擴展到整個生產系統，最終發展成為成組技術。

（2）柔性製造系統（Flexible Manufacturing System，FMS）。英國人在計算機技術的基礎上創造了柔性製造單元（Flexible Manufacturing Cell，FMC）。FMC 是在成組技術的基礎上引入計算機管理和控制的機能，提高了生產加工的自動化程度和柔性，進一步發展了成組技術。后來，在 FMC 中又增加了計算機調度功能，通過計算機可實現 24 小時連續工作，實現了不停機轉換零件品種和批量。同時，在加工中心（WC）之間通過自動導引車（AGV）或傳送帶運送零件，人們稱該系統為柔性製造系統。FMS 實現了柔性生產流水作業，使多品種、小批量生產取得了類似大批大量生產的效果，目前在許多國家的企業中已使用了 FMS。

（3）減少零件變化（Variety Reduction Program，VRP）。VRP 是 20 世紀 80 年代後期出現的一種系統方法。它源於模塊化設計，但方法和技術具有系統性。它運用統計方法，區分產品中固定不變部分與變動部分，使變動部分盡可能減少。它研究各種組合技術，如基本部分加附加部分、公共模塊的組合方式以及各種基本模塊的組合方式，以簡化設計。

（4）計算機集成製造系統（Computer Integrated Manufacturing System，CIMS）。CIMS 是由美國的約瑟夫·哈林頓（Joseph. Harrington）博士於 1973 年在《Computer Integrated Manufacturing》一書中首次提出的概念。CIM 是一種組織、管理與運行企業的生產哲理，它將傳統的製造技術與現代信息技術、管理技術、自動化技術、系統工程技術等結合起來，借助計算機軟、硬件，使企業產品生命週期各階段活動中有關人/組織、經營管理和技術三要素以及信息流、物流和資金流有機集成並優化運行，實現企業製造過程的計算機化、信息化、智能化、集成化，從而實現多品種產品上市快、質量高、能耗低、服務好、環境清潔，進而提高企業生產經營系統運行質量，使企業贏得市場競爭優勢。

CIMS 是基於 CIM 哲理構造的集成製造系統，它是以集成理念為核心的生產模式構建技術，側重於系統的整體優化與集成。CIMS 一般由六個子系統構成：管理信息系統[①]（MIS）；技術信息系統（TIS）或產品設計與製造系統（CAD/CAM）；製造自動化或柔性製造系統（MAS/FMS）；質量信息系統（QIS）；網路支撐系統（NSS）；數據庫支撐系統（DBSS）。

CIMS 將企業競爭力提升到一個更高的階段，通過實施 CIMS，使企業在快速回應用戶需求方面又上了一個臺階。

綜上所述，基於單個企業的管理模式都有一個共同特點，即企業主要使用自有資源，企業管理者重點考慮的是本企業製造資源的優化配置問題，很少考慮利用企業外部

[①] 管理信息系統（Management Information System，MIS）是由人和計算機網路集成的，能夠提供企業管理所需信息以支持企業的生產經營和管理決策的人機系統。

資源，沒有將企業間的合作提高到戰略高度來加以重視，甚至將企業間的協作視為不得已之事。

2. 基於擴展企業的管理模式

20 世紀 80 年代后期，美國意識到了必須奪回在製造業上的優勢，才能保持其國際領先地位。於是向日本企業學習精益生產方式，並力圖在美國企業中實施。但由於文化背景和各種社會條件的差異，效果不盡如人意。1991 年美國國會提出要為國防部擬訂一個較為長期的製造技術規劃，要能同時體現工業界和國防部的共同利益。於是，委託里海大學的亞科卡研究所撰寫了一份《21 世紀製造企業發展戰略》的報告，該報告提出了「敏捷製造」（Agile Manufacturing，AM）的概念，描繪了一幅在 2006 年以前實現敏捷製造的藍圖。報告的結論性意見是：全球競爭使市場變化太快，單個企業依靠自有資源進行自我調整的速度趕不上市場變化的速度。為了解決這個影響企業生存和發展的全球性問題，報告提出了以虛擬企業（Virtual Enterprise，VE）或動態聯盟為基礎的敏捷製造模式。虛擬企業是一種新的指導思想，如何具體付諸實施還沒有確定的模式，正在此時，興起的供應鏈管理模式從這個方面滿足了實現敏捷製造所尋找的具體途徑的要求。

敏捷製造是指製造企業通過現代通信與組織技術連接相關的各類企業構成虛擬製造環境，以既競爭又合作的原則在虛擬製造環境內動態選配成員，優化、快速配置各種專項資源，從而組成面向某特定任務或市場機遇的敏捷型虛擬企業——動態聯盟（Agile Virtual Enterprise，AVE），以敏捷的員工用敏捷的工具通過敏捷的生產過程生產出敏捷的產品，使企業在持續發展、變化中能快速、協調、有效地回應動態變化的市場，從而以較好的 P（價格）、T（時間）、Q（質量）、C（成本）、S（服務）、F（柔性）、E（環境）等指標贏得市場競爭，最大限度地滿足市場需求的一種先進製造技術。

雖然敏捷製造從提出到現在僅二十年左右的時間，但由於它所蘊含的先進生產哲理適應了企業參與全球化市場競爭的需要，因此在誕生之初就受到高度重視。目前，敏捷製造已成為世界公認的 21 世紀最具競爭力的現代生產模式和企業改造與發展的理想目標模式。

1.1.3 供應鏈管理的產生和發展

1.1.3.1 供應鏈管理的產生

總體上講，供應鏈管理模式的產生經歷了縱向一體化和橫向一體化兩個階段，並將在 21 世紀的流通體系內不斷完善和發展。

1. 縱向一體化及其弊端

案例1-1 福特公司的縱向一體化。幾乎從一開始，亨利·福特（Henry Ford）就想成為一名完全自給自足的行業巨頭。在魯日河，底特律的正西南，福特開發了一個龐大的製造業聯合體，其中包括內陸港口和一個錯綜複雜的鐵路和公路網絡。福特的目標是控制。要實現這一目標，他計劃發展世界第一個垂直一體化公司的聯合體。

為了確保材料供給的可得，福特投資於煤礦、鐵礦石倉庫、森林地、玻璃廠，甚至買地種植用於製造油漆的大豆。福特在巴西購買了 250 萬英畝（1 英畝＝4,046.86 平方米）

土地，發展一個被他稱之為「福特蘭地亞」的橡膠種植園地方。

　　福特所期望的控制超出了材料和部件範圍。為了把材料運輸到魯日河，把製成品運送給零售商，他還投資鐵路、運貨卡車以及大湖船舶和遠洋船舶。他的想法是要控制從一個遍及美國、加拿大、澳大利亞、新西蘭、英國和南非，由40多家製造、服務和裝配廠組成的網路運輸，到遍及全球零售商的各方面的存貨。

　　很顯然，這是最富雄心的垂直一體化計劃之一，然而福特發現他需要幫助。在福特的一體化擴展的頂峰時期，公司面臨著經濟調整以及工會的障礙，最終要求由一個以獨立供應商組成的網路來提供產品和服務。此外，他最終還發現有效的市場行銷的關鍵是要發展一個由獨立零售商組成的網路。

　　隨著時間的流逝，福特發現，專業化公司能夠承擔其最基本的工作，並且有些工作甚至要比自己的官僚機構幹得更好。事實上，這些專業人員在質量和成本方面的表現，都要勝過福特自己的單位。不久，企業家公司就成為福特網路的貢獻者。

　　最後，福特公司的戰略從物權型控制轉變為發展和諧的渠道關係。福特的金融資源被轉移去開發和維持核心的製造能力。福特在最終的分析中發現，沒有哪家廠商能夠自給自足。

　　在20世紀80年代以前，企業經營環境相對穩定，商品短缺，產品供不應求，市場特點表現為典型的賣方市場特徵。由於市場需求穩定，需求預測相對容易且準確，因而企業的競爭主要表現為規模的競爭，規模經濟和範圍經濟所帶來的低成本優勢成為企業獲取利潤的主要源泉。企業除了擴大經營規模、提高主營產品的產量外，還將經營範圍向後擴展到原材料、零部件的生產和供應領域，向前拓展到產品的分銷領域，通常稱前者為「后向一體化」，稱后者為「前向一體化」，若同時向前后拓展，這便是所謂的「縱向一體化」。在這一階段，企業典型的特徵是「大而全」「小而全」。

　　例如，我國許多企業擁有從鑄造、毛坯準備、零件加工、裝配、包裝、運輸等一整套設施設備及組織機構，但其構成比例卻又是畸形的：由於長期受計劃經濟的影響，這些企業雖然擁有龐大的加工體系，但其產品開發能力和市場行銷能力都非常薄弱。在產品研究開發、生產加工、市場行銷三個基本環節上呈現中間大、兩頭小的「腰鼓型」。「腰鼓型」企業適合於計劃經濟體制，而在市場經濟環境下無法快速回應用戶需求。這些企業不是沒有生產能力，而是生產不出或不能快速生產出市場所需的產品，因而喪失了許多商機。

　　縱向一體化的經營模式，既增加了企業的投資負擔，增大了投資風險，又不能收到「立竿見影」的效果，而且分散了企業的資源和能力，迫使企業從事並不擅長的業務，往往導致經營成本上升。同時，企業還在眾多的經營業務領域面臨強大的競爭對手，增大了企業的行業風險。

2. 橫向一體化

　　隨著「縱向一體化」管理模式弊端的暴露，從20世紀80年代后期開始，首先是美國的企業，隨后是其他國家的許多企業放棄了這種經營模式，出現了「橫向一體化」（Horizontal Integration）管理思想，企業與其同業競爭者之間從競爭走向合作。具體而

言，企業將資源和能力集中在最擅長的核心業務上，而將非核心業務委託、外包給本企業的直接競爭對手。其目的是充分利用競爭對手的資源快速回應市場需求，贏得產品在低成本、高質量、早上市等方面的競爭優勢。

案例1-2 福特汽車公司的 Festiva 車是由美國人設計，在日本的馬自達生產發動機，由韓國的製造廠生產其他零件並進行裝配，最后在美國市場上銷售。

案例1-3 美國的福特汽車公司、德國的大眾汽車公司、日本的日產汽車公司曾一度視對方為競爭對手，曾幾何時，福特汽車公司和大眾汽車公司聯合在南美洲開發生產小汽車，福特汽車公司和日產汽車公司聯合在美國開發生產小汽車。種種跡象表明，傳統的純粹競爭經濟已在向合作經濟或競爭與合作相混合的經濟模式轉變。

美國 A. T. Kearney 諮詢公司的研究發現，美國廠商多採用「縱向一體化」模式，而日本廠商多採用「橫向一體化」模式。美國企業生產一輛汽車，購價的 45% 由本企業內部自製，55% 外購，而日本廠商生產一輛汽車，外包的比例則高達 75%。這在一定程度上說明了為什麼美國的汽車廠商缺乏競爭力。

3. 供應鏈管理

（1）供應鏈管理產生的動因

①供應鏈管理產生的管理學動因。將「橫向一體化」管理思想運用到企業及其供應商、分銷商、零售商和用戶間的關係上，便產生了供應鏈管理模式。簡言之，供應鏈是一條從供應商到製造商再到分銷商，直至終端用戶的「鏈」，相鄰節點間存在供求關係。

供應鏈管理把企業資源從單個企業擴大到整個社會，使成員企業為了共同的市場利益而結盟，在供應商和顧客之間建立起戰略夥伴關係。所有成員從共享信息到共享思想、共同決策並最終共同獲利。在這一過程中，需要信息技術作為支撐，需要依託電子商務平臺，需要進行業務流程再造，需要所有成員的協同運作。

供應鏈管理的產生是許多管理學的思想和方法相互滲透、相互融合的結果，我們可以在管理學的許多分支學科中找到供應鏈管理的雛形，它位於物流管理、業務流程再造、戰略管理以及行銷管理等學科發展的交匯點上，如圖1.2所示。由此可見，供應鏈管理的產生有著深刻的管理學動因。

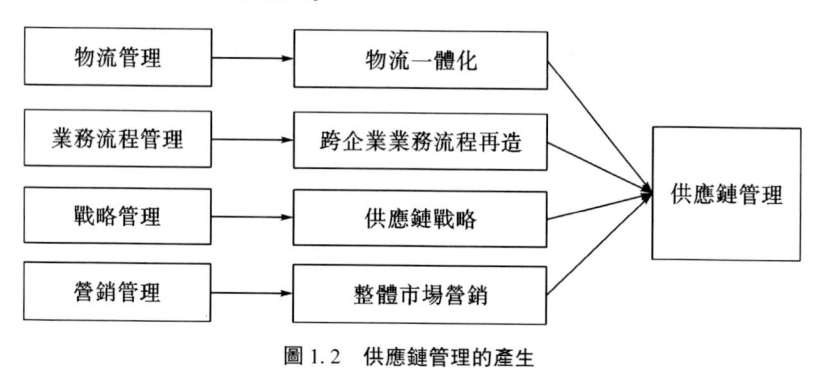

圖 1.2 供應鏈管理的產生

②供應鏈管理產生的經濟學動因。供應鏈管理產生的又一動因來自於經濟學原理，即通過交易可以使每個企業的狀況都變得更好。根據亞當·斯密在《國富論》中提出的「勞動分工理論」和「絕對利益學說」，交易雙方均只從事具有比較優勢的業務（即核心業務），再交換，雙方均可獲得絕對利益。按照大衛·李嘉圖的「比較成本理論」，即使某一企業在供、產、銷、物流等企業經營的方方面面都比其供應商、分銷商以及零售商做得好，該企業也不應該走「大而全」「小而全」的企業經營之路。通過將企業的資源和能力集中於核心業務，而將相對劣勢的業務或功能外包給合作夥伴，實施更大程度的企業間分工與合作，交易雙方或多方均可享受到「比較利益」。

③供應鏈管理的產生是供應系統本身的需要。隨著各種先進技術，如自動化技術、信息技術以及生產物流技術在製造企業中的應用，生產率已經提高到了相當高的程度，生產製造技術對提高企業產品競爭力的貢獻在逐漸減小，「第二利潤源泉」已逐漸枯竭。為了進一步降低企業經營成本，為消費者帶來更大的讓渡價值，人們逐漸將目光投向了產品生命週期①中的供應環節以及整個供應鏈系統。許多專家認為，產品在全生命週期中供應環節的費用占總成本的比例很大。加拿大大不列顛哥倫比亞大學商學院的邁克爾·特里西韋教授的研究表明，企業的庫存成本約占銷售額的3%，運輸費用約占銷售額的3%，採購成本約占銷售額的40%～60%。而一個國家供應系統的產值占國民生產總值（GNP）的10%以上，所涉及的勞動力也占人力資源總量的10%以上。在製造業占國民經濟重要地位的國家，整個製造業零部件廠家的合理布置和協作體系的建立，對國民經濟的發展相當重要。

綜上所述，供應鏈管理的產生是供應系統本身的需要，同時又具有深刻的經濟學和管理學動因。

（2）供應鏈管理的演變

供應鏈管理的產生和發展是以物流運作的一體化為基礎的。David F. Ross 將供應鏈管理的演化分為四個階段：第一階段是倉儲與運輸，第二階段是總成本管理，第三階段是物流一體化管理，第四階段是供應鏈管理。其演變歷程如圖1.3所示。

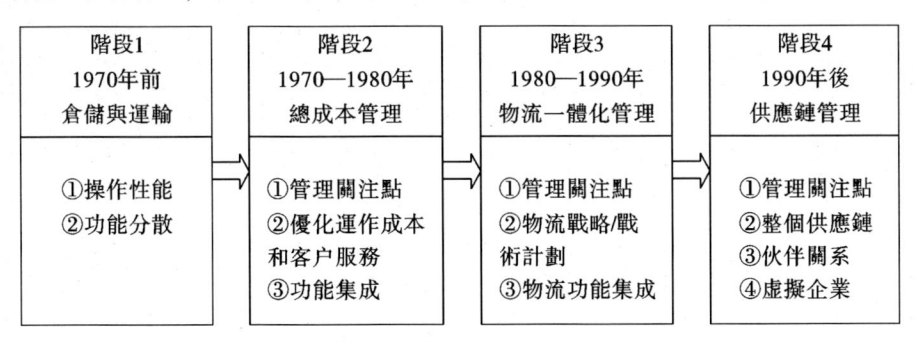

階段1 1970年前 倉儲與運輸	階段2 1970—1980年 總成本管理	階段3 1980—1990年 物流一體化管理	階段4 1990年後 供應鏈管理
①操作性能 ②功能分散	①管理關注點 ②優化運作成本和客戶服務 ③功能集成	①管理關注點 ②物流戰略/戰術計劃 ③物流功能集成	①管理關注點 ②整個供應鏈 ③伙伴關係 ④虛擬企業

圖1.3 供應鏈管理的演變

1.1.3.2 供應鏈管理的發展趨勢

供應鏈管理的發展趨勢主要表現為：全球供應鏈管理、電子供應鏈管理、綠色供應

---

① 此處的「產品生命週期」指產品從誕生到報廢的整個歷程。

鏈管理、彈性供應鏈管理以及供應鏈金融等。

（1）全球供應鏈管理。全球供應鏈管理是指企業在全球範圍內構築供應鏈系統，根據企業經營的需要在全球範圍內選擇最具競爭力的合作夥伴，實現全球化的產品設計、採購、生產、銷售、配送和客戶服務，最終實現供應鏈系統成本和效率的最優化。構築全球供應鏈的策略主要包括：生產專門化（規模經濟）、庫存集中化、延遲與本土化。構築全球供應鏈應遵循決策與控制全球化、客戶服務管理本土化、業務外包最大化、供應鏈可視化等原則。

（2）電子供應鏈管理。因特網的飛速發展，改變了企業的性質及其競爭方式，基於網路技術協同的電子供應鏈（E-Supply Chain）應運而生。電子供應鏈建立在一體化供應鏈網路之上，而一體化供應鏈網路則通過物流網路和信息網路連接在一起。電子供應鏈管理（E-SCM）是核心企業將電子商務理念和互聯網技術應用於供應鏈管理，通過電子市場將供應商、客戶及其他交易夥伴連接在一起，形成電子供應鏈，或將傳統供應鏈轉變成電子供應鏈的過程。電子市場主要有專有市場和公共市場兩種類型。專有市場由核心企業開發和運作，包括電子採購（E-Procurement）平臺和電子銷售平臺。公共市場由平臺服務商開發和運作，是為核心企業提供定位、管理支持以及核心企業與合作夥伴協同的平臺。

（3）綠色供應鏈管理。面對全球資源的枯竭以及環境污染的加劇，綠色供應鏈（Green Supply Chain）作為現代企業可持續發展的模式，越來越受到人們關注。我們可以把從產品形成、消費一直到最終廢棄處理作為一個環境生命週期（ELC），通過生命週期評價（LCA）來評估整個供應鏈對環境的影響。如果企業及其供應鏈夥伴相互協作能夠減少供應鏈活動對環境的影響，就可以逐步形成環境友好型的綠色供應鏈。綠色供應鏈管理（GrSCM）將環境管理與供應鏈管理整合在一起，可以識別供應鏈流程對環境的影響。它倡導企業通過內外變革來對環境產生積極的影響，包括要求合作夥伴通過ISO14001環境管理體系認證等。綠色供應鏈管理不僅可以通過確保供應鏈符合環境法規、將環境風險最小化、維護員工健康以及採取環境保護等措施來避免額外的供應鏈成本，而且可以通過提高生產率、促進供應鏈關係、支持創新以及加快增長等途徑形成供應鏈的環境價值。

案例1-4　沃爾瑪的綠色供應鏈

2009年，沃爾瑪發起了一個計劃，幫助供應商們追蹤他們使用能源和材料的情況以及碳排放水平。如今這種做法已經成為各大跨國公司效仿的一種趨勢。這些公司實施綠色供應鏈的原因是因為更低的能源和資源消耗會帶來更高的利潤。他們不是為了綠色而綠色，而在很大程度上是因為看到了實施綠色供應鏈所帶來的好處。在沃爾瑪的可持續發展計劃中，就包括號召供應商「在2013年結束前將包裝縮小5%」。更小的包裝意味著每個運輸工具可以容納更多的貨物，進而可以減少運輸工具的使用數量。沃爾瑪估計，這一舉措將減少66.7萬噸的二氧化碳排放，並節省6,670萬加侖的柴油。追隨著沃爾瑪，少數大企業已經啟動了綠色供應鏈的計劃，如IBM、寶潔公司等大型跨國公司就是較早加入綠色陣營的企業。

（4）供應鏈金融。供應鏈金融（Supply Chain Finance）是面向供應鏈成員企業的一項金融服務創新，主要通過將供應鏈核心企業的信用價值有效傳遞給上下游眾多的中小企業，提高其信貸可得性，降低其融資成本，進而提高整個供應鏈的財務運行效率。供應鏈金融的行為主體包括核心企業、上下游企業、物流企業、商業銀行、電子商務平臺以及保險公司和抵押登記機構等其他供應鏈服務成員。供應鏈金融業務主要有存貨融資、預付款融資、應收帳款融資等類型。

1.2　供應鏈的認知

美國供應鏈管理專業協會（Council of Supply Chain Management Professionals, CSCMP），認為：「物流是供應鏈流程的一部分，是以滿足客戶要求為目的，對貨物、服務及相關信息在產出地和銷售地之間實現高效率和高效益的正向和反向流動及儲存所進行的計劃、執行與控制的過程。」目前，物流管理已經發展到了供應鏈管理階段。

1.2.1　供應鏈的概念

供應鏈的概念是在發展中形成的。隨著企業管理實踐及理論研究的不斷深入，其內涵在不斷豐富，外延在不斷擴大，概念本身也在不斷完善。

早期的觀點認為供應鏈是製造企業中的一個內部過程，它是指企業將採購的原材料和零部件，通過生產加工轉換以及銷售等活動，將產品經由零售商並最終送達用戶的一個過程。傳統的供應鏈概念局限於企業的內部操作層面上，注重企業自身資源的利用這一目標，而忽視了企業與外部環境的聯繫。

中期的觀點注意到了企業與外部環境的聯繫，認為供應鏈是一個「通過鏈中不同企業的製造、組裝、分銷、零售等過程將原材料轉換成產品，再到最終用戶的轉換過程」。這是從更大的範圍來定義供應鏈，它已經超越了單個企業的邊界。例如，美國的史蒂文斯（Stevens）認為：「通過增值過程和分銷渠道控制，從供應商的供應商到用戶的用戶的流就是供應鏈，它始於供應的源點，結束於消費的終點。」這些定義均注意到了供應鏈的完整性，並注意到了供應鏈成員企業運作的協同性。

近期，供應鏈概念更加注重圍繞核心企業（Core Company）的網鏈關係，更加強調核心企業對供應鏈的規劃、設計和管理作用。哈理森（Harrison）認為：「供應鏈是執行採購原材料，將它們轉換為中間產品和成品，並且將成品銷售到用戶的功能網鏈。」菲利浦（Phillip）和溫德爾（Wendell）認為供應鏈中的戰略夥伴關係很重要，企業通過與重要的供應商和客戶建立戰略聯盟，能更有效地開展企業經營活動。我國學者邵曉峰和黃培清等認為：「供應鏈是描述商品需—產—供過程中的實體的活動及其相互關係動態變化的網路。」

我國國家標準《物流術語》（GB/T18354-2006）對供應鏈（Supply Chain）的定義是：「生產及流通過程中，涉及將產品或服務提供給最終用戶所形成的網鏈結構。」

本書認為，供應鏈是圍繞核心企業，通過對物流、資金流、信息流等流程的控制，

從原材料、零部件等生產資料的採購與供應開始，經過生產製造、分銷（撥）、零售以及售後服務等活動，由供應商、製造商、分銷商、零售商、相關服務商（如物流服務商、銀行等金融機構、IT 服務商等）和終端用戶連成的整體功能網鏈結構模式。

供應鏈包括了所有加盟的節點企業，它不僅是一條從供應源到需求源的物流鏈、資金鏈、信息鏈，更是一條增值鏈，物料及產成品因加工、包裝、運輸等過程而增加價值，給消費者帶來效用，同時也給供應鏈其他成員企業帶來收益。

1.2.2　供應鏈的網鏈結構模型

供應鏈有多種結構模型，例如靜態鏈狀模型、動態鏈狀模型、網狀模型和石墨模型等，其中最常見的是網鏈結構模型，如圖 1.4 所示。

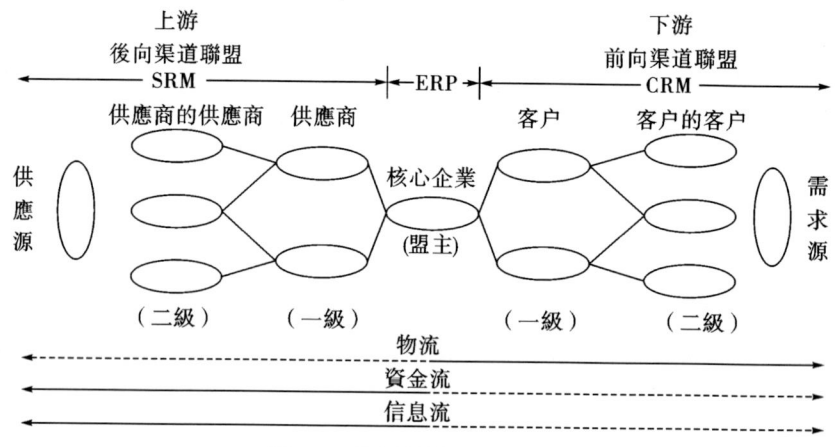

圖 1.4　供應鏈的網鏈結構模型

從供應鏈的網鏈結構模型可以看出，供應鏈由節點組成，節點代表加盟的成員企業，且每一成員都具有雙重身分，它既是其供應商的客戶，又是其客戶的供應商。在供應鏈這一特殊的企業組織中，一般有一個核心企業（也稱盟主），它可以是工業企業，也可以是大型零售企業。節點企業在需求信息的驅動下，通過供應鏈的職能分工與合作，以資金流、物流/服務流為媒介實現整個供應鏈的不斷增值。

從嚴格意義上講，物流、資金流、信息流都是雙向的，但它們都有一個主要流向（在圖 1.4 中以實線箭線表示）。一般而言，物流從上游往下游流動，其表現形態包括原材料、零部件、在製品、產成品等實體的流動，我們稱之為正向物流，但當發生退貨、回收包裝物或其他廢舊物品時，物流的流向與正向流恰恰相反，我們稱之為逆向物流或反向物流。在供應鏈的「三流」中，物流比較外顯，最容易觀察到。

供應鏈中的信息主要包括需求信息和供應信息。需求信息主要有客戶訂單、採購合同等，其流向與正向物流相反，當其從下游往上游流動時，即引發正向物流；供應信息通常由需求信息引發，例如提貨發運單、提前裝運通知（ASN）、入庫單等，其流向與正向物流相同，與需求信息方向相反。顯然，顧客的需求信息是供應鏈所有活動的起點，供應鏈成員企業的經營活動都是在需求信息的驅動下開展的，因而，需求信息流的

方向是供應鏈信息流的主要流向。

物品與服務是有價值的，因而物流或服務流本質上是資金的運動過程。消費者購買產品或服務，實質上購買的是產品或服務的價值。產品有形，服務或創意等無形，但它們都能給消費者帶來效用。顧客需求的信息流引發物流或服務流，而這一表象的背後則是與之相伴而生的資金流。與正向物流相對應，資金流的主要流向是從下游到上游，與正向物流的流向相反；而當發生逆向物流時，資金流的流向則是從上游到下游，與正向物流的流向相同。總之，物流或服務流與資金流是反向的。

1.2.3 供應鏈的特徵

一般地，供應鏈具有以下主要特徵：

1. 需求導向性

供應鏈的存在、優化與重構，都是基於一定的市場需求。在供應鏈營運的過程中，用戶的需求成為信息流、物流/服務流、資金流的驅動源。因此，及時、準確地獲取不斷變化的市場需求信息，並快速、有效地滿足顧客的需求，成為供應鏈營運成功的關鍵。

2. 增值性

供應鏈是一個高度一體化的提供產品和服務的增值過程。所有成員企業的營運都是在圍繞將一些資源進行轉換和組合，適當增加價值，然后把產品「分送」到顧客手中。製造商主要是通過對原材料、零部件進行加工轉換，生產出具有價值和使用價值的產品來實現增值；物流系統主要對產品或服務進行重新分佈，通過倉儲、運輸等活動來創造時間價值和地點價值，在配送的過程中可通過零售包裝或分割尺寸而增加附加價值，也可通過在零售店集中展示多種商品而增值；信息服務商則通過向上下游企業及第三方物流企業提供信息服務來實現增值。供應鏈時代，企業的競爭建立在高水平的戰略發展規劃基礎之上，這就要求各成員企業必須共同探討供應鏈戰略目標及其實現方法和手段，協同運作，共同提高營運績效，創造雙贏或多贏，實現供應鏈的增值。

3. 交叉性

一個供應商可同時向多家製造商供應原材料等生產資料，一家製造商生產的產品也可以由多個分銷商分銷，一個零售商可同時銷售多家製造商生產的產品，一個第三方物流企業可同時向多條供應鏈中的節點企業提供物流服務。某條供應鏈中的節點企業還可以成為其他供應鏈的成員，眾多的供應鏈錯綜複雜地交織在一起，大大增加了管理協調的難度。

4. 動態性

供應鏈的動態性首先來源於經營環境的動態、複雜與多變性，為了適應競爭環境的變化，供應鏈的結構以及節點企業應根據經營需要動態地更新。此外，供應鏈戰略規劃及其實施也是動態的，必須考慮到計劃期內的季節波動、成本變量、競爭策略以及消費趨勢等的變化。

5. 複雜性

供應鏈同時具有交叉性和動態性等特徵，因而是錯綜複雜的。供應鏈的有效運作還需要協調控制物流、資金流、信息流等多「流」，這進一步增大了供應鏈管理的複雜

性。此外，雖然供應鏈成員企業都有通過滿足顧客需求來實現盈利這一共同目標，但畢竟每個成員企業都擁有獨立的產權，並存在一定程度上的利益衝突①，因而更增大了核心企業協調管理供應鏈的複雜性。

綜上所述，供應鏈具有需求導向性、增值性、交叉性、動態性、複雜性等主要特徵。其中，顧客需求是供應鏈存在和營運的前提，而增值性則是其本質特徵。

1.2.4 供應鏈的分類

供應鏈有多種分類方法，下面介紹幾種主要的分類。

1.2.4.1 根據供應鏈存在的穩定性劃分

根據供應鏈存在的穩定性，可將其劃分為穩定供應鏈和動態供應鏈兩種類型。穩定供應鏈面臨的市場需求相對單一、穩定，而動態供應鏈面臨的市場需求相對複雜且變化頻繁。在實際運作中，需要根據不同的市場需求特點來構建不同的供應鏈，且應根據變化的市場需求來修正、優化乃至重構供應鏈。

1.2.4.2 根據供應鏈容量與用戶需求的關係劃分

根據供應鏈容量與用戶需求的關係，可將其劃分為平衡供應鏈和傾斜供應鏈兩種類型。平衡供應鏈是指用戶需求不斷變化，但供應鏈的容量能滿足用戶需求而處於相對平衡的狀態。傾斜供應鏈則是指當市場變化劇烈時，企業不是在最優狀態下運作而處於傾斜狀態。平衡供應鏈具有相對穩定的設備容量和生產能力（所有節點企業能力的整合），而傾斜供應鏈則會導致庫存量增加或缺貨成本上升，供應鏈系統的總成本增加。

1.2.4.3 根據產品類型劃分

1. 產品的基本類型

根據產品生命週期、產品邊際利潤、需求的穩定性以及需求預測的準確性等指標，可以將產品劃分為功能型產品（Functional Products）和創新型產品（Innovative Products）兩種類型，其需求特徵如表1.1所示。

表1.1　　　　　功能型產品與創新型產品需求特徵的比較

產品類型 需求特徵	功能型產品	創新型產品
產品生命週期	>2 年	1～3 年
邊際貢獻率（%）	5～20	20～60
產品多樣性	低（10～20）	高（>100）
平均需求預測偏差率（%）	10	40～100
平均缺貨率②（%）	1～2	10～40
平均季末降價比率（%）	幾乎為0	10～25
產品生產的提前期	6個月～1年	1天～2周

---

① 供應鏈成員企業間本質上是競爭與合作關係。

② 缺貨率（Stock-out Rate）是「衡量缺貨程度及其影響的指標。用缺貨次數與客戶訂貨次數的比率表示。」——中華人民共和國國家標準《物流術語》（GB/T18354-2006）。

由表 1.1 可知，功能型產品用於滿足用戶的基本需求，具有較長的生命週期，需求比較穩定、一般可預測，但邊際利潤較低，如日用百貨等。而創新型產品的生命週期較短，產品更新換代較快，需求不太穩定、需求預測的準確度較低，但其邊際利潤較高，例如時裝、IT產品等。

根據產品類型，可將供應鏈劃分為功能型供應鏈和創新型供應鏈兩種。

2. 功能型供應鏈和創新型供應鏈

（1）功能型供應鏈。功能型供應鏈是指以經營功能型產品為主的供應鏈。因功能型產品的市場需求比較穩定，容易實現供需平衡，故這種供應鏈營運成功的關鍵是如何利用鏈上的信息來協調成員企業間的活動，以使整個供應鏈的成本最低，效率最高。

（2）創新型供應鏈。創新型供應鏈是指以經營創新型產品為主的供應鏈。因創新型產品的市場需求不太穩定，供求關係不容易保持平衡。故這種供應鏈營運成功的關鍵是應特別關注來自消費者市場的信息，應做好市場調查與預測工作，應增強供應鏈的柔性，提升供應鏈的敏感性和回應性，至於成本則在其次。

1.2.4.4 根據供應鏈的功能模式劃分

供應鏈的功能模式主要有物理功能和市場仲介功能。根據供應鏈的功能模式可將供應鏈劃分為效率型供應鏈和回應型供應鏈兩種類型。

效率型供應鏈也稱有效性供應鏈（Efficient Supply Chain），是指以最低的成本將原材料轉化成零部件、半成品、產成品，以及在運輸等物流活動中體現物理功能的供應鏈；回應型供應鏈也稱反應性供應鏈（Responsive Supply Chain），是指把產品分撥到各目標市場，對未預知的需求做出快速反應等體現市場仲介功能的供應鏈。這兩種類型供應鏈的比較見表 1.2 所示。

表 1.2　　　　　　　　效率型供應鏈與回應型供應鏈的比較

供應鏈類型 比較項目	效率型供應鏈	回應型供應鏈
主要目標	高效、低成本地滿足可預測的需求	快速回應不可預測的需求，避免缺貨及削價損失
製造的核心	提高資源的平均利用率	擁有彈性的生產能力
庫存策略	供應鏈庫存最小化	設置足夠的安全庫存（零部件、產成品）
提前期（LT）管理的重點	在不增加成本的前提下，縮短提前期	盡量縮短提前期
選擇供應商的準則	重點關注成本、質量	重點關注速度、柔性和質量
產品設計策略	績效最大化，成本最小化	模塊化設計,盡可能延遲產品差別化

1.2.4.5 根據供應鏈的營運模式劃分

根據供應鏈的營運模式可將其劃分為推式、拉式、推—拉式三種類型。

推式供應鏈是指企業根據對市場需求的預測進行生產，然後將產品通過分銷商逐級推向市場的供應鏈。這是一種有計劃地將商品推銷給用戶的傳統的供應鏈營運模式，其

17

本質特點是預測驅動供應鏈的運作。拉式供應鏈則是顧客需求驅動型供應鏈，是一種現代供應鏈營運模式。例如企業按訂單生產（Make to Order，MTO）就是拉式供應鏈中常見的需求回應策略。在拉式供應鏈流程中，零售商通過POS[①]系統及時準確地獲取銷售數據與信息，並通過電子數據交換（EDI）傳輸到增值網（VAN）上，與貿易夥伴共享。製造商根據需求信息制訂生產計劃、安排生產並採購原料，通過上下游企業的即時信息共享，動態調整生產計劃，使供、產、銷與市場保持同步，真正做到生產的產品適銷對路。

推式供應鏈和拉式供應鏈流程的比較如圖1.5所示。

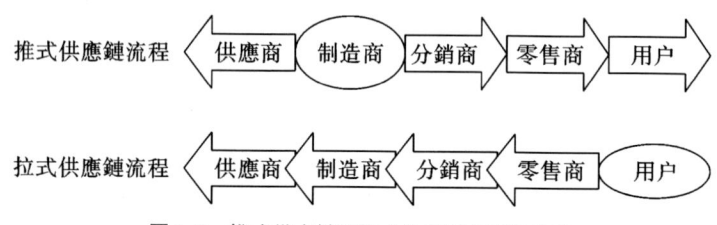

推式供應鏈流程　供應商 → 製造商 → 分銷商 → 零售商 → 用戶

拉式供應鏈流程　供應商 ← 製造商 ← 分銷商 ← 零售商 ← 用戶

圖1.5　推式供應鏈和拉式供應鏈流程的比較

案例1-5　戴爾與康柏的供應鏈營運模式

戴爾（Dell）公司自20世紀90年代以來，通過直銷模式，變傳統的推式供應鏈為拉式供應鏈[②]，以價格低、回應快贏得客戶青睞，迅速成為全球電腦業界的巨頭；而同一時期的康柏（Compaq）公司，儘管技術實力比戴爾雄厚，但由於採用傳統的推式生產與多級分銷模式，在供應鏈上積壓大量庫存，導致連年虧損，由全球最大的電腦製造商一落千丈，最終被惠普（HP）公司收購。

需要說明，推式供應鏈和拉式供應鏈代表兩種極端的情形，在實務中常常需要將其實施有機結合，這樣就形成了推—拉式供應鏈。在推—拉式供應鏈中，需要將供應鏈流程進行分解，共性流程由預測驅動（推），個性化（差異化）流程由訂單驅動（拉）。這樣，合理界定推—拉的分界線[③]就顯得格外重要。如圖1.6所示。

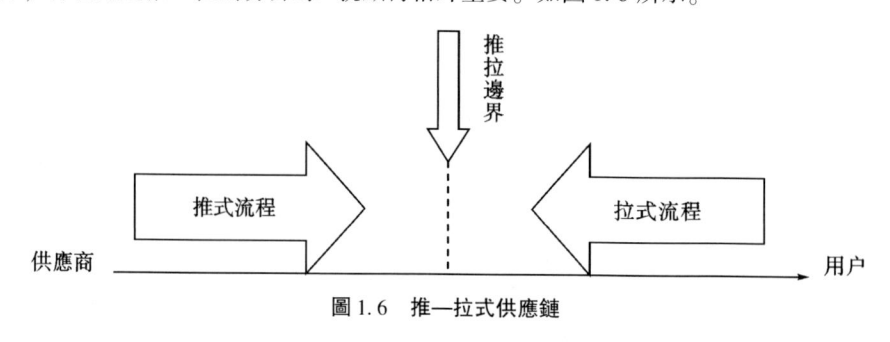

圖1.6　推—拉式供應鏈

[①] 銷售時點系統（Point of Sale，POS）是指「利用光學式自動讀取設備，按照商品的最小類別讀取即時銷售信息以及採購、配送等階段發生的各種信息，並通過通信網路將其傳送給計算機系統進行加工、處理和傳送的系統。」——中華人民共和國國家標準《物流術語》（GB/T18354-2006）。

[②] 準確講，是推—拉式供應鏈。

[③] 即顧客需求切入點，詳見本單元延遲策略部分。

1.2.4.6 根據供應鏈管理側重點的不同劃分

根據供應鏈管理側重點的不同，可將其劃分為精益供應鏈（Lean Supply Chain）和敏捷供應鏈（Agile Supply Chain）兩種類型。精益供應鏈源自日本豐田汽車公司的精益生產（Lean Production，LP），是精益思想在供應鏈管理中的應用。其核心思想是消除供應鏈中的非增值活動（環節），杜絕浪費，追求持續改善。敏捷供應鏈則強調供應鏈的「敏捷性」和「反應性」，是企業在環境複雜、多變的特定市場機會中為獲得最大化的價值而形成的基於一體化動態聯盟協同運作的供應鏈。其特點是根據動態聯盟的形成和解體，進行快速重構和調整。其實質是借助信息技術、先進製造技術和現代管理方法和手段的多企業資源的集成。它強調信息共享、流程整合、虛擬企業（動態聯盟）、快速回應。敏捷性是敏捷供應鏈的核心。

案例1-6　思科公司的敏捷供應鏈

思科公司是實施敏捷供應鏈的典範。思科公司90%以上的訂單來自互聯網，而其過手的訂單不超過50%。思科公司通過公司的外部網連接零部件供應商、分銷商和合同製造商，構成一個虛擬的製造環境。當客戶通過思科公司的網站訂購一種典型的思科產品（如路由器）時，訂單將觸發一系列的信息給為其生產電路板的合同製造商，同時分銷商也會被通知提供路由器的通用部件（如電源）。那些為思科公司生產路由器機架、組裝成品的合同製造商，通過登錄思科公司的外部網並連接至其生產執行系統，可以事先知道可能產生的訂單類型和數量。第三方物流服務商則負責零部件和產成品在整個供應鏈中的儲存、運輸與配送，並通過即時信息共享實現供應鏈的可視化。

精益供應鏈和敏捷供應鏈的比較見表1.3所示。

表1.3　　　　　　　　精益供應鏈和敏捷供應鏈的比較

供應鏈類型 比較項目	精益供應鏈	敏捷供應鏈
產品類型	功能型產品	創新型產品
生產方式	精益生產	敏捷製造
流程整合	側重於採購、生產環節	側重於銷售、配送環節
市場類型	確定性市場	不確定性市場
組織結構	靜態的緊密聯盟	虛擬組織，動態聯盟
供應商的選擇準則	重點關注成本、質量	重點關注速度、柔性和質量
庫存策略	庫存少，週轉快	設置足夠的安全庫存
產品設計	成本最小化，績效最大化	盡量滿足客戶的個性化需求（如：模塊化設計，延遲產品差別化）
供應鏈整合	主要	主要
消除浪費	主要	次要
供應鏈快速重構	次要	主要

由此可見，精益供應鏈和敏捷供應鏈都強調滿足客戶需求、供應鏈整合和縮短產品交付期。精益供應鏈通過消除非增值環節來縮短交貨期，敏捷供應鏈通過信息共享和高效快速的物流活動來縮短客戶訂貨週期[①]。兩者最大的區別在於，精益供應鏈強調消除一切浪費，敏捷供應鏈強調供應鏈的快速重構。在實務中，需要將兩者有機結合。例如，按照80/20原則，大約20%的產品需求穩定，能夠準確預測，可以考慮採用精益供應鏈模式；大約80%的產品需求多變，不易準確預測，可以考慮採用敏捷供應鏈模式。再如，實施延遲策略[②]，實現大規模定制（Mass Customization），在零部件的生產加工階段採用精益模式，在產品的組裝及配送階段採用敏捷模式，也能將兩者有機結合。

除了上述分類外，供應鏈還有其他分類方法。例如，按照供應鏈中核心企業的類型，可以將供應鏈劃分為製造商主導型供應鏈、批發商主導型供應鏈[③]、零售商主導型供應鏈、物流商主導型供應鏈等類型。

1.3　供應鏈管理的認知

供應鏈管理的產生順應了時代要求，它不僅關注企業內部的資源和能力，而且關注企業外部的資源和聯盟競爭力，強調企業內外資源的優化配置以及整個供應鏈上企業能力的集成，是一種全新的管理思想和方法。

1.3.1　供應鏈管理的概念與要旨

我國國家標準《物流術語》（GB/T18354－2006）對供應鏈管理（Supply Chain Management，SCM）的定義是：「對供應鏈涉及的全部活動進行計劃、組織、協調與控制。」

本書認為，供應鏈管理是在滿足服務水平需要的同時，通過對整個供應鏈系統進行計劃、組織、協調、控制和優化，最大限度地減少系統成本，實現供應鏈整體效率優化而採用的從供應商到最終用戶的一種集成的管理活動和過程。

供應鏈管理涉及戰略性供應商和合作夥伴關係管理，供應鏈產品需求預測與計劃，供應鏈設計，企業內部與企業間物料供應與需求管理，基於供應鏈管理的產品設計與製造管理，基於供應鏈的服務與物流，企業間資金流管理，供應鏈交互信息管理。

核心企業通過與供應鏈成員企業的合作，對供應鏈系統的物流、資金流、信息流進行控制和優化，最大限度地減少非增值環節，提高供應鏈的整體營運效率；通過成員企業的協同運作，共同對市場需求做出快速回應，及時滿足顧客需求；通過調和供應鏈的總成本與服務水平之間的衝突，尋求服務與成本之間的平衡，實現供應鏈價值最大化，

[①] 訂貨週期（Order Cycle Time）是指「從客戶發出訂單到客戶收到貨物的時間。」——中華人民共和國國家標準《物流術語》（GB/T18354－2006）。

[②] 詳見本單元延遲策略部分。

[③] 在農副產品、服裝等輕工業產品市場上，批發商仍然占據著主導地位。

提升供應鏈系統的整體競爭力。

1.3.2 供應鏈管理的特點

一般地,供應鏈管理具有以下主要特點:

1. 需求驅動

供應鏈的形成、存在、重構都是基於特定的市場需求,用戶的需求是供應鏈中物流、資金流、信息流的驅動源。一般地,供應鏈的運作是在客戶訂單的驅動下進行的,由客戶訂單驅動企業的產品製造,產品製造又驅動採購訂單,採購訂單驅動供應商。在訂單驅動的供應鏈運作中,成員企業需要協同,需要努力以最小的供應鏈總成本最大限度地滿足用戶的需求。

2. 系統優化

供應鏈是核心企業和上下游企業以及眾多的服務商(包括物流服務商、信息服務商、金融服務商等)結合形成的複雜系統,是將供應鏈各環節有機集成的網鏈結構。供應鏈的功能是系統運作體現出的整體功能,是各成員企業能力的集成。因此,通過系統優化提高供應鏈的整體效益是供應鏈管理的特點之一。

3. 流程整合

供應鏈管理是核心企業對企業內部及供應鏈成員企業間物流、資金流、信息流的協調與控制過程,需要打破企業內部部門間、職能間的界限,需要打破供應鏈成員企業間的阻隔,將企業內外業務流程集成為高效運作的一體化流程,以降低供應鏈系統成本,縮短供應提前期,提高顧客滿意度。

4. 信息共享

供應鏈系統的協調運行是建立在成員企業之間高質量的信息傳遞和信息共享的基礎之上的,及時、準確、可靠的信息傳遞與共享,可以提高供應鏈成員企業之間溝通的效果,有助於成員企業的群體決策。信息技術的應用,為供應鏈管理提供了強有力的支撐,供應鏈的可視化(Visibility)極大地提高了供應鏈的運行效率。

5. 互利共贏

供應鏈是核心企業與其他成員企業為了適應新的競爭環境而組成的利益共同體,成員企業通過建立協商機制,謀求互利共贏的目標。供應鏈管理改變了企業傳統的競爭方式,將企業之間的競爭轉變為供應鏈與供應鏈之間的競爭,強調供應鏈成員之間建立起戰略夥伴關係,揚長避短,優勢互補,強強聯合,互利共贏。

1.3.3 供應鏈管理的領域

供應鏈管理主要涉及供應管理、生產運作管理、物流一體化管理、需求管理四個領域,如圖 1.7 所示。

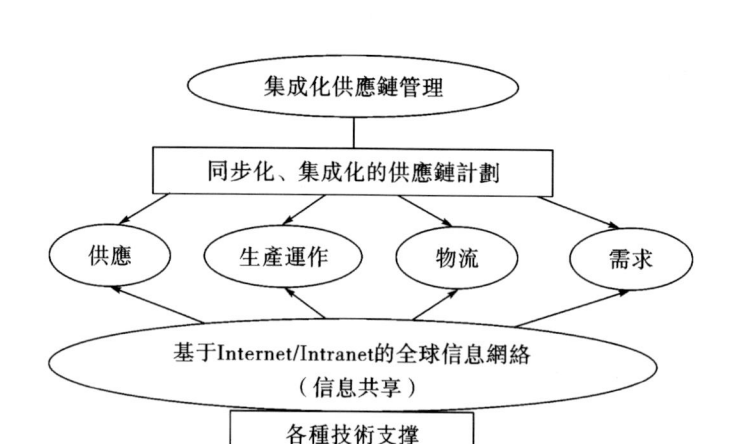

圖 1.7　供應鏈管理涉及的領域

由圖 1.7 可知，供應鏈管理以同步化、集成化的供應鏈計劃為指導，以各種技術為支撐，尤其以 Internet/Intranet 為依託，圍繞供應管理、生產運作管理、物流一體化管理、需求管理來實施。供應鏈管理主要包括制訂和實施供應鏈計劃、成員企業間的合作信息共享以及控制從供應商到用戶的物流過程和信息。

1.3.4　供應鏈管理的目標

供應鏈管理的目的是增強企業競爭力，首要的目標是提高顧客滿意度，具體目標是通過調和總成本最小化、總庫存最少化、回應週期最短化以及服務質量最優化等多元目標之間的衝突，實現供應鏈績效最大化。

1.3.4.1　總成本最低

總成本最低並非指供應鏈中某節點企業的營運成本最低，而是指整個供應鏈系統的總成本最低。為了實施有效的供應鏈管理，必須將供應鏈成員企業作為一個有機的整體來考慮，以實現供應鏈營運總成本最小化。

1.3.4.2　庫存總量最少

傳統管理思想認為，庫存是為了應對供需的不確定性，因而是必需的。按照精益管理思想，庫存乃「萬惡之源」，會導致成本上升。故有必要將整個供應鏈的庫存控制在最低的程度。總庫存最少化目標的達成，有賴於對整個供應鏈庫存水平及其變化的最優控制，而非僅是單個成員企業的庫存水平最低。

1.3.4.3　回應週期最短

供應鏈的回應週期是指從客戶發出訂單到獲得滿意交貨的總時間。如果說 20 世紀 80 年代企業間的競爭是「大魚吃小魚」，那麼，進入 90 年代以後企業間的競爭更多地演變為「快魚吃慢魚」。時間已成為當今企業市場競爭成敗的關鍵要素之一。因此，加強上下游企業間的合作，構築完善的供應鏈物流系統，最大限度地縮短供應鏈的回應週期，是企業提升競爭力，提高顧客滿意度的關鍵。

1.3.4.4 服務質量最優

企業產品或服務質量的優劣直接關係到企業的興衰成敗,因而質量最優也是供應鏈管理的重要目標之一。而要實現質量最優化,必須從原材料、零部件供應的零缺陷開始,經過生產製造、產品分撥,直到產品送達用戶手裡,涉及供應鏈全程的質量最優。

一般而言,上述目標之間存在一定的背反性:客戶服務水平的提高、回應週期的縮短、交貨品質的改善必然以庫存、成本的增加為前提。然而運用集成化供應鏈管理思想,從系統的觀點出發,改善服務、縮短週期、提高品質與減少庫存、降低成本是可以兼顧的。只要加強企業間的合作,優化供應鏈業務流程,就可以消除重複與浪費,降低庫存水平,降低營運成本,提高營運效率,提高顧客滿意度,最終在服務與成本之間找到最佳的平衡點。

1.3.5 供應鏈管理的優勢

成功的供應鏈管理能夠協調整合供應鏈所有活動,使之成為無縫連接的一體化流程。供應鏈管理主要有以下幾方面的優勢:

首先,供應鏈管理能有效地消除重複、浪費與不確定性,降低庫存成本,減少流通費用,創造競爭的成本優勢;

其次,供應鏈管理能優化鏈上成員組合,對市場需求作出快速反應,創造競爭的時空優勢,實現供求良好結合;

再次,實施有效的供應鏈管理,可以構築成員企業之間良好的戰略夥伴關係,實現供應鏈成員企業核心能力的協同整合,創造強大的競爭優勢;

最後,實施供應鏈管理還可促使企業採用現代化的信息技術、物流技術以及科學的管理方法和手段。在供應鏈管理中,信息技術的廣泛應用是其成功的關鍵,而先進的設施設備、科學的管理方法則是其成功的重要保障。

總之,成功的供應鏈管理可使企業在進入新的產品市場領域、優化分銷渠道、提高客戶服務水平、提高顧客忠誠度、降低庫存水平、降低物流費用、降低生產運作成本、提高營運效率等方面獲得滿意的績效。

> **小資料** PRTM 公司曾經做過一項關於集成化供應鏈管理的調查,涉及 6 個行業共 165 個企業,調查結果顯示,實施有效的供應鏈管理,可使企業獲得以下競爭優勢:供應鏈總成本降低 10%(占收入的百分比)以上;訂單回應週期縮短 25%~35%;中型企業的準時交貨率提高 15%,其資產營運績效提高 15%~20%,庫存降低 3%;績優企業的庫存降低 15%,而現金流週轉週期比一般企業少 40~65 天。

1.3.6 供應鏈管理的主要職能

供應鏈管理的主要職能包括:市場行銷管理、生產運作管理、物流一體化管理以及財務管理等。

1.3.6.1 市場行銷管理

市場行銷管理是指管理整個供應鏈的市場行銷活動,包括市場調查與預測、界定顧客需求、廣告促銷、營業推廣、客戶關係管理等。充分把握市場需求是開展供應鏈活動的起點。

1.3.6.2 生產運作管理

科學地組織生產過程,提高生產效率,降低生產成本,獲取規模經濟和範圍經濟性收益。

1.3.6.3 物流一體化管理

即對供應鏈物流活動進行綜合管理,包括運輸、倉儲、配送、流通加工、物流信息處理等功能活動,涉及供應物流、生產物流、銷售物流、逆向物流、廢棄物流以及庫存控制與優化等管理活動。通過引入第三方物流(TPL)、採用供應商管理庫存(VMI)、聯合庫存管理(JMI)以及中心化庫存控制等策略,實施協同計劃、預測與補貨(CP-FR)、合理規劃物流結點、統籌安排運輸與配送,整合供應鏈物流業務,將其由傳統的「多點」控制轉變為「單點」控制,實施供應鏈物流一體化。

1.3.6.4 財務管理

企業通過與關鍵供應商、分銷商以及客戶一起共同管理資金流,提高資金的營運能力,提高投資收益率,為客戶創造「可感知」的效用,實現供應鏈的「增值」。

1.3.7 供應鏈管理的基本要求

供應鏈是具有供求關係的多個企業的組織,成員企業各有各的產權,各有各的利益,彼此間還存在競爭。因而,供應鏈管理的成功實施有一定的難度,對核心企業的要求較高。一般而言,實施供應鏈管理對成員企業有以下基本要求。

1.3.7.1 建立雙贏/共贏合作機制

供應鏈成員企業間的合作必須建立在雙贏/共贏的基礎之上。核心企業把上下游企業及其他服務商整合起來形成集成化的供應鏈網路,各成員企業仍然從事本企業的核心業務,保持自己的經營特色,但它們必須為供應鏈價值的最大化而通力合作。為此,首先應建立共贏合作機制,這是實施供應鏈管理的基本要求。

1.3.7.2 即時信息共享

供應鏈成員企業間的協同,必須建立在即時信息共享的基礎上。而傳統供應鏈渠道長、環節多,需求信息易扭曲、失真。為此,一方面要優化供應鏈的結構,實現供應鏈的簡約化,另一方面要借助 EDI、(移動)互聯網以及物聯網等現代信息技術手段,打造透明的供應鏈,實現供應鏈的可視化(Visibility),為成員企業的協同運作奠定良好的基礎和條件。

1.3.7.3 提供客戶滿意的服務,擴大客戶需求

供應鏈的營運必須實現「顧客導向」。隨著市場轉型,企業間的競爭更加激烈。特別是近年來,產品同質化現象嚴重,企業競爭的焦點逐漸轉移到了服務上[1]。為此,供

---

[1] 按照產品五層次學說,由內到外依次是核心產品(功能)、形式產品(實體)、期望產品(屬性)、附加產品(服務)、潛在產品(發展)。

應鏈成員企業必須通過合作向客戶提供滿意的服務（包括售前、售中、售后服務，涉及物流、資金流、信息流等服務）來提高顧客滿意度，從而留住客戶，擴大需求。

1.3.7.4 崇尚誠信，制度保障

供應鏈管理涉及的主體多、內容多、活動多，要真正實現供應鏈整體的協同運作，成員企業一定要相互信任。為此，各節點企業首先要講誠信，唯有誠信，企業間才能保持長期合作，企業也才能百年不衰；此外，應有相應的法律法規和完善的信用體系作保證。當前，我國信用體系尚不健全，信用缺失是影響供應鏈成員企業合作的一個主要因素。

1.3.8 供應鏈管理的基本原則

在實施供應鏈管理的過程中，應遵循以下基本原則：

1.3.8.1 根據客戶所需的服務特性進行市場細分

傳統意義上的市場細分一般是根據顧客的產品需求特性劃分目標客戶群體，往往忽視了客戶的服務（尤其是物流服務）需求特性；而供應鏈管理則強調根據客戶的服務需求特性進行市場細分，並在此基礎上決定提供的服務方式和服務水平，盡可能滿足客戶的個性化需求。

案例1-7 一家造紙企業在市場調查的基礎上，按照傳統的市場細分原則劃分客戶群，其結果是，有三種類型的客戶群對紙張有需求：印刷企業、經營辦公用品的企業和教育機構。接下來，該公司針對這三類客戶制定差別化的服務策略。但若是實施供應鏈管理，還須進一步按客戶所需的服務特性來細分客戶群，比如印刷企業，就應再細分為大型印刷企業和小型印刷企業，因為這兩類企業的需求有差異，前者允許較長的供應提前期，而後者則要求JIT供貨（要求在24小時內供貨）。

1.3.8.2 根據客戶需求和盈利率設計企業的物流網路

案例1-8 在上例中，這家造紙企業過去無論是針對大型印刷企業還是小型印刷企業，均只設計一種物流網路，即在印刷企業較集中的地區設立一個中轉站，並建立倉庫。這往往造成對大型印刷企業的供應量不足，而小型印刷企業則持有較多的庫存，占用了其較多的資金，成本與風險均上升。引起小型印刷企業不滿，不能很好地滿足其個性化需求。實施供應鏈管理後，這家造紙企業建立了3個大型配送中心和46個緊缺物品快速反應中心，分別滿足了這兩類企業的不同需求。

1.3.8.3 捕捉市場需求信息，動態調整適應環境變化

消費者市場需求及其變化是供應鏈管理關注的焦點，為此，需要及時捕捉市場需求信息，並加快信息在供應鏈節點之間的傳遞，動態調整供應鏈營運計劃、策略和行動，確保快速回應市場需求。

1.3.8.4 實施延遲策略①

1. 延遲策略的概念

所謂延遲策略（Postponement Strategy）是指「為了降低供應鏈的整體風險，有效地滿足客戶個性化的需求，將最后的生產環節或物流環節推遲到客戶提供訂單以後進行的一種經營策略」（GB/T18354-2006）。其實質是將顧客導向的生產業務（包括設計、採購、製造、組裝/裝配等全部或部分生產流程）或物流運作（包括客戶化包裝、運輸、配送、流通加工等）推遲到接到客戶訂單或明確需求②之後。實施延遲策略是供應鏈管理的一條重要原則。延遲策略在戴爾、松下、福特、惠普、耐克等公司得到了廣泛的應用。

2. 延遲策略的類型

在供應鏈中，根據延遲顧客需求差別化的決策點（即顧客需求延遲緩衝點或顧客需求切入點，Customer Order Postponement Decoupling Point, COPDP）③所在的領域（生產領域或流通領域），可將延遲策略劃分為生產延遲、物流延遲、形式延遲和完全延遲等幾種類型。

（1）形式延遲策略。也稱結構延遲策略，是指在產品設計階段，採用模塊化設計理念，使零部件或工藝流程標準化、通用化和簡單化，盡量減少產品設計中的差異化部分，使產品由結構簡單、具有通用性的模塊構成。

> **案例1-9** 某公司生產打印機產品，根據打印機中的某關鍵部件，可將打印機區分為彩色和黑白兩種產品。要預測這兩種產品的需求難度較大，為此，該公司在產品設計階段把該部件的相關零件和工藝流程實施集成，將其標準化、通用化，這就從根本上延遲了不同產品的差別化。既方便了生產，又簡化了對零部件的庫存管理。

（2）生產延遲策略。盡量使產品處於「基型」或「雛形」的狀態，由分銷中心完成最后的生產或組裝。其本質是將生產加工與流通加工從時間或地點上進行合理分離。例如，在工廠中將打印機加工成未配備操作手冊或用戶使用說明書及電源插件的「通用機」，在分銷中心根據客戶的需求完成最后的流通加工；再如，在工廠中將果汁飲料生產好后先儲存在容器中，在接到客戶訂單后，再按其要求進行罐裝或分裝，都是實施生產延遲策略的實例。

（3）物流延遲策略。在供應鏈中，產品的實物配送盡量被延遲，產品僅儲存在工廠成品庫中，接到訂單后，採用直接配送的方式將產成品送到零售商或顧客手中。

（4）完全延遲策略。對於客戶的個性化需求，訂單直接（或經由零售商）傳遞給製造商。在得到產成品后，由製造商直接將產品運送給顧客或零售商。顧客的訂貨點已

---

① 胡建波. 延遲策略在供應鏈管理中的應用 [J]. 企業管理, 2012 (2).

② 在供應鏈管理環境下，上下游企業加強戰略合作，即時信息共享，實施供應商管理庫存（VMI），需方只需向供應商提供即時銷售信息（POS 數據）或物料需求計劃（MRP），供方即可把握需求，在客戶未下訂單的情況下按時、準確供貨。

③ COPDP 是預測驅動的推式流程與訂單驅動的拉式流程的分界點。在供應鏈中，該點之前的是無差異業務，由預測驅動，該點之後的是差異化業務，由訂單驅動。

經移至生產流程階段，生產和物流活動完全由訂單所驅動。

案例 1-10 阿迪達斯公司在美國開了一家鞋店，該店不賣成品，僅有鞋底 8 種，鞋面 85 種，鞋帶 10 種，顧客可自由選配，十分鐘后即可完成成品，該店生意興隆。

案例 1-11 戴爾公司將生產延遲與物流延遲策略實施有機結合，在完成大規模生產的同時，又實現了個性化定制，在全球範圍內使客戶對電腦產品的訂貨提前期縮短到 48 小時以內，堪稱延遲策略成功實施的典範。

3. 延遲策略成功實施的條件

實施延遲策略，需要具備以下基本條件：

（1）模塊化產品設計，即產品可以由一些標準模塊組合而成，而這些模塊具有不同的功能。通過標準模塊的不同組合，可以形成不同的產品，以滿足客戶的多元化產品需求。

（2）零部件通用化、標準化。通用、標準的零部件，不但有利於企業在零部件的生產加工階段實現規模經濟，降低生產成本，而且有利於企業在接到訂單後通過快速裝配，得到個性化的產品，以滿足客戶的差異化需求。

（3）產品規格標準化。對於同種產品，不同用戶對其規格、型號的需求仍然不同。如果對所有客戶的不同需求都要個性化地滿足，必然會增大企業的生產成本。為此，可將產品規格標準化，例如根據目標客戶的身高特性將衣服的尺碼進行分類，設為大、中、小三種規格、型號，以此來延遲需求的差別化。

（4）業務流程再造（BPR），即對供應鏈業務流程進行重組或優化，使能滿足客戶差異化、個性化需求的業務盡可能延遲到接到客戶訂單或明確需求以後。例如，將毛衣的加工工藝由傳統的先染色后編織變為先編織，等到賣季來臨之前，根據更加充分的市場信息再完成染色業務，這樣的產品就會更加適銷對路。

（5）IT 手段的支撐。充分借助於銷售時點系統（POS）、電子數據交換（EDI）等信息技術手段，實現上下游企業的即時信息共享，及時獲取準確的需求信息，是延遲策略成功實施的重要條件。特別是在物流延遲策略的實施中，需要採用越庫配送[①]等物流運作方式，而其前提條件就是製造商能充分共享零售商或用戶的需求信息。

（6）經濟合理，即實施延遲策略的投入產出比要合理。一般而言，對客戶個性化需求的滿足往往會導致高成本，但另一方面，由於產品適銷對路又會增加收益。為此，需要權衡利弊得失。只有收益大於成本，這樣的延遲才有意義。

1.3.8.5 成員企業加強合作，實現雙贏

在賣方市場環境下，供應鏈節點企業間缺乏合作（競爭大於合作），買賣雙方是典型的貿易關係、競爭關係。供需雙方相互壓價，固然可獲得短暫的利益，但這是以犧牲

---

① 越庫配送/直接換裝（Cross Docking）是指「物品在物流環節中，不經過中間倉庫或站點存儲，直接從一個運輸工具換載到另一個運輸工具的物流銜接方式」。——中華人民共和國國家標準《物流術語》（GB/T18354-2006）。

長遠利益為代價。在買方市場環境下，單靠一個企業的努力已不足以降低顧客成本，不足以讓顧客滿意，只有加強供應鏈管理，加強成員企業間的合作，才能從根本上降低整個供應鏈系統的成本，實現雙贏。

1.3.8.6 構築供應鏈信息系統

即時信息共享是供應鏈成員企業有效合作的基礎和前提。為此，有必要構建完善的供應鏈信息系統，實現信息的及時、有效傳遞。信息系統首先應處理日常事務和電子商務，然後支持多層次的決策信息（如需求計劃和資源規劃等），最後應根據大部分來自企業之外的信息，進行前瞻性的策略分析。

1.3.8.7 實施供應鏈協同管理

供應鏈協同是指供應鏈成員企業為實現共同的目標而共同制訂計劃，在即時信息共享的基礎上同步協調運作，以實現供應鏈流程的無縫銜接。供應鏈協同應以信息共享、相互信任、群體決策、流程無縫銜接和共同的戰略目標為基礎。

供應鏈協同管理（Supply Chain Collaborative Management，SCCM）是對供應鏈各節點企業間的合作進行計劃、組織、協調和控制。實施供應鏈協同管理，可以將供應鏈中分散在各地、處於不同價值增值環節、具有特定優勢的企業聯合起來，以協同機制為前提，以協同技術為支撐，以信息共享為基礎，從系統全局出發，促進企業內外協調發展，開創「共贏」局面，實現供應鏈價值的最大化。

按照決策的範圍與時限，供應鏈協同管理可以分為戰略層供應鏈協同管理、戰術層供應鏈協同管理和運作層供應鏈協同管理（見圖1.8）。戰略層供應鏈協同管理是供應鏈管理的核心，主要內容包括：供應鏈設計、文化價值的融合、發展目標的統一、利益共享、風險共擔、協同決策、標準統一、界定供應鏈管理的目標和範圍、對供應鏈管理進行總體規劃等。戰術協同處於承上啟下的地位，是供應鏈管理的中心問題，主要包括：需求預測協同、生產計劃協同、採購協同、製造協同、物流協同、銷售與服務協同等內容。運作層協同主要以信息技術為支撐，實現信息共享和同步運作，它是戰略協同和戰術協同的基礎和前提。顯然，信息共享是實現供應鏈協同的關鍵。

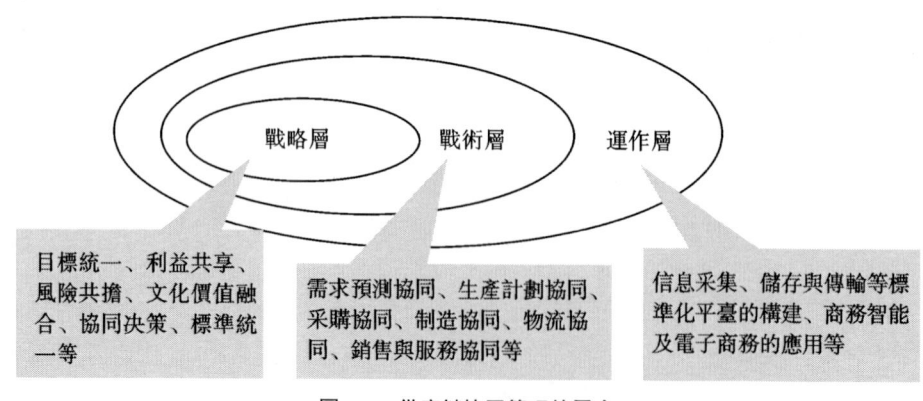

圖1.8 供應鏈協同管理的層次

1.3.8.8 實施供應鏈績效評估

績效評估是管理工作的重要環節之一，但供應鏈績效評估有別於傳統的企業績效評

價。其區別在於既要對供應鏈上的企業進行績效評價，更重要的是要對供應鏈的整體績效進行評估。供應鏈管理成功與否的最終檢驗標準是顧客的滿意度。

1.3.9 實施供應鏈管理的要點

企業在實施供應鏈管理的過程中，應注意把握以下基本要點。

1.3.9.1 明確本企業在供應鏈中的定位

供應鏈競爭力來源於成員企業競爭力的協同整合，而聯盟成功的關鍵是利益相關、優勢互補。成功的供應鏈管理要求節點企業都應該是專業化的，專業化就是優勢，它有利於實現強強聯合。因此，節點企業必須根據自身優勢來確定本企業在供應鏈中的位置，並制定相應的發展策略，對本企業的業務活動進行調整和取捨，揚長避短，專注於核心業務，培育核心能力。

1.3.9.2 建立高效的物流配送網路

企業的產品能否通過供應鏈快速地分銷到目標市場上，這取決於供應鏈物流網路的健全程度以及市場開發等因素。物流網路是供應鏈存在的基礎，它好比人的靜脈，為肌體輸送養分。因而建立高效的物流配送網路非常關鍵，而供應鏈物流網路的建立應最大限度地謀求專業化，理想的情形是充分利用第三方物流服務商來實現。

1.3.9.3 廣泛採用信息技術

成功的供應鏈管理應能實現供應鏈企業的一體化，其具體表現為：對信息的充分共享和同步傳輸的能力；與市場需求同步的反應能力；在物料採購、生產、倉儲、運輸、配送等各個環節上，各企業高效、一體化的商務運作能力。顯然，這一切的實現需要信息技術手段支撐，需要通過信息技術來打造透明的供應鏈。企業應健全供應鏈信息系統，並採用條碼技術[①]、POS 系統及其他自動識別與數據採集（AIDC）技術[②]，全面收集需求信息、物流信息及其他相關信息。

1.3.10 供應鏈流程的優化

為了實施有效的供應鏈管理，需要分析並優化供應鏈流程。供應鏈運作參考模型（Supply-Chain Operations Reference-model，SCOR）是第一個標準的供應鏈流程參考模型，它由美國供應鏈協會（Supply-Chain Council）開發成功。SCOR 模型是供應鏈的設計和診斷工具，它涵蓋所有的行業，能夠使企業間準確地交流供應鏈營運的有關問題，客觀地測量、評價供應鏈的運作績效，並確定新的供應鏈管理目標。運用該模型能夠有效地對供應鏈管理過程進行組織、監控與協調。

---

① 條碼（Bar Code）是條形碼的簡稱，它是「由一組規則排列的條、空及其對應字符組成的，用以表示一定信息的標誌」。——中華人民共和國國家標準《物流術語》（GB/T18354-2006）。例如：6902952880041。該條碼的字符結構中，690 是國家代碼，2952 是製造廠商代碼，88004 是商品代碼，1 為校驗碼。條碼技術（Bar Code Technology）是「在計算機的應用實踐中產生和發展起來的一種自動識別技術。」——中華人民共和國國家標準《物流術語》（GB/T18354-2006）。

② 自動識別與數據採集（Automatic Identification and Data Capture, AIDC）技術是「對字符、影像、條碼、聲音等記錄數據的載體進行機器識別，自動獲取被識別物品的相關信息，並提供給後臺的計算機處理系統來完成相關後續處理的一種技術。」——中華人民共和國國家標準《物流術語》（GB/T18354-2006）。

1.3.10.1 SCOR 的基本層次

SCOR 模型按照其流程定義可分為三個層次，每一層都可用於分析企業供應鏈的運作。

1. 第一層（基本流程）

第一層描述了五個基本流程：計劃（Plan）、採購（Source）、生產（Make）、發運（Deliver）和退貨（Return），分別簡稱 P、S、M、D、R。其中，計劃流程是核心流程，其余四個流程是執行流程，計劃流程對其余四個流程起到整體協調和控制作用。如圖 1.9 所示。

SCOR 模型的第一層定義了供應鏈運作參考模型的範圍和內容，並確定了企業競爭目標的基礎。企業通過對 SCOR 模型第一層流程的分析，可根據以下供應鏈運作性能指標做出基本的戰略決策：

（1）交付性能：按時或提前完成訂單/計劃的比率。

（2）發運速度：成品庫接到訂單 24 小時內發運的比率。

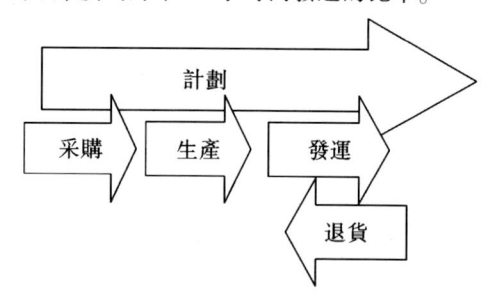

圖 1.9　SCOR 第一層流程定義

（3）訂單完成的性能：訂單完成前置期、全部訂單完成率、供應鏈回應時間。

（4）生產的柔性：供應鏈管理總成本。

（5）增值生產率：保修/返修的成本。

（6）資金週轉時間：存貨供應天數、資金週轉次數。

一般地，企業不可能在上述所有指標上都達到最優，故合理地選擇那些對企業經營成功最重要的指標來測評供應鏈的性能極為重要。

2. 第二層（配置層）

SCOR 模型的第二層是配置層，由 26 種核心流程類型組成。企業可選擇該層中定義的標準流程單元構建其供應鏈（每一種產品或產品型號都可以有其相應的供應鏈）。圖 1.10 描述了 SCOR 模型中第二層的 19 個標準流程要素。

3. 第三層（流程元素層）

該層定義了企業在目標市場上競爭成功的能力，包括以下內容：

（1）流程元素定義；

（2）流程元素信息的輸入和輸出；

（3）流程性能指標；

（4）最佳運作方式及適用領域；

（5）匹配與運作方式相應的信息系統。

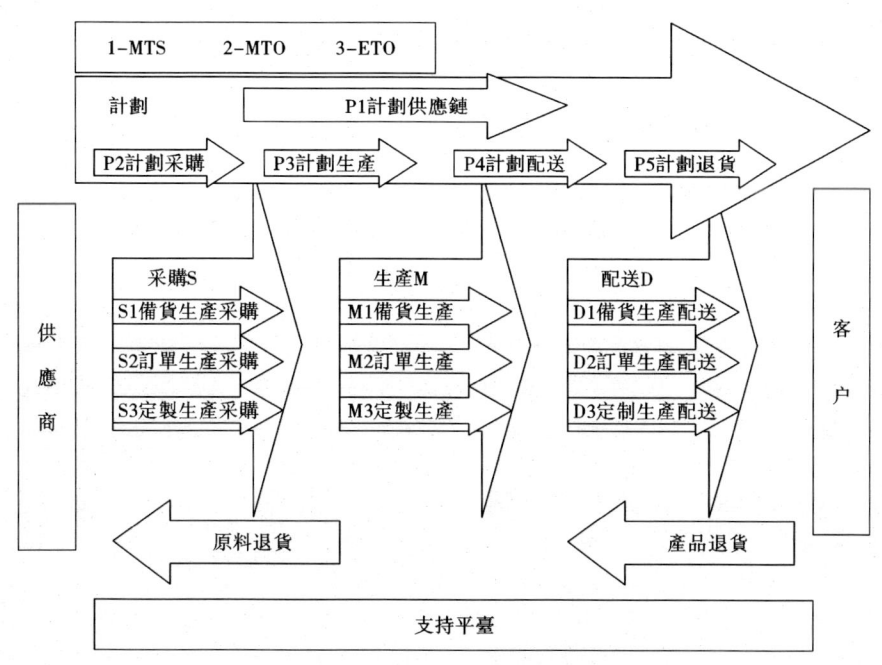

圖 1.10　SCOR 第二層流程要素

1.3.10.2　SCOR 的應用

在運用 SCOR 模型來分析、繪製供應鏈流程圖時，需要掌握緩衝存貨點（Decoupling Points，DP）和企業的需求回應策略等知識。

1. DP 點與企業需求回應策略[①]

DP 點的表現形式有五種：DP1、DP2、DP3、DP4、DP5，如圖 1.11 所示。

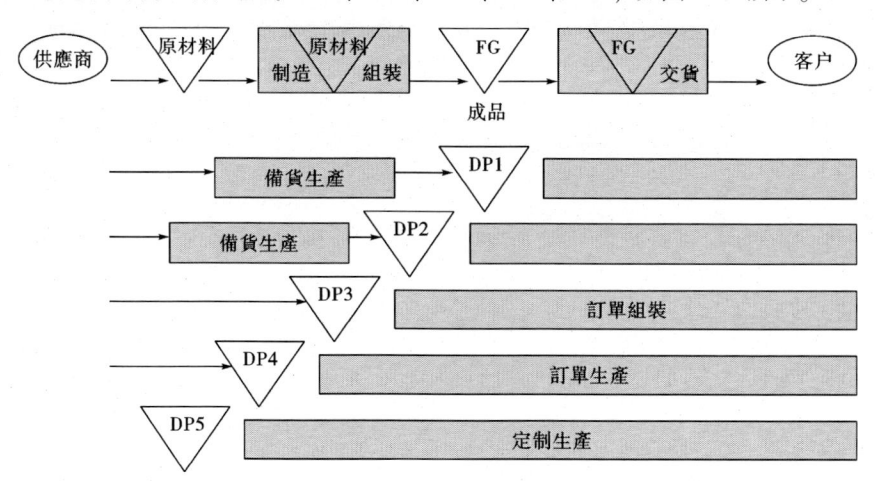

圖 1.11　DP 點的表現形式

---

① 胡建波. 合理設置緩衝存貨點［J］. 企業管理，2011（6）.

DP1：按備貨方式生產（存貨型生產，Make-To-Stock，MTS），並將產品運送至分銷中心（DC）。在接到客戶訂單後，從分銷中心提貨配送。DP1 最靠近客戶。企業根據需求預測，以備貨生產的方式補充庫存。

DP2：按備貨方式生產（MTS），但成品集中存放於工廠成品庫內，在接到客戶訂單後，從成品庫直接將產品運送給客戶。

DP3：按訂單組裝（Assemble-To-Oder，ATO），存貨以在製品或半成品的形態出現，沒有成品庫存。在接到客戶訂單後開始組裝產品，然後運送給客戶。

DP4：按訂單生產（Make-To-Order，MTO），只有原材料和零部件庫存，不設成品庫存。一旦接到客戶訂單，立即投入生產，然後將成品運送給客戶。

DP5：按訂單設計（Engineering-To-Oder，ETO），不設置原材料及產成品庫存。在接到客戶訂單後開始設計產品，並根據客戶訂單的需要採購原材料和零部件，生產完成後直接將產品運送給客戶。

從企業需求回應策略或生產方式的角度，可將上述五種形式的 DP 點歸納為三類：備貨生產（DP1、DP2），訂單生產（DP3、DP4），定制生產（DP5）。

2. SCOR 的應用步驟

首先應從企業供應鏈的物理佈局（Physical Layout）開始構建供應鏈，接下來根據本企業供應鏈流程的特點選擇 SCOR 模型第二層中定義的標準流程元素來描述供應鏈（如圖 1.12 所示）。具體包括以下幾個步驟：

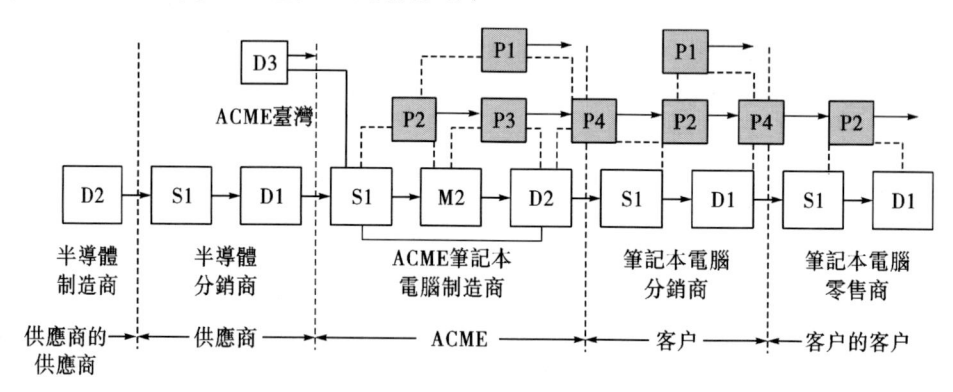

圖 1.12　運用 SCOR 模型第二層流程元素描述的供應鏈流程

（1）選擇擬構建的供應鏈的節點企業和物流據（結）點，以及相應的產品組合。

（2）確定計劃流程（P）、採購流程（S）、生產流程（M）、發運流程（D）和退貨流程（R）發生的位置。

（3）採用適當的供應鏈運作流程（S、M、D 等）來標明每一供應鏈節點的活動（1 代表 MTS，2 代表 MTO，3 代表 ETO，例如 S1 代表「備貨型生產採購」，D2 代表「訂單生產的產品配送」）。

（4）用「箭線」連接供應鏈各節點。這些箭線把物料（廣義的物料，包括半成品和產成品在內）流經的供應源、供應商、製造商、分銷商、零售商、客戶以及供應鏈流程聯繫在一起。通過描繪這些箭線，有助於瞭解供應鏈中哪些是共同的執行流程，哪些

是獨立的執行流程。

（5）用虛線表達計劃流程，以顯示與執行流程的聯繫。

（6）標註 P1（供應鏈計劃）。P1 通過匯總 P2（採購計劃）、P3（生產計劃）和 P4（配送計劃）得出。

SCOR 模型是優化供應鏈運作的業務流程指南，是基於流程管理的工具。國外許多公司已經開始重視、研究和應用該模型。大多數公司都是從 SCOR 模型的第二層開始指導其供應鏈運作，此時常常會暴露出現有流程的低效，因此需對現有供應鏈進行重組。典型的做法是減少供應商、工廠和配送中心的數量，有時也可減少供應鏈的一些環節。一旦供應鏈重組完成，就可開始進行性能指標的測評，並實施供應鏈「最佳實踐」（Best Practices）。

單元小結

經濟全球化、競爭國際化、信息網路化、知識資源化、管理人文化是新經濟時代的重要特徵。科技進步，環境動態，需求變異，交期縮短，管理創新，眾多因素催生了供應鏈管理的產生。供應鏈是描述商品或服務的需—產—供過程中的實體活動及其相互關係動態變化的網路，具有需求導向性、增值性、交叉性、動態性、複雜性等主要特徵。供應鏈管理主要是對成員企業間的合作關係進行協調，並對物流、資金流、信息流、商流進行控制，其管理主要涉及需求、生產運作、物流及供應四個領域。供應鏈管理具有產、銷、財、物等四大基本職能，具有需求驅動、系統優化、流程整合、信息共享、互利共贏等主要特點。其主要目標是消除重複與浪費，尋求供應鏈系統總成本與服務水平間的平衡。延遲策略是供應鏈管理的一條重要原則。供應鏈運作參考模型是供應鏈的設計和診斷工具，是優化供應鏈運作的業務流程指南。供應鏈管理是 21 世紀企業管理與現代物流管理發展的主流方向。

思考與練習題

簡答（述）

1. 21 世紀企業經營環境有哪些主要特徵？
2. 簡述供應鏈管理的產生、發展過程。
3. 什麼是供應鏈？供應鏈有哪些主要特徵？
4. 供應鏈有哪些分類方法？相應的類別有哪些？
5. 供應鏈中物流、資金流、信息流的方向是怎樣的？有何規律性？
6. 功能型產品和創新型產品各有哪些特點？它們分別與哪種類型的供應鏈匹配？
7. 拉式供應鏈流程與推式供應鏈流程的區別是什麼？
8. 什麼是供應鏈管理？其管理範圍主要涉及哪些領域？

9. 供應鏈管理的主要目標是什麼？供應鏈管理有哪些主要職能？
10. 與傳統企業管理模式相比，供應鏈管理有哪些優勢？
11. 實施供應鏈管理對企業有什麼基本要求？
12. 實施供應鏈管理有哪些要點？應遵循哪些基本原則？
13. 如何運用 SCOR 模型優化企業的供應鏈運作？

情境問答

1. 過去，日本某打印機製造商生產的打印機產品，其主機有兩種類型的電源和保險絲裝置，相應的打印機產品分別銷往北美市場和歐洲市場。其中，電壓為 110 伏的打印機銷往北美市場，電壓為 220 伏的打印機銷往歐洲市場。當時，客戶的訂貨週期①很長，並且公司很難能準確地預測北美和歐洲市場打印機產品的需求量，這經常導致一個洲的打印機產品大量積壓，而另一個洲的打印機產品供不應求。後來，公司重新設計了打印機的主機，使之具有通用的電源和保險絲裝置，這樣產品在送達最終用戶之前就無須再對其進行差異化設計與加工。而且，使用通用的電源和保險絲裝置還有一個好處，即無論在什麼時候，只要產品供求出現不平衡，公司就可以將產品順暢地由一個洲轉運到另一個洲。這樣，在日本生產的主機產量就是全球所需打印機數量的總和，就可避免預測失誤給公司造成損失。

請問：該打印機製造商是否實施了延遲策略？如果實施了，實施的是哪一種延遲策略？

2. 由於客戶對汽車車身的顏色存在不同需求，上海通用汽車公司把噴漆工序延遲到接到客戶訂單後才進行（立即進行），滿足了客戶的個性化需求。如果客戶對車內音響、座位等設施有具體要求，公司也可以採用類似的策略來滿足。

請問：上海通用汽車公司是否實施了延遲策略？如果實施了，實施的是哪一種延遲策略？

3. 轉變發展方式、提升經濟增長的質量和效益是當前和未來我國經濟發展的重要指導思想。近年來，許多物流企業紛紛採取多種方式進行業務創新，提升企業的競爭力和服務水平。其中，在倉單質押基礎上發展起來的物流金融業務取得了快速發展，成為許多物流企業和商業銀行新的業務增長點。但是在 2012 年，我國多個地區爆發了通過虛假倉單、重複質押等行為騙取銀行貸款的「鋼貿事件」，對物流金融業務的發展產生了較大的不利影響。請分析「鋼貿事件」發生的原因，並提出如何避免此類問題再度發生的建議。

案例分析

案例 1：IBM 公司歐洲 PC 產品的供應鏈管理

供應鏈管理的實現，是把供應商、製造商、分銷商、零售商等在一條供應鏈上的所有節點企業都聯繫起來進行優化，使生產資料以最快的速度，通過生產、分銷環節變成增值的產品，到達有消費需求的消費者手中。這不僅可以降低成本、減少社會庫存，而且使社會資源得到優化配置，更重要的是通過信息網路、組織網路實現了生產及銷售的有效連接和物流、信息流、資金流的合理流動。

計算機產業的戴爾公司在其供應鏈管理上採取了極具創新的方法，體現出有效的供應鏈管理比品牌經營更好的優越性。戴爾公司的成功為其他電腦廠商樹立了榜樣，使他們目睹了戴爾公司的飛速成

---

① 訂貨週期（Order Cycle Time）是指「從客戶發出訂單到客戶收到貨物的時間」。——中華人民共和國國家標準《物流術語》（GB/T18354-2006）。

長。作為戴爾的競爭者之一，IBM 公司過去傾向於根據庫存來生產計算機，由於其製造的產品型號繁多，常常發現在有的地區存儲的產品不合格，喪失了銷售時機。計算機面臨的另一問題是技術上的日新月異，這意味著庫存會很快過時，造成浪費。為解決這些問題，IBM 和產業界的其他眾多計算機廠商正在改變其供應鏈，使之能夠適應急遽變化的市場環境。IBM 公司歐洲區 PC 產品的供應鏈流程如圖 1.13 所示。

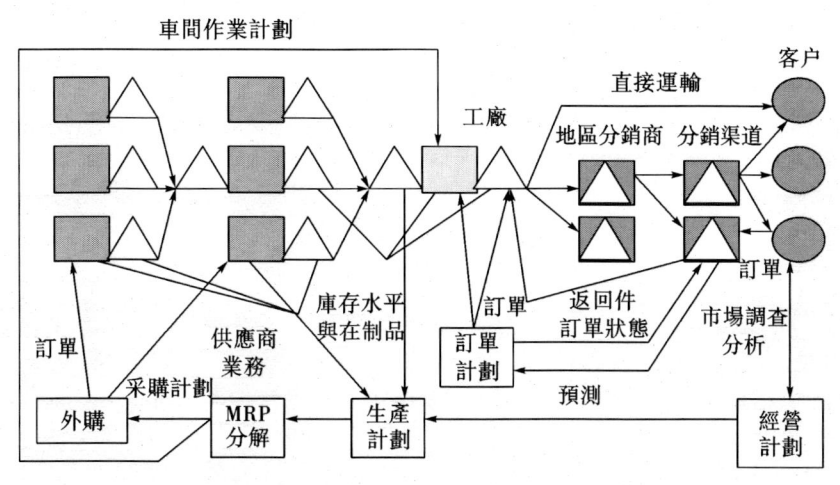

圖 1.13　IBM 公司歐洲 PC 產品的供應鏈流程圖

通過實施供應鏈管理，IBM 公司生產的盲目性得到避免，完整的歐洲區供應鏈管理系統所帶來的益處是：幫助 IBM 公司隨時掌握各網點的銷售情況，充分瞭解、捕捉與滿足顧客的真正需求，並且按照訂單製造、交貨，基本上沒有生產效率的損失，在滿足市場需求的基礎上，增進了與用戶的關係；能全面掌握所有供應商的詳細情況；合理規劃異地庫存的最佳水平；合理安排生產數量、時間以及運輸等問題；合理調整公司的廣告策略和價格策略；網上訂貨和電子貿易；可隨時把電腦的動態信息告訴每一位想瞭解的顧客；並減少了工業垃圾和製造過程對環境的破壞。

（本案例來源於：牛魚龍. 世界物流經典案例. 深圳：海天出版社，2003.）

根據案例提供的信息，請回答以下問題：

1. 請運用波特競爭模型分析 IBM 公司的經營環境。本案例中，IBM 公司的環境構成要素主要涉及哪幾種？
2. 在過去，IBM 公司歐洲 PC 的供應鏈設計主要存在什麼問題？后來進行了怎樣的調整？（本題參見第三單元）
3. 經改進以後，IBM 公司的供應鏈系統發生了什麼變化？
4. IBM 公司將需求回應策略進行了怎樣的調整？
5. 緩衝存貨點（DP 點）發生了什麼變化？有何好處？
6. 請描述 IBM 公司歐洲 PC 的供應鏈業務流程。
7. 請運用 SCOR 模型分析 IBM 公司歐洲 PC 的供應鏈業務流程。
8. IBM 公司是否實施了標杆管理？是戰略性標杆管理還是營運標杆管理？抑或支持性活動的標杆管理？（本題參見第 12 單元）
9. IBM 公司后來是否實施了延遲策略？如果實施了，是哪一種延遲策略？
10. IBM 公司將其「供應鏈管理策略」進行了怎樣的調整？（本題參見單元 6）

案例 2：天物大宗的在線供應鏈金融服務

　　天物大宗是一家為大宗商品貿易提供在線服務的電子商務企業。近年來，該公司大力開發大宗商品貿易的在線供應鏈金融服務，逐步實現了大宗商品供應鏈商流、物流和資金流的在線整合。

　　天物大宗的母公司是一家大型國有企業，主營業務為鋼材、煤炭、礦石和化工產品等大宗商品貿易。天物大宗依託母公司的渠道優勢，形成了在線交易、廠家專區、在線競標和集中採購四種交易模式。其中，在線交易模式是電子商務平臺最基本的形式；集中採購模式是通過電子商務平臺集中客戶的採購需求，平臺以大批量採購優勢，為客戶提供服務；廠家專區模式是為入駐平臺的廠商提供線上商品展示服務，同時為廠商提供融資支撐服務；在線競標包括採購競標和銷售競標。如圖 1.14 所示。

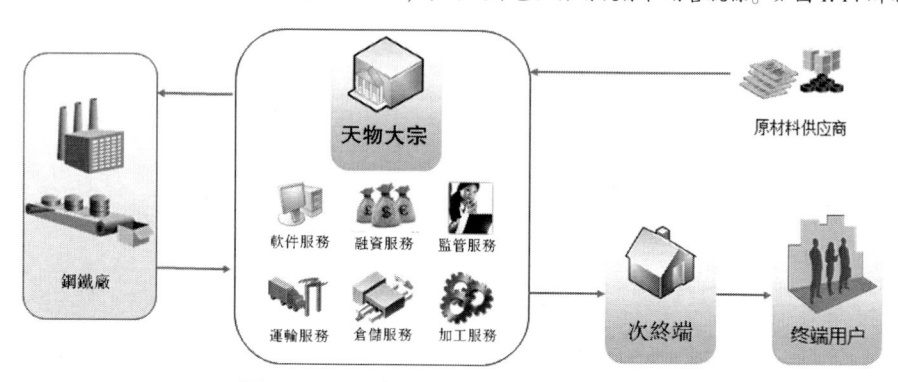

圖 1.14　天物大宗在線業務運作模式示意圖

　　利用電子商務平臺為貿易雙方提供在線供應鏈金融服務是天物大宗業務的最大特色。天物大宗通過真實的交易信息確定貿易雙方的信用等級，並利用網路化、信息化的「物流監管」優勢，有效降低了在線供應鏈金融服務的風險。憑藉母公司豐富的自有資金和銀行授信額度優勢，天物大宗可以提供訂貨融資、合同融資、倉單融資和應收款保險理賠融資四種在線融資服務。如圖 1.15 所示。

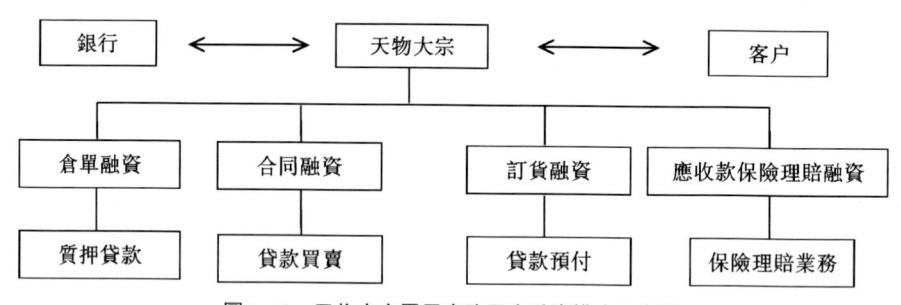

圖 1.15　天物大宗電子商務平臺融資模式示意圖

　　從線上交易到線上協同的物流服務，再到線上金融服務，天物大宗為上下游企業特別是中小企業提供了線上線下協同的集交易、物流和金融服務為一體的供應鏈集成服務，打造了一個能夠讓製造業、流通業、服務業和金融業走向深度融合的專業化供應鏈集成服務平臺。

根據案例提供的信息，請回答以下問題：
1. 天物大宗為客戶提供了哪些創新服務？天物大宗為什麼能夠吸引終端客戶？
2. 與傳統的物流金融服務相比，天物大宗提供的供應鏈融資服務有何優勢？
3. 天物大宗為什麼能夠實現對商流、物流、資金流和信息流的整合？
4. 天物大宗應採取哪些措施來控制其在線供應鏈金融服務的風險？

單元 2

供應鏈管理理論基礎

【知識目標】
1. 能列舉供應鏈成長理論的四大機制
2. 能闡明集成化供應鏈管理理論的要旨
3. 能簡述集成化供應鏈管理的實施步驟
4. 能闡明供應鏈業務流程重組的內涵
5. 能列舉供應鏈管理環境下的企業組織結構特徵

【能力目標】
1. 能分析供應鏈管理環境下企業業務流程的變化
2. 能分析供應鏈管理環境下的企業組織結構與傳統企業組織結構的異同
3. 能闡釋供應鏈流程團隊及供應鏈組織的構建策略
4. 能正確應用集成化供應鏈管理理論分析、解決供應鏈管理問題

引例:沃爾瑪「無縫」式供應鏈管理

沃爾瑪之所以取得成功,很大程度上在於沃爾瑪採取了「無縫點對點」的供應鏈系統。「無縫」的意思是指,使整個供應鏈達到一種非常順暢的聯結。沃爾瑪所指的供應鏈是指產品從工廠到商店的貨架,這個過程應盡可能平滑,就像一件外衣一樣是沒有縫的。每一個供應者都是供應鏈中的一個環節,沃爾瑪使整個供應鏈成為一個非常平穩、光滑、順暢的過程。這樣,沃爾瑪的運輸、配送、訂單處理與顧客購買等所有過程,都是一個完整網路當中的一部分,這樣就大大降低了物流成本。

在與上游供應商銜接時,沃爾瑪有一個非常好的系統,可以使供應商直接進入沃爾瑪的系統中,沃爾瑪稱之為「零售連結」。通過零售連結,供應商就可以隨時瞭解沃爾瑪的銷售情況,對其貨物的需求量進行預測,以便制訂生產計劃,避免盲目生產,這樣就可以降低產品成本,從而使整個流程成為一個「無縫」的過程。

引導問題:
1. 沃爾瑪成功的關鍵是什麼?
2. 什麼是集成化供應鏈管理?
3. 如何實施集成化供應鏈管理?

近年來供應鏈管理理論發展迅速。本單元主要涉及供應鏈成長理論、集成化供應鏈管理理論、業務流程重組與供應鏈組織等內容。

2.1 供應鏈成長理論

社會組織和自然界一切生命體一樣，都存在一個起源—成長—成熟—衰退—解體（滅亡）的生命週期。類似地，供應鏈也有一個產生、發展的成長過程。若按照分佈範圍來劃分，可將供應鏈劃分為公司內部供應鏈、集團供應鏈、擴展的供應鏈和全球網路供應鏈。從公司內部供應鏈到全球網路供應鏈，很好地體現了供應鏈的成長過程。

現代意義上的供應鏈是指具有供求關係的企業網路，而供應鏈的運作建立在物流、資金流和信息流等流程的基礎之上。供應鏈的成長過程實質上包含兩方面的含義：一是通過產品（技術、服務）的擴散機制來滿足社會的需求，同時，通過市場競爭機制來發展壯大企業的實力。因此，供應鏈管理實際上是一種基於「競爭—合作—協調」機制的、以分佈企業集成和分佈作業協調為保證的全新的企業運作模式。

當考查供應鏈的成長過程時，我們不僅應該看到企業有形的力量在發展、壯大，更應該看到企業無形的能量在凝聚、昇華，因此供應鏈的成長過程既是一種幾何（組織）的生長過程，也是一種能量的集聚過程和管理思想文化的變遷過程。

供應鏈成長過程體現在企業的成熟與發展之中，通過供應鏈管理的合作機制、決策機制、激勵機制和自律機制等來實現滿足顧客需求、使顧客滿意以及留住顧客等功能目標，進而實現供應鏈管理的最終目標：社會目標（滿足社會就業需要）、經濟目標（創造最佳的經濟利益）和環境目標（保持生態與環境平衡）的合一（如圖2.1所示），這是對供應鏈管理思想的哲學概括。

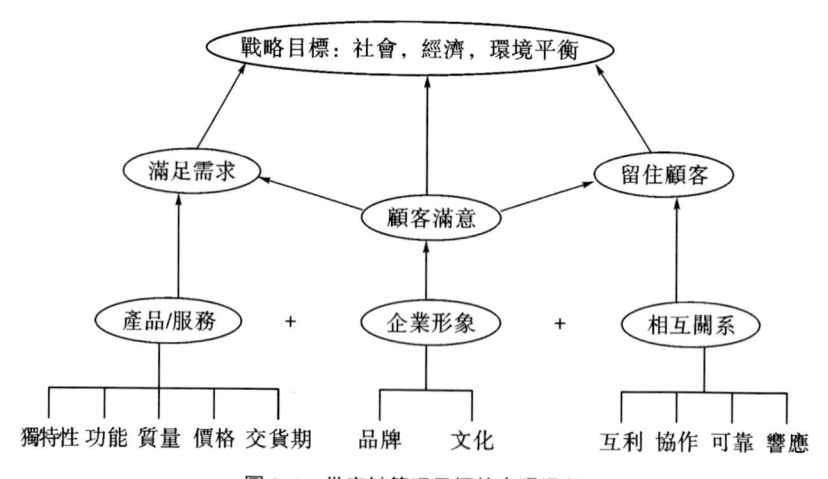

圖2.1 供應鏈管理目標的實現過程

2.1.1 合作機制（Cooperation Mechanism）

供應鏈合作機制體現了供應鏈成員企業之間的戰略夥伴關係，節點企業通過合作來實現企業內外資源的優化配置。在這種企業經營環境下的產品製造過程，從產品的研發到投放市場，週期大大縮短，顧客導向化（Customization）程度更高，模塊化產品設計，標準化組件，多品種小批量生產，業務外包，虛擬製造，使企業在多變的市場環境中增強了敏捷性，極大地提高了企業經營運作的柔性。企業集成的範圍擴展了，從原來的中低層次的內部業務流程重組上升到企業間的協作，這是一種更高級別的企業集成模式。在這種企業關係中，市場競爭的策略最明顯的變化就是基於時間的競爭和圍繞價值創造為核心目標的供應鏈管理。

2.1.2 決策機制（Decision Mechanism）

由於供應鏈企業決策所依賴的信息不再僅僅來源於企業內部，而是在開放的網路環境下，上下游企業以及其他合作夥伴（如第三方物流公司）不斷地進行信息溝通與交流，在即時信息共享的前提下進行群體決策，以期實現成員企業同步化、集成化的計劃與控制的目的，因而供應鏈企業的決策機制是基於 Internet/Intranet 的開放信息網路環境下的群體決策機制。特別地，由於企業決策支持系統的不斷發展，供應鏈企業的決策模式必然會發生變化。

2.1.3 激勵機制（Encourage Mechanism）

供應鏈管理和其他管理思想一樣，目的是使企業在 21 世紀的市場競爭中，在「TQCESF」上有最佳表現。T 為時間（Time），指反應快，如提前期短，交貨迅速等；Q 是質量（Quality），指產品質量高；C 為成本（Cost），企業要以更低的成本獲得更大的利潤；S 為服務（Service），企業要不斷提高客戶服務水平，提高顧客滿意度；E 是環境（Environment），指企業的產品與服務要「綠色」、環保；F 為柔性（Flexibility），指企業要有較好的應變能力。為了調動各成員企業的積極性，必須建立、健全供應鏈績效評估指標體系和激勵機制，使供應鏈管理不斷完善。

2.1.4 自律機制（Benchmarking Mechanism）

自律機制主要包括企業內部的自律、對比最強大的競爭對手的自律以及對比行業領導者的自律。企業通過向行業領導者抑或最強大的競爭對手看齊，不斷對產品、服務及供應鏈績效進行評估，發現差距並不斷改進，以實現可持續發展，最終提高客戶滿意度，提升企業競爭力。

2.2 集成化供應鏈管理理論

從集成的角度來研究供應鏈管理，體現了集成管理的思想，即要實現從企業內部的

分工協調到企業間的協作與聯盟，其最終的目的是要提升整個供應鏈企業群體的競爭力。

2.2.1 集成化供應鏈管理理論模型

要成功地實施供應鏈管理，就要拋棄傳統的管理理念，把企業內外業務流程高度集成，形成集成化供應鏈管理體系。通過信息、製造和管理手段，將企業生產經營所涉及的人員、技術和管理三要素有機集成並不斷優化，通過對物流、資金流、信息流、商流、業務流以及決策流的有效控制和協調，將企業內外業務流程有機集成，以降低經營成本、提高運作柔性，增強市場競爭力。

「集成化供應鏈管理理論模型」如圖2.2所示。

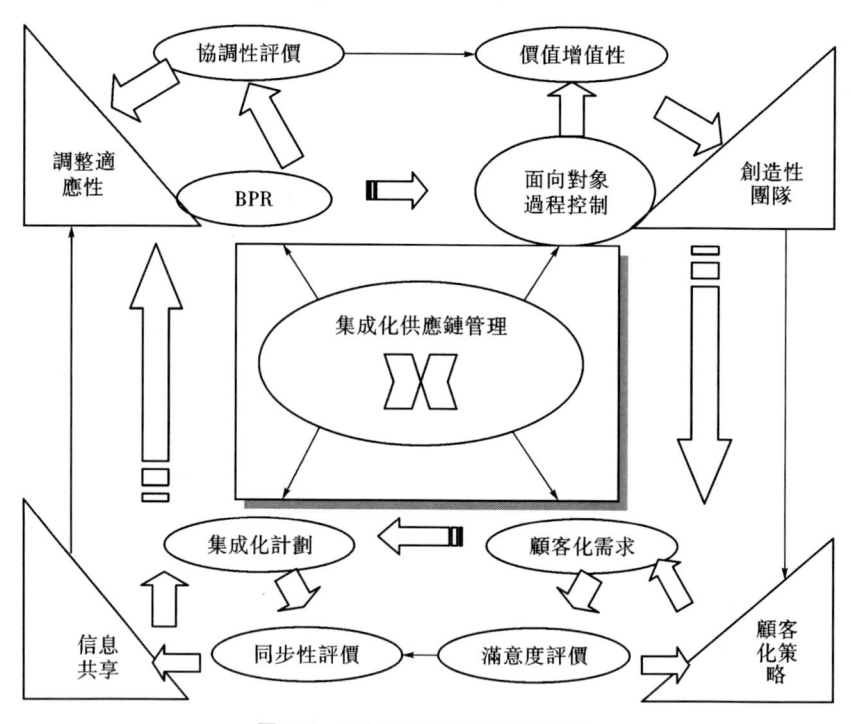

圖2.2 集成化供應鏈管理理論模型

集成化供應鏈管理的核心是以下三個回路，供應鏈管理正是圍繞這三個回路展開，形成一個協調的整體。

（1）運作/作業回路。由顧客化需求—集成化計劃—業務流程重組—面向對象過程控制組成第一個控制回路；

（2）策略回路。由顧客化策略—信息共享—調整適應性—創造性團隊組成第二個回路；

（3）性能評價回路。在作業回路與策略回路之間形成作業性能評價與提高回路。具體而言，四個性能評價回路主要涉及以下策略：

「顧客化需求——顧客化策略」回路主要涉及：滿意策略與用戶滿意評價理論、面向顧客化的產品決策理論、供應鏈的柔性敏捷化策略。

「信息共享——同步化計劃」回路主要涉及：JIT供銷一體化策略、供應鏈的信息組織與集成、並行化經營等策略。

「調整適應性——業務重組」回路主要涉及供需合作關係、戰略夥伴關係、供應鏈流程再造、精益供應鏈管理等策略。

「面向對象的過程控制——創造性團隊」回路主要涉及面向對象的集成化生產計劃與控制策略、基於價值增值的多級庫存控制理論、資源約束理論在供應鏈管理中的應用、質量保證體系、群體決策理論等。

2.2.2 集成化供應鏈管理的實現

企業從傳統的管理模式向集成化供應鏈管理模式轉變，一般要經歷五個階段，包括從最低層次的基礎建設到最高層次的動態聯盟，如圖2.3所示。各階段的不同之處主要體現在組織結構、管理核心、計劃與控制系統、應用的信息技術等方面。

階段1：基礎建設

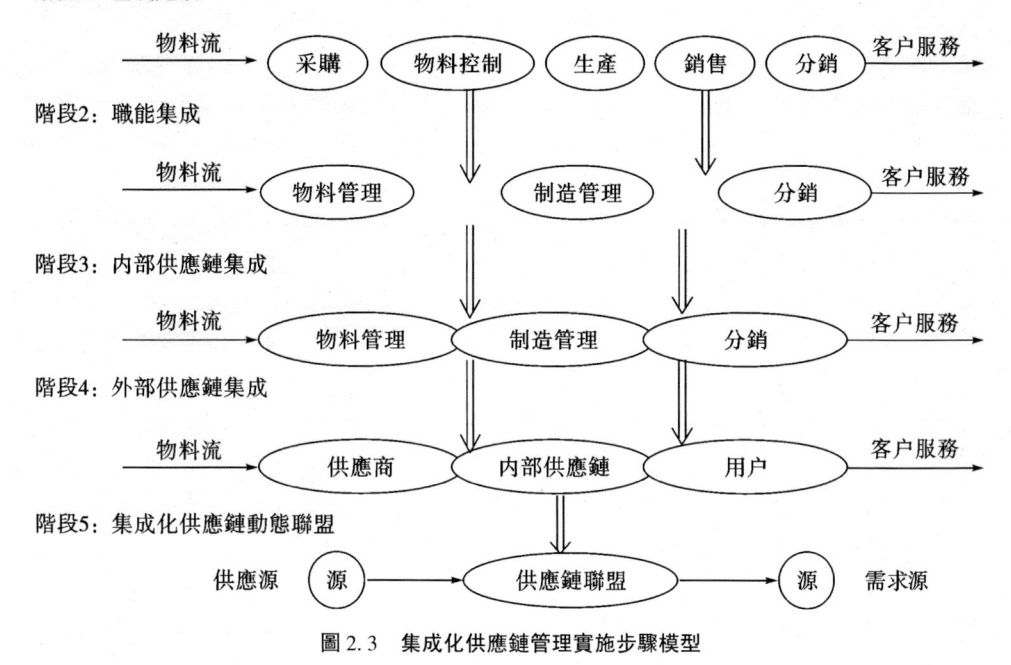

物料流 → 采購 → 物料控制 → 生產 → 銷售 → 分銷 → 客戶服務

階段2：職能集成

物料流 → 物料管理 → 制造管理 → 分銷 → 客戶服務

階段3：內部供應鏈集成

物料流 → 物料管理 → 制造管理 → 分銷 → 客戶服務

階段4：外部供應鏈集成

物料流 → 供應商 → 內部供應鏈 → 用戶 → 客戶服務

階段5：集成化供應鏈動態聯盟

供應源 → 源 → 供應鏈聯盟 → 源 → 需求源

圖2.3　集成化供應鏈管理實施步驟模型

2.2.2.1 基礎建設

這一階段首先要在企業原有供應鏈的基礎上進行環境分析。分析企業內部的優勢和劣勢，分析外部環境中的機會與威脅，包括需求特徵、產品特點、市場特徵、環境的不確定性、行業成長性等等，目的是總結企業現狀，找出影響供應鏈管理實現的障礙和有利因素，揚長避短，完善企業現在的供應鏈。

在這一階段，企業通常採用的是傳統的機械式組織結構，按照專業化分工，設置職能部門，由於分工過度，職能分散，各職能部門獨立地控制著企業內部的不同業務。這時的「供應鏈管理」（尚未集成）主要體現出如下特徵：

（1）過分關注產品質量，成本過高。企業的經營運作以產品為核心，注重提高產品質量。但由於過分關注採購、生產、包裝、交貨等質量，一般導致成本過高。故首先要解決成本—效益障礙，即以盡可能低的成本生產出優質的產品。

（2）缺乏協調，庫存上升。供、產、銷、物流、計劃等控制系統和業務過程相對獨立，部門間缺乏合作導致多級庫存。

（3）部門衝突。各職能部門界限分明，各司其職，缺乏溝通與協調，往往導致部門衝突。如採購部門只控制物料來源和原材料庫存；生產部門通過各種工藝過程實現原材料到成品的轉換；銷售部門主要處理產品的銷售與分銷，關聯業務往往因相關部門各自為政而發生衝突。

（4）計劃缺乏前瞻性。處於這一階段的企業主要採用短期計劃，出現問題后才逐個解決。總體上講，供應鏈對市場需求的變化缺乏敏感性和回應性，供應鏈管理效率低下。

2.2.2.2 職能集成

第二階段的主要目的是實現企業內部物流的集成。為此，要圍繞供、產、銷等核心職能，對物流實施集成化管理。比如，將配送與運輸等業務活動整合到物流管理職能中，將採購與供應管理職能實施集成，抑或將採購管理納入生產管理職能。目前，採購與供應職能的整合已是國內外一流企業通行的做法，也是未來發展的趨勢。將採購業務納入生產管理職能則有利於增強採購與供應的服務功能，有利於供應物流與生產物流的集成，確保生產的順利進行。

在這一階段，通常可成立交叉職能小組，參與項目計劃的制訂與實施，以增強企業部門間的溝通、協調。相關部門圍繞滿足客戶訂單而通力合作，最大限度地提高顧客滿意度。

職能集成強調滿足客戶需求。但在這一階段一般採用 MRP 系統對物料進行計劃和控制。由於 MRP 無法對銷售物流進行集成，導致客戶需求不能得到及時回應。往往出現計劃不靈、業務失控。故這一階段要採用有效的預測方法和技術對客戶需求作出較為準確的預測，在此基礎上進行計劃和控制，使分銷系統與生產系統有效銜接。

該階段的「供應鏈管理」（仍未集成）主要體現如下特徵：
- 強調滿足客戶需求。
- 強調降低成本。
- 強調訂單完成情況（將訂單滿足率[①]和訂單完成率作為績效評價的主要指標）。
- 職能型組織結構，各部門均有緩衝庫存。
- 控制標準較完善（如庫存水平、採購批量、生產批量、採購/銷售折扣等）。

[①] 訂單滿足率（Fulfillment Rate）是「衡量訂貨實現程度及其影響的指標。用實際交貨數量與訂單需求數量的比率表示」。——中華人民共和國國家標準《物流術語》（GB/T18354-2006）。

2.2.2.3 內部供應鏈集成

第三階段要實現企業直接控制領域的集成，即要實現企業內部供、產、銷等主要業務活動的一體化，形成企業內部集成化供應鏈。在這一階段，主要採用供應鏈計劃（Supply Chain Planning，SCP）和 ERP 系統來實施集成。集成的結果是形成集成化的計劃和控制系統。有效的 SCP 集成了企業主要計劃和決策業務，包括：需求預測、庫存計劃、資源配置、路徑優化、基於能力約束的生產計劃和作業計劃、採購計劃等。ERP 系統則集成了企業業務流程中主要的執行職能，包括：採購管理、銷售管理、生產管理、財務管理、成本管理、設備管理、質量管理、人力資源管理等。SCP 和 ERP 通過供應鏈事件管理（Supply Chain Event Management，SCEM）系統[①]聯結在一起。

本階段企業管理的核心是要提高企業內部集成化供應鏈管理的效率，主要應考慮在優化資源配置及能力的基礎上，以最低的成本、最快的速度生產出最好的產品，及時滿足客戶需求。特別地，這對於提供多種產品/服務的企業來說意義更為重大。為此，需通過投資來提高企業的運作柔性，需進行業務流程再造，構建新的交叉職能業務流程，逐步取代傳統的職能模塊，以用戶需求和高質量的預測信息來驅動整個企業供應鏈的運作。在服務水平提高的同時，成本往往也隨之上升。因而尋求服務與成本之間的平衡成了這一階段的關鍵。

在這一階段，可以採用配送需求計劃[②]（Distribution Requirements Planning，DRP）或配送資源計劃[③]（Distribution Resource Planning，DRP Ⅱ）以及 ERP 系統來管理物料，運用準時化（JIT）生產技術支持物料計劃的執行。JIT 的應用可以縮短市場反應時間、降低庫存並減少浪費。

因企業需要與外部供應商和客戶發生業務聯繫，故可以實施同步化的需求管理，實現客戶需求、生產計劃和供應物流同步化。

本階段的供應鏈管理主要有以下特徵：
● 關注企業內部生產，強調運作效率。
● 制訂中期計劃，實施集成化的計劃和控制體系。
● 形成完整的企業營運系統（供、產、銷系統清晰可見）。

2.2.2.4 外部供應鏈集成

外部供應鏈集成是實現集成化供應鏈管理的關鍵。本階段要將企業內部供應鏈與外部供應商和客戶實現集成，形成集成化供應鏈網路，並與關鍵客戶和關鍵供應商建立良

---

① 供應鏈事件管理（SCEM）是一個軟件系統，它通過從供應鏈中的多個渠道收集即時數據，並將其轉化為可以被追蹤和追溯（Track&Trace）的供應鏈運作狀況信息，以實現供應鏈的可視化（Visibility），使供應鏈管理者可以及時對例外事件採取補救措施。該系統包括追蹤與追溯、通知、報告、變更線路、模擬等功能。

② 配送需求計劃是「一種既保證有效地滿足市場需求，又使得物流資源配置費用最省的計劃方法，是物料需求計劃（MRP）原理與方法在物品配送中的運用」。——中華人民共和國國家標準《物流術語》（GB/T18354-2006）。

③ 配送資源計劃是「在配送需求計劃（DRP）的基礎上提高配送各環節的物流能力，達到系統優化運行目的的企業內物品配送計劃管理方法」（GB/T18354-2006）。——中華人民共和國國家標準《物流術語》（GB/T18354-2006）。

好的合作夥伴關係，即所謂的「供應鏈合作關係」（Supply Chain Partnership，SCP），尤其是戰略夥伴關係，這是集成化供應鏈管理的關鍵之關鍵。要圍繞關鍵客戶等重要合作夥伴開展企業的經營運作，徹底改變傳統的以產品為中心的運作模式。要充分利用EDI和Internet等信息技術手段加強與關鍵合作夥伴的溝通，確保企業信息系統與合作夥伴信息系統的有效集成，實現即時信息共享。並增進相互間在計劃、產品、工藝、組織結構、企業文化等方面的瞭解，以便在合作中達成默契，降低交易費用。通過建立良好的合作夥伴關係，導入銷售點驅動的集成化、同步化的計劃和控制系統，有效集成客戶訂購數據與信息、合作開發計劃、基於約束的動態供應計劃、生產計劃，企業就可以與客戶、供應商和物流服務商等合作夥伴實現良好的集成，共同在市場預測、產品設計、生產製造、運輸配送、競爭策略等方面控制整個供應鏈的運作。

處於這一階段的企業，生產系統必須具備更高的柔性，以增強供應鏈對市場需求的反應能力。企業必須能根據不同客戶的需求，採用相應的回應策略。既能按訂單生產（MTO）、按訂單設計（ETO）、按訂單組裝（ATO），又能按備貨方式生產（MTS）。這樣一種根據客戶的不同需求對資源進行相應的優化配置的策略稱為動態用戶約束點策略。

企業管理層還應深入分析供應鏈業務流程，合理確定推式流程與拉式流程的分界點（COPDP點），正確使用生產延遲、物流延遲、形式延遲和完全延遲等策略，在有效降低供應鏈系統風險的同時，實現大規模定制，獲取規模經濟和範圍經濟性收益，最終實現企業與用戶的「雙贏」。①

對於主要客戶，企業應建立以客戶為核心的小組，徹底打破職能分工，進行流程再造，有針對性地為客戶提供個性化服務。

綜上所述，本階段的供應鏈管理主要有以下特徵：
● 實現集成化供應鏈管理。
● 特別強調成員企業間的合作（建立供應鏈合作關係，尤其是戰略夥伴關係）。
● 充分利用信息技術手段實現信息共享。
● 採用動態用戶約束點策略。
● 供應鏈流程再造。

2.2.2.5 集成化供應鏈動態聯盟

經過上述四階段的集成后，供應鏈成員企業間已形成了一個網鏈化的企業群體，我們稱之為供應鏈共同體，其戰略目標是占據市場領先地位。一方面隨著市場競爭的加劇；另一方面由於成員企業間的相互選擇，必然使供應鏈演變為能快速重構的動態組織結構，即集成化供應鏈動態聯盟。其目的是實現成員企業間的強強聯合，優勢互補，不能適應供應鏈發展需要的企業將從聯盟中被淘汰出局。在這樣的經營環境中，如何提升企業核心能力並及時、快速地滿足客戶需求，是企業生存、發展的關鍵。集成化供應鏈動態聯盟是供應鏈管理發展的必然趨勢。

特別是在信息網路化的今天，借助於因特網等信息技術手段，企業可以在全球範圍

---

① 胡建波. 延遲策略在供應鏈管理中的應用［J］. 企業管理，2012（2）.

內選擇優秀合作夥伴。在全球網路供應鏈中，企業的形態和邊界將發生根本變化，虛擬企業（Virtual Enterprise，VE）應運而生。所謂虛擬企業，即供應鏈成員企業間的動態聯盟，是成員企業為了共同獲得某個市場機會的優勢而暫時組成的經營實體，是各成員企業全部或部分資源動態組合而成的一種組織，是全球供應鏈資源整合的一種形式。它是基於一定的市場需求、根據共同的目標而組成的。企業通過 Internet/Intranet 等信息技術，同步化、擴展的供應鏈計劃和控制系統以及電子商務平臺集成在一起以滿足客戶的需求，一旦市場需求消失，它也將隨之解體。而當新的需求出現時，這樣的組織又會由相應的企業動態地重組形成。

在動態聯盟中，成員企業可以集中力量發展核心業務、培育並提升核心能力，成員間優勢互補、風險共擔、共同獲利。借助全球網路供應鏈，迅速實現企業內外資源的優化整合，創造出具有高彈性的競爭優勢。在虛擬企業中，傳統的企業界限被打破，全球計算機信息網路成為各成員企業捕獲市場信息，快速回應市場需求，並進行企業間緊密合作的主要手段。虛擬企業是網路時代的一大創新。一些新型的、有益於供應鏈管理的代理服務商將替代傳統的經銷商，同時會出現一些新興業務，如交易代理、信息檢索服務等，將會有更多的商業機會等待人們去發現。

需要說明的是，以上五個階段並無嚴格的界限，每一階段僅是管理的側重點有所不同。

2.3　BPR 與供應鏈組織變革

供應鏈管理是一種全新的管理思想和方法，其運作需要有相應的組織保障。面對全球化和信息化浪潮的衝擊，傳統的企業組織已不能適應供應鏈管理的需要，必須徹底實現組織轉型。

2.3.1　傳統企業的組織結構與業務流程特徵

傳統企業的組織結構多為職能專業化模式。按照專業化分工設置職能部門來處理企業業務流程的管理模式，可以追溯到 1776 年英國古典經濟學家亞當·斯密在《國富論》中提出的勞動分工理論。亞當·斯密把零件製造過程分解成一道道簡單工序。由於每個工人都只從事本道工序的加工活動，因而大大提高了專業化程度和勞動生產率，降低了生產成本，這種管理模式尤其適合大量大批生產標準化產品的企業。后來美國的福特進一步將這種管理思想發揚光大，建成了世界上第一條流水生產線，極大地提高了汽車製造的生產率，成為許多企業家模仿的典範。這種勞動分工的思想又被應用到企業管理的設計上，將企業管理劃分成許多職能，形成了許多分工細緻的職能部門，管理流程更加專業化。專業化分工成為社會化大生產的標誌，成為傳統組織設計的一條基本原則。直到今天，職能專業化管理模式在企業管理中仍然占據著主導地位。

專業化分工之所以能夠提高工作質量和勞動生產率，主要在於分工使勞動者成為某一方面的行家里手，熟能生巧，效率提高。然而，分工的缺點也日益暴露，如分工帶來

了本位主義，滋長了企業管理者的片面觀點；分工使勞動者的工作變得單調乏味，影響了員工的工作熱情和創造性思維；分工還引起了業務流程的複雜化，增大了部門間協調的工作量，降低了整個業務流程的效率。特別是在信息時代，企業一般要處理大量的信息，一項工作花在檢查、核對、協調上的時間及相關成本大大增加，從而降低了專業化分工本應產生的高效。由此可見，分工並非越細越好，而應該有一個合適的「度」。

為了對職能部門進行有效的管理和控制，傳統企業通常採用一種縱向「金字塔」形的層級式組織機構，這種組織結構具有職能多、部門多、等級制度嚴格等特點，適合經營環境穩定、產品導向的大規模生產，因而這種「科層式」組織機構又有「機械式」組織之稱。其效率一般是建立在簡單重複勞動的基礎之上，業務處理週期較長。因為一項任務一般要順序地流經各職能部門，雖然各職能部門的專業化程度提高了，但由於要等到上一個環節的工作完成後才能開始下一環節的工作，結果一項任務或完整的項目所包含的各項作業在職能部門之間被分解得支離破碎，既造成部門之間在銜接中的大量等待，又使各部門增加了很多重複勞動，大大延長了完成任務所花費的時間。

由於一項業務活動的開展往往涉及許多不同的部門和層次，因而產生了平凡的跨部門跨層級聯繫和協調的需要，為此，企業配備了層層疊疊的管理人員，制定了嚴密細緻的程序、規則，企圖通過這些上級指揮和程序規範等措施確保整個流程的工作能按部就班地進行。然而，這種「先分後合」的傳統組織設計方式導致了各部門人員只是習慣於「對內」向各自所承擔的局部工作負責，「對上」遵照老板的指示執行，可就沒有人能在工作中以全局、外向的眼光對整個業務流程及其所服務的顧客負起全面責任，結果上級主管疲於協調、「文山會海」不斷升級，終究也改變不了整個流程效率低、顧客滿意度低、對市場變化反應遲緩等問題。因此，面臨顧客日益挑剔、競爭日益激烈、變化日益平凡三股力量衝擊的現代企業，必須徹底改變傳統的工作組織方式，從更好地滿足企業內外顧客需求出發，將業務流程所涉及的一系列跨職能、跨邊界的活動集成和整合，以首尾相連的、完整連貫的一體性流程取代以往被各職能部門割裂的、片段黏合式的破碎性流程。在這樣的背景下，業務流程重組的颶風在全球掀起。

2.3.2 BPR 的基本內涵

為適應新的競爭環境，有必要對傳統企業組織機構及業務流程進行徹底變革。「業務流程重組」也稱「業務流程再造」或「企業經營過程再工程技術」（Business Process Reengineering，BPR），是由曾任美國麻省理工學院計算機教授的邁克爾·哈默（Michael Hammer）博士於 1990 年在《哈佛商業評論》上發表的「再造不是自動化，而是重新開始」一文中首次提出的概念。因為許多企業為了提高管理效率，紛紛利用計算機和信息技術建立了管理信息系統（MIS），但傳統企業工作流程計算機化後，並未給企業帶來預期的效益，其主要原因之一是沒有觸及傳統管理模式。因此，要想取得實效，首先必須分析企業的業務流程，剔除無效活動，對其進行徹底重新設計，重新構造管理流程和與之相匹配的管理信息系統。為此，邁克爾·哈默和詹姆斯·錢皮（James Chapy）進行了深入研究，並於 1993 年出版了《企業重組》（Reengineering the Corporation）一書，引起了學術界和實業界的廣泛關注，使 BPR 成為企業管理研究和實踐的熱點。

BPR 是「為在反應企業績效的關鍵因素，如成本、質量、服務和交貨速度等方面取得重大進展，而對企業整個活動過程所進行的根本性重新設計」。換言之，BPR 是為了顯著提高企業的綜合競爭力而對企業現有生產經營過程從根本上進行重新思考和徹底重構的技術與方法。它是伴隨著管理信息系統在企業中的應用而產生的新思想，是企業實現高效益、高質量、高柔性、低成本的戰略舉措。

經營流程是 BPR 中的一個關鍵概念。所謂經營流程，並非指個別業務部門的工作程序，而是指企業整體業務流程，即「輸入一個以上的東西，對顧客產生價值的輸出行為的集合」。

BPR 的基本內涵是以業務流程為中心，提倡市場需求導向，組織變通，員工授權以及正確地運用信息技術，以達到適應快速變化的市場競爭環境的目的。其核心思想就是要打破企業按職能設置部門的管理模式，圍繞業務流程重新設計企業管理過程。BPR 強調集成，追求全局性優化組合和整體經營效益，其理論核心是「過程」觀點和「再造」觀點。

許多著名大企業通過業務流程再造獲得了強大競爭優勢。

案例 2-1 柯達公司對新產品開發實施業務流程重組后，將焦距為 35mm 的一次性照相機的研發週期縮短了 50%，從原來的 38 周減少到 19 周，同時，工具製造成本降低了 25%。

案例 2-2 IBM 的融資業務流程重構。IBM 集團屬下的信用公司（IBM Credit Corporation）是為客戶提供購買 IBM 電腦、軟件及服務所需貸款的信用分支機構，原融資業務流程採取的是傳統的專業化分工組織方式：當地方銷售員打電話到公司要求提供融資時，首先由 14 個經辦員將客戶的需求記錄在申請單上，再送到信用部審查客戶的信用，接下來到估價部評估貸款利率，之后，到商務部簽訂契約，最后由文書組起草並簽發正式信貸文件。整個流程的處理週期平均為 6 天，最長達到 2 周。后來經融資業務流程再造，由一個通才的「專案員」負責每筆融資業務的全程處理，結果業務週期縮短為 4 個小時，相當於提高生產能力 100 倍，BPR 為 IBM 公司創造了強大競爭優勢。

隨著時間的推移，BPR 的內涵也在發生變化。現在企業的流程重組越來越著眼於企業未來的發展，而非僅僅是削減成本和精簡規模。當今很多企業都是從發展戰略的角度來進行流程再造，目的是使業務流程更具有適應性，更能適應快速變化的經營環境。再造思想對企業組織結構從傳統的任務型向流程型轉變產生了極為重要的影響。

2.3.3 供應鏈管理環境下的企業業務流程的變化

供應鏈管理環境下的企業業務流程發生了顯著變化。一方面，供應鏈管理思想改變了傳統的思維方式，把企業資源的範疇從企業內部擴展到企業外部，力求實現企業內外資源的優化配置，增強了企業內部以及企業間業務流程的緊密性。另一方面，信息技術在企業管理中的應用使並行作業成為可能。隨著供應鏈管理時代的來臨，人們開發出了

很多管理軟件，借助於強大的數據庫和網路系統，相關部門和企業間可快速地傳遞、共享各種信息，以支持企業不同業務和並行作業，為實現同步運作提供了可能。

在信息技術比較落後的情況下，企業間、企業內部部門間的信息傳遞往往借助於紙質媒介，這種方式難以實現信息共享。因為即使能夠複製出多份文件發給不同部門，但文件內容發生變化后很難做到同步更新。在這種情況下，業務處理一般採用串行方式。例如，當銷售部門根據市場調查結果、企業年度經營計劃、客戶訂單以及歷史性銷售數據制訂出銷售計劃后，生產部門據以制訂生產計劃，再由採購部門編製採購計劃，這期間還要經過層層審核，才能向供應商發出訂單。這是一種典型的串行工作方式。由於業務流程長，涉及的部門環節多，難免出現銜接中的等待、脫節等現象，導致業務處理週期較長。

在供應鏈管理環境下，借助於 ERP 等信息技術手段，當輸入主生產計劃（MPS）、物料清單（BOM）、庫存數據等信息后，即可同步得到採購計劃和車間作業計劃（PAC/SFC）。通過計算機的模擬功能，可將系統輸出的按實物量表示的業務活動計劃和以貨幣表示的財務報表集成，保證物流與資金流的同步，便於即時作出決策。通過查詢數據庫的供應商檔案，獲得最佳的供應商信息，就可以迅速向有關供應商發出訂單。甚至可通過因特網或 EDI 將採購信息發布出去，直接由供應商接受處理。

事實上，在供應鏈管理環境下，製造商、供應商、分銷商、零售商之間一般要借助於因特網或 EDI 進行業務聯繫，由於實施了電子商務、無紙化作業，許多過去必須由人工處理的業務環節，在信息技術的支持下變得更加簡捷了，有的環節甚至被省掉了，業務流程必然發生變化。例如，以往供應商一般是在接到製造商的訂單后，再進行零部件的生產，等到零部件生產出來，已耗費了很多時間。這樣一環一環地傳遞下去，產品生產週期必然很長。而在供應鏈管理環境下，合作企業可以通過因特網方便地獲得需求方生產進度的即時信息，從而可以主動地做好供應工作。供應商管理庫存（VMI）就是一例。供應商可以通過因特網或 EDI 瞭解製造商的需求信息，在庫存量即將到達訂貨點時，就可以在沒有接到製造商訂單的前提下主動供貨，從而大大縮短供貨週期。由於這種合作方式的出現，原來那些為處理訂單而設置的部門、崗位和流程就可以考慮重新設計。

綜上所述，由於信息技術的廣泛應用，供應鏈管理環境下的企業業務流程與傳統相比發生了顯著變化。其典型特點是將研發、工程設計、工藝開發、生產製造及其他支持業務進行交叉運作，從而使產品開發從一開始就考慮到產品生命週期中的所有因素，包括質量、成本、速度和用戶需求，有利於提高企業營運效率。

2.3.4 供應鏈管理環境下的企業組織結構特徵

企業要適應快速變化的經營環境，就必須從傳統的「機械式組織」向「有機式組織」轉變，這種組織具有精益化、智能化、敏捷化、柔性化等特徵。

2.3.4.1 精益化

精益化已成為當今領先企業組織結構調整的一個主流趨勢。精益即意味著去除多余的成分、部門或環節，只保留最有效、最精干的部分。對企業組織結構而言，就是要將

影響企業營運、制約企業戰略目標實現的職能部門精簡掉，使組織結構得到優化。精益化的組織結構，可以節約大量的人力、物力和財力，全面提高企業經營的效率和效益。精益化的核心在於精幹，它要求用精益的觀點來分析企業的經營運作過程，將資源配置到最有效的環節上。

供應鏈管理理論認為，唯有能增加價值（包括附加價值）的活動才是有效的，非增值活動是無效的，會造成資源的浪費。供應鏈管理思想反應到企業組織結構上，就要求重構組織，使之精幹高效，保證企業利潤最大化經營目標的實現。

2.3.4.2 智能化

智能化是指企業組織具有極強的學習能力，能夠根據環境的變化與新形式的要求，不斷豐富和更新原有的知識與技能，不斷將企業內外的資源和能力進行集成，以提升企業及其所在供應鏈的競爭力。由於供應鏈管理涉及企業內外資源的整合，需要協調成員企業間的關係，多種知識和技術等智能化要素蘊涵其中，因而企業組織只有具備極強的學習能力，才能滿足其運作要求。

2.3.4.3 敏捷化

企業要在環境不斷變化、不可預測的因素眾多的條件下求得生存和發展，組織的應變能力是必不可少的。敏捷意指靈活、快速、高效。組織的敏捷性表現在企業能快速捕捉市場需求變化的信息，迅速調動企業內外一切可以利用的資源，及時組織生產和銷售，快速回應市場需求的變化。企業只有以最快的速度滿足市場需求，才能搶占先機，獲取競爭優勢。

面對日益激烈的市場競爭，企業只有按照「以變應變」的原則來進行組織變革，才能增強組織的敏捷性，適應外部環境的變化。供應鏈管理追求速度經濟效應，其基礎就在於組織的敏捷性特徵。

2.3.4.4 柔性化

企業的柔性是指企業對市場需求、技術變革等環境變化能夠及時、低成本地進行能動反應，包括生產柔性、機器柔性、結構柔性、工藝柔性、人員柔性等多方面的內容。例如，雇員們的多才多藝可以完成多種不同的任務。

企業組織的柔性是指為保證企業生產經營活動的正常進行，企業組織所具有的、對內外部環境條件變化的適應性和可變性，包括兩層含義：第一，企業既擁有對外部環境變化的應變轉換能力，也具有對內部變化（如機器設備發生故障、閒置等待，抑或生產線上出現擁擠、排隊等現象）的適應轉換能力；第二，企業每進行一次組織結構的調整，應符合經濟合理性要求。例如，調整經歷的時間較短，工作量較小，成本費用較低等。

組織的柔性和敏捷性是相輔相成的，但兩者又有區別：敏捷強調組織應變的高效靈活，柔性則強調轉換的方便，且成本低廉，強調組織具有適應不同環境變化的能力。

綜上所述，供應鏈管理環境下的企業組織結構在要素水平上呈現出精益化、智能化等特徵，在要素間關係上呈現出敏捷化、柔性化等特徵。

2.3.5 供應鏈管理環境下的企業組織結構模型

供應鏈管理環境下的企業組織結構應圍繞業務流程來重構,這不僅要求減少、消除非增值環節,使企業經營流程一體化、整合化,更應以經營流程為核心,建立面向流程的、扁平化乃至水平型的、專家小組自我管理的組織體系,徹底改變傳統的企業組織結構模式。這種基於 BPR 的企業組織結構模型如圖 2.4 所示。

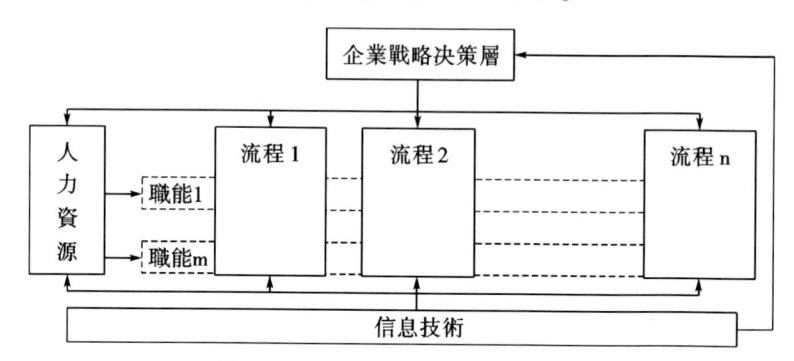

圖 2.4　基於 BPR 的企業組織結構模型

關於供應鏈管理環境下的企業組織結構有幾點需要說明:

(1) 企業應是流程型組織。流程的設計必須以滿足顧客需求為基礎,且應將屬於同一企業經營流程的工作合併為一個整體,使業務流程按自然順序進行,工作流程連續而不間斷。例如,福特汽車公司不僅只是對其財會部門進行業務重構,而是將採購、接收等部門綜合考慮進行流程再造,最終取得了成功。這與過去只在局部範圍內調整業務內容是不一樣的。

案例 2-3　20 世紀 90 年代初,美國三大汽車巨頭之一的福特汽車公司位於北美的應付帳款部有 500 多名員工,負責審核並簽發供應商供貨帳單的應付款項。按照傳統的觀念,這麼大的一家汽車公司,業務量如此龐大,有 500 多名員工處理應付帳款是非常合理的。但日本馬自達汽車公司只有 5 名職員在負責應付帳款工作。儘管這兩家公司的規模和其他條件有所不同,但 5:500,這種反差實在太大。應付帳款部本身只是負責核對採購訂單、驗貨單和發票(由供應商開具)的一致性,三者相符則付款,不符則查,查清再付。由於這三個文件是由不同的部門或企業簽發,難免存在不一致性。於是,應付帳款部 500 多名員工大量的時間就耗費在審核這些文件的一致性上。後來,福特公司借助於信息技術手段,對採購流程進行了再造,實現了信息共享。再造後的業務流程完全改變了應付帳款部的工作和應付帳款部本身。現在,福特公司的應付帳款部只剩下 125 人(僅為原來的 25%),這意味著節省了 75% 的人力資源。

此外,應以關鍵流程為核心重構企業組織結構,徹底打破傳統的按職能專業化分工的組織結構模式。如克萊斯勒(Chrysler)公司圍繞新車型開發的核心流程來設計其組織結構就是一例。

案例2-4 克萊斯勒公司（Chrysler Corporation）耗資10億美元興建了自己的技術中心（Technology Center），該中心可容納7,000名員工從事新車型的設計和開發工作。這個面積達350萬平方英尺的設施代表了一種新的汽車設計流程組織模式：平臺團隊。

再如柯達公司的自我管理型團隊。

案例2-5 柯達公司撤除了諸如行政管理、生產和研發副總裁之類的主管，取而代之的是自我管理型團隊。公司擁有100多個這樣的團隊，為各種各樣的流程或項目工作。自我管理型團隊是橫向組織的基本單位，也是自我指導團體，一般由5到30名員工組成。這些員工擁有不同的技能，經常進行工作輪換，生產出完整的產品或提供一體化服務。

(2) 流程經理具有重要作用。流程經理是指管理完整業務流程的最高負責人。流程經理應擁有決策權和獎懲權，以便於人員調動和工作安排，並能發揮溝通、協調、激勵、鼓舞等作用。這是有別於矩陣式組織中項目經理的地方。項目經理在工作組織方式上與流程重構類似，也是從各個部門抽調人員組成項目團隊，完成相應的業務。但由於團隊成員要同時接受原部門經理的指揮，因而項目經理的權力往往被削弱，難以保證流程效率的實現。

(3) 職能部門也應存在。在新的組織結構中，職能部門也應存在。但職能部門的重要性已退居流程之後，不再占據主導地位。這些職能部門一般主要具有激勵、協調、培訓等功能。而且一般只在傳統的支持性職能部門，如財務部門和人力資源部門存留少量高級管理者。

(4) 人力資源開發極為重要。在基於BPR的企業組織結構中，流程團隊成員相互協作，密切配合地完成整合設計后的某類業務流程的全部工作。這樣圍繞流程而組建的工作團隊，不僅需要成員具有互補的技能，更需要有整體意識及團隊精神。實踐證明，成員對團隊的忠誠、奉獻和責任感，成員間的信任與溝通，教練式的領導，全員參與，協商一致的決策風格，有益的內外部支持環境，對以工作團隊為基本業務單元的企業組織的成功運作起到了至關重要的作用。而且，再造後的企業組織往往授予跨職能、跨組織邊界的團隊以高度自主決策、自我管理的權利（即充分授權於員工），這對團隊成員的要求往往較高。由此可見，人力資源開發顯得尤為重要。

(5) 信息技術是重要手段。借助於現代信息技術手段，執行者被授予更多的決策權，並能實現工作匯總、決策迅速、信息傳遞快速準確、實現數據集成、信息共享，推動組織創新，支持流程再造，對企業經營運作起到有力的支持作用。

綜上所述，在供應鏈管理環境下圍繞業務流程來重構企業組織結構，隨著流程再造改革的深化，企業的縱向金字塔型的層級制組織結構逐漸扁平化，乃至水平化，企業內外出現低分化度的「無邊界組織」形態，企業與供應商、顧客建立起廣泛而緊密的合作或聯盟，這必將增強企業對多變環境的適應能力。

2.3.6 建立面向流程的組織和供應鏈流程團隊

2.3.6.1 建立以流程為中心的組織的前提條件

供應鏈管理的成功實施需要建立以流程為中心的組織，這與傳統的以任務為中心的組織有很大的差別。通常，企業組織變革需要先「解凍」，接下來開發出新的標準和程序，然后實施組織變革，最后再將組織「凍結」起來。哈佛大學葛雷納教授指出，組織變革伴隨著企業發展的各個時期，組織的跳躍式變革與漸進式演進相互交替，由此推動企業的發展。然而，在經營環境快速變化的今天，有必要充分利用供應鏈成員企業的優秀人才組成知識團隊，建立靈活的組織，及時回應客戶需求，降低經營風險，提升企業競爭力。

建立以流程為中心的組織需要具備兩個前提條件：其一是人員應具備完成多種任務的能力，亦即組織中的每個成員應具備同時執行多個流程的能力，可以根據需要非常容易地從參與一個流程轉換到參與另一個流程。其二是組織應該是由跨企業邊界、跨職能的多個團隊組成的「虛擬組織」，核心企業具有調配供應鏈成員企業人力資源的能力。建立這些在地域上分散的供應鏈流程團隊，其目的是通過虛擬地集成供應鏈網路中各成員企業的能力，迅速回應訂單。換言之，其主要目標是通過制定服務策略，優化業務流程，提供顧客化產品，及時滿足市場需求。

2.3.6.2 供應鏈組織的特徵

以流程為中心的供應鏈組織可以多種形式出現，例如虛擬企業/動態聯盟、供應鏈流程團隊等，具體採用何種形式主要取決於企業採取的競爭戰略。一般地，供應鏈組織應具有如下幾個特徵。

首先，所有以流程為中心的組織都有成熟的戰略規劃。這些規劃反應了組織的戰略目標和使命，它不僅指明了組織前進的方向，而且也反應了公司的價值觀和文化準則。這些規劃有助於確定組織的競爭策略、運作目標，並有助於公司內外職能的集成。明確的公司戰略能確保完成流程任務所必需的跨職能和跨企業的虛擬團隊的建立。

其次，所有以流程為中心的組織都應存在「優秀中心」。虛擬流程團隊的建立主要取決於能否得到一大批可靠的、擁有現代知識和技能的、高素質的員工隊伍，他們能利用現代信息技術手段獲取最新的信息並能充分利用信息資源的價值，他們具有快速適應變化並執行平行任務的能力，他們還應具有團隊精神，能與別人一起高效工作。儘管組織仍然劃分為供應、生產、銷售、工程、研發、行銷、財務以及人力資源等部門，但這些部門不再像以往那樣相對獨立，而是成為流程團隊可調用的「優秀中心」的資源庫。優秀中心不執行任務，任務的執行是流程團隊的事。部門經理仍將在他們特定的業務範圍內雇用並培訓員工，然而他們的角色和作用將發生轉變，從主管和老板向職業導師或教練轉化。他們的任務是持續不斷地開發公司的人力資源，不斷培養員工的業務技能並發展公司的能力資源庫。供應鏈的優秀中心則由各成員企業的優秀中心組成，供應鏈流程團隊可以從供應鏈優秀中心調用人員。

最后，供應鏈成員企業和供應鏈管理系統具有圍繞具體業務流程，調動並激活人力資源的能力。信息網路化時代，借助於快速發展的信息網路技術和現代通信技術可將企

業內外資源進行整合，可消除團隊成員在時間和空間上的障礙，團隊成員可通過 E - mail、傳真、計算機文件、分佈式數據庫、EDI 和其他網路系統的主機，「即時」溝通並實現信息共享。Internet 成為團隊網路化最有效的工具，而 Web 技術的應用可向流程團隊提供獲取多種知識和技能的途徑，從而可形成以網路為基礎的幾乎不受限制的非正式團隊。數據庫存貯了企業內部或整個供應鏈系統的知識和信息，增強了優秀中心和多流程團隊的實際工作能力。

2.3.6.3　供應鏈組織模型

供應鏈組織是由供應鏈成員企業參與的以供應鏈業務流程為中心的組織，其基本單位是供應鏈流程團隊。供應鏈組織模型如圖2.5所示。

該模型說明了供應鏈成員是如何通過企業層級和業務流程的有效執行來實施集成，從而實現供應鏈的增值。需要說明的是，該模型並非企業的組織結構圖，甚至它與傳統的公司結構完全不同。它是試圖表示多企業流程團隊的網路模型。

模型的底部是公司戰略和供應鏈管理策略。供應鏈管理策略有效支持企業的競爭戰略。實施供應鏈管理策略的目的有兩個：一是通過管理理念的創新和核心能力的集成獲得新的競爭優勢；二是有利於實現以產品和增值服務為中心的運作目標。

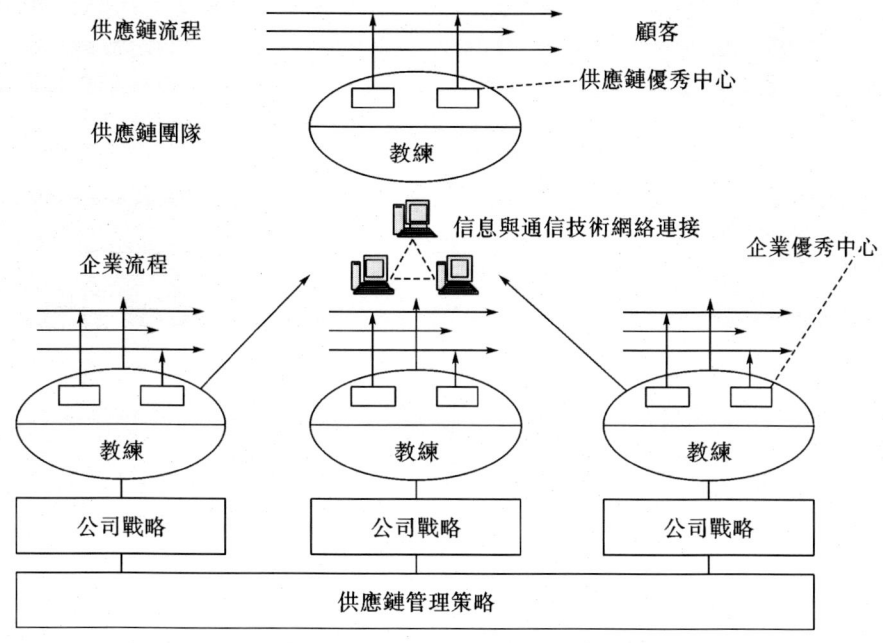

圖2.5　供應鏈組織模型

模型中部的橢圓內是各成員企業內部的優秀中心，這些優秀中心由各職能部門選派人員組成，而職能部門則由公司的管理者（教練）和技能高超的專家共同組成。企業可以從公司的優秀中心選派人員組成企業流程團隊以執行特定的流程任務。需要說明的是，在以流程為中心的組織中，人員不再像原來那樣被安排在某個固定的部門內，而是非常頻繁地流動，以滿足業務流程的需要，同時這也有利於員工自身價值的實現。例

如，採購員仍然屬於採購部門，他可以在這裡發展並得到提升。然而，在供應鏈管理環境下，採購員會經常被派去參加多個跨部門的流程任務，比如去參加一個重要的工程項目或供應鏈管理範圍內的供應商質量管理方案的討論，接下來可能還要參與供應商質量管理。

模型的頂部是供應鏈層級的優秀中心，它由各成員企業的優秀中心組成。供應鏈流程團隊則從供應鏈優秀中心抽調人員組成，並在供應鏈流程協調者的指導下完成供應鏈業務。供應鏈流程團隊是面向流程的、跨職能、跨企業邊界的複雜組織。供應鏈流程團隊是不斷變化的，由教練、流程協調者和高技能的專家共同組成以完成特定的供應鏈業務。流程「協調者」負責制定目標、進行決策、安排每天的優先任務，並負責指導業務流程活動。他們像教練一樣向流程團隊提供指導並指明團隊努力的方向。高技能的專家則借助於信息技術手段來執行流程任務並最終實現流程目標。當目標達成後流程團隊即宣告解散。而供應鏈業務流程的總指揮由企業經營者擔任，由其決定供應鏈管理策略，並協調解決企業目標與供應鏈管理總目標之間的衝突。

單元小結

按照分佈範圍可將供應鏈劃分為公司內部供應鏈、集團供應鏈、擴展的供應鏈和全球網路供應鏈。通過合作機制、決策機制、激勵機制、自律機制可實現供應鏈管理的功能目標和最終目標——社會、經濟、環境三大目標的合一。集成化供應鏈管理的實現一般要經歷基礎建設、職能集成、內部供應鏈集成、外部供應鏈集成、動態聯盟五個階段。BPR 是利用現代信息技術手段對企業經營業務流程進行根本變革。供應鏈管理環境下的業務流程更多地由串行變為並行，且企業組織結構向精益化、智能化、敏捷化、柔性化等方向發展。供應鏈流程團隊是面向流程的、跨職能、跨企業邊界的複雜組織，建立供應鏈流程團隊可實現企業內外資源的動態組合，快速回應用戶需求。

思考與練習題

簡答(述)

1. 按照分佈範圍，可將供應鏈劃分為哪幾種類型？
2. 簡述供應鏈成長理論。該理論主要涉及哪四大機制？
3. 簡述集成化供應鏈管理理論。該理論模型主要涉及哪三個迴路？
4. 集成化供應鏈管理的實現一般要經歷哪幾個階段？每一階段各有何特徵？
5. 有哪幾種類型的企業需求回應策略？
6. 什麼是虛擬企業？建立動態聯盟有何益處？

7. 傳統企業的組織結構與業務流程有何特徵？
8. BPR 是在什麼背景下提出的？BPR 的基本內涵是什麼？
9. 供應鏈管理環境下的企業業務流程發生了什麼樣的變化？
10. 供應鏈管理環境下的企業組織結構有何特徵？
11. 供應鏈組織有何特徵？如何構建供應鏈流程團隊？

情境問答

結合本單元第三部分中「福特公司北美應付帳款業務流程再造」案例回答以下問題：

1. 福特公司為什麼要對應付帳款部的業務流程進行再造？
2. 福特公司業務流程再造取得成功的關鍵是什麼？
3. 有人認為，公司只能對業務（如應付帳款業務或採購業務）流程進行再造，而不能對相應的部門進行再造，你是否同意該觀點？公司的組織結構與業務流程，兩者是什麼關係？

案例分析

利豐（Li & Fung）公司的供應鏈管理

從汽車行業到個人電腦業再到時裝零售業，供應鏈管理都在一步步的進入 CEO 的戰略日程。出現這種變化的主要原因是競爭全球化。因為公司在關注核心業務的同時，還需要將部分非核心業務外包出去，公司的成功在很大程度上取決於控制公司外部價值鏈的能力。早在 20 世紀 80 年代，與供應商合作來改善成本和質量就成了公司關注的焦點。而在市場快速變化的今天，則需要通過創新來提高公司的環境適應性和市場反應力。

利豐公司是香港最大的出口貿易公司以及供應鏈管理的創新者（其管理模式被譽為香港式的供應鏈管理）。公司的主營產品包括服裝、玩具和旅行袋等。為了瞭解該公司的供應鏈管理情況，《哈佛商業評論》的編輯 Joan Magretta 對公司的董事長馮國經博士進行了一次訪談。下面是訪談的內容：

1. 您認為利豐公司目前的供應鏈管理同您祖父在 1906 年創建利豐時所從事的業務有何不同？

我祖父創建利豐公司時，是作為經紀人（Broker）通過撮合中國人和美國商人做生意來獲取佣金的。但後來，會講英語的人越來越多，公司面臨生存危機。20 世紀 70 年代初，我在哈佛商學院任教，弟弟威廉（William）剛剛獲得哈佛 MBA 學位，我倆被父親召回香港重振家業。之後，公司經歷了幾個不同的發展階段。

第一階段，我們扮演著「地區性的原料代理商」（Regional Sourcing Agent）的角色，並通過在臺灣、韓國和新加坡開設辦事處，拓展我們的業務。我們從很多國家進貨並裝配各種部件，我們稱之為「分類包裝」（Assortment Packing）。例如，我們向一家主要的批發商銷售一套工具，可以從一個國家採購扳手，從另一個國家採購螺絲刀，然後組成一個產品包。從中可以獲利，儘管並不多。

第二階段，我們在原料採購代理戰略的基礎上前進了一步，成為製造項目的管理者和遞送人。在傳統模式裡，客戶說：「我需要這種商品，請到最好的地方給我買來。」而新模式則可以用下面的例子來說明。我們的四大客戶之一的有限公司（The Limited）對我們說：「下一季我們需要這種外形、顏色、質量的產品，你能提出一個生產計劃嗎？」

從設計師提出的草案出發，我們對市場進行調研，找到適合種類的紗線並對樣布進行染色。我們

55

採納了產品的概念，以原型的方式實現產品。買者看到樣品後說：「我喜歡這種而不喜歡那種，你能生產出更多的這種產品嗎？」接下來，我們會具體說明產品的調配及方案，為下個季節的產品提出完整的生產計劃並簽訂合同。這樣我們就可以對工廠的生產進行計劃和控制以確保質量和及時交貨。

在整個20世紀80年代，我們一直採用這種交付生產計劃的戰略，但那十年給我們帶來了新的挑戰，使我們進入了第三個階段。亞洲四小龍的崛起使香港的生產成本增加而喪失了競爭力。例如，我們完全失去了向臺灣地區和新加坡出口低波段晶體管收音機的業務。中國大陸的貿易開放使香港地區可以把生產的勞動密集型業務向中國大陸南方轉移，這就解決了成本問題並改善了我們的處境。關於晶體管收音機，我們只生產收音機的配套元件，然後運到祖國大陸內地去裝配。這一勞動密集型的業務完成後，成品再返回香港進行檢測。成品哪怕是少一個螺絲釘，都會導致整個線路不能運轉。那時候，我們所做的價值鏈分解還是鮮為人知的，我們稱之為「分散化製造」(Dispersed Manufacturing)。這種生產方法不久後就擴展到了其他行業，使香港地區獲得了新生並且改變了整個經濟形勢，香港地區作為一個貿易實體，從1989年的世界第21位上升到1997年的世界第8位。我們所有的生產都轉移到了祖國大陸，香港地區的經濟變成了服務性經濟，其84%的GDP來自於服務業。

2. 分散化製造是否意味著分解價值鏈並合理安排生產地點？

對。對分散製造業務進行管理的確是一個突破。這使我們不僅精通物流，而且分解價值鏈也變得很內行。在20世紀80年代早期，我們在香港設計了一種流行的、和芭比娃娃有些類似的兒童玩具娃娃。由於生產這種玩具娃娃需要精密的機器，我們製作了模型，然後把模型運到中國大陸內地以完成諸如上塑、裝配、畫像、著裝等勞動密集型的業務。但是玩具娃娃還需要回到香港進行測試和包裝，因為那時大陸的包裝盒印刷圖樣還不能達到我們的質量要求。之後，我們借助香港發達的銀行業和交通運輸業把產品運往世界各地。顯然，價值鏈中勞動密集型的業務在大陸完成，而香港則完成價值鏈的首尾工作。

這種無國界生產的香港模式已成為整個地區的新的範例。今天，在亞洲已經形成了分散製造的複合網，即那些為整個區域的生產作細緻計劃的高成本中心，如曼谷—印度支那半島、臺灣地區—菲律賓、首爾—中國北方。許多公司在亞洲範圍內把原材料和半成品的生產向低成本的地方轉移，這種分散化製造導致了20世紀90年代亞洲貿易和商業的繁榮。不過，整個地區的生產仍然取決於來自北美和西歐的最終需求，畢竟需求是整個生產週期的起點。

3. 獲得訂單後，通常都怎麼做？

比如說我們獲得了來自歐洲的一個零售商10,000套衣服的訂單，我們不會簡單地要求在韓國（或新加坡）的分支機構直接從韓國（或新加坡）進貨。可能的做法是，從韓國買進紗線運到臺灣地區去紡織和染色；同時，由於日本的拉鏈和紐扣是最好的，並且大部分是在中國內地生產的，因此，我們會從YKK（日本的一家大型拉鏈廠商）在中國內地的分廠訂購拉鏈，之後再把紗線和拉鏈等運到泰國去生產服裝，因為考慮到配額和勞動力條件，我們認為，在泰國生產服裝是最好的。又由於客戶要求迅速交貨，因而我們會在泰國的五家工廠同時生產，這樣，我們定制能最好地滿足客戶需求的價值鏈，使我們的運作十分有效。

五周以後，10,000套衣服就到了歐洲的貨架上，它們看起來像是同一個工廠生產的（比如顏色等完全相同）。只要想想我們的物流和中間環節的協調就知道了。這是一種新的增加價值的方式，結果是使產品具有真正意義上的全球性（而這是從未有過的）。比如說，該產品的標籤上寫的是「泰國製造」，卻不是泰國的產品。我們並不尋求哪一個國家可以生產出最好的產品；相反，我們對價值鏈進行分解，然後對每一步進行優化，並在全球範圍內進行優化。我們從中獲得的好處超過了物流成本，而且高附加值增加了利潤。公司能生產出精密的產品並快速交付。只要你仔細觀察全球性的大貿易公

司，你會發現，它們都在向全球化方向發展——在全球範圍內最佳配置資源。

4. 對跨國公司而言，最重要的是成為供應鏈管理者，對嗎？

確實如此，大的製造公司對價值鏈的管理正在日益加強，正像利豐公司所做的那樣，汽車行業也是如此。今天，汽車裝配是很容易的，難的是對供應商和作業流程進行管理；而在零售業，這些變化正引發著一場革命。零售商第一次真正創造了產品，他們不再只是坐在辦公室裡等著推銷人員上門向他們展示產品。事實上，零售商正參與流程的設計，他們通過我們這樣的公司對供應商進行管理，甚至對供應商的供應商進行管理。結果，零售商對存貨的管理比過去要好得多，減少了商品降價機會。

5. 為什麼加強供應鏈管理可以使零售商減少商品削價的損失？

在消費者主導的快速變化的市場上，公司面臨的問題是商品目錄會很快過時。那意味著許多商品必須降價銷售，如果能夠把商品購買的週期從3個月縮短為5周，那就有8周的時間來研究市場的新情況和發展趨勢。這樣，在下一個銷售旺季，商品削價的損失就會減少。

有效的供應鏈管理可以縮短產品交付週期並降低成本。今天，消費者的主導地位越來越強，在過去，一年有兩三個購買旺季，現在則為六七個。一旦生產週期縮短，商品過時的問題就會更加嚴重，不只是零售業，其他行業也面臨著這種壓力。現在，消費者的口味變化越來越快，市場越來越細分，許多商品（不只是流行商品）都變得很有時尚性。幾年前，我和宏碁（Acer）電腦公司的CEO斯坦·謝就女士的流行服裝交流過一次。我和他開玩笑地說：「斯坦，你會不會來侵占我們的地盤？」他說：「不會。PC行業也存在你所面臨的問題。市場變化太快使商品目錄派不上用場，而公司必須密切關注市場。」通過在本地市場裝配個人電腦，斯坦率領他的公司縮短了交付週期並盡量不用商品目錄。顯然，供應鏈管理對任何有時尚性的商品都是適用的。

供應鏈管理涉及採購合適的產品並縮短產品交付週期。它要求公司深入到供應商內部以確保產品及時交付並達到足夠高的質量水平，從根本上說，就是不能認為供應商會按照你的條件去做。馬獅公司（Marks & Spencer）是零售業中典型的供應鏈管理者，公司沒有自己的工廠，但公司會派駐小組到各個工廠並參與管理。公司對供應商也實行同樣的管理。

6. 您能否舉例說明怎樣縮短產品交付週期？

如果把製造過程外包會非常省事。直接購買成品，讓製造商自己去採購原料。但是，單一的一家工廠規模太小，沒有市場影響力，不能要求供應商更快地交付產品。如果從整條供應鏈來思考，情況會有很大的不同。現在，有限公司將訂購10,000套衣服，但我們還不知道衣服的款式和顏色，客戶只告訴我們交貨期是5周。我們需要和供應商網路建立相互的信任，這樣才能使供應商為我們保留未經染色的紗，我們還需要向負責紡織和染色的廠商作訂貨的承諾，以使它們余留生產能力，在交貨的5周前，再告訴它們我們需要的顏色。同樣，我們還要告訴生產服裝的廠商：「現在，我們還不知道需要何種款式的產品。但是，在某個時候，紡好的紗在染好色後和紐扣等一起交給你，你會有3周的時間來生產10,000套衣服。」這麼做使我們非常辛苦，畢竟，由制衣廠自己來生產布料要省事得多，但那樣整個訂貨過程要花3個月，而不是5周。因此，為縮短交付週期，我們有必要去組織整個生產過程。這樣，零售商不必過早地預測市場的發展趨勢。當市場不斷變化時，增加靈活性（Flexibility）、縮短回應時間（Response Time）、快速反應（Quick Response）、小批量生產（Small Production Run）、小額訂單以及迅速做出調整都是至關重要的。

7. 實施供應鏈管理能有效降低成本嗎？

是的，在利豐，我們把供應鏈管理看作成本結構中「解決3美元」（Tackling the soft $ 3）的一種手段。如果一種消費品的出廠價是1美元，其零售價通常是4美元。除非你是天才，否則你不大可能把單位生產成本降低10美分～20美分，因為，多年來人們一直在為此而努力。在生產領域已經沒有

57

太多減少成本的余地了。而降低分銷渠道中的3美元成本卻是可行的。它為你提供了一個更高的目標，你可以把成本降低50美分，幾乎沒有人會知道。因此，供應鏈管理是為客戶省錢的好方法。

再如，一般來講，發貨人（Shipper）總是把集裝箱裝得滿滿的。如果你告訴他不要裝滿，他會認為你瘋了。如果只考慮運輸成本，毫無疑問應該把集裝箱裝滿，但如果把整個價值鏈作為一個系統來考慮，需要降低的是總成本而非局部環節的成本，也許不裝滿更為明智。例如，如果你要把10種產品（每種產品由不同的工廠生產）運往不同的分銷中心，標準的做法是每家工廠都裝滿集裝箱，運輸自己的產品。這10個集裝箱都必須經過集運人（Consolidator）之手，他會在運送貨物之前先掏箱，然后重新混裝才能將產品運到分銷中心。現在，假定你把集裝箱從一個工廠運到另一個工廠，要求每個工廠只裝1/10。那麼，最后一個工廠裝滿后，就可以直接運到分銷中心去，且能滿足消費者的要求。這樣做，運輸成本要高一些，但省掉了掏箱、拼箱等中間環節，總成本反而會更低。因此，如果對整條供應鏈進行有效管理，就能像這樣節省成本。

8. 價值鏈管理絕不只是和其他供應商（或服務商）簽訂合同並檢查他們的工作，您所創造的價值已經擴展到了向供應網路提供專業的管理諮詢？

從某種意義上講，我們是一個「無烟（Smokeless）工廠」。我們從事設計工作，採購並驗收原材料。我們有工廠的管理人員，他們計劃和組織生產，協調各生產線。我們檢查生產情況，但並不管理工人，也沒有工廠的所有權。我們與26個國家或地區的7,500多家供應商建立了合作關係。如果平均每個工廠有200個工人（這是一個保守的估計），那麼事實上我們就是代表客戶和上百萬的工人打交道。我們的政策是不擁有價值鏈中與工廠營運有關的部分。管理上百萬的工人是一項太過艱鉅的事業。那樣，我們會失去所有的靈活性，失去我們規範和協調的能力。因此，我們有意識地把這項管理上的挑戰留給和我們簽約的企業家來完成。我們與工廠合作的目標是提取他們30%～70%的產能。這樣，我們極有可能成為它們最大的客戶，但我們不希望這些工廠完全依賴我們，使我們失去靈活性，而且，讓這些工廠擁有其他客戶對我們有好處。沒有自己的工廠，可否說我們是在製造產品呢？絕對可以。因為在製造業價值鏈的15個環節中，我們大約參與了10個。

9. 利豐的組織形式在行業中是少見的。您能講一下公司的組織和戰略之間的關係嗎？

許多公司的營運都是以客戶為中心的，這意味著他們設計的主要系統在多數情況下是符合多數顧客的需求的。利豐的做法有些不同：我們圍繞客戶需求的滿足進行組織設計。幾乎所有具備廣泛供應商網路的大型貿易公司都是按照地域來構建組織的，以地域為單位作為盈利中心（Profit Center）。結果，他們就很難進行價值鏈的優化，他們不同地域的單位在經營上是相互競爭的。而我們的基本營運單位是分支（Division）。任何可能的時候，我們都會讓一個分支重點服務於一個客戶。對於比較小的客戶，我們會讓一個分支服務於一個具有相似需求的客戶群。這種圍繞客戶構建的組織形式非常重要，我們的主要工作就是根據每個客戶的訂單創造一條定制的價值鏈。因此，以客戶為焦點（Customer-Focused）的分支構成了我們組織的基石，我們保持他們的靈活性和獨立性。他們的業務從兩千萬到五千萬美元不等，每一個都是在精幹的企業家領導下營運的。

Gymboree是我們公司最大的分支之一。其分支經理Ada Liu與她領導的團隊，在香港利豐大廈裡有獨立的辦公室。走進她們的辦公室，你可以看到40多個工作人員，個個都在為滿足Gymboree的需求而努力工作。每張桌上都有一臺計算機，通過網路可以直接連接到Gymboree。工作人員被劃分為不同的小組，包括技術支持（Technical Support）、推銷（Merchandising）、原料採購（Raw Material Purchasing）、質量保證（Quality Assurance）、運輸（Shipping）等各個領域。因為Gymboree從中國、菲律賓和印尼等國家大量進口產品，Ada就把我們的採購小組安排在這些國家的分部裡。在總共26個國家中，她在5個國家有自己的小組，有自己雇用的人員。比如說，當她想從印度獲取資源的時候，辦事

處就可以幫她完成這項工作。

在大多數跨國公司中,組織的地理分佈與產品或客戶方面的考慮會發生可以想見的衝突。從產品方面說,是「怎樣才能為客戶提供更好的服務呢?孟加拉國也許不大,但是對我的全球化生產線很重要。」從國家方面說,是「哦,我不能讓這個生產組占這個工廠的便宜,因為工廠還要為其他三個生產組提供產品,而我要負責整個國家內關係的協調。」我們對這個常常出現的問題是這樣解決的:我們主要傾向於客戶和他們需求的滿足。但是為了平衡,每個產品組的負責人也必須負責一個國家。這樣他們就會更多地考慮一個國家的主管面臨的問題,而不會提出不合理的要求。

10. 您能給我深入講一下「分支經理」這個角色嗎?

我們的打算是建立一些小的單位,來專門負責一個客戶,並且讓員工像對待自己的公司一樣管理一個單位。事實上,我們僱用的人員通常都是想自己去開公司的。我們給他們提供財務資源和大型組織的管理支持,也給予他們很大的自治空間。但是所有涉及客戶生產計劃協調方面的決策(包括利用哪些工廠,停止運輸還是繼續等)都是在分支領導層制定的。對於業務的創造性部分,我們要求創業的行為模式,因此我們給予這些人員合理的營運自由。為了激勵分支領導,我們將他們的報酬與單位經營狀況直接聯繫,使用實際的財務激勵。獎金上不封頂:我們希望這些經理能為客戶竭盡全力工作。

貿易公司只有在規模很小的時候才能高效靈活地營運。通過以小型組織作為公司的基本單元,我們避免了官僚組織的形成。今天,我們總共有大約 60 個分支。我們把它們看作是可以隨意創造和解散的「組合」。當市場變化的時候,我們的組織就可以迅速作出調整。

11. 那麼,公司總部扮演著怎樣的角色呢?

在財務控制和運作程序方面,我們不需要創造性的精神和行為。在這些領域,我們實施中央集權,嚴格控制。利豐有一套標準化、完全計算機化的營運系統,用於執行和跟蹤訂單,公司裡每個人都使用這套系統。

我們對於營運資本(Working Capital)的控制也很嚴格。我認為,存貨乃萬惡之源。至少,它會增加管理業務的複雜性。所以,在我們這裡這個詞是不可容忍的。所有的現金流都是由香港總部管理的。例如,所有的信用證(Letter of Credit)都要由香港總部批准,再由中心辦公室分發。也就是說,我們執行訂單之前,就可以得到付款的保證。通過給予客戶信用,我可以把公司再擴大 10%～20%。雖然我們在銷售計劃方面,就像尋求新資源一樣很有闖勁,但是我們在財務管理方面卻十分保守。

(本案例根據《供應鏈管理:香港利豐集團的實踐》改編)

根據案例提供的信息,請回答以下問題:
1. 你認為利豐公司的供應鏈管理創新體現在哪裡?
2. 利豐公司的供應鏈運作有何特點?請描述利豐公司的供應鏈運作流程。
3. 利豐公司的盈利模式有何特點?
4. 利豐公司發展到今天主要經歷了哪幾個階段?
5. 何為「分散化製造」?有何好處?
6. 利豐公司是如何在全球範圍內配置資源的?
7. 怎樣理解「零售商第一次真正創造了產品」以及「零售商正參與流程的設計,他們通過我們這樣的公司對供應商進行管理,甚至對供應商的供應商進行管理。」?
8. 為什麼加強供應鏈管理可以使零售商減少商品降價的損失?
9. 利豐公司是如何縮短客戶訂貨週期的?

10. 怎樣理解利豐公司是一個「無菸工廠」？
11. 利豐公司的供應鏈組織形式有何特點？公司是怎樣對待流程經理的？
12. 為什麼說「存貨乃萬惡之源」？
13. 利豐公司的總部在其供應鏈管理中主要起什麼作用？
14. 你認為利豐公司的成功與馮國經博士兄弟倆在西方接受的教育有關嗎？請說明理由。
15. 價值鏈與供應鏈這兩個概念有何區別與聯繫？從本質上看，供應鏈管理即是價值鏈管理，這話對嗎？請說明理由。

單元 3

供應鏈的構建

【知識目標】
1. 能列舉典型的供應鏈結構模型
2. 能闡釋基於產品的供應鏈設計策略的要旨
3. 能列舉供應鏈的設計原則
4. 能簡述供應鏈的設計步驟

【能力目標】
1. 能繪製並分析供應鏈的網鏈結構模型
2. 能正確運用基於產品的供應鏈設計策略設計供應鏈
3. 能正確運用供應鏈的設計原則設計供應鏈
4. 能進行中小企業供應鏈的設計與再設計（優化）

任務：校園超市供應鏈的設計

　　學院后勤公司打算在學生生活區設立一家超市，面積約 150 平方米，經營的商品以小食品、學生生活用品以及學習用品等為主。

學習性工作任務：

請你完成「校園超市供應鏈的設計方案」。

引導問題：

1. 在設計供應鏈時應遵循哪些基本原則？
2. 供應鏈的設計主要有哪幾個步驟？
3. 如何進行供應鏈的設計？

有效構建供應鏈是成功進行供應鏈管理的基礎，而科學合理地設計供應鏈則是有效構建供應鏈的前提。為了有效設計供應鏈，有必要進一步明確供應鏈的結構模型。

3.1　供應鏈結構模型的認知

一般而言，供應鏈的結構模型包括鏈狀結構（分靜態鏈狀結構和動態鏈狀結構）、網狀結構、網鏈結構以及石墨層狀結構等幾種模型，其中，網鏈結構模型是較常見的供應鏈結構模型。

3.1.1　鏈狀結構

結合供應鏈的定義與結構，不難發現鏈狀結構最簡單。當供應商、製造商、分銷商、零售商和用戶在一條線上時，就形成鏈狀結構。原材料最初來源於自然界，經過生產、加工、裝配、包裝，最終送達用戶。如圖3.1所示。

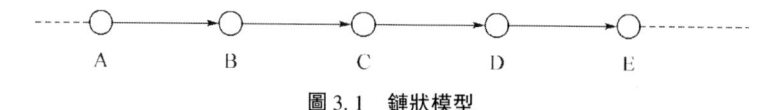

```
    ┄┄○─────▶○─────▶○─────▶○─────▶○┄┄
      A      B      C      D      E
```

圖3.1　鏈狀模型

如果把滿足顧客需求的各個環節都抽象成一個個節點，則眾多的節點連接起來就形成供應鏈。假如把C點定義為製造商，則B為C的一級供應商，A為C的二級供應商，同樣，D為C的一級分銷商，E為C的二級分銷商，依次類推。通常，企業可能有多級供應商或多級分銷商，這與企業所在的行業及企業管理者對供應鏈的設計有關。瞭解多級供應商和多級分銷商的概念，有利於從整體上把握供應鏈的運行狀況。

鏈狀結構的缺陷是明顯的，企業面臨供應中斷的風險，也不利於產品大幅度覆蓋市場，因而在實務中很少有企業採用這種類型的供應鏈。

3.1.2　網狀結構

事實上，在一個行業中同類企業往往不止一家，比如鏈狀結構模型中C的同業競爭者可能有C_1，C_2，…，C_k等k家，C的供應商也可能不止一家，而是有B_1，B_2，…，B_n等n家，分銷商也可能有D_1，D_2，…，D_m等m家。於是上面的鏈狀結構就演變成了一個網狀結構，如圖3.2所示。

網狀結構模型更能說明企業經營運作中產品的複雜供應關係。從理論上講，任何一個企業和消費者都可以通過因特網成為全球網路供應鏈中的一個節點（成員），如圖3.3所示。例如，我們可以通過因特網向美國的亞馬遜書店購買我們所需要的圖書，而亞馬遜書店對我們的這一需求也會作出回應。在網狀結構模型中，各個節點存在著聯繫，當然這些聯繫有強有弱，並且總在不斷地變化著。網狀結構模型更有利於我們對供應鏈的宏觀把握。相對於鏈狀模型而言，網狀結構更為複雜，而全球網路供應鏈則是供應鏈未來的發展方向。

圖 3.2　網狀模型

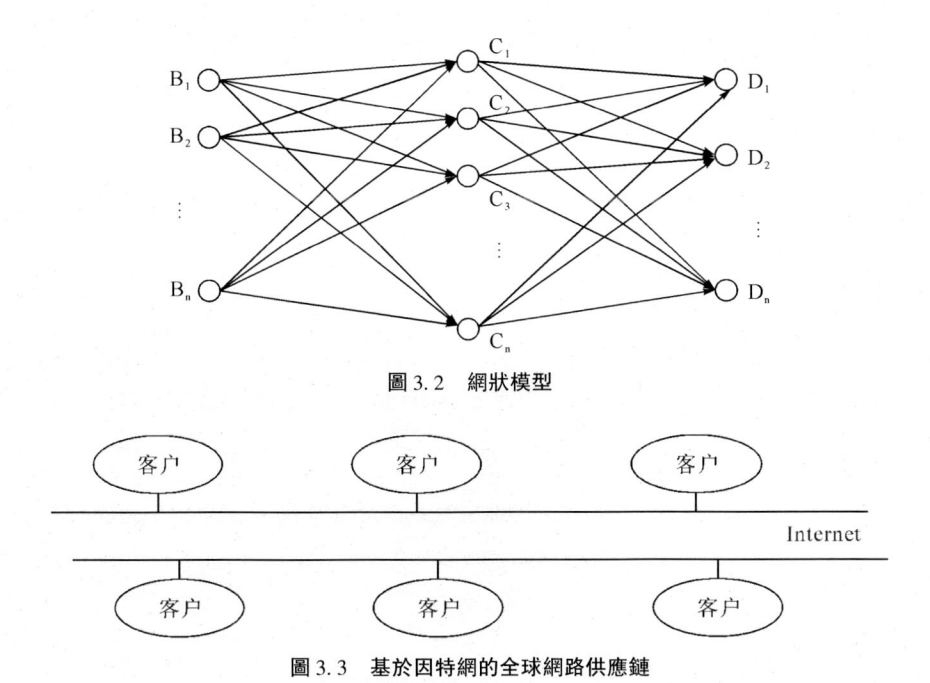

圖 3.3　基於因特網的全球網路供應鏈

3.1.3　網鏈結構

由圖 3.4 可知，供應鏈由所有加盟的企業組成，一個企業即是一個節點，每個節點代表一個經濟實體並具有供需雙重身分。供應鏈的結構要素主要包括：供應鏈長度、供應鏈寬度（集約度）、節點企業間的關係。一般認為，供應鏈的長度即是滿足顧客需求所涉及的環節數，同類企業處於同一層面上。有的學者則認為，供應鏈上的每一個節點都可能持有庫存，所有前導時間之和稱為供應鏈長度，它是當需求增加超過庫存的安全極限時，對供應鏈的市場需求反應時間的計量。而供應鏈的寬度亦即供應鏈的集約度，它可以由供應鏈中同類企業的數量來衡量。

通常，供應鏈中有一個核心企業，它往往是供應鏈中的強勢企業（即在供應鏈中有較強影響力的企業）。核心企業需要對供應鏈進行規劃、設計和管理，需要協調上下游企業之間的關係，需要整合供應鏈企業群體的資源，高效、低成本地滿足顧客需求。因此，這對盟主的素質和能力的要求很高。一般而言，由誰擔任盟主並無定論，主要取決於企業的實力及其在供應鏈中的影響力。

在 20 世紀 90 年代中期以前，供應鏈中的核心企業一般由實力雄厚的製造商來充當，隨著市場的轉型，特別是進入 90 年代中期以後，連鎖零售企業逐漸在全球範圍內崛起，這些商業企業的門店越開越多，企業經營的規模越來越大，大型商業企業逐漸在供應鏈中占據優勢，於是盟主易位，供應鏈的「勢力」逐漸向供應鏈下游移動。

供應(供應商) ──→ 製造 ──→ 裝配 ──→ 分銷 ──→ 零售 ──→ 需求(用戶)
　　　　　　　（需求和設計）　　　　　信息流

需求拉動 ←────────────── 銷售時點信息

供應商的供應商　　　　　　　　　　　　用戶的用戶

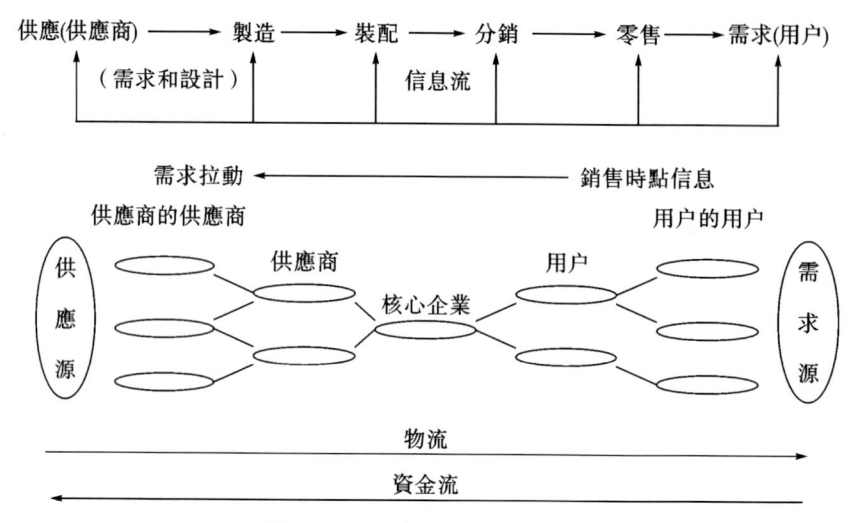

供應源　——　供應商　——　核心企業　——　用戶　——　需求源

物流
資金流

圖3.4　供應鏈的網鏈結構模型

案例3-1　成都統一企業食品有限公司是臺灣統一企業集團在中國大陸西部的區域總部，是一家實力雄厚的大型食品製造商。公司為有效規避「三角債」，同時也為了加速資金的回收，促進公司現金流量的平衡，實行現款交易制度，但對於成都紅旗連鎖股份有限公司等大客戶（大型連鎖企業）則實行賒銷，應收帳款的帳期一般為7～10天。公司加強了對這些應收帳款的管理，同時與這些大客戶建立了良好的合作夥伴關係，連續多年客戶付款良性。之所以「成都統一」要對這些大客戶實行賒銷，其原因之一是這些大型連鎖企業的採購量占到了公司總銷量的30%以上，供購雙方既有競爭又有合作，實行賒銷是雙方合作性博弈的結果。

　　供應鏈管理的任務是確定供應鏈中不同節點企業的類型、節點企業之間的關係以及關係的緊密程度和聯繫方式。與核心企業的業務密切相關的關鍵供應商和關鍵客戶是企業重要的外部資源，可以與之建立合作關係乃至戰略聯盟，以加強企業間的關鍵業務聯繫，提高業務流程的效率，降低流程中斷的風險。但如果把所有節點企業間的關係都處理成合作夥伴關係，則會耗費大量的時間、精力以及資金等成本。因而，供應鏈網鏈結構中最關鍵的問題是應綜合考慮供應鏈的總體目標、經營環境以及企業能力等因素，合理確定供應鏈中各節點企業之間的關係。

　　供應鏈的網鏈結構中究竟應包括哪些企業，這些企業應處於供應鏈的什麼位置，相互之間的關係怎樣，取決於諸多因素。比如，供應鏈所提供的產品的複雜程度，所涉及的原材料的種類，原材料供應需經過的環節，原材料供應商的供應能力以及可供選擇的供應商的數量和質量等，都可能會影響供應鏈結構以及供應商數量。而在設計或優化分銷渠道方案時，主要應考慮產品與市場因素、渠道的直接性程度、渠道的環節數、每個環節的集約度、中間商的類型、可供選擇的渠道方案數、渠道數量、消費者的空間分佈及消費特點等。

基於產品特點的渠道集約度應綜合考慮產品的價格及其穩定性、消費者購買產品的頻率、產品的差別化程度、產品生產的技術複雜度、產品對銷售人員的依賴度、售後服務以及庫存投資等因素。

渠道在評價時，應綜合考慮渠道的銷售額及盈利性、渠道的效率性、渠道建設投資及維護費用以及渠道能在多大程度上實現渠道目標等因素。

總之，所有影響產品的供應、生產、銷售以及售後服務的因素都有可能影響供應鏈系統的結構。

下面以裘皮服裝的供應鏈為例來說明供應鏈的網鏈結構，如圖3.5所示。

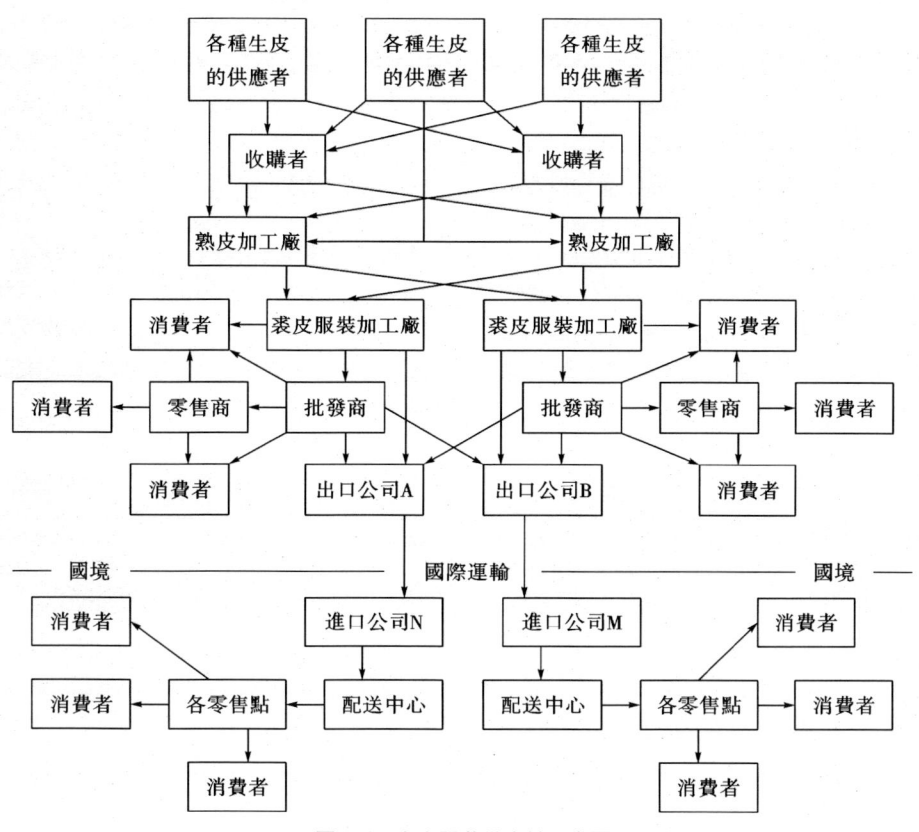

圖3.5　裘皮服裝供應鏈示意圖

從圖3.5中不難看出，供應鏈不是一條單一的鏈條，供應鏈中包括原材料供應商、製造商、批發商、零售商、配送中心、承運人和消費者。供應鏈網路中的企業並不孤立地運作，因業務聯繫而形成很多交叉點，交叉的程度因企業而異。每一個企業都具有雙重身分，既是供應商，又是客戶。所有成員企業都必須確保供應鏈的增值，價值的增加可通過不同的方式來實現。因而供應鏈不僅是一條聯結供應商到用戶的物流鏈、信息鏈、資金鏈，而且也是一條增值鏈。在買方市場環境下，供應鏈往往由顧客需求所驅動，因而，又可以把供應鏈稱之為需求鏈。

3.2 供應鏈的設計

設計和構建一個有效的供應鏈，對於企業的成功至關重要。有效率和有效益的供應鏈可以增強企業的運作柔性，降低運作成本，提高客戶服務水平，提升企業競爭力。

3.2.1 供應鏈的設計策略

供應鏈的設計策略主要有基於產品的供應鏈設計策略、基於成本的供應鏈設計策略、基於多代理的供應鏈設計策略。其中，比較成熟、應用較廣的是基於產品的供應鏈設計策略。該策略的提出者費舍爾（Marshall L. Fisher）認為，供應鏈的設計要以產品為中心。供應鏈的設計者首先要清楚顧客對產品的需求，包括產品類型以及需求特性。此外，還應該明確不同類型供應鏈的特徵，在此基礎上，設計出與產品特性相一致的供應鏈。

傳統意義上，生產系統的設計主要考慮製造企業的內部環境，側重於生產系統的可製造性、質量、效率以及服務性等因素，對企業外部環境因素考慮較少。在供應鏈管理環境下，不僅要考慮企業內部因素對產品製造過程的影響，還要考慮供應鏈對產品成本和服務的影響。供應鏈管理擴大了原來的企業生產系統設計範疇，把影響生產系統運行的因素延伸到了企業外部，與供應鏈上的所有企業都聯繫起來，因而供應鏈系統設計就成為構造企業系統的一個重要方面。但是供應鏈也可能因為設計不當而導致失敗，因此最重要的是必須設計出與產品特性相一致的供應鏈，這就是所謂的基於產品的供應鏈設計策略（Product-Based Supply Chain Design，PBSCD）。

我們知道，根據產品生命週期、產品邊際利潤、需求的穩定性以及需求預測的準確性等指標可以將產品劃分為功能型產品和創新型產品兩種基本類型，而根據供應鏈的功能模式可將供應鏈劃分為效率型供應鏈和回應型供應鏈兩種類型。根據這兩類產品的特性以及這兩種類型供應鏈的特徵，就可以設計出與產品需求相一致的供應鏈。基於產品類型的供應鏈設計策略矩陣如圖 3.6 所示。

	功能型產品	創新型產品
有效性供應鏈	匹配	不匹配
反應性供應鏈	不匹配	匹配

圖 3.6　基於產品類型的供應鏈設計策略矩陣

策略矩陣中的四個元素分別代表四種不同的產品類型和供應鏈類型的組合，從中可以看出產品和供應鏈的特性，管理者據此就可以判斷企業的供應鏈流程設計是否與產品類型相一致。顯然，這四種組合中只有兩種是有效的，即效率型供應鏈與功能型產品相匹配，而回應型供應鏈與創新型產品相匹配。

需要指出的是，基於產品的供應鏈應該與公司的業務戰略相適應，並能最大限度地支持公司的競爭戰略。一些高新科技企業（如惠普）的管理者認為，產品設計是供應鏈管理的一項重要內容，許多學者也認為應該在產品開發的初期設計供應鏈。因為產品生產和流通的總成本最終取決於產品的設計，這樣就能使與供應鏈相關的成本和業務得到有效的管理。

3.2.2 供應鏈的設計原則

在設計供應鏈時，應遵循如下一些基本原則，其目的是確保在供應鏈的設計、優化乃至重構過程中能貫徹落實供應鏈管理的基本思想。

3.2.2.1 雙向原則

該原則是指從上到下與從下到上相結合。從上到下即從全局到局部，是系統分解的過程，從下到上則是從局部到全局，是系統集成的過程。在進行供應鏈設計時，一般由企業供應鏈管理者（如供應鏈總監 CSCO）根據企業所在的產品市場領域以及客戶的產品與服務需求特性進行供應鏈規劃，再結合採購與供應、生產營運、分銷、行銷以及物流等相關職能領域的業務流程特點進行詳細設計。在供應鏈營運過程中，還要充分利用從下到上不斷反饋的信息，對供應鏈進行優化、整合。因而供應鏈的設計與優化是自頂向下和自底向上兩種策略的有機結合。

3.2.2.2 簡潔性原則

該原則也稱簡約化原則。為了能使供應鏈具有快速回應市場需求的能力，供應鏈的環節要少，同時每個節點都應該具有活力，並且能實現供應鏈業務流程的快速重組。因此，合作夥伴的選擇就應該遵循「少而精」的原則，企業通過和少數貿易夥伴建立戰略聯盟，努力實現從精益採購到精益製造，再到精益供應鏈這一目標。

3.2.2.3 集優原則

供應鏈成員企業的選擇應遵循「強強聯合」的原則，以實現企業內外資源的優化整合。每個節點企業都應該具有核心業務，在理想的情況下都應該具有核心能力。並且需要實施「歸核化」戰略，將資源和能力集中於核心業務，培育並提升本企業的核心能力。通過成員企業間的「強強聯合」，將實現成員企業核心能力的協同整合，全面提升整個供應鏈系統的核心競爭力。

3.2.2.4 優勢互補原則

供應鏈成員企業的選擇還應遵循「優勢互補」的原則。「利益相關，優勢互補」是組織之間或個體之間合作時應遵循的一條基本原則。尤其是對企業這種盈利性的經濟組織而言，合作的前提條件之一便是成員企業能實現「優勢互補」。通過合作，取長補短，實現雙贏。因此，「優勢互補」是供應鏈設計的一條基本原則。

3.2.2.5 協調性原則

協調是管理的核心。無論是供應鏈設計還是供應鏈營運都應當充分體現協調（協同）性原則。成功的供應鏈管理者應能對供應鏈成員企業之間的關係進行有效協調，以實現供應鏈各方在運作中的協同。因此，在設計供應鏈時必須體現協調性原則，這有利

於供應鏈的營運和管理。換言之，供應鏈的營運績效主要取決於成員企業間的合作關係是否和諧，而供應鏈成員企業在戰略、戰術以及運作層面的協同是實現供應鏈最佳效能的根本保證。從協調性這一原則不難看出，供應鏈管理的成功對核心企業——供應鏈的規劃者、設計者和管理者的要求很高。

3.2.2.6 動態性原則

動態性是供應鏈的一個顯著特徵。一方面，企業經營環境是動態、複雜多變的，另一方面，由於成員企業間的相互選擇，必然使供應鏈的構成發生變化。為了能適應競爭環境，供應鏈節點應根據企業經營的需要動態更新。因此，供應鏈的設計應符合動態性原則，應根據企業發展的需要優化乃至重構供應鏈，以適應不斷變化的競爭環境。此外，處於不同產業的企業，其供應鏈的類型與結構也有所不同，在設計、構建供應鏈時應體現權變、動態的原則，不可盲目照搬。

3.2.2.7 創新性原則

市場競爭日益激烈，企業不創新便不能生存，更談不上發展，因而創新是供應鏈設計的一條重要原則。要進行創新性設計，就要敢於突破現狀、拋棄傳統、破舊立新、標新立異，用新的思維審視原有的管理模式，進行大膽的創新設計。

在進行創新設計時，要注意以下幾點：

第一，目標導向。創新必須在企業總體目標和戰略的指導下進行，並與戰略目標保持一致。

第二，市場導向。要從用戶的需求出發，綜合運用企業的能力並充分發揮企業的優勢，最大限度地滿足市場需求，提升供應鏈競爭力。

第三，集思廣益。要充分發揮企業各類人員的積極性、主動性和創造性，並加強與關鍵供應商和關鍵客戶及其他關鍵合作夥伴的溝通，群策群力，發揮供應鏈整體優勢。

第四，科學決策。要建立科學的供應鏈和項目評價體系以及組織管理體系，並進行技術經濟分析以及可行性論證。

3.2.2.8 戰略性原則

供應鏈的設計應具有前瞻性，應在供應鏈管理策略以及企業競爭戰略的指導下進行。供應鏈的構建應從長遠規劃，供應鏈系統結構以及供應鏈的優化應和公司的戰略規劃保持一致，並在公司戰略的指導下進行。

3.2.3 供應鏈的設計步驟

基於產品的供應鏈設計主要有以下八個步驟，如圖3.7所示。

3.2.3.1 環境分析

環境分析的主要目的是明確顧客的產品需求及相關服務需求，包括產品類型及其特徵、相關服務需求及其特性。為此，需要運用PEST模型以及波特競爭模型等多種管理工具，分析企業經營環境，包括行業的成長性、市場的不確定性、市場的競爭強度（特別是同業競爭者、關鍵的用戶、替代品或替代服務供應商、關鍵原料或產品供應商等特殊環境要素所構成的競爭威脅）。在市場調查、研究、分析的基礎上確認用戶的需求以及

```
┌─────────────────────────────────────┐
│ ①環境分析(明確產品及服務需求)       │
└─────────────────────────────────────┘
              ↓
┌─────────────────────────────────────┐
│ ②企業現狀分析(現有供應鏈分析)       │
└─────────────────────────────────────┘
              ↓
┌─────────────────────────────────────┐
│ ③提出供應鏈設計項目(分析必要性)     │
└─────────────────────────────────────┘
              ↓                              ┌──────────┐
┌─────────────────────────────────────┐ ←──  │ 比較新舊 │
│ ④提出供應鏈設計目標                 │     │ 供應鏈   │
└─────────────────────────────────────┘     └──────────┘
              ↓
┌─────────────────────────────────────┐
│ ⑤分析供應鏈的組成                   │
└─────────────────────────────────────┘
              ↓
┌─────────────────────────────────────┐      ◇ 決策點
│ ⑥分析和評價供應鏈設計的技術可行性   │                    反饋
└─────────────────────────────────────┘
              ↓
┌─────────────────────────────────────┐
│ ⑦設計供應鏈                         │ ──→ ◇ 工具和技術
└─────────────────────────────────────┘
              ↓
┌─────────────────────────────────────┐
│ ⑧檢驗供應鏈                         │
└─────────────────────────────────────┘
```

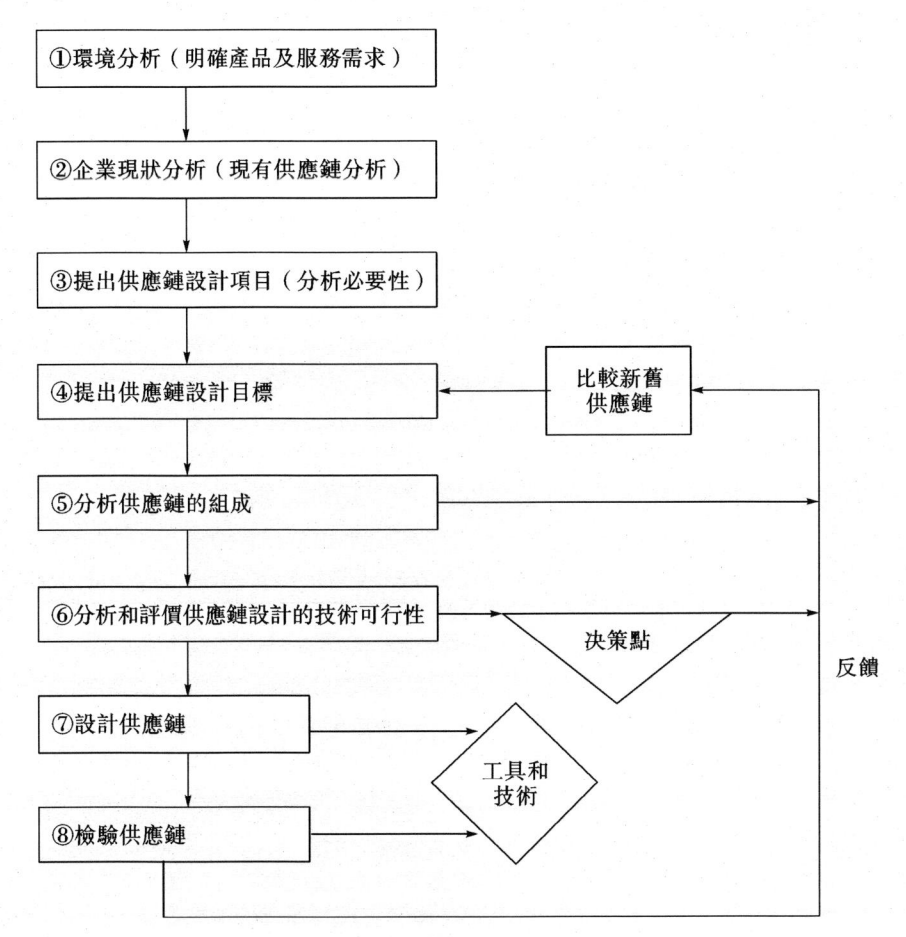

圖 3.7　供應鏈的設計步驟模型

市場競爭壓力。第一步輸出的結果是按每種產品的重要性排列的市場特徵。

3.2.3.2　分析、總結企業現狀

這一步主要是分析企業供求管理的現狀(若企業已經在實施供應鏈管理,則應著重分析供應鏈及供應鏈營運管理的現狀),其目的是發現、分析、總結企業存在的問題,找到影響供應鏈設計的阻力,並明確供應鏈開發的方向。

3.2.3.3　提出供應鏈設計項目

針對存在的問題提出供應鏈設計項目,並分析其必要性。例如,是供應渠道需要優化還是分銷渠道需要優化;是生產系統需要改進,還是服務水平需要提高;是供應鏈物流系統需要構築,還是供應鏈信息系統需要集成;等等。

3.2.3.4　提出供應鏈設計目標

供應鏈設計的主要目標在於尋求客戶服務水平與服務成本之間的平衡,同時還可能包含以下目標:進入新市場、開發新產品、開發新的分銷渠道、改善售后服務水平、提

69

高顧客滿意度、提高供應鏈的營運效率、降低供應鏈的營運成本等。

3.2.3.5 分析供應鏈的組成，提出供應鏈的基本框架

供應鏈由供應商、製造商、分銷商、零售商和用戶等節點組成，進一步分析，供應鏈系統還包括供應鏈物流系統、供應鏈信息系統等子系統。因此，分析供應鏈包括哪些節點、哪些物流結點、這些節（結）點的選擇與定位以及評價標準，提出供應鏈的基本框架，就成了這一步的主要任務。

3.2.3.6 分析、評價供應鏈設計的技術可行性

這一步首先應進行技術可行性分析，在此基礎上，結合本企業的實際情況為開發供應鏈提出技術選擇的建議與支持。這實質上是一個決策的過程，如果方案可行，就可以進行下一步的設計；否則，就要進行回溯分析並重新設計。

3.2.3.7 設計供應鏈

這一步主要應解決以下問題：

（1）供應鏈的成員組成。主要包括供應商、製造商、分銷商、零售商、用戶、物流服務商、銀行等金融機構、IT服務商等成員。

（2）原材料的來源。需要考慮以下問題：是企業內部自製還是外購，是直接供應還是間接供應，是採用多層次的供應商網路還是單源供應等。

（3）生產系統設計。主要包括產品決策、生產能力規劃、生產物流系統設計等問題。

（4）分銷系統與能力設計。主要包括需求預測、目標市場選擇、分銷渠道設計（如採用多級分銷還是直銷模式，抑或採用多渠道系統）等問題。

（5）供應鏈物流系統設計。包括：生產資料供應配送中心、成品庫、物流中心、區域分撥中心（RDC）、成品配送中心等物流結點的選擇、選址與定位；運輸方式的選擇、運輸線路的規劃；物流管理信息系統的開發，包括倉庫管理系統[①]（WMS）、運輸管理系統（TMS）、庫存管理系統（IMS）以及進貨管理系統等子系統的開發與集成；物流系統流量預估等。

（6）供應鏈信息系統設計。主要解決基於Internet/Intranet、EDI的供應鏈成員企業間的信息組織與集成問題。

在供應鏈設計中，需要用到許多設計方法、工具和技術。前者如網路圖形法、數學模型法、計算機仿真分析法、CIMS-OAS框架法，后者如設計軟件、流程圖等。

3.2.3.8 檢驗供應鏈

供應鏈設計完成以后，應採取一些方法和技術進行測試，抑或通過試運行進行檢驗。如果不可行，則要返回到第四步進行重新設計；如果可行，便可實施供應鏈管理。

[①] 倉庫管理系統（Warehouse Management System，WMS）是對倉庫實施全面管理的計算機信息系統。——中華人民共和國國家標準《物流術語》（GB/T18354-2006）。

單元小結

　　有效構建供應鏈是成功進行供應鏈管理的基礎，而瞭解供應鏈的結構模型則是有效設計供應鏈的前提。供應鏈有鏈狀結構、網狀結構、網鏈結構以及石墨層狀結構等幾種模型，其中網鏈結構是較典型的供應鏈結構模型。供應鏈設計策略包括基於產品、基於成本、基於多代理的供應鏈設計策略，其中，較成熟、應用較廣的是基於產品的供應鏈設計策略。一般地，功能型產品適合設計成有效性供應鏈，其目的是降低供應鏈營運成本；而創新型產品則適合設計成回應型供應鏈，其目的是對市場需求作出快速反應。

思考與練習題

簡答(述)

1. 常見的供應鏈結構模型有哪幾種？
2. 供應鏈鏈狀結構有何弊端？
3. 為什麼說全球網路供應鏈是供應鏈未來的發展方向？
4. 近年來供應鏈盟主的地位有何變化趨勢？
5. 在設計供應鏈時應考慮哪些因素？
6. 簡述供應鏈的設計策略。
7. 功能型產品和創新型產品分別與哪種供應鏈相匹配？
8. 在設計供應鏈時，應遵循哪些基本原則？
9. 供應鏈的設計有哪幾個步驟？
10. 如何分析市場競爭環境？

案例分析

惠普打印機供應鏈的優化

　　惠普公司成立於1939年。惠普臺式噴墨打印機於1988年進入市場，並成為惠普公司的主要成功產品之一。惠普公司生產的臺式噴墨打印機系列產品在全球打印機市場上享有盛譽。

　　一、惠普打印機原來的供應鏈

　　供應鏈是由採購原材料，將其轉化為中間產品和成品，最后交到用戶手中的過程。供應商、製造商、分銷中心、零售商和用戶一起構成了原來的供應鏈。如圖3.8所示。

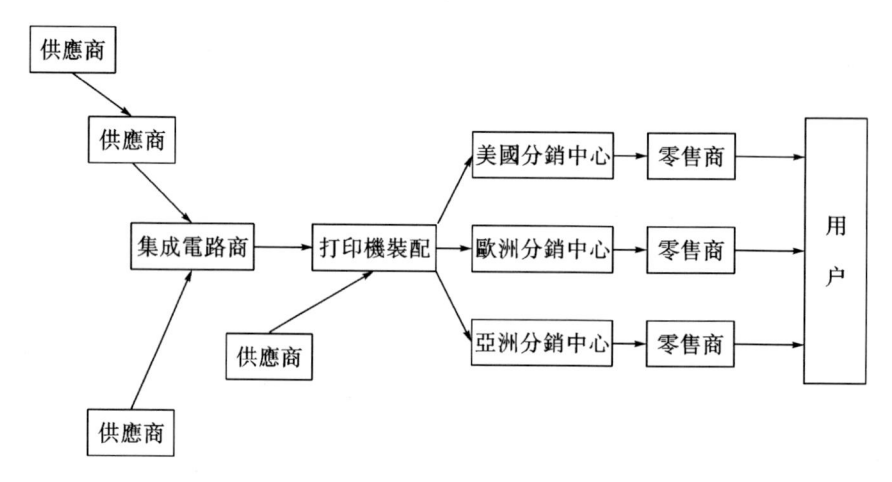

圖3.8　惠普公司打印機產品原來的供應鏈

惠普公司擁有5個位於不同地點的分支機構負責打印機的生產、裝配和運輸。在以往的生產和管理方式下，各成品廠裝配好通用打印機之後直接進行客戶化（Customization）包裝，產品將分別銷往美國、歐洲和亞洲。為了達到98%的訂單及時滿足率，及時回應顧客需求，各分銷中心需要持有大量的安全庫存（一般需要7周的庫存量）。

二、存在的問題

惠普打印機的生產、研發機構分佈於16個國家，銷售服務機構分佈於110個國家，而其總產品超過22,000類。歐洲和亞洲的用戶對於臺式打印機的電源供應（電壓有110v和220v的區別，插件也有所不同）、語言（操作手冊）等有不同的要求，需要對打印機實現定制，以前這些都由溫哥華的公司來完成，之後經由北美、歐洲和亞太地區的3個分銷中心進行分銷。這樣的生產組織策略，我們稱之為「工廠本地化」（Factory Localization）。

分銷商們都希望盡可能降低庫存量，同時盡可能快地滿足客戶的需求。這樣導致惠普公司感到保證供貨及時性的壓力很大，從而不得不採用備貨生產的方式以保證對分銷商供貨準時的高可靠性，因而分銷中心成為持有大量安全庫存的物流據點。

原材料、零部件的交貨質量，業務流程效率，需求的變化等因素導致不能及時補充分銷中心的庫存，需求的不確定性導致庫存堆積或者分銷中心的重複訂貨。

此外，需要用大約1個月的時間將產品海運到歐洲和亞太分銷中心，這麼長的提前期導致分銷中心沒有足夠的時間去對快速變化的市場需求作出反應，歐洲和亞太地區就只能以大量的安全庫存來保證對用戶需求的滿足，佔用了大量的流動資金；若某一地區產品缺貨，為了應急，可能會將原來為其他地區準備的產品拆開重新包裝，造成更大的浪費。但是，提高需求預測的準確性也是一個主要難點。公司管理者希望在不犧牲顧客服務水平的前提下改善這一狀況。

三、解決方案

供應鏈管理者對原來的供應鏈進行了優化。重新設計的供應鏈如圖3.9所示。供應商、製造商（溫哥華，Vancouver）、分銷中心、零售商和用戶構成了惠普臺式打印機新的供應鏈。

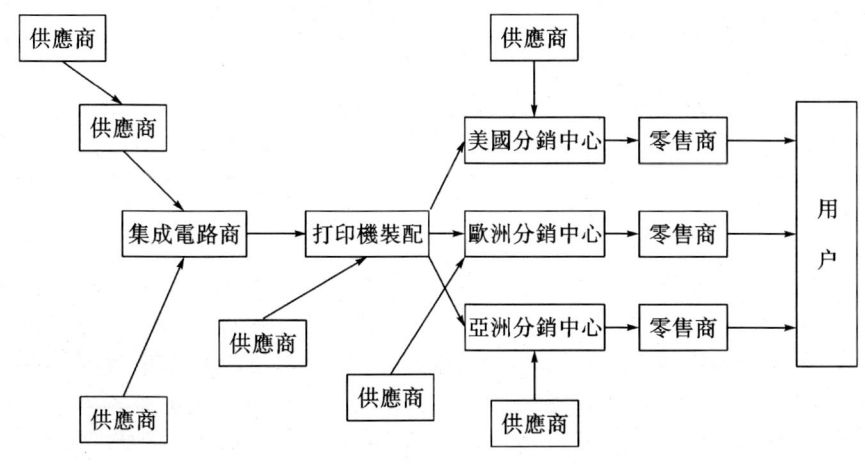

圖3.9　惠普公司打印機產品新的供應鏈

在這個新的供應鏈中，主要的生產製造過程由在溫哥華的惠普公司完成，包括印製電路板的組裝與測試（Printed Circuit Board Assembly and Test，PCAT）和總機裝配（Final Assembly and Test，FAT）。PCAT過程中，電子組件（諸如ASTCS、ROM和粗印刷電路板）組裝成打印頭驅動板，並進行測試；其中的各種原材料、零部件由惠普的子公司或分佈在世界各地的供應商供應。在溫哥華生產通用打印機，通用打印機運輸到歐洲和亞洲後，再由當地分銷中心或代理商加上與地區需求一致的變壓器、電源插頭和用當地語言寫成的說明書，完成整機包裝後由當地經銷商送到消費者手中。這樣就改變了以前由溫哥華的總機裝配廠生產不同型號的產品，保持大量的庫存以滿足不同需求的情況。為了達到98%的訂貨服務目標，原來需要7周的成品庫存量現在下降到5周，一年大約可以節約3,000萬美元，電路板組裝與總裝廠之間也基本實現無庫存生產。同時，打印機總裝廠對分銷中心實施JIT供應，以使分銷中心保持目標庫存量（預測銷售量＋安全庫存量）。通過供應鏈管理，惠普公司實現了降低打印機庫存量的目標，通過改進供應商管理，減少了因原材料供應而導致的生產不確定性和停工等待時間。

四、效果

安全庫存週期縮短到5周，從而減少了庫存總投資的18%，僅這一項改進便節省了3,000萬美元的庫存成本。由於通用打印機的價格低於同類客戶化產品，從而又進一步節省了運輸、關稅等費用。此外，延遲策略的實施，使供應鏈週期縮短，從而對需求預測的不準確性或是外界需求的變化都有很好的適應性，一旦發現決策錯誤，可以在不影響顧客利益的情況下以較小的損失較快地加以糾正。

（本案例根據華蕊、馬常紅《供應鏈管理》中「惠普公司的供應鏈構建」案例改編）

根據案例提供的信息，請回答以下問題：
1. 惠普公司后來的供應鏈與原來的供應鏈有什麼不同？請從結構和類型上加以分析。
2. 惠普公司溫哥華總廠中的生產活動發生了什麼變化？
3. 惠普公司分銷中心的功能發生了什麼變化？
4. 惠普公司分銷中心的類型發生了什麼變化？
5. 請說明物流中心、分銷中心、配送中心的區別與聯繫。

6. 惠普公司的三個分銷中心是否屬於 RDC①？是否屬於廣域物流中心？
7. 惠普公司是否實施了延遲策略？如果實施了，實施的是哪一種延遲策略？
8. DP 點（緩衝存貨點）發生了什麼變化？有何好處？
9. 惠普公司為什麼要對其供應鏈進行重新設計？
10. 請描述惠普公司原來的供應鏈業務流程和后來的供應鏈業務流程。
11. 請運用 SCOR 模型分析惠普打印機的供應鏈業務流程。
12. 惠普公司將其供應鏈管理策略進行了怎樣的調整？（本題參見第六單元）
13. 惠普公司採取了何種採購模式？從採購制度來分析，你認為惠普公司應該採取何種採購模式？為什麼？（本題參見第八單元）

---

① 即區域分撥中心（Regional Distribution Center）。

單元 4

供應鏈合作關係的構建

【知識目標】
1. 能闡釋企業核心競爭力的內涵
2. 能列舉企業核心競爭力的特徵
3. 能列舉企業核心競爭力的培育方法
4. 能簡述企業核心競爭力的培育過程
5. 能簡述業務外包的實施與管理過程
6. 能闡釋供應鏈合作關係的內涵
7. 能闡明供應鏈合作關係的構築策略
8. 能列舉供應鏈合作夥伴的選擇方法

【能力目標】
1. 能正確選擇企業核心競爭力的培育方法
2. 能正確分析業務外包的動因
3. 能辨識並規避業務外包的風險
4. 能正確分析業務外包決策的影響因素
5. 能正確進行業務外包決策
6. 能分析加強供應鏈合作關係的意義
7. 能正確選擇供應鏈合作夥伴

引例：北美金屬行業企業之間的供應鏈合作關係

　　北美金屬行業的企業之間正在形成一種高度集成化的合作聯盟，包括製造商、分銷商和最終用戶（這些節點企業構成供應鏈）。他們之間逐漸加強的信任關係在金屬行業產生了巨大影響。金屬製造商可以直接與最終用戶對話，從而在他們之間形成一種新的解決問題和滿足用戶需求的途徑。製造商與分銷商之間的聯盟（緊密的合作關係）也使其成為可能。他們之間的這樣一種緊密的合作關係是為了更好地瞭解和把握用戶需求，並共同滿足用戶需求。顯然，用戶對特殊金屬材料（具有特殊工藝）的需求是製造商與分銷商之間形成合作關係的驅動力之一。分銷商也為最終用戶提供諸如庫存管理、成本分析、採購、長期計劃的制訂協助等服務。整個供應鏈上的企業都為了給最終用戶帶來最大的價值而緊密合作。

引導問題：
1. 為什麼北美金屬行業企業之間要構建供應鏈合作關係？
2. 如何構建供應鏈合作關係？
3. 在構建供應鏈合作關係時，要處理好哪些問題？

加強供應鏈管理，企業需要實施「歸核化」戰略，將企業有限的資源集中於核心業務，充分發揮有限資源的最大效力，培育並提升企業的核心競爭力；需要將非核心業務外包給合作夥伴，充分獲取並利用合作夥伴的核心能力，建立供應鏈合作夥伴關係。

4.1　企業核心競爭力的辨識與培育[①]

核心競爭力是企業贏得競爭的基礎和關鍵，是企業的立足之本，對於供應鏈管理來說，核心能力更是必不可少，因此，加強企業核心能力的培育是企業實施供應鏈管理最為重要的支撐條件。

4.1.1　企業核心競爭力理論的起源與發展

核心競爭力又名核心能力，本屬戰略管理研究的範疇，是資源基礎理論和企業能力理論發展的結晶。其概念的提出最早可追溯到 1957 年，美國學者菲利普·塞爾兹尼克首次使用「特有能力」來描述企業特有優勢活動，意指「企業要提升為機構化需具有的特性」，而「特有能力是組織執行特定任務的重要內涵」。1970 年，Wrigley 最先提出「核心技能」的概念，意指「在特定的產品市場裡，企業與其同業競爭所必須具有的技術能力」。后來，美國經濟學家普拉哈拉德和加里·哈默延伸了 Wrigley 的「核心技能」概念，於 1990 年在《哈佛商業評論》上發表了《公司核心競爭力》一文，正式提出核心競爭力的概念。二十多年來，在全球產生了深遠影響。核心競爭力理論的提出，標誌著戰略管理的復興。

普拉哈拉德和哈默認為（1990），「核心競爭力是組織中的累積性學識，尤其是如何協調不同生產技能和有機結合多種技術流的學識。」「如果說核心競爭力是關於多種技術流之協調整合的話，那麼它也是關於工作組織和價值傳遞的」。他們同時認為，核心能力與「知識」一樣不進則退，須得到細心呵護並不斷補充養分。核心競爭力是企業持續競爭優勢之源，是企業管理者須關注並培育的戰略重點。如果把多元化經營的公司比作一棵大樹，其特徵以旗幟品牌區分，主幹和枝干是核心產品，樹枝是業務單位，樹葉、花和果實是最終產品，樹干和根系是核心能力（如圖 4.1 所示）。

核心競爭力概念提出以後，在全球範圍內引發了許多專家、學者的探討和研究。巴頓認為，企業核心競爭力是指具有企業特性的、不易交易的、能帶來競爭優勢的企業專有知識和信息，是企業所擁有的能提供競爭優勢的知識體系，包括組織成員的知識和技

[①] 本節內容來源於：胡建波. 基於供應鏈管理的成都統一企業核心競爭力研究 [M]. 成都：電子科技大學出版社，2005.

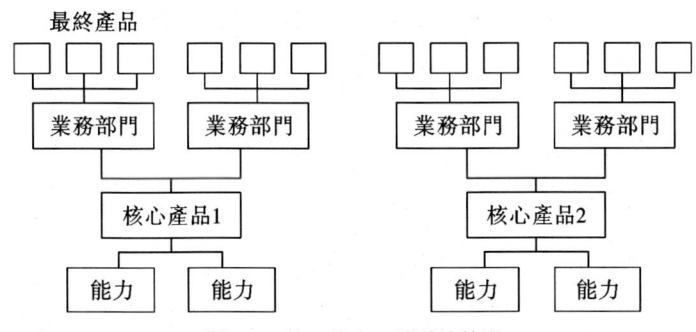

```
                          最終產品
        ┌──┬──┬──┐              ┌──┬──┬──┐
        │  │  │  │              │  │  │  │
    ┌───┴──┐ ┌─┴────┐        ┌───┴──┐ ┌─┴────┐
    │業務部門│ │業務部門│      │業務部門│ │業務部門│
    └───┬──┘ └──┬───┘        └───┬──┘ └──┬───┘
        └───┬───┘                 └───┬───┘
         ┌──┴───┐                  ┌──┴───┐
         │核心產品1│                │核心產品2│
         └──┬───┘                  └──┬───┘
         ┌──┴──┐                    ┌──┴──┐
      ┌──┴─┐ ┌┴──┐               ┌──┴─┐ ┌┴──┐
      │能力│ │能力│               │能力│ │能力│
      └────┘ └───┘               └────┘ └───┘
```

圖 4.1　核心能力：競爭的基礎

能、企業的技術體系、管理體系和組織成員共享的價值觀。哈默於 2000 年也指出，核心競爭力是一家公司擁有的知識，包括技能與獨特的能力。

世界知名管理諮詢公司麥肯錫公司的凱文·科恩等專家認為，「核心競爭力是群體或團隊中根深蒂固的、互相彌補的一系列技能和知識的組合，借助該能力，能夠按世界一流水平實施一到多項核心流程」。

梅奧和厄特巴克認為，核心競爭力是指企業的研發（R&D）能力、生產指導能力和市場行銷能力的組合。

拉法和佐羅提出了基於組織文化的核心競爭力觀點，認為企業核心競爭力不僅存在於業務運作子系統中，還存在於組織文化系統中。

戰略管理學家管益忻認為，核心競爭力是以組織核心價值觀為主導的，旨在為顧客提供更大（多、好）「消費者剩餘」的整個組織核心能力的體系。

國內學者吳建南和李懷祖指出，核心競爭力概念提出的最重要意義是使核心競爭力這種無形資產的範圍經濟得以實現。

馬士華教授認為，核心競爭力是企業借以在市場競爭中取得並擴大優勢的決定性的力量。

國務院發展研究中心副主任陳清泰 1999 年在上海財富年會上說，核心競爭力是指一個企業不斷地創造新產品和提供新服務以適應市場的能力，不斷創新管理的能力，不斷創新行銷手段的能力。

許多學者從不同的視覺提出了自己的觀點，對核心競爭力理論進行了補充和完善。

4.1.2　企業核心競爭力的內涵與特徵

4.1.2.1　企業核心競爭力的合理定義和內涵

結合國內外眾多學者的定義，本書認為：核心競爭力是在一組織內部經過整合了的知識和技能，是企業在經營過程中形成的、不易被競爭對手仿效的、能帶來超額利潤的、獨特的能力。核心能力是企業一切知識最深層次的內涵。核心能力亦即企業不斷獲取戰略性資源，並對資源進行有效的配置、開發、利用和保護的能力。核心競爭力本質上是企業的一種能力，一種提供具有特異性或成本優勢的關鍵性產品或服務的能力，因而是一種生產力。換言之，擁有核心競爭力的企業能比競爭對手創造更多的「消費者剩餘」。核心競爭力是企業持續競爭優勢之源，是組織集體智慧的結晶，是強勢企業的功

能屬性。核心競爭力能使企業在競爭中領先，獲取持久競爭優勢。

例如，長虹公司的研發能力，海爾集團特定的企業文化及售后服務的能力，本田公司汽車發動機技術的研發能力，微軟公司的軟件編程能力，英特爾公司開發新一代功能更強大的半導體芯片的能力，聯邦快遞（FedEx）公司的追蹤及控制全球包裹運送的能力，寶潔公司超強的行銷分銷能力及其在五項核心技術——油類、脂類、皮膚化學、表面活性劑、乳化油等方面的研究開發能力，都使它們在本行業及相關行業的競爭中立於不敗之地。一家具有核心競爭力的公司，即使製造的產品看起來不怎麼樣，像萬寶路公司生產的相關性很低的產品，但它卻能利用其核心能力使公司蓬勃發展，擴大原來僅局限於香菸的競爭優勢。

案例 4-1　英特爾公司的核心競爭力

美國英特爾公司是世界上最大、技術實力最雄厚的半導體製造商，全球85%的PC上都打著「Intel Inside」（內置英特爾）的標誌，它生產的電腦硬件在全球佔有最大的市場份額。英特爾公司的成功源於其創新精神和嚴格的人才選拔機制。在規模和技術層面上，沒有哪一家公司能和它媲美。英特爾公司的核心競爭力主要體現在微處理器的開發和製造方面，而這種競爭力來自於它的創新思維和先進的人才觀。

芯片對製造技術的要求非常高，生產一個芯片報廢的可能性約有30%~40%。英特爾公司的高層清楚地認識到公司在製造技術上存在的不足，於是他們向日本學習，讓公司的先進技術與日本精湛的製造工藝完美結合，從而生產出品質一流的產品。英特爾公司保持了自己在技術上的領先優勢，並始終走在創新的前列。

英特爾公司有著嚴格的人才選拔和管理機制。公司的技術始終不斷地創新，而保持這種創新能力則主要靠人才機制。英特爾公司招募精力充沛、精明強干、富有才華的年輕人，並對應聘者進行嚴格的測試。

英特爾公司的高層領導人如摩爾、格魯夫等，不搞特權，不講待遇，與員工平起平坐，樹立了虛心、謙遜的良好企業領導形象。英特爾公司開發出了286、386、486、586、奔騰Ⅰ、奔騰Ⅱ、奔騰Ⅲ、奔騰Ⅳ等一代代產品，都是不斷創新的結果。它就像一顆奔騰的心，生生不息、創新不止。

亞瑟·A. 湯姆森和 A.J. 斯迪克蘭迪（2003）認為，核心競爭力可產生於公司價值鏈的任何一個環節。依此觀點，核心能力可能涉及公司經營的方方面面。筆者認為，根據對公司價值貢獻的高低，可將企業核心競爭力的構成要素分為若干層次，其中，企業文化是孕育企業核心競爭力的軟環境，品牌是企業核心競爭力的有效載體，技術創新能力是企業核心競爭力的不竭動力，人力資源是企業核心競爭力的根本。因而，人力資源開發與管理能力、技術創新能力、品牌管理能力以及企業文化影響力是企業核心競爭力的關鍵構成要素，它們經協同整合共同形成企業核心能力系統[①]。如圖4.2所示。

[①] 胡建波，王東平. 企業核心競爭力的關鍵構成要素及分析［J］. 華東經濟管理，2006（7）.

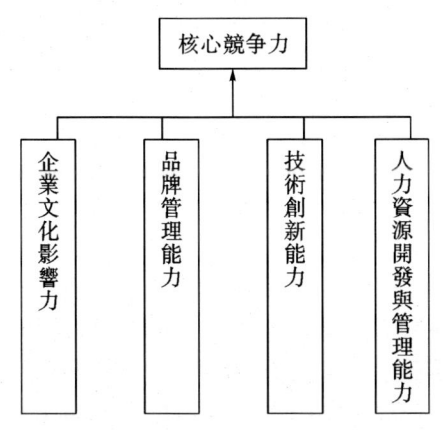

圖 4.2　企業核心競爭力系統

4.1.2.2　企業核心競爭力的特徵

企業核心競爭力具有價值性、局部性、集合性（整合性）、延展性、獨特性（異質性）、時間性（動態性）六大特徵。

（1）價值性。價值性是核心競爭力最基本的特性。核心競爭力極富戰略價值，不僅能提供顧客看重的價值，也能為企業帶來較為長期的超額利潤。換言之，核心競爭力能使企業在降低成本和提高效率方面比競爭對手做得更好，能提供給顧客「可感知」的效用，能創造更多的「消費者剩余」。

（2）局部性。核心競爭力是企業在某一局部產品或服務或過程上具備區別於競爭對手的特別優勢而確立的競爭優勢，並非指企業的方方面面都優於競爭對手。

（3）集合性（整合性）。集合性是核心競爭力的顯著特徵。核心競爭力絕不是單一的，它是企業經過整合了的知識和技能，是企業的多種能力融合、提煉、昇華的結果，是對企業內外資源優化整合、充分利用以發揮最大效力的過程，是各關鍵構成要素有機結合而形成的體系，是各關鍵能力元矢量疊加而形成的合力，是使企業產生強大生命力的核心能力系統。整合很關鍵，如果整合得好可產生 1＋1＞2 的功能放大效應，使企業產生強大競爭優勢。

（4）延展性。核心競爭力是一種基礎性的能力，是其他各種能力的統領，可使企業向更具有生命力的領域拓展。換言之，核心競爭力能使企業實現相關多元化，並因共享核心能力這一特殊的無形資產而實現範圍經濟。

（5）獨特性（異質性）。核心競爭力是獨特的，是企業在經營過程中逐漸累積形成的，具有鮮明的組織個性，深深地打上組織的烙印。每個企業都是獨特的資源和能力的結合體，正是這種獨特的資源和能力的結合，將一個企業與另一個企業區分開來。因而，核心競爭力是不易簡單仿效或複製的。並且，這種獨特的資源和能力的結合體所提供的產品或服務也是獨特的，因而使企業具有市場控制力，能為企業帶來競爭優勢。獨特性來源於整合性。

（6）時間性（動態性）。核心競爭力一旦形成，能使企業在一定時期、一定地域範圍內產生競爭優勢。但核心競爭力也容易產生剛性。環境不斷變化，競爭對手也在不斷

發展、壯大。雖然核心競爭力具有不易模仿的獨特性，但並不表示它永遠不被競爭對手模仿超越。企業必須對核心競爭力進行持續不斷地創新，不斷賦予核心競爭力新的內涵，對其拓寬、深化、發展和培育，維持並擴大核心競爭力與競爭對手間的領先差距，獲取持久競爭優勢。

核心競爭力已成為當今企業市場競爭成敗的關鍵，更是企業能否控制未來，掌握未來競爭主動權的根本。

4.1.3 企業核心競爭力的培育[①]

4.1.3.1 企業核心競爭力的培育方法及選擇

一般而言，企業核心競爭力的培育方法主要有：演化法、孕育法、併購法和聯合法等。

（1）演化法。該法是企業事先設定合理的核心競爭力目標，全員參與，共同努力，在一定期限內建立特定的核心能力的方法。這實質上是通過規模較大的企業變革來構建企業核心競爭力，是一項系統工程，涉及多個部門、多個項目、多個行動方案，並且是一個較為長期的變革過程，不可能一蹴而就。

（2）孕育法。該法是成立專門小組或項目團隊，針對特定目標，在一定期限內開發、培育出一種核心競爭力（核心能力元）的方法。

（3）併購法。該法是把具有某種核心能力的企業兼併或收購，以彌補本企業某方面資源、能力的不足，打造並提升企業核心競爭力的方法。

（4）聯合法。該法是通過與其他企業合資或合營，實現資源共享，共同打造企業核心競爭力的方法。

以上方法各有優劣。併購法花費的時間較短，但資源整合得不好會留下後遺症，未必奏效；聯合法比較靈活，選擇合作夥伴的範圍較廣，但聯合畢竟有限度；孕育法產生的是某一核心能力要素，而非核心競爭力系統；演化法經歷的時間最長，最複雜，難度也最大。在實際運作中，最好能綜合運用上述各法。

若企業過去曾經實施過重大組織變革且成功率較高，宜選擇演化法；若企業全體員工的戰略執行能力較強，也比較適合選擇演化法，因為企業核心競爭力能否成功地打造，關鍵是取決於全體員工是否具有卓越的戰略執行能力；若企業競爭力很弱，尚未形成核心能力，則演化法是較為現實的選擇，應根據企業的資源、能力存量和既有結構為基礎，通過持續補缺來提升競爭力，最終形成核心能力。

若企業核心競爭力的形成只需要彌補/提升某一方面的能力，如研究開發能力、生產製造能力、行銷分銷能力抑或物流運作管理能力等以職能為基礎的能力，則可選擇孕育法。特別地，如果企業曾經建立過流程團隊或專門小組並取得了成功，且有較豐富的經驗，則通過孕育法來培育特定的核心能力元（核心競爭力要素）的成功率較高。

若本企業實力比較雄厚，且可找到能滿足自身需要的具有某種特定能力的企業，可選擇併購法；當然，若兩個或多個企業實力相當，優勢互補，也可通過聯合來打造核心

[①] 胡建波. 企業核心競爭力的培育方法與途徑[J]. 商場現代化，2007（20）.

競爭力。

然而，在過去的企業實踐中，有許多企業為了獲得本企業尚未擁有的特殊資源和能力，紛紛選擇併購法。事實證明，與演化法和孕育法相比，通過該法來培育核心競爭力更容易遭受失敗。企業核心競爭力是企業在多年的經營過程中累積、沉澱的結晶，通常需要10年以上的時間來培育，拔苗助長是行不通的。

4.1.3.2　企業核心競爭力的培育過程

企業核心競爭力的培育過程如圖4.3所示。

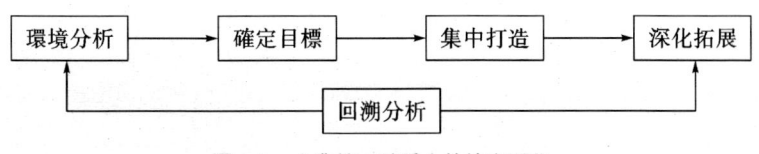

環境分析 → 確定目標 → 集中打造 → 深化拓展
回溯分析

圖4.3　企業核心競爭力的培育過程

1. 環境分析

首先應分析企業內外部環境。這需要運用SWOT分析法[1]、波特競爭模型以及價值鏈分析法等多種工具綜合分析並評估企業內外部環境，以充分認清企業內部的資源、條件、優勢、劣勢，辨識外部環境中的機會與威脅。比如，企業員工的整體素質怎樣？知識、技能結構合理嗎？企業管理者的管理能力怎樣？企業的生產設施設備是否先進？企業的財力富足嗎？資金來源主要有哪些？是否有完善的管理信息系統？消費者有何新的需求？企業所在的行業，其現狀及發展前景怎樣？競爭對手有哪些？其競爭實力怎樣？其內部資源及其利用能力如何？新近已（擬）實施何種戰略及行動？是否有新入侵者？替代品或替代服務的供應商有哪些？等等。

2. 確定目標

在環境分析的基礎上，根據市場需求、競爭狀況以及企業自身的核心業務和優勢確定擬建立的核心競爭力類型及其關鍵構成要素，找準瓶頸，以便改善。

3. 集中打造

在準確的目標定位之後，集中資源打造企業核心競爭力。企業的內部資源主要包括人力資源、組織資源、實物資源、財力資源和信息資源等，外部資源主要有關鍵客戶、關鍵供應商、關鍵分銷商、主要競爭對手，以及政府部門、行業協會和新聞媒體機構等等。人才是關鍵，資金是后盾。人才資源的獲取可採用內部培養與外部引進相結合的辦法，但最重要的是對企業內部人力資源進行深層次的開發，使其發揮最大效力。同時，可多渠道融資，滾動發展。應綜合運用上述各法，將擬構建的核心競爭力目標在時間和空間兩個維度上分解，開發出多層次的計劃體系，並將任務分解落實。加強溝通協調，運用目標管理法（MBO），採用員工自查與組織檢查相結合的辦法，加強監控，確保任務的順利完成。定期測量並評估企業當前狀況與核心競爭力目標之間的差距，持續補

---

[1] SWOT分析法（SWOT Analysis），也稱SWOT分析模型、TOWS分析法、道斯矩陣或態勢分析法，是20世紀80年代初由美國舊金山大學的管理學教授韋里克提出，S即Strengths（優勢）、W即Weaknesses（劣勢）、O即Opportunities（機會）、T即Threats（威脅）。該法經常被用於企業戰略制定、競爭對手分析等場合。它是將企業內外部條件進行綜合和概括，進而分析組織的優勢、劣勢、面臨的機會和威脅的一種方法。

缺,最終形成企業核心競爭力。

4. 深化拓展

核心能力形成后,在一定時期和一定地域範圍內能給企業帶來競爭優勢,但核心能力也容易產生剛性,阻礙企業的發展。故應權變地對其加以拓展深化。企業決策層應動態地進行回溯分析,重新審視企業內外部環境,必要時應對核心能力進行重新定位。應充分把握外部環境中的機遇,避開化解威脅。應持續彌補企業資源和能力存量的缺陷,最大限度地獲取戰略性資源,並不斷提高企業優化配置、開發、利用、保護戰略性資源的能力。持續創新,不斷賦予核心競爭力新的內涵,創造持久競爭優勢。

特別需要指出的是,構建學習型企業,堅持動態持續地學習、提高企業知識和技能的累積和儲備,是培育和提升企業核心競爭力的關鍵。而堅持在實踐中創造性地「干中學」,則是全面提高員工隊伍素質,建立本企業知識技能優勢的不可替代的學習方式。這要求員工從企業整體利益出發進行系統思考,而企業經營管理者則要營造分權、民主、信任與合作的氛圍,建立共同願景,激發員工的使命感。要使大家充分認識到只有企業發展了,員工個人才會有更大的發展,從而自覺地為企業的生存、發展而努力學習。經營管理者激勵引導,鼓勵個人不斷自我超越。一旦在企業中形成了長效學習機制,必將產生濃厚的學習型文化。這必將激發企業文化的創新力,創造企業強大的生命力。長期的團隊學習,必將改善員工隊伍的知識、技能與素質結構,提高企業全體員工分析問題、解決問題的能力,這必將給企業帶來學習知識的累積效果,並提高企業的整體創新力和環境適應力,最終提升企業核心競爭力,並形成「學習—持續改進—建立核心能力」的良性循環。

4.2 供應鏈業務外包管理

供應鏈管理的目標是提升供應鏈系統的核心競爭力,它需要成員企業的分工與合作。企業資源有限,為使有限資源發揮最大效力,有必要將企業資源和能力集中於核心業務,培育並提升企業核心能力,同時將企業不擅長的業務(非核心業務)外包給其他企業,而承包商恰恰在該領域是最擅長的。通過業務外包,可以在更大範圍內建立企業間的分工與協作關係,使所有加盟企業共享資源、共享核心能力,從業務外包中獲益。

4.2.1 業務外包的認知

安德森管理諮詢公司的專家認為,業務外包(Business Outsourcing)是指「一個業務實體將原來應在企業內部完成的業務,轉移到企業外部由其他業務實體來完成」。從更深的層次上看,業務外包是在企業內部資源有限的情況下,企業為獲得更大的競爭優勢,僅保留其最具競爭力的核心業務,而把其他業務借助於外部最優秀的專業化資源予以整合,達到降低成本、提高績效、提升企業核心競爭力和增強企業對環境應變能力的一種管理模式。

通常,企業信息服務外包占40%,生產(製造)外包占15%,物流外包占15%,

此外，人力資源管理、客戶服務、財務管理、一般管理、市場行銷等業務外包共占30%。

實踐證明，傳統「縱向一體化」模式已經不能適應目前技術更新快、投資成本高、競爭全球化的製造環境。現代企業更注重高價值的生產模式，更加強調速度、專門知識、靈活性和革新。與傳統的「縱向一體化」控制和完成所有業務的模式相比，實行業務外包的企業更強調集中企業資源於經過仔細挑選的少數具有競爭力的核心業務，也就是集中在那些使他們真正區別於競爭對手的知識和技能上，而把其他一些雖然重要但非核心的業務或職能外包給世界範圍內的「專家」企業，並與這些企業保持緊密合作的關係。從而使本企業的整個運作提高到世界級水平，而所需要的成本和費用與目前相等甚至有所減少，並且往往還可以省去一些巨額投資。更重要的是，實行業務外包的公司出現財務風險的可能性僅為沒有實行業務外包的公司的三分之一。把多家公司的優秀人才集中起來為我所用的觀念正是業務外包的核心，其結果是使現代商業機構發生了根本變化，企業內向配置的核心業務與外向配置的業務緊密相連，形成一個關係網路（即供應鏈）。企業運作與管理也由「控制導向」轉為「關係導向」。

小資料　全球業務外包的概況

儘管業務外包的速度在繼續加快，但沒有跡象表明現在已經達到頂峰。迄今為止，全球的所有業務外包活動，約有60%集中在美國。1998年，該地區的業務外包成本增加21%，即增加250億美元，達到1,410億美元，而上年的增長率卻只有15%。與此同時，歐洲的業務外包活動也在增加，其中最活躍的是英國、法國、義大利和德國。事實上，歐洲業務外包成本的增長速度比美國還要快，增長率為34%。到1999年年初，歐洲的業務外包支出已經超過920億美元。美國市場調查公司AMR Research公布的一項關於製造企業業務外包的調查結果顯示，2005年製造企業的外包支出增加9.3%。在製造企業的業務外包中，IT業務外包占25%，53%的企業計劃增加外包支出，離岸外包的增長率相當於外包業務總體增長率的兩倍，而通過外包節約的60%～80%的費用將用於與IT相關的項目或IT以外的項目。

此外，英國的Logica CMG公布的關於外包對整個英國經濟影響的調查結果顯示，今後5年英國企業將積極推行業務外包，這不僅將增加17億英鎊（約30.33億美元）的利潤，而且可以使英國的國內生產總值（GDP）增加160億英鎊（約285.44億美元）。該機構稱，2008年英國企業的業務外包增長幅度達46%。外包不僅會使企業和股東得到好處，而且將鞏固整個經濟基礎，為實現長期經濟增長做出貢獻。5年後外包業務工序和離岸外包將十分普遍。如果供應商能夠滿足本公司的需求，企業將不再介意供應商的地理位置，而這將促進建立全球規模的服務網路。

業務外包是虛擬企業經營的主要形式之一。虛擬企業中的每一位成員，都位於其公司價值鏈的核心環節（戰略環節），追求自身核心功能的實現，通過業務外包來實現非核心職能的虛擬化。例如，飛機製造業的巨頭——波音公司，只生產飛機的座艙和翼尖；全球最大的運動鞋製造商——耐克公司，從未生產過一雙鞋。業務外包的虛擬化營運，導致企業經營成本更低，效率更高，營運風險降低，為企業創造出高彈性的競爭

優勢。

4.2.2 業務外包動因的分析

4.2.2.1 有利於培育、提升企業核心競爭力

實施業務外包,有利於企業實施「歸核化」戰略,將資源集中於核心業務,培育並提升企業核心競爭力。企業是特定資源和能力的結合體,企業資源有限,為使有限資源發揮最大效力,有必要實施業務外包策略。一方面,通過將非核心業務外包,企業可將有限的資源集中於核心業務,在擅長的業務領域實現規模經營,降低生產成本,提高經營效率,獲取更大的利潤。另一方面,通過與傑出夥伴的合作,企業可充分獲取合作夥伴的核心能力,從而促進企業競爭力的提升。

4.2.2.2 有利於轉移、弱化企業經營風險

通過外向資源配置,企業可以分散由政府、經濟、市場、財務等因素產生的各種經營風險,如供應風險、生產風險、行銷風險、技術風險、財務風險和投資等風險。一般來說,這些風險具有複雜性、潛在性和破壞性。通過業務外包,可在一定程度上弱化企業經營風險,例如將風險轉嫁給業務承包商,或由外部合作夥伴共同承擔風險。特別地,承包商在業務承包領域更擅長,更專業,經營運作的風險會更低,通過採取合同治理的方式,可以弱化企業經營風險。

4.2.2.3 有利於加速企業重構優勢的形成

如果企業選擇自行投資而不是將非核心業務外包,投資回收期可能較長,往往不能收到「立竿見影」的效果。業務外包是企業重構的重要策略,通過資源的外向配置,可以幫助企業很快解決業務方面的重構問題。

4.2.2.4 有利於企業控制成本,節約資金

一般而言,業務承包商在外包業務領域比委託企業更擅長,擁有更專業的知識和技術,更容易實現規模經營。通過外包,有利於企業降低運作成本,並可有效避免企業在技術、設備、人員以及研究開發上的巨額投資。

除了以上因素外,實施業務外包還有利於企業共享外部資源,並能有效避免將企業內部運行效率不高的業務職能外包后所產生的「后遺症」。業務外包還能使企業經營運作變得更加柔性,更能適應外部環境的變化。

4.2.3 業務外包風險的辨識與規避[①]

雖然業務外包有諸多優勢,但也存在風險。業務外包的風險主要包括決策和運作兩類風險。決策風險是因不當的業務外包(如將核心業務外包)或選錯合作夥伴等帶來的風險,運作風險主要有委託—代理風險、人力資源管理風險以及因行業、市場、自然、政府及其他不可抗力等因素帶來的風險。業務外包風險產生的主要原因有決策的有限理性、信息非對稱(簽約前後委託方都處於信息劣勢)以及代理者的敗德行為。

4.2.3.1 委託—代理風險

實施業務外包,一般存在委託—代理風險。業務外包后,委託方對外包業務的質量

---

① 參見單元十有關「物流外包的風險與規避」部分內容。

監控和管理難度加大。在一項合同中，委託者委託代理者去執行任務，以達到委託者設定的目標。當代理者有不同於委託者目標的行為時，委託者或者強迫代理者執行合同有困難，或者發現監督履約成本太高，委託—代理風險就會出現。

代理問題起源於敗德。若簽約一方有不遵守合同所有條款的動機，而另一方即使能獲得信息，也不能以較低的成本發現或讓其執行合同時，敗德問題就存在。對委託人而言，由於信息非對稱可能會導致悖逆選擇，而這一切主要是起源於代理人的敗德行為。而之所以代理人會產生敗德行為，歸根究柢是因為委託方和代理方是兩個完全不同的企業，在合作中有著不同的利益，雙方都為追求利潤最大化的企業經營目標，難免一方會產生短期行為。委託—代理風險可以通過建立代理人激勵機制和企業間的信任機制加以解決，以減少其對供應鏈整體績效的影響。

委託—代理風險包括承包商或代理人的違約風險、業務失控風險、商業秘密或技術秘密洩露風險、連帶經營風險以及知識產權隱患等風險[1]。

1. 知識產權風險

對於新產品開發、技術研發、信息系統開發等有關研究開發類的業務外包，研發產生的發明、專利以及版權的權屬等問題通常由委託企業與承包企業簽訂的合作協議約定而非法律規定，特別是當協議不嚴密或條款有疏漏時，可能會給委託方或代理方帶來潛在的風險隱患。比如，若協議約定研發成果或版權權屬歸委託方所有，而代理商開發的軟件系統又涉及侵權行為（如侵犯軟件著作權或某些特定系統的使用權等），這必然給委託方帶來知識產權風險隱患。

2. 業務失控風險

業務外包后，委託方便失去了對業務的直接控制權。由於委託人與代理人之間溝通不良，可能會導致代理人錯誤地理解委託方的意願，或者是代理人單方面的原因，抑或其他不可抗力，多種因素可能會導致外包的業務處於失控的狀態。

而在實務中，業務多次轉包或分包也會帶來風險。由於不同企業所擁有的品牌等無形資產以及人脈或社會關係等資源不同，這往往導致有的企業能夠獲得業務項目而一些企業不能獲得，這就產生了總包與分包等我們司空見慣的現象（如建築工程項目的總包與分包）。特別地，由於利益驅使，有的業務項目可能會經過多次轉包，而每一次轉包（或分包），都會由涉及的雙方簽訂相應的業務外包（轉包/分包）合同。由於責、權、利分別由相應的合同或協議約定，這極有可能會導致外包業務失控。相應地，委託方的利益可能因此受到損害，而追究違約責任也可能因業務多次轉包而帶來困難。

4.2.3.2 人力資源管理風險

員工工作積極性下降是業務外包引發的另一種風險。隨著業務外包的不斷深入，員工往往會擔心失去工作，工作積極性會因此下降。如果他們知道自己的工作遲早會被外包，自然會失去對企業的信心，失去努力工作的動力，因而將不可避免地出現低的工作績效。

綜上所述，正確進行業務自營與外包決策；科學選擇代理商；在律師的指導下簽訂

---

[1] 參見單元十有關「物流外包的風險與規避」部分內容。

業務外包合同；加強對代理商的評估與管理；給代理商足夠的利潤空間；建立「雙贏」合作機制；合作雙方建立戰略聯盟，以預期的長遠利益來規避代理商的短期行為；設置業務外包風險管理經理，加強風險管理專項工作等，均可有效降低業務外包風險。[①]

4.2.4 業務外包模式的辨識

在供應鏈管理中，常見的業務外包模式主要有以下幾種：

4.2.4.1 整體外包與部分外包

根據業務活動的完整性，可以將業務外包劃分為整體外包和部分外包兩種模式。整體外包是指企業將完整的業務運作與管理，包括計劃的制訂、資源配置、組織實施、業務營運等完整的流程外包給外部供應商（或服務商），並根據委託方的需要進行業務活動的調整。在該模式下，委託方與代理方需嚴格簽訂合作協議，包括合作的目標、績效評估標準（KPI）、產品或服務質量、設施設備與技術性能指標以及合作雙方的責任、權利與義務。整體外包強調雙方的長期合作甚至戰略合作，強調通過長遠的利益來規避雙方的短視行為，以最大限度地降低交易費用。

而部分外包的業務並不完整，一般是部分輔助性的業務活動和一些臨時性的服務。當企業業務量激增，現有資源與能力無法滿足企業經營的需要，或者是為了有效降低營運成本，部分業務外包也是不錯的選擇。

4.2.4.2 基本業務活動外包與輔助業務活動外包

按照邁克爾·波特的價值鏈分析方法，企業的基本活動包括關鍵要素的投入、生產營運、分銷、行銷以及客戶服務等，而人力資源管理、財務管理、研究開發管理、物流管理與一般管理等屬於輔助活動。基本活動與企業的主營產品或提供的主要服務密切相關，而輔助活動則間接相關。基本活動創造的價值構成公司價值鏈的主鏈，輔助活動創造的價值構成公司價值鏈的輔鏈，輔鏈活動支撐主鏈活動，主鏈和輔鏈共同構成公司的價值鏈。如圖4.4所示。

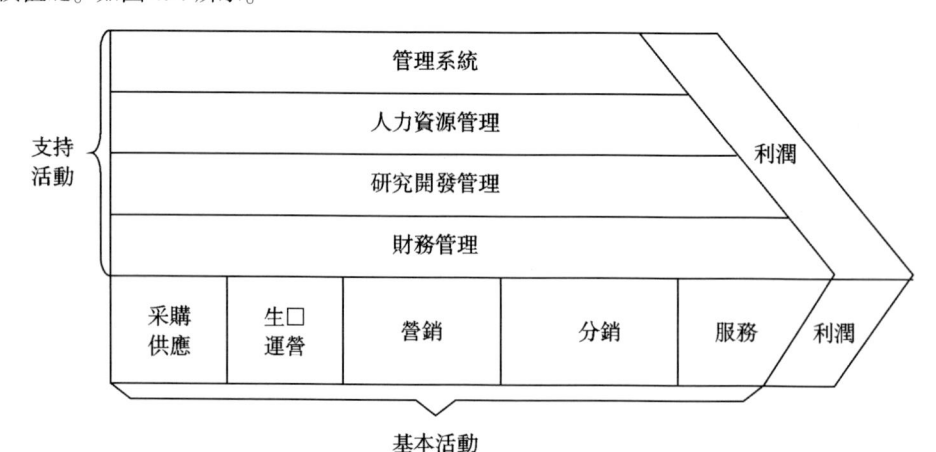

圖4.4 公司基本價值鏈分析

[①] 參見單元十有關「物流外包的風險與規避」部分內容。

根據波特的價值鏈理論，按照外包業務的屬性，可以將其劃分為基本業務活動外包與輔助業務活動外包兩類。

4.2.4.3　有仲介的業務外包與無仲介的業務外包

按照業務外包的組織形式，可以將其劃分為有仲介的業務外包與無仲介的業務外包兩種模式。前者是委託方與代理方分別與仲介機構簽訂合作協議，由仲介機構按照雙方的要求進行信息匹配，以促進雙方目標的達成。仲介機構通過為雙方提供信息服務收取佣金從而獲利。該模式可有效降低委託、代理雙方的交易費用，提高交易效率。例如麥當勞的跨國經營，其員工雇傭就是採用的這種模式。而隨著雲計算、大數據時代的來臨，借助於快速發展的電子商務、（移動）互聯網，委託、代理雙方的信息共享成為可能。無須借助仲介機構，業務外包也能順利實施。例如，思科公司通過互聯網，將其80%的生產業務和物流業務進行外包，獲得授權的供應商可即時訪問思科公司的數據庫，及時獲取外包業務信息。

4.2.4.4　除核心業務之外的完全業務外包

為增強企業經營運作的柔性，同時也為充分利用企業外部資源，一些企業僅僅保留核心業務，而將其他業務全部外包。像利豐、MCI等公司就是採用該模式的典範。

案例 4-2　在通信行業，新產品的產品生命週期（PLC）基本上不超過1年，一些公司，如MCI就是僅保留核心業務，而將其他業務外包，以此在競爭中立於不敗之地。MCI公司的外包合同每年都在變換，他們有專門的小組負責尋找能為其提供增值服務的企業，從而使MCI公司能提供最先進的服務。該公司的通信軟件包都是由其他企業完成的，而其核心業務僅是將所有通信軟件包集成在一起為客戶提供最優質的服務。

4.2.4.5　全球範圍業務外包

隨著經濟全球化進程的加快，競爭國際化趨勢日益明顯，迫使企業在全球範圍內尋求業務外包。越來越多的企業在全球範圍內採購原材料、零部件，在全球範圍內配置資源已成為多國公司在跨國經營中獲取競爭優勢的重要手段。這使得產品製造國的概念變得越來越模糊，因為產品的製造已經涉及多個國家和多個行業了。原來由一個國家製造的產品，可能通過遠程通信技術和迅捷的交通運輸成為經國際組裝而完成的產品，產品研究開發、設計、製造、市場行銷、廣告等業務可能由分佈在世界各地的最能增加產品價值的多個企業共同完成。

案例 4-3　通用汽車公司的全球範圍業務外包。例如，通用汽車公司的 Pontiac Le Mans 已經不能簡單地定義為美國製造的產品，因為它的組裝是在韓國完成的，發動機、車軸、電路是由日本提供的，設計工作在德國完成，其他一些零部件則來自於臺灣地區、新加坡和日本，由西班牙提供廣告和市場行銷服務，數據處理在愛爾蘭和巴貝多完成，其他一些服務如戰略研究、律師、銀行、保險等分別由底特律、紐約、華盛頓等地提供。只有大約占總成本40%的業務發生在美國本土。

4.2.5 業務外包類型的識別

按照外包業務的職能屬性，可以將業務外包劃分為生產外包、物流外包、研發外包、人力資源管理外包、財務管理外包等類型。

1. 生產外包

企業將其部分或全部生產業務實施外包。例如，在服裝行業，李寧公司、香港利豐公司等就是實施生產外包的典範。再如，汽車製造商、手機製造商主要負責整機的組裝，大量零部件的生產業務則實施外包。

> **案例 4-4** 波音 747 飛機的製造需要 400 萬余個零部件，可這些零部件的絕大部分並不是由波音公司內部生產的，而是由全球超過 50 個國家中的成千家大企業和上萬家中小企業提供的。我國飛機工業公司曾承擔了波音公司和麥道公司各機種的平尾、垂尾、艙門、機身、機頭、翼盒等零部件的「轉包」生產任務。

2. 物流外包

物流外包是供應鏈管理環境下典型的業務外包形式。詳見單元十。

3. 研發外包

研發外包是企業將其部分或全部新產品（或新技術）研究開發的業務交由外部研發機構來完成。企業為縮短產品研發週期，加快新產品上市的速度，抑或為了充分利用供應商的優秀研發資源，可以將其部分或全部研發業務實施外包。例如飛機製造商、汽車製造商將飛機（汽車）的部分非核心零部件的研發業務外包給供應商，將飛機（汽車）信息系統的研發業務外包給信息服務商，就是典型的研發外包的例證。

4. 人力資源管理外包

近年來，國內一些人力資源仲介機構推出的「網上人事管理」等就是人力資源管理外包的雛形。企業根據經營管理的需要，可以將員工招聘、人員培訓、員工解聘、勞資關係管理等業務委託給外部機構來承擔，這即是人力資源管理外包。

5. 財務管理外包

近年來，隨著業務外包浪潮在全球的掀起，我國一些地區特別是經濟發達的地區已出現了財務管理外包。很多企事業單位紛紛解散了昔日的財會部門，而將相應的會計核算、財務管理工作委託給外部的專業機構（如會計師事務所）來完成。實踐證明，財務管理外包後，既精簡了企業組織機構，節省了財會部門原來的日常開支和財會人員的人工費用，又提高了財會業務處理的效率和效能。

4.2.6 業務外包決策的影響因素分析

企業在進行業務外包決策時，主要應考慮以下幾方面的影響因素：

第一，擬外包業務的屬性。首先要辨識企業的核心業務，判斷擬外包業務是否是企業的核心業務。核心業務是企業最擅長，投入資源最多，對企業的生存和發展起著決定性作用的業務（如製造企業的生產，軟件企業的研發）。核心業務是企業核心能力的載體，不當的核心業務外包可能會導致企業核心能力的喪失。因此，影響公司核心能力形

成的關鍵業務應當自營，而非核心業務可以考慮外包。其次，可根據業務的穩定性（或業務變化的頻度）、業務對顧客滿意度的影響程度等因素綜合考慮。一般地，相對穩定的業務可以考慮外包，例如標準零部件的生產；靠近客戶、變化頻繁的業務需要自營，例如客戶訂單的獲取、根據客戶訂單進行成品的快速組裝、一些重要的客戶服務項目等。

第二，外包業務成本。業務外包的成本要低於企業自營該項業務的成本。業務外包應能提高企業經營效率，降低企業經營成本。

第三，企業的財務狀況。如果企業財務狀況欠佳，甚至是面臨財務危機，通過業務外包來分散財務風險也不失為一種可行的選擇。

4.2.7 業務外包的實施與管理

實施業務外包，一般要經歷以下幾個基本階段：

1. 制定業務外包策略

在這一階段，企業經營管理者首先應明確本企業的需求並制定相應的業務外包策略。業務外包是企業的「一把手工程」，只有得到決策層的重視與支持才容易取得成功。

在制定業務外包策略時，應注意以下幾點：第一，明確企業經營目標和外包業務之間的關係，合理的業務外包應有利於企業經營目標的實現。第二，業務外包策略必須與公司的總體戰略相匹配，應在公司戰略的指導下制定。公司戰略是制定業務外包策略的基礎，而業務外包是在公司總體戰略安排下的戰略舉措。公司戰略不僅影響自營與外包決策，還會影響外包對象、外包模式與供應商的選擇。第三，調查研究，收集資料，為制定業務外包策略與業務外包方案奠定必要的基礎。

2. 制定業務外包方案

一般而言，業務外包方案應包含以下內容：第一，對本企業的業務外包需求及承包商的服務能力進行準確的界定；第二，界定業務外包應解決的主要問題；第三，描述業務外包預期應達成的目標；第四，描述承包商應具備的必要條件，如資質、服務能力、行業服務經驗、質量認證等。

3. 承包商的評估與選擇

一般地，可以根據承包商的經營理念、服務能力、戰略導向、合作雙方的企業文化及組織結構的兼容性等對承包商進行選擇。具體而言，應遵循以下原則：第一，與選定承包商的合作應能最大限度地支持企業的競爭戰略；第二，承包商應具有為企業服務的實力；第三，承包商應具有行業服務經驗；第四，承包商的核心業務應與企業的外包需求相一致；第五，雙方應能相互信任；第六，雙方的企業文化、組織結構兼容；第七，承包商要能夠促進企業改善經營管理；第八，不能過分強調成本低。

4. 業務外包的管理

業務外包是介於市場交易和縱向一體化的中間形式，合作雙方形成的是一種委託—代理關係。為確保外包業務質量，規避委託—代理風險，委託方要能對外包業務進行監控並適時對代理商的服務質量進行評估，為此，需要建立相應的協調管理機制和信息溝通渠道以及質量評價體系，強化對外包業務的事前（對代理商的考察、評估及簽訂完備

的合同）、事中（駐員，進行過程監督與控制）、事后（對產品質量及服務質量進行評估）控制。此外，在業務外包的初期，還要注意與員工進行開誠布公的溝通，幫助員工適應新的業務運作方式。

4.3 供應鏈合作關係及構建

隨著市場競爭的加劇，企業之間的競爭逐漸演變為供應鏈與供應鏈的競爭。核心企業與上下游企業、物流服務商、金融機構、信息服務商以及用戶建立起戰略夥伴關係，從供應鏈管理的角度對企業經營管理進行重新思考，旨在實現供應鏈價值的最大化，提升供應鏈企業群體的整體競爭力。

4.3.1 供應鏈合作關係的含義

供應鏈合作關係（Supply Chain Partnership，SCP），是指供應鏈成員企業在一定時期內信息共享、風險共擔、共同獲利的協議關係。

供應鏈合作關係是具有供求關係的企業為了實現共同的目標而結盟。合作的目的是為了降低供應鏈系統成本、縮短交貨期、降低安全庫存量、增強信息的透明度、保持合作夥伴之間運作的一致性、提高客戶服務水平。供應鏈成員企業間的合作要求在產品研發、設計、製造、分銷以及售後服務等環節實現更好的協調，以增強供應鏈競爭力，使企業獲得更強大的競爭優勢。戰略夥伴關係是供應鏈合作關係的高級階段，也是近年來企業關係發展的趨勢。

4.3.2 供應鏈戰略夥伴關係的產生及其內涵

從國內外學者的研究文獻中，我們可以清楚地看到，對供應鏈管理模式的認識，人們強調得最多的就是企業間的「戰略夥伴關係」。把基於這種新型企業關係的管理模式與傳統企業關係的管理模式區別開來，便形成了供應鏈管理模式。從歷史上看，企業關係大致經歷了三個發展階段：傳統的企業關係階段（1960—1975 年）、物流關係階段（1975—1990 年）、合作夥伴關係階段（1990 年至今）。如圖 4.5 所示。

傳統的企業關係是買賣關係、貿易關係。這種關係主要存在於賣方市場環境下，由於產品供不應求，企業間的競爭不太激烈。在這一階段，企業的經營策略主要體現出為生產導向。通過技術創新，改進生產工藝，擴大經營規模，提高生產效率，降低生產成本，獲取規模經濟性收益。換言之，該階段企業間的競爭主要是規模的競爭，企業管理以生產為中心，供應與銷售處於次要地位。企業間很少溝通，更談不上建立戰略聯盟。

企業關係發展的第二階段是物流關係階段，以物流聯繫為紐帶，以生產與物流相結合為特徵。從傳統的以生產為中心的企業關係模式向物流關係模式轉化，準時化（Just In Time，JIT）生產和全面質量管理（Total Quality Management，TQM）等管理思想起著催化劑的作用。為了實現生產均衡化和物流同步化，必須加強企業內部部門間、職能間的協調以及與外部企業的溝通。在這一階段，企業主要是加強了同供應商的合作，但對採購與供應的管理基本上是以物料管理為核心，這種基於簡單物流關係的企業合作關

單元 4　供應鏈合作關係的構建

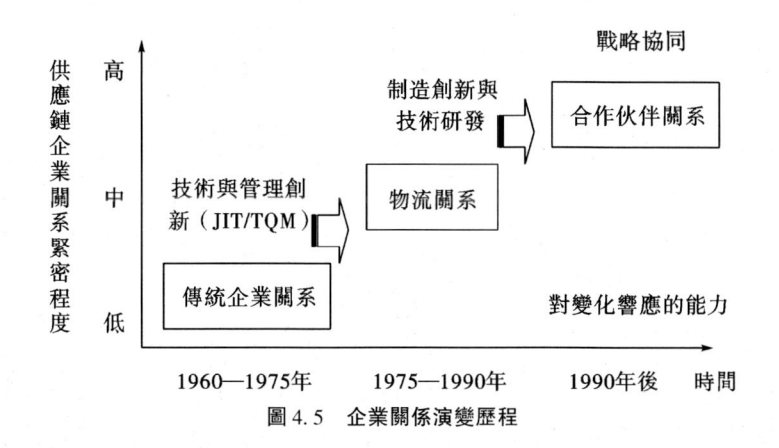

圖 4.5　企業關係演變歷程

係，可以認為是一種處於作業層面和技術層面的合作，因而企業間的合作還處於中、低層次。

　　企業關係發展的第三階段是合作夥伴關係階段，以戰略協同為特徵。在這一階段，市場轉型，競爭激烈。供應鏈企業對信息共享（透明性）、服務支持（協作性）、並行工程（同步性）、群體決策（集智性）、柔性與敏捷性等方面的要求更高，企業間需要更高層次的合作與集成，於是便產生了企業間的戰略夥伴關係。

　　建立了戰略夥伴關係的企業體現了商流、物流、資金流、信息流等多流的集成以及企業內外資源優化配置的思想。基於這種合作關係的企業產品製造過程，從產品的研究開發、生產到投放市場的週期大大縮短，顧客導向化程度更高，模塊化、標準化組件，多品種小批量生產，業務外包，虛擬製造，動態聯盟，使企業在多變的市場環境中增強了敏捷性，極大地提高了生產經營的柔性。在這種企業關係中，市場競爭的策略最明顯的變化就是基於時間的競爭和供應鏈管理。

　　基於戰略夥伴關係的供應鏈集成模式如圖 4.6 所示。

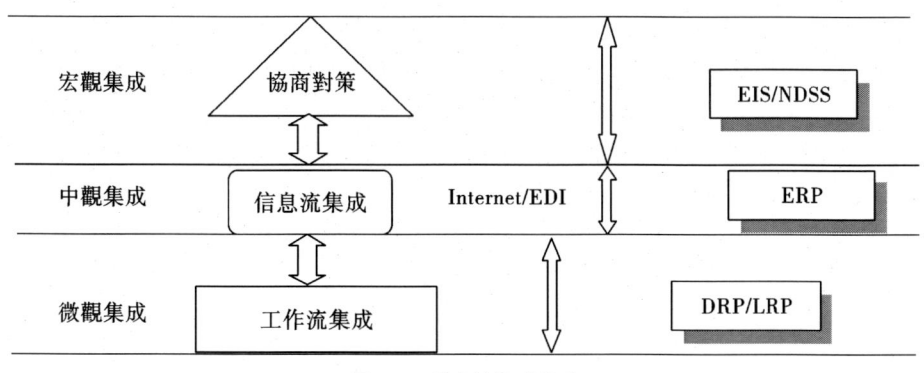

圖 4.6　供應鏈集成模式

　　企業可以在宏觀、中觀、微觀三個層面上實現集成。宏觀層面主要是實現企業間資源的優化配置、委託實現以及企業合作，中觀層面主要是在一定的信息技術手段的支持和聯合開發的基礎上實現信息共享，微觀層面則主要是實現集成化、同步化的生產計劃

和控制，並實現后勤保障和服務協作等業務職能。具體而言，企業通過物流資源計劃（Logistic Resource Planning，LRP）或配送需求計劃（DRP）或配送資源計劃（DRPⅡ）實現業務流的集成，通過企業資源計劃（Enterprise Resource Planning，ERP）、Internet或EDI實現信息流的集成，通過經理信息系統（Executive Information System，EIS）和談判決策支持系統（Negotiation Decision Support System，NDSS）等面向企業高層決策的管理信息系統實現資源配置、合作對策、群體協商以及委託代理實現機制等宏觀層面的集成。

4.3.3 加強供應鏈合作關係的重要意義[①]

21世紀企業的競爭已演變為供應鏈與供應鏈的競爭，競爭的焦點已從單純的產品質量、功能和價格轉向了縮短交貨期、提供優質服務、打造強勢品牌、提高產品的附加價值，滿足顧客的個性化需求等方面。加強供應鏈成員企業間的合作，具有非常重要的意義。

首先，通過在供應鏈成員企業間建立戰略夥伴關係，可以實現企業內外資源的優化配置，有利於企業實施「歸核化」戰略，將資源和能力集中於核心業務，培育並提升企業核心競爭力。通過以業務外包為紐帶的企業合作，可以共享合作夥伴的核心能力。通過「強強聯合」，可以增強供應鏈系統的核心競爭力，相應地，每個成員企業的競爭力也得以提升。

其次，通過加強節點企業間的合作，可以削減企業營運中的非增值環節，消除庫存的重複設置，防止成本轉嫁，降低供應鏈系統總成本，創造更多的「消費者剩餘」，讓顧客獲得更多「可感知」的效用，最終實現供需雙方的「雙贏」乃至所有供應鏈節點的「多邊共贏」。

最後，加強供應鏈合作關係，可以增強供應鏈的系統性和集成性，提高供應鏈的敏感性和回應性，增強供應鏈企業群體對市場需求的回應能力，可以在降低供應鏈系統總成本的同時，提高客戶服務水平。

基於時間的競爭是供應鏈管理時代的一個顯著特徵，從供應鏈提前期的縮短中，可以看出供應鏈合作關係對企業經營的重要意義，如圖4.7所示。

由圖4.7可知，供應鏈回應用戶訂單的提前期由原材料、零部件的採購提前期、物料內向運輸的時間、產品設計製造週期以及產成品外向運輸的時間構成。通過加強製造商與供應商的合作，實施JIT採購與供應，可以縮短採購供應提前期；通過供應商在產品研究開發中的早期參與，可以縮短產品研發的週期，加快新產品上市的速度；通過加強企業與物流服務商的合作，可以加快物料內向運輸與產成品外向運輸的速度，減少物料及產品在各節點的停留時間，進而加快物流的流速，最終縮短供應鏈對用戶訂單回應的提前期。顯然，加強供應鏈合作關係的意義極其重大。

[①] 胡建波、王東平. 供應鏈管理能力的提升策略［J］. 企業改革與管理，2006（7）.

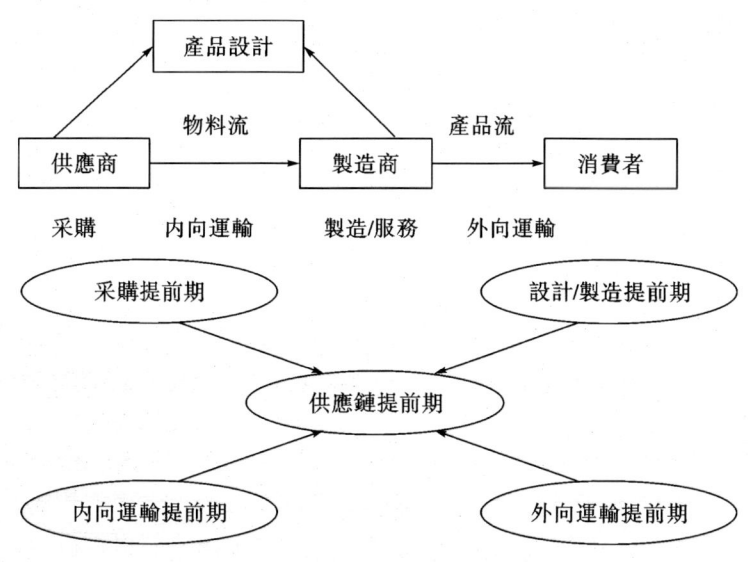

圖4.7 供應鏈回應用戶訂單的提前期

4.3.4 供應鏈合作關係的構築策略

要構建良好的供應鏈合作關係,首先要得到企業決策層的支持,公司高層的態度是建立供應鏈合作關係的基礎和前提。其次,應進行戰略分析。合作夥伴的選擇,供應鏈合作關係的構建,都應該在公司戰略的指導下進行,並能最大限度地支持公司的競爭戰略。再次,要建立協調一致的供應鏈營運模式,要解決業務流程和組織結構上的障礙。

在評價和選擇合作夥伴時,應充分考慮合作夥伴的核心業務和關鍵能力及其在供應鏈中的準確定位。合作夥伴的選擇應遵循利益相關、優勢互補的基本原則。此外,還應充分考慮合作夥伴的經營理念、組織結構、管理風格、企業文化是否兼容,如果不兼容,是否有進行組織變革、文化重塑的可能。

在建立供應鏈合作關係的實質階段,要進行需求分析,建立雙贏合作機制;要建立有效的溝通渠道,實現戰略、戰術、運作層次的溝通;要構築供應鏈信息系統,實現即時信息共享;要進行技術交流與合作,並提供產品設計支持;要能對合作夥伴提供管理、技術培訓服務以及財務資源的支持(如採購商向供應商預付貨款)。開誠布公,誠實守信,合作雙贏,是建立供應鏈合作夥伴關係的關鍵。

4.3.5 供應鏈合作關係的建立步驟

建立供應鏈合作關係一般要經歷以下幾個步驟(見圖4.8):

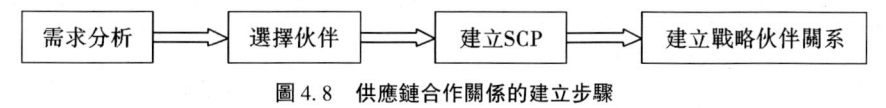

需求分析 → 選擇夥伴 → 建立SCP → 建立戰略夥伴關系

圖4.8 供應鏈合作關係的建立步驟

構建供應鏈合作關係的過程比較複雜,通常包括需求分析、確定合作夥伴的選擇標準、合作夥伴參與(試合作)、對合作夥伴進行評估、選定合作夥伴、建立供應鏈合作

關係、建立戰略夥伴關係等階段。特別是在合作的初期，雙方一般要經歷一個磨合過程，不可能一蹴而就。其中，選擇合作夥伴非常關鍵，故一定要一絲不苟地做好合作夥伴的評估與選擇工作，以確保供應鏈合作關係的順利構建。

4.4 供應鏈合作夥伴的選擇

　　合作夥伴的評價與選擇是構建供應鏈合作關係的前提。合作夥伴的能力與業績對企業營運成功的影響越來越大，諸如縮短產品研究開發的週期、加快新品上市、確保導入成功，保證原材料、零部件及其他外購件的採購與供應品質，提高產成品的質量，實現準時交貨，縮短提前期，降低安全庫存量，以及提供完善的售後服務等等。為了降低企業營運成本、提高產品及服務質量、實現柔性生產及快速客戶反應等目標，企業的業務流程再造不能沒有關鍵供應商、關鍵分銷商、零售商以及第三方物流企業等重要合作夥伴的參與。因而，對合作夥伴進行評價與選擇就成了企業管理者在實施供應鏈管理時必須面對的課題。

4.4.1 合作夥伴的類型

　　在集成化供應鏈管理環境下，優秀的企業往往會在全球範圍內尋找最傑出的合作夥伴，以實現強強聯合。比如，企業在選擇供應商時一般會遵循「少而精」的原則，精選少數供應商，並加強同他們的合作。例如，臺灣統一企業集團在採購香精香料時，僅僅從全球最有名的三家公司（國際香精、芬美意、奇華頓）進行採購。當然，臨時外購服務也存在，企業也需要與某些貿易夥伴進行短期合作。於是，根據對企業營運的重要性可簡單地把合作夥伴分為重要合作夥伴和次要合作夥伴兩大類。重要合作夥伴與企業關係密切，而次要合作夥伴與企業的關係相對松散。一般而言，重要合作夥伴對構建供應鏈合作關係的影響較大，應引起供應鏈管理者的高度關注。

　　我們可進一步根據合作夥伴在價值鏈系統中的增值作用及其對供應鏈競爭力的影響，將合作夥伴分成戰略合作夥伴、普通合作夥伴、有影響力的合作夥伴以及競爭性/技術性合作夥伴四種類型，詳見圖4.9。

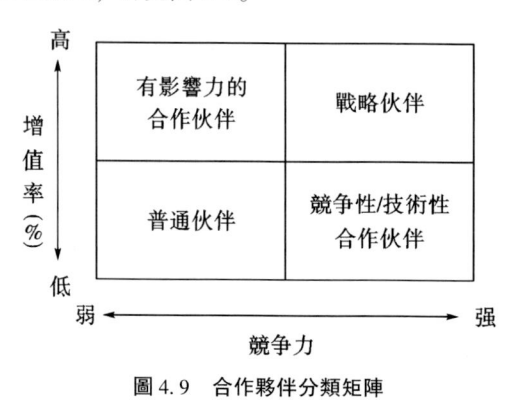

圖4.9　合作夥伴分類矩陣

顯然，如果一個企業對其所在的供應鏈系統價值的貢獻率（增值率）很低，一般很難能吸引其他企業與之合作。而一個企業越是擁有獨特的資源和能力，如產品開發能力、設計加工能力、提供柔性服務的能力、項目管理能力，甚至是擁有核心技術抑或技術秘密（Know-How），該企業對其他企業的吸引力就越強。因為企業經營要揚長避短，而合作的目的則是為了取長補短。例如，英特爾公司在芯片開發上擁有核心能力，導致絕大多數計算機製造商都不得不與之合作。當然，如果一個企業在某業務領域越擅長、越專業，不但其在同類企業中的競爭力越強，而且越能提升其所在供應鏈的競爭力。

在實際運作中，應根據企業的不同需要選擇不同類型的合作夥伴並與之建立相應的合作關係。例如，就長期而言，要求合作夥伴具有較強的競爭力和較高的增值率，則最好是選擇戰略性合作夥伴。若某企業對某公司非常重要，需要與之進行長期合作，宜與之建立戰略聯盟。就短期而言，宜選擇普通合作夥伴，滿足需求即可，以降低維繫雙方關係的成本。就中期而言，應根據企業需要，選擇有影響力的合作夥伴或競爭性/技術性合作夥伴。四種類型夥伴的比較詳見表 4.1 所示：

表 4.1　　　　　　　　　　四種類型合作夥伴的比較

比較項目＼夥伴類型	普通合作夥伴	技術性合作夥伴	有影響力的合作夥伴	戰略合作夥伴
產品特點	低值的一般產品，充分供應、產品結構開放	偏向開放性產品	定制化、產品結構封閉	完全定制化、產品結構封閉
規制形式	契約	契約+部分專用性投資	契約+專用投資+部分信息共享	專用人才投資+高度信息共享
契約的作用	非常大	較大	較小	很小
管理特點	嚴格控制	利用型	支持、幫助	戰略協同

4.4.2　選擇合作夥伴應考慮的主要因素

供應鏈合作夥伴的選擇涉及範圍較廣。在過去，人們關注和研究得較多的是有關供應商的選擇問題。然而，隨著市場轉型，企業競爭的焦點逐漸轉移到了供應鏈下游，因而，分銷渠道成了廠商經營成敗的關鍵。故企業不僅要加強與供應商的合作，還應加強與分銷商，尤其是零售商的合作，建立前向渠道聯盟。此外，供應鏈合作夥伴的選擇還涉及物流服務商、金融機構、信息服務商等合作企業的選擇。

當前，我國企業在選擇合作夥伴時存在較多的問題，主要表現在主觀成分過多，往往憑印象來選擇；選擇標準不全面，沒有形成完整的綜合評價指標體系，不能很好地指導企業評價、選擇合作夥伴。因而，建立科學、合理的綜合評價指標體系非常有必要。

1. 綜合評價指標體系的設置原則

（1）系統全面原則。評價指標體系必須能全面反應合作夥伴目前的綜合實力，而

且還應該包含能反應企業未來發展前景的各方面指標。

（2）科學簡明原則。評價指標體系的設置應具有科學性，大小應適宜，如果指標體系過大，指標層次過多、指標過細，勢必將評價者的注意力吸引到細微的問題上，出現「一葉障目」的現象，導致評價者「只見樹木，不見森林」；而指標體系過小，指標層次過少、指標過粗，又不能充分反應合作夥伴的實力。

（3）穩定可比原則。評價指標體系的設置應具有一定的穩定性，應能滿足企業當前及未來發展的需要。此外，還應橫向對比主要競爭對手（包括最強大的競爭對手）、行業領導者以及其他行業翹楚的相關評價標準，博採眾長，努力做到國際領先。

（4）靈活可操作原則。所設置的評價指標應具有一定的靈活性，應當可行且便於操作。

綜上所述，評價指標體系應系統、全面，評價指標應具有簡明性、適用性、一致性、可行性、可操作性、相對穩定性和前瞻性等特點。

2．綜合評價指標體系結構

綜合評價指標體系是反應企業和環境所構成的複雜系統的不同屬性的指標按隸屬關係、層次結構有序組成的集合。一般的，應包括企業業績評價、業務能力評價、質量體系評價、企業環境評價等指標。合作夥伴選擇的綜合評價指標體系見表 4.2 所示。

表 4.2　　　　　　　　　合作夥伴選擇的綜合評價指標體系

企業業績評價			業務能力評價						質量體系評價					企業環境評價			
成本效益分析	企業信譽	企業發展前景	營運管理	人力資源管理	財務管理	研究開發	市場行銷	物流服務	質量體系	產品開發中的質量	供應開發中的質量	製造中的質量	質量檢驗和試驗	質量資料與質量職員	政治與法律環境	經濟環境	技術環境	社會文化環境	自然環境

小資料　　目前有很多質量認證體系可以用來對合作夥伴的質量進行認證。其中，ISO9000 系列標準運用較廣泛。ISO9000 提供了最基本的質量保證的定義和指導，ISO9001 才是真正的質量體系，主要為設計開發、生產、安裝以及服務提供合適的質量體系。ISO9002 和 ISO9003 是 ISO9001 的子系統，ISO9002 涉及生產和安裝，而 ISO9003 涉及最終檢測和檢驗，ISO9004 則涉及全面質量系統的開發。ISO9000 的資格認證和註冊登記要經授權的第三方進行現場審核。而對於一些專門領域則有專門的認證標準，如：在軟件開發領域，有軟件開發質量保證體系 CMM；在汽車領域，有美國汽車工業協會發起的 Quality System 9000 質量管理系統；在環境開發保護領域，有 ISO14000 環境管理標準；在企業的職業安全衛生管理方面，有 OHSAS18001 職業安全衛生管理體系。

4.4.3　合作夥伴的選擇方法

合作夥伴的選擇方法較多，一般要根據被擇夥伴數量的多少、企業對合作夥伴的瞭解程度以及時間的急緩度等因素來確定。目前企業常用的合作夥伴的選擇方法主要有：直觀判斷法、招標法、協商選擇法、採購成本比較法、加權平均法、ABC成本法、層次分析法、合作夥伴選擇的神經網路算法等方法。

4.4.3.1　直觀判斷法

直觀判斷法是在對合作夥伴走訪、調查、徵詢以獲得第一手資料的基礎上，結合決策者的分析判斷，對合作夥伴進行評價、選擇的一種方法。這種方法主要是傾聽和採納有經驗的從業人員的意見，或者直接由決策者憑經驗做出判斷。常用於選擇普通合作夥伴，例如選擇企業非主要原材料的供應商。

4.4.3.2　招標法

當合作夥伴業務成本占企業總成本的比例較高，且潛在的合作夥伴數量較多、競爭較激烈時，可採用招標法來選擇合適的合作夥伴。該法一般由企業提出招標條件，合作夥伴進行競標，然后由企業決標，選擇條件最佳的合作夥伴與之簽訂合同或協議。招標法可分為公開招標和指定競標兩種。公開招標對投標者的資格不予限制，而指定競標則由企業預先選擇若干個可能的合作夥伴，在此範圍內進行競標和決標。招標法競爭性強，有利於企業在較大範圍內選擇相對滿意的合作夥伴，有利於降低企業經營成本。但該法手續繁瑣，歷時較長，不能滿足企業的緊急需要。此外，該法靈活性差，有時企業對參與競標的企業瞭解不夠深入，抑或雙方未能充分溝通，導致在合作中出現差錯。例如，供應商不能將企業所需的貨物按時送達需要的地點，物流公司在提供物流服務時出現較高的貨損率[①]或貨差率，等等。

4.4.3.3　協商選擇法

當潛在的合作夥伴數量較少，例如，由少數供應商壟斷了貨源，抑或分銷渠道由少數經銷商控制時，可採用協商法選擇合作夥伴。即由企業管理人員或相關職員同滿足本企業需要的潛在合作夥伴進行協商，最終選定合作夥伴。與招標法相比，該法由於合作雙方能充分協商，一般在所購物品質量、準時交貨和售後服務等方面能得到保障。但由於合作夥伴的選擇範圍窄，成本可能相對較高。該法主要適用於被擇夥伴數量有限、供需雙方競爭激烈、企業急需與夥伴建立合作關係、企業對外購物品的規格和技術條件有特殊要求等情形。

4.4.3.4　加權平均法

該法是指企業在選擇合作夥伴時，通過對決策影響因素分別評分，並根據各決策影

[①] 貨損率（Cargo Damages Rate）是指「交貨時損失的物品量與應交付的物品總量的比率。」而商品完好率（Rate of the Goods in Good Condition）是指「交貨時完好的物品量與應交付物品總量的比率」。——中華人民共和國國家標準《物流術語》（GB/T18354－2006）。

響因素的重要度分別賦予其一定的權重①，通過加權平均來選擇合作夥伴的常用方法②。例如，在選擇供應商時，決策影響因素主要包括物料的質量、價格（或使用成本）、交貨期、柔性服務能力（包括柔性供貨或提供柔性售後服務等能力）、合作意願或態度、研發能力③、財務實力、信譽、地理位置等；在選擇物流服務商時，決策影響因素主要包括服務質量（主要通過貨損率或商品完好率、準時交貨率、配送率等 KPI 來反應）、價格、柔性服務能力、行業服務經驗（如從事冷鏈物流服務或危險品物流服務的年限）、財務實力、信譽等。一般而言，選擇不同類型的合作夥伴，其評價標準或決策影響因素往往有一定的差別。

下面以供應商的選擇為例來加以說明。假如有三家備選的供應商，影響供應商選擇的因素、權重及評分如表 4.3 所示：

表 4.3　　　　　　　　　　　供應商選擇的加權評分表

因素 (X_i) (P_i) 供應商	質量 (0.2)	價格 (0.2)	交貨期 (0.15)	柔性服務 (0.1)	信譽 (0.15)	研究開發 (0.1)	地理位置 (0.1)	加權平均分 ($\sum_{i=1}^{7} X_i P_i$)
甲	90	80	80	95	90	85	90	86.5
乙	85	80	70	85	80	75	80	79.5
丙	70	75	85	80	85	80	85	79

通過計算，應該選擇綜合得分最高的甲供應商。

4.4.3.5　採購成本比較法

採購成本比較法是通過計算分析針對各個不同合作夥伴的採購成本，以選擇採購成本較低的合作夥伴的一種方法。對質量和交貨期都能滿足企業需要的合作夥伴，可通過計算採購成本來進行比較分析。採購成本一般包括購置成本（包含貨款、運費、保險費等）、訂購成本（包括通訊費、差旅費、訂單跟蹤費用）等各項與採購有關的成本費用。

例 4-1：某企業計劃需要採購某種物質 200 噸，甲、乙兩家供應商供應的物質均符合企業的要求，信譽也較好。距離該企業較近的甲供應商的報價為 320 元/噸，運費為 5 元/噸，訂購費用（採購中的固定費用）為 200 元；距離該企業較遠的乙供應商的報價為 300 元/噸，運費為 30 元/噸，訂購費用（採購中的固定費用）為 500 元。請通過計算判斷應該選擇哪家供應商並說明理由。

解：若選擇甲供應商，成本為：（320＋5）×200＋200＝65,200（元）

---

① 各影響因素的權數之和為一。

② 計算公式為：$x = \sum_{i=1}^{n} X_i P_i$，選擇綜合評分最高者。

③ 在建立供應商夥伴關係時，供應商的早期介入或供應雙方的早期參與（EPI/ESI）很重要，供應商往往要能為製造商定制開發、供應某些部件，此時需要考慮供應商的研發能力。

若選擇乙供應商，成本為：（300＋30）×200＋500＝66,500（元）

由於甲供應商的成本低，且距離該企業較近，便於管理供應商並進行溝通，故應選擇甲供應商。

4.4.3.6 ABC 成本法

ABC 成本法（Activity－Based Costing Approach）由魯德霍夫（Roodhooft）和科林斯（Jozef Konings）於1996年提出，該法是通過計算總成本來選擇合作夥伴的方法。

4.4.4 合作夥伴綜合評價及選擇的步驟

合作夥伴的綜合評價與選擇主要涉及以下七個步驟（詳見圖4.10），對企業來說每一步都是一次改善業務的過程。

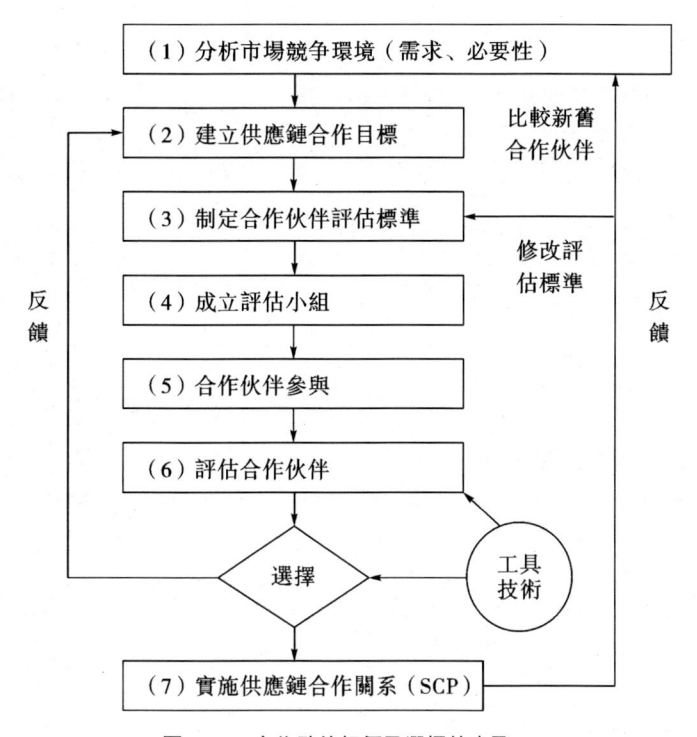

```
(1) 分析市場競爭環境（需求、必要性）
          ↓
(2) 建立供應鏈合作目標  ← 比較新舊合作伙伴
          ↓
(3) 制定合作伙伴評估標準 ← 修改評估標準
          ↓
(4) 成立評估小組
          ↓
(5) 合作伙伴參與
          ↓
(6) 評估合作伙伴  ← 工具技術
          ↓
       選擇
          ↓
(7) 實施供應鏈合作關系（SCP）
```
反饋　　　　　　　　　　　　反饋

圖4.10　合作夥伴評價及選擇的步驟

（1）市場競爭環境分析。在建立供應鏈合作關係之前，首先應進行市場競爭環境分析。按照波特競爭模型，有五種力量對企業的生存與發展構成威脅：同業競爭者、顧客、供應商、潛在進入者/新入侵者、替代品/替代服務提供者。其中，同業競爭者的競爭力量最直接也最強大，其次是顧客討價還價以及要求提供優質服務所構成的威脅，再次是供應商討價還價以及未必能滿足買方需求所構成的威脅，之後是替代品或替代服務的替代威脅，最后是潛在進入者對企業構成的潛在進入威脅。如果競爭非常激烈，企業一般應建立供應鏈合作關係，通過成員企業的分工與合作，組建戰略聯盟以抗衡競爭對

99

手的競爭。

需要說明，明確顧客的需求極為重要，因為顧客的需求是供應鏈營運的驅動力。供應鏈管理者首先應該明確顧客的需求，包括產品類型（功能型/創新型）及服務特性（例如需求的緊急度，是否要求提供 JIT 配送服務等）。

如果企業已建立供應鏈合作關係，則應根據市場需求的變化確認是否需要對供應鏈合作關係進行優化。在這一階段，應同時分析、總結本企業及合作夥伴存在的問題，以便及時改進。

（2）建立供應鏈合作目標。在環境分析的基礎上，企業必須建立與供應鏈成員企業合作應達到的目標。比如，合作的目標是為了提高產品質量或服務質量，還是為了降低企業經營成本，抑或是為了縮短交貨期，或者是為了獲得採購批量柔性（批量採購與柔性供應）等。

案例 4-5 作為全球最大的家居商品零售商，宜家公司的基本思想就是低價位，使設計精良、實用性強的家居產品能夠為人人所有。為此，宜家必須從供應商那裡採購到低成本、高質量、符合顧客要求而且環保的產品。為了實現這一目標，同供應商的關係就顯得非常重要。目前，宜家的供應商有 1,800 家，分佈在世界上 55 個國家。宜家認為同供應商的密切接觸是理性和長期合作的關鍵，它在 33 個國家設立了 42 個貿易公司來專門負責採購以及發展同供應商的合作關係。這些貿易公司的員工經常造訪供應商，從而監督生產、測試新方案、商談價格和進行質量檢查，負責向供應商傳授知識，例如：在效率、質量和環保工作問題上對他們進行培訓，他們還負責制定並檢查供應商的工作條件、社會保障和環保工作等重要任務。

（3）制定合作夥伴評估標準。接下來，企業應將目標細化、分解，開發出一整套綜合評價指標體系，作為企業評價選擇合作夥伴的依據或標準。在開發評價指標體系時，應根據前述「系統全面、科學簡明、穩定可比、靈活可操作」的原則，並結合不同行業、不同企業、不同的經營環境以及特定的產品市場需求來進行。

（4）成立評估小組。成立評估小組是評價、選擇合作夥伴的重要步驟。評估小組一般應由相關部門的管理人員或專業技術人員組成，必要時還應該有企業外部專家參與。組建評估小組時，應突出團隊成員優勢互補的特點，確保每個成員都能從專家角度對合作夥伴做出評估。例如，對供應商進行評估時，一般應從採購與供應管理部門、質量管理部門、生產管理部門、研究開發部門以及工程技術等部門抽調相關人員組成評估小組，目的是能從多角度、多方位對供應商的供應能力、物料品質、信用狀況、財務狀況、生產能力、研發能力等做出盡可能科學、客觀、公正的評價。

（5）合作夥伴參與。一般地，評估小組要親臨合作夥伴作業現場進行實地考察以獲得第一手資料，並對合作夥伴進行初步評估。當初步選擇了合作夥伴後，接下來就是雙方的初次合作，亦即讓合作夥伴參與到企業的相關業務活動中來。通常，雙方會有一段時間（如 2~3 個月）的接觸，這是合作的嘗試階段，一般稱之為「試合作」。特別

是對於關鍵合作夥伴，企業在選擇時往往很慎重，不會一經實地考察后就立即選定[①]。

（6）評估合作夥伴。根據考察、走訪、「試合作」所獲得的合作企業的有關信息，企業會根據綜合評價指標體系對合作夥伴的信用、財務、生產、研發等能力進行綜合評估。在評估時，需要利用一定的技術、工具和決策方法進行評價選擇，例如前面述及的採購成本比較法、ABC成本法、層次分析法以及神經網路算法等方法。如果最終選定了合作夥伴，雙方就會建立供應鏈合作關係；否則，企業會重新尋覓、評價、選擇合作夥伴，直至滿意為止。

（7）實施供應鏈合作關係。在實施供應鏈合作關係的過程中，市場需求將不斷變化，應根據實際需要及時修改合作夥伴評價標準，或重新對合作夥伴進行評價選擇。在重新選擇合作夥伴時，應給予昔日的合作夥伴足夠的時間以適應變化。

需要說明，儘管從理論上講，合作夥伴的評價與選擇有一個先後次序，然而在實際運作中，這些步驟往往相互聯繫，交錯重疊，決策者應根據企業的具體需要選擇其中的某些步驟，選擇的過程是動態的。

單元小結

企業的競爭已演變為供應鏈與供應鏈的競爭，更上升為企業核心能力的較量。核心競爭力是企業持續競爭優勢之源，具有價值性、局部性、集合性（整合性）、延展性、獨特性（異質性）、時間性（動態性）等特徵，包括人力資源開發與管理能力、技術創新能力、品牌管理能力、企業文化影響力等關鍵構成要素。業務外包有生產外包、物流外包、研發外包、人力資源管理外包、財務管理外包等類型，包括整體外包與部分外包、基本業務活動外包與輔助業務活動外包、全球範圍業務外包等模式。決策的影響因素有擬外包業務的屬性、成本和企業的財務狀況。實施過程包括制定外包策略與方案、承包商的評估與選擇、業務外包的管理等階段。業務外包面臨決策和運作兩類風險，風險產生的主要原因包括決策的有限理性、信息非對稱、代理者的敗德行為。供應鏈合作關係是供應鏈成員企業在一定時期內信息共享、風險共擔、共同獲利的協議關係。加強企業間的合作意義重大。選擇合作夥伴的方法主要有：直觀判斷法、招標法、協商選擇法、加權平均法、採購成本比較法、ABC成本法、層次分析法、神經網路算法等。

---

① 胡建波. 基於供應鏈管理的成都統一企業核心競爭力研究［M］. 工商管理碩士學位論文. 成都：電子科技大學出版社，2005.

思考與練習題

簡答(述)

1. 簡述企業核心競爭力的內涵、關鍵構成要素與特徵。
2. 如何培育企業核心競爭力?
3. 什麼是業務外包?包括哪些主要模式與類型?
4. 業務外包有哪些利弊?
5. 業務外包決策的影響因素有哪些?
6. 業務外包有哪些風險?如何規避?
7. 如何正確進行業務外包決策?
8. 如何做好業務外包的實施與管理工作?
9. 什麼是供應鏈合作關係?構築供應鏈合作關係有何意義?
10. 怎樣才能有效構建供應鏈合作關係?
11. 如何選擇供應鏈合作夥伴?

情境問答

1. 結合本單元第一部分中「英特爾公司的核心競爭力」案例回答以下問題:
   (1) 英特爾公司為什麼能取得極大成功?
   (2) 英特爾公司的核心競爭力包括哪些關鍵構成要素?
   (3) 怎樣理解「英特爾公司的核心競爭力主要體現在微處理器的開發和製造方面,而這種競爭力來自於它的創新思維和先進的人才觀。」這句話?
   (4) 英特爾公司為什麼要向日本學習?這與其核心競爭力有什麼關係?
   (5) 怎樣理解「公司的技術始終不斷地創新,而保持這種創新能力則主要靠人才機制。」

2. 結合本單元第五部分中「宜家與供應商的合作」案例回答以下問題:
   (1) 從本質上講,宜家公司與供應商之間是一種什麼關係?
   (2) 宜家公司採取了何種企業競爭戰略?
   (3) 宜家公司的競爭戰略與其採購戰略之間是何種關係?

3. X公司是國內民航軟件開發領域的行業領導者。該公司經過多年的努力,憑藉自身的實力,在國內民航軟件開發領域獨樹一幟,形成了強大的競爭力。其客戶主要是民航領域的企業和一些大型企業,包括中國郵政。近年來,隨著公司知名度的顯著提升,客戶越來越多,訂單多得做不完,對於一些小訂單,公司婉言謝絕。為此,有人提出,可否接下這些訂單,再實施業務外包?理由是,目前國內有很多IT工作室,可以承接公司的訂單。你是否贊同該觀點?請說明理由。

案例分析

案例1：海爾集團的物流之路

海爾集團是國內一家知名家電製造企業。為適應市場發展的需要，集團對供應鏈和物流系統進行了業務流程再造。在同步管理模式下，海爾集團的物流系統以訂單信息流為中心，成了企業核心競爭力的有力支撐。海爾集團物流系統的發展經歷了三個階段：

第一階段：物流資源優化重組，建立新型合作夥伴關係

整合內外部資源，成立隸屬於物流部門的採購事業部、配送事業部和儲運事業部。在這一階段，海爾集團通過統一採購實現每年節約資金上億元，環比降低材料成本6%；通過統一倉儲，不僅減少20萬平方米倉庫，而且呆滯物資降低90%，庫存資金占用減少63%；通過統一配送，在全國可調撥車輛16,000輛，運輸成本大降低。內部資源整合的同時也優化了外部資源。一方面，2,000多家供應商優化到了不到1,000家；另一方面，通過將對外買賣關係轉變為戰略合作夥伴關係，海爾集團實現了從採購管理向資源管理的轉變，與供應商形成了公平、互動、雙贏的合作關係。

通過建設內部ERP信息系統和B2B電子商務平臺大大加快信息的反饋，並帶動物流快速流動。經銷商、客戶通過訪問海爾集團網站，下達訂單，訂單數據直接進入后臺的ERP系統，並通過採購平臺將採購訂單下達給供應商。供應商在網上接受訂單並通過網上查詢計劃與庫存，及時補貨，實現了JIT供貨。通過與銀行的合作對供應商實現了網上貨款支付，日付款制度的實施保證了對供應商付款及時率100%，加快了物流與資金流速度。這使得原來半個月才能處理完畢的工作可以在幾小時內完成，大幅加快了訂單和整條供應鏈的回應速度。

第二階段：運用信息技術和物流技術，建立柔性化生產系統

物流技術的創新和廣泛應用保證了同步柔性製造系統的運行。標準容器、標準包裝、條形碼和無線掃描等技術的廣泛應用實現了單元化、標準化儲存和機械化高速搬運，提高了勞動效率，改變了原來收貨、搬運、分揀和發貨使用手工操作的狀況，保證了及時配送上工位，降低了庫存成本。立體倉庫的建成改變了企業原有倉儲的觀念，成為柔性生產配置的中轉庫，提前的分裝與揀選則保證了大規模定制生產的需要。

由於信息的準確及時，庫存量大大降低。貨物入庫后，物流部門可根據次日的生產計劃利用ERP系統進行配料，同時根據看板管理4小時配送至工位。海爾集團與供應商雙贏的戰略合作夥伴關係也推動了寄售模式的廣泛應用。寄售模式一方面減少了供應商租賃、裝卸與運輸的費用，降低了物流成本，也避免了自身由於原材料不足而停產，使庫存管理節約了大量的人力、物力和時間。

第三階段：延伸服務領域，物流產業化發展

海爾物流儲運事業部通過整合海爾集團的倉儲資源和運輸資源，可調配車量達10,000輛以上，在全國建立了42個配送中心，每天能夠將上百個品種的30,000余臺產品配送到全國1,330個專賣店和9,000余個行銷網點。通過條形碼和GPS技術的運用，可隨時監控所有車輛的狀況，運輸效率大大提高。原來配送到全國平均7天的時間，目前中心城市實現8小時配送到位，區域內24小時配送到位，全國4天內配送到位。而且由於是按單生產，成品庫只是中轉庫，在減少倉儲面積10余萬平方米的情況下實現了零庫存。

參照集團的服務標準和規範，海爾物流規範運作，業務開展的同時也保證了服務質量。通過積極開展第三方配送，海爾物流已經在為多家知名企業提供第三方物流服務，並通過強強聯合不斷完善配送網路。物流已成為海爾集團新的核心競爭力。

根據案例提供的信息，請回答以下問題：
1. 海爾集團的生產物流和銷售物流是如何銜接的？
2. 海爾集團與供應商之間的戰略合作夥伴關係形成的基礎是什麼？
3. 海爾物流的核心競爭力是什麼？為什麼？
4. 請對海爾物流向第三方物流發展的方向提出你的建議。

案例 2：風神汽車公司的供應鏈管理

經濟全球化、製造全球化、合作夥伴關係、信息技術進步以及管理思想的創新，使得競爭的方式也發生了不同尋常的轉變。現在的競爭主體，已經從以往的企業與企業之間的競爭轉向供應鏈與供應鏈之間的競爭。因而，在越來越激烈的競爭環境下，供應鏈管理成為近年來在國內外逐漸受到重視的一種新的管理理念和管理模式，在企業管理中得到普遍應用。風神汽車有限公司就是其中一個典範。

風神汽車有限公司是東風汽車公司、臺灣裕隆汽車製造股份有限公司（裕隆集團是臺灣省內第一大汽車製造商，其市場佔有率高達 51%，年銷量達 20 萬輛）、廣州京安雲豹汽車有限公司等企業共同合資組建的，由東風汽車公司控股的三資企業。在競爭日益激烈的大環境下，風神公司採用供應鏈管理思想和模式及其支持技術與方法，取得了當年組建、當年獲利的好成績。

一、風神公司的供應鏈系統

在風神公司的供應鏈中，核心企業風神汽車有限公司的總部設在深圳，生產基地設在湖北的襄樊以及廣東的花都和惠州。「兩地生產、委託加工」的供應鏈業務運作模式使得公司的組織結構既靈活又科學。風神供應鏈中所有企業得以有效連接形成一體化供應鏈，並和從原材料到向顧客按時交貨的信息流相協調。同時，在所有供應鏈成員中建立起了合作夥伴型的業務關係，促進了供應鏈業務活動的協調進行。

在風神公司的供應鏈中，風神汽車有限公司通過自身所處的核心地位，對整個供應鏈的運行進行信息流和物流的協調，各節點（供應商、中間倉庫、工廠、專營店）在需求信息的驅動下，通過供應鏈的職能分工與合作（供應、庫存、生產、分銷等），以資金流、物流或服務流為媒介，實現整個供應鏈的不斷增值。

為了適應產品生命週期不斷縮短、企業之間的合作日益複雜以及顧客的要求越來越挑剔的環境，風神公司供應鏈中的供應商、產品（整車）製造商和分銷商（專營店）被有機組織起來，形成了供應—生產—銷售的供應鏈。風神公司的供應商包括多家國內供應商和多家國外供應商（KD 件①供應商）。公司在全國各地設有多家專營店。供應商、製造商和分銷商在戰略、任務、資源和能力方面相互依賴，構成了十分複雜的供應—生產—銷售網鏈。

二、風神公司供應鏈成員企業間的關係

在風神公司的供應鏈中，使用某一共同資源（如原材料、半成品或產品）的實體之間既相互競爭又相互合作，例如襄樊工廠和花都工廠作為汽車製造廠，必然在產量、質量等很多方面存在競爭，但在整體供應鏈運作中又是緊密合作的。花都廠為襄樊廠提供衝壓件，在備件、零部件短缺時，相互之間又會進行協調調撥以保證生產的連續性，最終保證供應鏈系統的整體最優。

此外，隨著供應、生產和銷售關係的複雜化，風神公司所在供應鏈的成員越來越多。這無疑增加了供應鏈管理的困難，但同時也為供應鏈的優化組合提供了基礎，風神公司根據市場變化隨時對備選夥伴進行組合，省去了重新尋找合作夥伴的時間。

---

① KD 是 Knock Down 的縮寫，即汽車套件。

風神供應鏈的成員通過物流和信息流聯結起來，但它們之間的關係並不是一成不變的。根據風神公司戰略轉變和適應市場變化的需要，節點企業需要動態地更新。相應地，供應鏈成員之間的關係也由於顧客需求的變化而經常做出適應性的調整。

三、風神公司供應鏈管理的策略

1. 科學選址

風神汽車供應鏈中的核心企業設在廣東的深圳，這是因為深圳有優惠的稅收政策和發育的資本市場，並且可為今后的增資擴股、發行公司債券等提供財力支持，此外，在便利的口岸、交通、技術引進及資訊便利等方面，具有無可替代的地理優勢，這些都是構成風神供應鏈競爭力的重要因素。而位於湖北的襄樊工廠有資金、管理及技術資源的優勢，廣東花都具有整車組裝能力，這樣就形成了以深圳作為供應鏈中銷售、財務、技術、服務及管理的樞紐，而將整車裝配等生產過程放在襄樊和花都，又以襄樊和花都為中心聯結起眾多的上游供應商，從而可以集中公司的核心能力完成銷售、採購等核心業務，在整個供應鏈中就像扁擔一樣扛起了襄樊、花都兩大生產基地。

2. 業務外包

風神公司「總體規劃、分期吸納、優化組合」的方式很好地體現了供應鏈管理中的業務外包及擴展企業（Extended Corporation）思想。這種組合的優勢體現在充分利用國際大平臺的製造基礎，根據市場需求的變化選擇新的產品，並且可以最大限度地降低基建投資及縮短生產準備期，同時還可以共享銷售網路和市場等資源，共同攤銷研發成本、生產成本和物流成本，從而減少了供應鏈整體運行的總成本，最後確保風神汽車公司能生產出具有個性化且適合中國國情的中高檔轎車，使公司具有較強的競爭力。風神公司緊緊抓住「總體規劃、分期吸納、優化組合」的核心業務，而將其他業務（如製造、物流等）外包出去。

3. 全球資源配置

風神公司的技術引進戰略以及KD件的採購戰略體現了全球資源優化配置的思想。風神公司大部分的整車設計技術是由日產公司和臺灣裕隆公司提供的，而採購則包括了KD件的國外採購和零部件的國內採購，整車裝配是在國內的花都和襄樊兩個基地完成，銷售也是在國內不同地區的專營店進行，這就實現了從國內資源整合到全球資源優化配置的供應鏈管理，大大增強了供應鏈的整體競爭力。

4. 供應商管理庫存（VMI）

風神公司的VMI模式值得借鑑。風神公司與供應商建立了戰略夥伴關係，打破了傳統各自為政的庫存管理模式，實現了「雙贏」，使經營運作能更好地適應市場的變化。在風神公司的採購過程中，風神公司每六個月與供應商簽訂一個開口合同或閉口合同，在每月初告訴供應商每個月的要貨計劃。供應商根據要貨計劃安排生產，然后將其產品運送到風神公司的中間倉庫。風神公司的裝配廠只需按照生產計劃憑領料單按時到中間倉庫提貨即可。庫存的消耗信息由供應商採集並及時做出庫存補充的決策，實現了準時化供貨，節約了庫存成本，為提高整個供應鏈的競爭力做出了貢獻。

5. 建立戰略聯盟

風神公司通過業務外包的資源整合，建立了戰略聯盟，實現了強強聯合，達到了共贏的目的。通過利用全球供應資源和產品開發技術，以及國內第三方物流公司的優勢，風神汽車公司不僅獲得了投資僅一年就獲利的良好開端，而且也為花都工廠、襄樊工廠以及兩地中間倉庫和供應商帶來了巨大商機，使所有的企業都能在風神供應鏈中得到良好的發展。風神供應鏈中的合作企業都已經認識到，它們已經構成了相互依存的聯合體，各方都十分珍惜這種合作夥伴關係。

通過實施供應鏈管理，風神汽車公司建立了自己的競爭優勢：通過與供應商、花都工廠、襄樊工廠等企業建立戰略合作夥伴關係，優化了鏈上成員間的協同運作管理模式，實現了合作夥伴企業之間

的信息共享，促進了物流通暢，提高了客戶反應速度，創造了競爭的時間和空間優勢；通過設立中間倉庫，實現了準時化採購，從而減少了各個環節的庫存量，避免了不必要的庫存成本消耗；通過在全球範圍內優化合作，各個節點企業將資源集中於核心業務，充分發揮其專業優勢和核心能力，最大限度地減少了產品開發、生產、分銷、服務的時間和空間距離，實現了對客戶需求的快速有效反應，大幅度縮短了訂貨的提前期；通過戰略合作，充分發揮鏈上企業的核心能力，實現了優勢互補和資源共享，創造了強大競爭優勢。

（本案例根據馬士華、林勇《供應鏈管理》第二版中「風神公司的供應鏈系統」案例改編）

根據案例提供的信息，請回答以下問題：

1. 風神汽車公司供應鏈的結構屬哪種類型？
2. 風神汽車公司供應鏈成員企業間的關係本質上是一種什麼關係？
3. 風神公司的兩個生產基地（花都和襄樊）在備件及零部件短缺時，相互之間會協調調撥以保證生產的連續性。請分析利弊、原因及解決對策。
4. 「隨著供應、生產和銷售關係的複雜化，風神公司所在供應鏈的成員越來越多。」你認為供應鏈成員企業的數量多好還是少好？如何對越來越多的供應鏈成員企業進行有效管理？
5. 「供應鏈成員之間的關係也由於顧客需求的變化而經常做出適應性的調整」，這體現了供應鏈的什麼特徵？
6. 風神公司在供應鏈管理中採取了哪些策略？請分析這些策略的有效性。

單元 5

信息技術在供應鏈管理中的應用

【知識目標】
1. 能簡述供應鏈管理的信息集成思想
2. 能簡述 Internet/Intranet 在供應鏈管理中的應用
3. 能簡述 EDI 在供應鏈管理中的應用
4. 能簡述 RFID 在供應鏈管理中的應用

【能力目標】
1. 能分析 Internet/Intranet 在供應鏈管理中的應用
2. 能分析 EDI 在供應鏈管理中的應用
3. 能分析 RFID 在供應鏈管理中的應用

Bay 網路公司的供應鏈信息系統

Maynard Webb，這家網路設備製造商的 CIO 說：「很多年以來，我們一直希望每天都能得到我們分銷商當天的情況。有了這些信息後，公司就可以更好地按需生產。」

Bay 網路公司的外部網叫 Partner Net。通過這個外部網，Bay 網路公司就可以及時向分銷商們發布他們需要的銷售信息。他們還要調整各分銷商反饋銷售信息的時間間隔，因為對於某些分銷商，只要瞭解他們每週的銷售點情況就可以了，不必每天都瞭解。以前每天提供一次銷售報告，現在則是每週提供一次，這要求分銷商們對他們的訂單系統做一些改進。最初，分銷商們並不樂意做這種額外的工作，但 Webb 指出，Partner Net 可以給分銷商們提供許多關鍵性的信息，如 Bay 公司的產品性能、庫存情況等。為了獲得這些信息，分銷商們對自己的系統作一些改動是值得的。

Webb 說，如果你允許外界訪問你的一些敏感數據，如產品規劃等，安全性是主要考慮的因素。為了解決這個問題，Bay 公司給每個分銷商和原材料供應商都分配了唯一的帳號和口令，使它們只能獲得與自己業務有關的信息。例如，一個分銷商可以瞭解自己未交付訂單的情況，但是不能瞭解別人的。

為了獲得 Bay 公司的 ERP 數據，大多數原材料供應商都利用他們的瀏覽器，從 Partner Net 上把 Bay 的產品規劃信息下載到一個電子表格程序裡，然后把這些數據導入本公司的數據庫系統中。

引導問題：
1. 為什麼 Bay 網路公司要構建供應鏈信息系統？
2. 在構建供應鏈信息系統時，哪些問題是必須考慮的？為什麼？

供應鏈的可視化是供應鏈管理的基礎和前提。通過可視化促進供應鏈成員企業的協同。因此，有效的供應鏈管理離不開信息技術的有力支撐。

5.1 信息技術的發展及其在供應鏈管理中的應用

傳統的企業信息化管理系統是以企業內聯網和 ERP 為核心的，當今的供應鏈管理系統在 Internet 技術的推動和支持下，成為構建在電子商務基礎之上的，以供應鏈管理軟件為核心，以 EDI、條形碼和 POS 系統等多種信息技術為輔助的體系結構。供應鏈管理環境下的現代物流具有及時化、信息化、自動化、智能化、服務化和網路化等特徵，而現代信息技術的發展為充分實現這些特徵提供了有力的保障。

5.1.1 現代信息技術的發展

現代信息技術奠定了信息時代發展的基礎，同時又促進了信息時代的到來，它的發展以及全球信息網路的興起，把全球的經濟、文化聯結在一起。任何一個新的發現、新的產品、新的思想、新的概念都可以立即通過網路、通過先進的信息技術傳遍世界。經濟全球化趨勢日漸顯著，使得信息網路、信息產業的發展更加迅速，使各行業、產業結構乃至整個社會的管理體系發生了深刻變化。現代信息技術是一個內容十分廣泛的技術群，它包括微電子技術、光電子技術、通信技術、網路技術、感測技術、控制技術、顯示技術等。在 21 世紀，企業管理的核心必然是圍繞信息管理來進行的。

最近幾年，技術創新成為企業改革的最主要形式，而 IT 的發展直接影響到企業改革和管理的成敗。不管是計算機集成製造（CIM）、電子數據交換（EDI）、計算機輔助設計（CAD），還是製造業執行信息系統（Executive Information System），信息技術革新都已經成為企業組織變化的主要途徑。

5.1.2 信息技術在供應鏈管理中的應用

信息技術在供應鏈管理中的應用可以從兩個方面理解：一是信息技術的功能對供應鏈管理的作用（Internet、多媒體、EDI、CAD/CAM、ISDN 等的應用），二是信息技術本身所發揮的作用（如 CD-ROM、ATM、光纖等的應用）。信息技術特別是最新信息技術（多媒體、圖像處理和專家系統）在供應鏈管理中的應用，可以大大減少供應鏈運行中的非增值行為。信息技術在供應鏈管理中的具體作用體現在以下幾方面：

5.1.2.1 EDI 的作用

EDI 是供應鏈管理的主要信息手段之一，特別是在國際貿易中有大量文件傳輸的條件下。它是計算機與計算機之間的相關業務數據的交換工具，它有一致的標準以使交換成為可能。典型的數據交換是傳向供應商的訂單。EDI 的應用較為複雜，其費用也很昂貴，不過最新開發的軟件包、遠程通信技術使 EDI 更為通用。利用 EDI 能清除職能部門之間的障礙，使信息在不同職能部門之間通暢、可靠地流通，能有效減少低效工作和非增值業務（Non-Value Added Process）。同時可以通過 EDI 快速地獲得信息，更好地進

行通訊聯繫、交流和更好地為用戶提供服務。

5.1.2.2　CAD/CAE/CAM 和多媒體的作用

CAD/CAE/CAM 和多媒體的應用可以縮短訂單流的提前期。如果把交貨看作一個項目，為了消除物料流和信息流之間的障礙，就需要應用多媒體技術、共享數據庫技術、人工智能、專家系統和 CIM。這些技術可以改善企業內和企業間計算機支持的合作關係，從而提高整個供應鏈系統的效率。

5.1.2.3　建立企業內部聯繫

企業的內部聯繫與企業外部聯繫是同樣重要的。比如在企業內建立企業內部網路（Intranet）並設立電子郵件（E-mail）系統，使得職工能便捷地相互收發信息。像 Netscape 和 WWW 的應用可以方便地從其他地方獲得有用數據，這些信息使企業在全球競爭中獲得成功，使企業能在準確可靠的信息幫助下做出準確決策。信息流的提前期也可以通過 E-mail 和傳真的應用得到縮短。信息時代的發展需要企業在各業務領域中適當運用相關的信息技術。

5.1.2.4　參與產品設計過程

產品設計和工程、流程計劃可被當作一個業務流程，產品本身需要產品、工程、流程計劃的設計，這些階段可以用 QFD、CE、CAD/CAPP 集成在產品開發中，考慮縮短設計提前期和在產品週期的每個階段減少非增值業務。

5.1.2.5　信息技術在銷售環節所發揮的作用

市場行銷和銷售是信息處理量較大的職能部門。市場研究在一定程度上是 IT 革新的主要受益者。市場行銷和銷售作為一個流程需要集成市場研究、預測和反饋等方面的信息。EDI 在採購訂單、付款、預測等事務處理中的應用，可以提高用戶和銷售部門之間數據交換工作效率，保證為用戶提供高質量的產品和服務。

5.1.2.6　信息技術在會計業務中所發揮的作用

信息技術在會計業務中所發揮的作用包括產品成本、買賣決策、資本投資決策、財務和產品組合決策等。計算機信息系統包括在線成本信息系統和數據庫，主要採用在線共享數據庫技術和計算機信息系統完成信息的收集和處理。技術分析專家系統（Expert System for Technology Analysis，ESTA）、財務專家系統能提高企業的整體投資管理能力，而且在 ESTA 中應用人工智能（AI）和神經網路技術可以增強某些非結構性問題的專家決策。AI 的應用可以提高質量、柔性、利用率和可靠性，EDI 和 EFT（Electronic Funds Transfer）在供應鏈管理中的應用可以提高供應鏈節點企業之間資金流的安全性和交換的快速性。

5.1.2.7　信息技術在生產過程中的作用

生產過程中的信息量大而且繁雜，如果處理不及時或處理不當，就有可能出現生產的混亂、停滯等現象，MRP Ⅱ、JIT、CIMS、MIS 等信息技術可以解決企業生產中出現的多種複雜問題，保證企業生產和整個供應鏈的正常運行。

5.1.2.8　信息技術在客戶終端服務中的作用

客戶/服務技術可以應用於企業之間的信息共享，以改善企業的服務水平，同時各種網路新技術的應用也可以改善企業之間的信息交互使用情況。信息自動化系統提高了

分銷、后勤、運輸等工作的效率，減少了紙面作業，從而可降低成本和提高用戶服務水平。

5.1.2.9　信息技術在供應鏈設計中的作用

供應鏈設計中運用 CIM、CAD、Internet、E－mail、專家支持系統等技術，有助於供應鏈節點企業的選擇、定位和資源、設備的配置。決策支持系統（DSS）有助於核心企業決策的及時性和正確性。

5.1.2.10　信息技術在人力資源管理中的作用

目前，人類行為工程（Human Performance Engineering，HPE）開始在企業管理中得到應用，其主要職能是組織、開發、激勵企業的人力資源。在企業系統的工作設計、培訓、組織重構中應用 HPE 可以幫助企業提高從最高領導層到車間的人力效率，同時多媒體、CAD/CAM 和 Internet 等技術的應用可以改善職工之間的合作水平並減少工作壓力。

5.2　Internet/Intranet 在供應鏈管理中的應用

信息技術尤其是網路技術的迅速發展，使當今世界進入網路社會的前沿，集電話、電視、電腦、傳真為一體的網路通信方式已成為社會的時尚。網路社會的來臨，將促進經濟的合作與發展。

計算機模式的變化以螺旋方式發展。在計算機應用初期，中央計算模式占據絕對主導地位，它的特點是維護簡單，但弊端是終端用戶對資源和數據幾乎沒有控制權。隨著 PC 機和網路技術的廣泛應用，Client/Server 模式（簡稱 C/S）受到用戶的推崇，它在把控制權交給最終用戶的同時，仍然保持了對后臺數據和資源的集中控制與管理，求得了靈活與可管理性之間的平衡。然而，隨著應用需求和客戶端數量的激增，C/S 模式面臨著許多難以解決的問題，主要體現在以下三個方面：

（1）客戶端整體擁有成本上升。用戶在使用過程中需要花費大量的時間和經費來維護客戶端的正常運行，包括硬件的升級換代和軟件的修改與升級。據統計，普通的計算機用戶平均要花費 27% 的工作時間用於對付 Windows 操作系統出線的問題，再加上應用程序可能出現的問題，用戶可能 1/3 的時間無法正常工作。Gartner 公司的調查表明，在美國，一臺 PC 機的年維護費用高達 9,800 美元。

（2）數據散亂、難以控制。採用 C/S 模式時，大型企業的每個獨立的部門都要配置服務器以支持該部門的業務運作，這種做法除了導致維護費用的上升外，還帶來了另一個嚴重的問題——數據分散。例如，一家集團公司有銷售、生產、運輸等部門，各部門分別有自己的服務器系統，當公司總裁需要瞭解整個公司的運作情況時，他必須要對這些數據進行集中管理，公司需要額外配備其他的數據收集、整理軟件，導致成本上升。

（3）系統維護困難。為了保證客戶機和服務器的正常運行，IT 系統管理員常常是疲於奔命，解決系統出現的軟、硬件問題。

而 Internet 的出現無疑為解決以上問題展現了一條新的途徑，這就是 100% 基於 Internet 的計算模式，即所謂的 Browse/Server（瀏覽器/服務器，簡稱 B/S）模式。這種新興的計算模式將桌面終端複雜的工作完完全全轉移到集中管理的服務器上，終端用戶只需要瀏覽器就可以訪問所有的應用。同時，由於終端用戶採用的瀏覽器是標準軟件，因此，大大降低了維護和培訓需求，從而也相應地降低了企業 IT 系統的整體擁有成本。

採用 B/S 結構設計、基於 Internet/Internet 的供應鏈企業管理信息系統，以便更好地在信息時代實現企業內部與企業之間信息的組織與集成。

5.2.1 三層 B/S（瀏覽器/服務器）體系結構思想

以前廣泛採用的三層 C/S（客戶/服務器）結構體系（Three-Tier Architecture C/S）的性能概念如圖 5.1 所示。

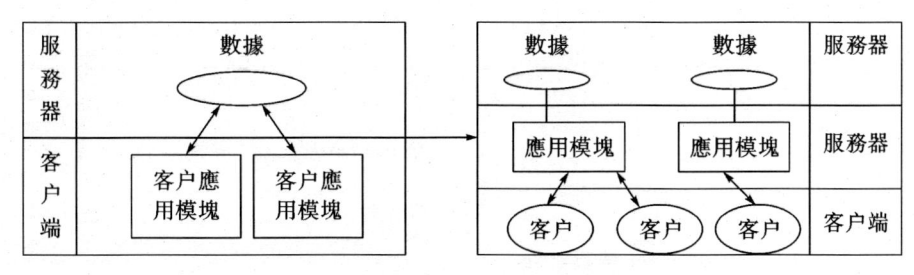

圖 5.1 三層結構 C/S 系統的性能概念圖

第一層是表示層，完成用戶接口的功能；第二層是功能層，利用服務器完成客戶的應用功能；第三層是數據層，服務器應客戶請求獨立地進行各種處理。

該結構的特點是：把應用從客戶機中分離出來，使之不再支持應用，變成一個簡單的客戶機；系統維護簡單，擺脫了由於客戶有多個應用而造成的複雜運行環境的維護；應用的增加、刪除、更新不影響用戶個數和執行環境；當來自客戶端的頻繁訪問，造成第三層的服務器負荷過重時，可分散、均勻負荷而不影響客戶環境。

可以採用基於 Internet/Intranet 集成環境下的 WWW 的 B/S 體系結構（如圖 5.2 所示）來實現供應鏈企業之間分佈數據庫的連接。其結構實際上就是三層結構的 C/S 系統。

第一層是表示層。表示層通過 WWW 瀏覽器實現信息瀏覽的功能。在客戶端，向由 URL（Uniform Recourse Locator）所指定的 Web 服務器提出服務申請。在 Web 服務器對用戶進行身分驗證后，用 HTTP 協議把所需的文件資料傳送給用戶，客戶端只是接受文件資料，並顯示在 WWW 瀏覽器上，這樣使客戶端真正成為「瘦」客戶機。

第二層是功能層。功能層是在具有公共網關接口（Common Gateway Interface，CGI）的 Web 服務器上實現的。Web 服務器接受客戶申請，首先需要執行 CGI 程序，以與數據庫連接，進行申請處理。而后將處理結果返回 Web 服務器，再由 Web 服務器傳至客戶端。

第三層是數據庫。它採用 B/S 結構，綜合了瀏覽器信息服務和 Web 等多項技術。通過一個瀏覽器可以訪問多個應用服務器，形成點到多點、多點到多點的結構模式。使

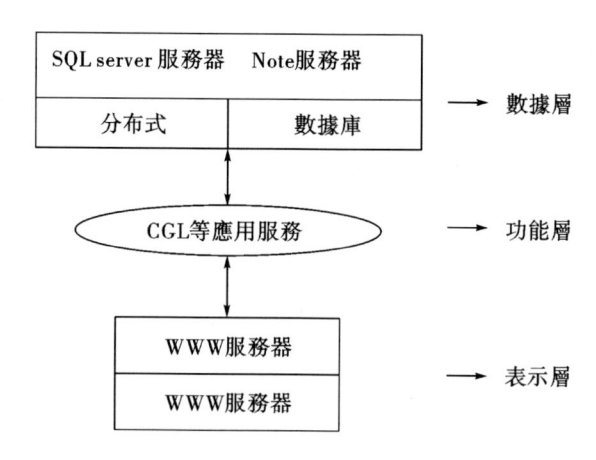

```
        ┌─────────────────────────────────┐
        │ SQL server 服務器   Note服務器  │
        ├─────────────────────────────────┤  →  數據層
        │   分布式          數據庫        │
        └─────────────────────────────────┘
                        ↕
             ( CGL等應用服務 )              →  功能層
                        ↕
        ┌─────────────────────────────────┐
        │         WWW服務器               │
        ├─────────────────────────────────┤  →  表示層
        │         WWW服務器               │
        └─────────────────────────────────┘
```

圖 5.2　基於 WWW 的 C/S 結構圖

用瀏覽器就可以與某一臺主機或系統進行連接，並不需要更換軟件，或是再啓動另一套程序。B/S 的一點到多點、多點到多點應用軟件結構可以使得開發人員在前端的瀏覽器方面減少很多工作量，而把注意力轉移到怎樣更合理地組織信息、提供對用戶的服務上來。

5.2.2　Internet/Intranet 集成思想

　　Internet 在供應鏈企業中的應用以及與 Intranet 的集成，是不可避免的趨勢。雖然因為目前基於 TCP/IP 協議和 WWW 規範的軟件工具還不能完全滿足管理信息系統範疇中的一些較為複雜的數據處理、信息統計、管理方法和分析模式的要求，導致暫時功能上還有較大差距。但目前基於 LAN 和 C/S 的 MRP 將遲早要被基於 TCP/IP 協議和 WWW 規範的 Internet/Intranet 集成模式所取代。如果將管理信息系統的部分功能移到 Internet 上，或者是基於 Internet/Intranet 技術和思路開發管理信息系統，則實現后的管理信息系統將與傳統的管理信息系統在操作運行模式上有相當多的不同。

　　Internet 面對的是全球的用戶，是企業走向全球市場的「橋樑」，而 Intranet 面對企業內部，是企業內部凝聚各個部門、每個職工的「網」。通過 Internet/Intranet 的集成，實現企業全球化的信息資源網路，提高企業網路的整體運行效率和管理效率，實現從傳統管理信息系統向 Internet/Intranet 集成模式的轉變，如圖 5.3 所示。

```
                                    ┌─────────────────────────────┐
                                    │ Internet/Intranet應用系統   │
                                    ├─────────────────────────────┤
                        ┌──────────┐│   Internet應用平臺          │
                        │ 應用系統 ││   HTTP/SMTP/NNTP…/數據庫   │
                        ├──────────┤├─────────────────────────────┤
                        │網絡操作系統│   網絡操作系統             │
                        ├──────────┤├─────────────────────────────┤
                        │ 網絡硬件 │   網絡硬件                 │
                        └──────────┘└─────────────────────────────┘
                          傳統模式     ──→    Internet/Intranet 模式
```

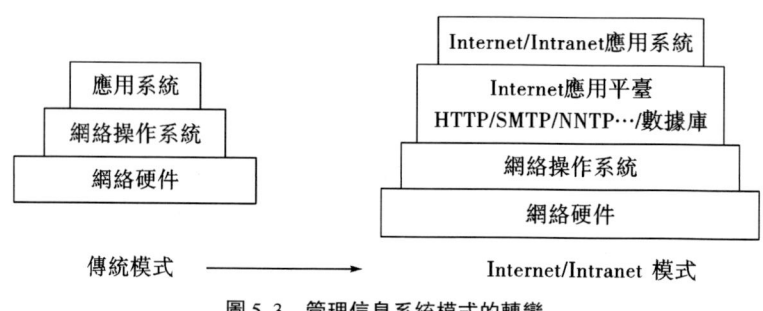

圖 5.3　管理信息系統模式的轉變

Internet/Intranet 集成基礎上的管理信息系統具有以下技術特點：

（1）給予 TCP/IP 協議和 WWW 規範，在技術上與 Internet 同源；

（2）主要功能是加強企業內/外部信息溝通，共享資源，協同信息處理能力；

（3）雙向、全面，而且是不分地域、不限時間的信息溝通；

（4）對內全面支持企業的經營管理決策和日常辦公事務處理工作，對外形成企業對外信息發布和產品宣傳以及行銷策略的工具；

（5）超文本連結簡化了信息查詢和檢索；

（6）無所不在的瀏覽器窗口。

5.2.3 基於 Internet/Intranet 的供應鏈企業信息組織與集成模式

實施供應鏈管理的企業在構建管理信息系統時，要正確處理各種關係，並充分考慮各種因素的影響程度。根據企業所處環境、自身條件和行銷策略，建立一種現代企業的管理信息系統，這包括企業經營理念、方式和手段的轉變，必將產生新的、深層次的變革。

一般企業可以通過高速數據專用線連接到 Internet 骨幹網中、通過路由器與自己的 Intranet 相連，再由 Intranet 內主機或服務器為其內部各部門提供存取服務。

在供應鏈企業的管理信息系統中，計算機可以既是 Internet 的節點，又是 Intranet 的節點，它們之間範圍的界定由服務範圍和防火牆限定。在供應鏈企業中充分利用 Internet/Intranet 建立三個層次的管理信息系統。

5.2.3.1 外部信息交換

企業首先應當建立一個 Web 服務器，通過 Internet 一方面完成對企業在不同地域的分銷商、分支機構、合作夥伴的信息溝通與控制，實現對重要客戶的及時訪問與信息收集；另一方面可以實現企業的電子貿易，在網上進行售前、售中、售後服務和金融交易，這一層的工作主要由企業外部 Internet 信息交換來完成。企業需要與交換對象簽訂協議，規定信息交換的種類、格式和標準。

5.2.3.2 內部信息交換

管理信息系統的核心是企業的 Intranet，因為企業的事務處理、信息共享、協同計算都是建立在 Intranet 上的，要與外部交換信息也是以 Intranet 組織的信息為基礎的。因此，企業建立了硬件框架之後的關鍵工作就是要決定在 Internet 共享信息的組織形式。信息處理系統主要完成數據處理、狀態統計、趨勢分析等任務。它們以往大部分由企業內部部門獨立的個人計算機應用系統組成，主要涉及企業內部所有部門的業務流程。它們所處理的信息是企業內部 Intranet 信息共享的主要對象。

5.2.3.3 信息系統的集成

集成化供應管理環境下，要實現企業內部獨立的信息處理系統之間的信息交換，就需要設計系統之間信息交換的數據接口。以往企業各部門的信息系統之間往往由於系統結構、網路通信協議、文件標準等環節的不統一而呈現分離的局面，而通過 Internet 的「標準化」技術，Intranet 將以更方便、更低成本的方式來集成各類信息系統，更易達到數據庫的無縫連接，使企業通過供應鏈管理軟件使內外部信息環境集成為一個統一的平臺整體。圖 5.4 為基於 Internet/Intranet 的供應鏈企業集成網路模型。

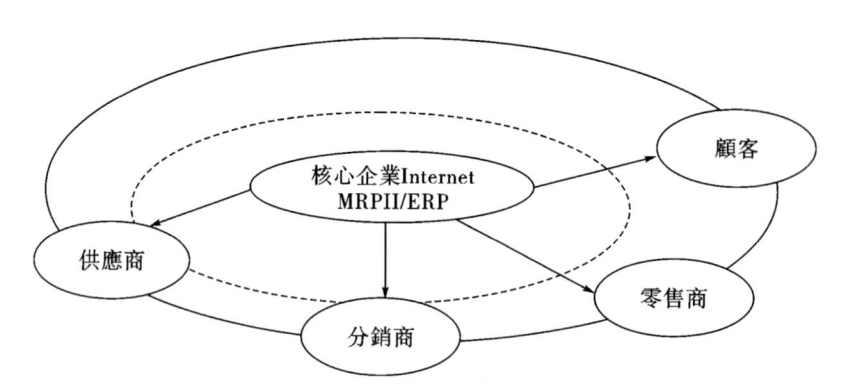

圖 5.4　基於 Internet/Intranet 的供應鏈企業網路結構

最后還要注意網路安全問題。安全問題至關重要，安全性是一個多方面的問題，系統必須保證只允許適當的人訪問適當的信息，同時，必須解決 Web 服務器為服務器和瀏覽器之間的通信提供保密層加密。這可以保證有效地獲取信息並防止信息被竊取。

5.3　EDI 在供應鏈管理中的應用

在供應鏈管理的應用中，EDI 是供應鏈企業信息集成的一種重要工具，一種在合作夥伴企業之間交互信息的有效技術手段，特別是在全球進行合作貿易時，它是在供應鏈中連接節點企業的商業應用系統的媒介。通過 EDI，可以快速獲得信息，提供更好的服務，減少紙面作業，更好地溝通和通訊，提高生產率，降低成本，並且能為企業提供實質性的、戰略性的好處，如改善運作、改善與客戶的關係、提高對客戶的回應、縮短事務處理週期及訂貨週期，減少訂貨週期中的不確定性，增強企業的國際競爭力等。

將 EDI 和企業的信息系統集成起來能顯著提高企業的經營管理水平。如美國的福特公司把 EDI 視為「精細調整 JIT 的關鍵」，DEC 公司也是把 EDI 和 MRP 連接起來，使 MRP 系統實現了點綴化，公司庫存因而減少 80％，交貨時間減少 50％。GE 通用電器公司通過採用 EDI，採購部門的工作效率提高了，節約了訂貨費用和人力成本。

可以說，EDI 不是一種工藝技術，而是一種新的信息管理方法，不久的將來，準確迅速地獲取信息和及時有效地處理與使用信息的公司，將會具有更強的競爭能力和獲得更大的利潤。

5.3.1　EDI 的含義與特性

5.3.1.1　EDI 的含義

EDI（Electronic Data Interchange）的中文意思是電子數據交換，是 20 世紀 80 年代發展起來的、融現代計算機技術和遠程通信技術於一體的產物。國際標準化組織 ISO 於 1997 年確認了 EDI 的技術定義：根據商定的交易或電子數據的結構標準實施商業或行政交易，從計算機到計算機的電子數據傳輸。

我國國家標準《物流術語》（GB/T18354-2006）對電子數據交換（EDI）的定義是：「採用標準化的格式，利用計算機網路進行業務數據的傳輸和處理。」

EDI 用於電子計算機之間商業信息的傳遞，包括日常諮詢、計劃、採購、到貨通知、詢價、付款、財政報告等，還用於安全、行政、貿易夥伴、規格、合同、生產分銷等信息交換，目前人們正在開發適用於政府、保險、教育、娛樂、司法、保健和銀行抵押業務等領域的 EDI 標準。由此可見，EDI 的應用遠不止貿易事務，它可以廣泛地應用到各個經濟、行政部門。

近年來，EDI 在物流中被廣泛應用，稱為物流 EDI。所謂的物流 EDI 是指貨主、承運業主以及其他相關的單位之間，通過 EDI 系統進行物流數據交換，並以此為基礎實施物流作業活動的方法。物流 EDI 的參與對象有貨主、承運業主、實際運送貨物的交通運輸企業、協助單位和其他的物流相關單位。

從以上概念可知，EDI 是一套報文通信工具，它利用計算機的數據處理和通信功能，將交易雙方彼此往來的文檔轉成標準格式，並通過通信網路傳輸給對方。因此，EDI 只是一個電子平臺，無論是物流領域還是其他領域，都只是 EDI 的一個具體的應用對象或應用實例。

5.3.1.2 EDI 的特性

EDI 具有下列特性：

(1) 數據的完整性、一致性、可靠性。

(2) 安全性、容錯性。貿易夥伴之間數據不間斷交換，但主數據庫中數據與設備不受損壞。

(3) 擴充性。當 EDI 處理信息有所增加時，系統擴充方便。

EDI 已有多年的運行經驗，被認為是 20 世紀 60~90 年代初的電子商務的初級形式。EDIVAN 服務安全可靠，貿易夥伴管理交易與確認仲裁技術成熟，在國際貿易、通關、交通運輸、政府招標、公用事業中廣泛應用。20 世紀 90 年代，基於 Internet 的 EDI 出現並發展迅速，EDI 作為企業之間商業單證信息交換標準格式仍繼續存在，且隨著 Internet 技術的發展而進一步發展，它又為 EDI 推廣應用特別是在中小企業的應用創造更好的條件。EDI 與發展中的電子商務是電子信息技術的重要組成部分，它的廣泛應用是現代信息社會的重要標誌。因此，基於 Internet 的 EDI 將極大促進基於 EDI 的電子商務的發展。

5.3.2 EDI 的構成要素

EDI 由三個要素構成：數據標準、EDI 軟件及硬件、通信網路。

5.3.2.1 數據標準

EDI 標準是由各企業、各地區代表共同制訂的電子數據交換標準，可以使各組織之間的不同文件格式，通過共同的標準，達到彼此之間文件交換的目的。

5.3.2.2 EDI 軟件及硬件

EDI 軟件具有將用戶數據庫系統中的信息譯成標準格式，以供傳輸交換的能力。由於 EDI 標準具有足夠的靈活性，可以適應不同行業的眾多需求，而每個公司有其自己規

定的信息格式，因此，當需要發送 EDI 電文時，必須用某些方法從公司的專有數據庫中提取通用數據，並把它翻譯成 EDI 格式，進行傳輸，這就需要 EDI 相關軟件的幫助。EDI 軟件主要由轉換軟件、翻譯軟件和通信軟件三部分構成。

EDI 所需的硬件設備大致有計算機、調制解調器及電話線。

5.3.2.3 通信網路

通信網路是實現 EDI 的手段。EDI 通信方式有多種：單對單、單對多。單對單這種方式只在貿易夥伴數量較少的情況下可能使用。隨著貿易夥伴數目的增加，當多家企業直接使用計算機通信時會出現由於計算機廠商不同、通信協議相異以及工作時間不易配合等問題，造成相當大的困難。為了克服這些問題，許多應用 EDI 的公司逐漸採用第三方網路與貿易夥伴進行通信，即增值網路方式。它類似於郵局，為發送者與接收者維護郵箱，並提供存儲轉送、記憶保管、通信協議轉換、格式轉換、安全管制等功能。因此，增值網路傳送 EDI 文件，可以大大降低相互傳送資料的複雜度和困難，從而大大提高 EDI 的效率。

可以說，以互聯網為基礎的 EDI 方式是將來實施 EDI 的大勢所趨。

5.3.3 EDI 的特點

由上述定義可知，EDI 包括了三方面的內容：格式化的數據與報文標準、通信網路和計算機應用。這三方面內容相互依存構成了 EDI 的基本框架。經過 20 多年的發展與完善，EDI 作為一種全球性的具有巨大商業價值的電子化貿易手段及工具，具有幾個顯著特點：

5.3.3.1 單證格式化

EDI 傳輸的是企業間格式化的數據，如訂購單、報價單、發票、貨運單、裝箱單、報關單等，這些信息都具有固定的格式與行業通用性。而信件、公函等非格式化的文件不屬於 EDI 處理的範疇。

5.3.3.2 報文標準化

EDI 傳輸的報文符合國際標準或行業標準，這是計算機能自動處理的前提條件。目前最為廣泛使用的 EDI 標準是：UN/EDI FACT（聯合國標準 EDI 規則適用於行政管理、商貿、交通運輸）和 ANSIX.12（美國國家標準局特命標準化委員會第 12 工作組制定）。

5.3.3.3 處理自動化

EDI 信息傳遞的路徑是計算機到數據通信網路，再到商業夥伴的計算機，信息的最終用戶是計算機應用系統，它自動處理傳遞來的信息。因此這種數據交換是機—機，應用—應用，不需人工干預。

5.3.3.4 軟件結構化

EDI 功能軟件由五個模塊組成：用戶界面模塊、內部 EDP 接口模塊、報文生成與處理模塊、標準報文格式轉換模塊、通信模塊。這五個模塊功能分明、結構清晰，形成了 EDI 較為成熟的商業化軟件。

5.3.3.5 運作規範化

EDI 以報文的方式交換信息有其深刻的商貿背景，EDI 報文是目前商業化應用中最

成熟、有效、規範的電子憑證之一，EDI 單證報文具有法律效力已被普遍接受。任何一個成熟、成功的 EDI 系統，均有相應的規範化環境作基礎。

5.3.4 EDI 的工作原理

EDI 推廣應用已近二十年，目前使用 EDI 較多的產業可劃分為四類：製造業、貿易運輸業、流通業和金融業。

為了理解 EDI 如何工作，我們跟蹤一個簡單的 EDI 應用過程。EDI 貿易工作步驟如圖 5.5 所示。

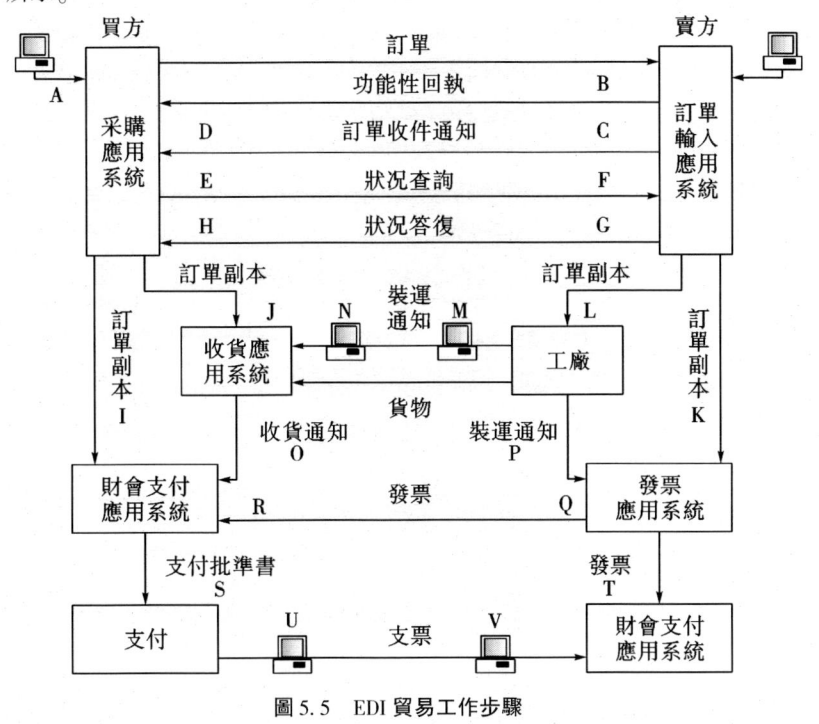

圖 5.5　EDI 貿易工作步驟

第一步：製作訂單。買方根據自己的需求在計算機上進行操作，在訂單處理系統上製作出一份訂單，並將所有必要的信息以電子傳輸的格式存儲下來，同時產生一份電子訂單。

第二步：發送訂單。買方將此電子訂單通過 EDI 系統傳送給供應商。此訂單實際上是發向供應商的電子信箱的，它先存放在 EDI 交換中心，等待來自供應商的接收指令。

第三步：接收訂單。供應商使用郵箱接收指令，從 EDI 交換中心自己的電子信箱中收取全部郵件，其中包括來自買方的訂單。

第四步：簽發回執。供應商在收妥訂單後，使用自己計算機上的訂單處理系統，為來自買方的電子訂單自動產生一份回執，經供應商確認後，此電子訂單回執被發送到網路，再經由 EDI 交換中心存放到買方的電子信箱中。

第五步：接收回執。買方使用郵箱接收指令，從 EDI 交換中心自己的電子信箱中收

取全部郵件，其中包括供應商發來的訂單回執。整個訂貨過程到此結束。供應商收到訂單，客戶又收到了訂單回執。

EDI 的實現過程就是用戶將相關數據從自己的計算機信息系統傳送到有關交易方的計算機信息系統的過程，該過程因用戶應用系統以及外部通信環境的差異而有所不同。

在有 EDI 增值服務的條件下，這個過程可分為如下幾個步驟：

第一步：發送方將要發送的數據從信息系統數據庫中提出，並轉換成平面文件（亦稱中間文件）。

第二步：將平面文件翻譯為標準 EDI 報文，並組成 EDI 信件。接收方從 EDI 信箱收取信件。

第三步：將 EDI 信件拆開並翻譯成平面文件。

第四步：將平面文件轉換並傳送到接收方信息系統中進行處理。

由於 EDI 服務方式不同，平面轉換和 EDI 翻譯可在不同位置（用戶端，EDI 增值中心或其他網路服務點）進行，但基本步驟應是上述幾步。

5.3.5　EDI 在供應鏈管理中的應用

在供應鏈管理中，EDI 是供應鏈企業信息集成的一種重要工具，同時也是一種在合作夥伴企業間交互信息的有效技術手段。特別是在全球經濟一體化、全球進行合作貿易時，EDI 是在供應鏈中聯結各節點企業的商業應用系統的媒介。通過 EDI 可以快速獲取信息，提供更好的服務，減少紙面作業，更好地溝通和通信，提高生產率，降低成本，並且能為企業提供實質性的、戰略性的好處，如改善運作、改善與客戶的關係、縮短業務處理週期、快速回應客戶需求、縮短訂貨週期、減少訂貨週期中的不確定性、增強企業的國際競爭能力等。

5.3.5.1　基於 EDI 的供應鏈管理

將 EDI 技術引入供應鏈管理會帶來如下益處：

（1）縮短供應鏈業務處理週期。由於交易雙方的信息經由計算機信息網路傳輸，瞬間即達，可大大縮短供應鏈業務處理週期。

（2）降低業務處理差錯率及其成本。由於信息處理是在計算機上自動完成的，無須人工干預，所以除節約時間外還可大幅度降低業務處理過程中的差錯率，從而降低資料出錯的處理成本。

（3）節省各節點企業的庫存費用。由於使用 EDI 后可增強節點企業間的信息共享度，因而供需雙方均可減少庫存，從而降低庫存成本。

（4）節省各節點企業的人工費用。由於使用 EDI 后不需人工填表、製單、裝訂、打包、郵寄等一系列過程，自然可省人力。

（5）降低貿易文件成本。使用 EDI 可實現各節點企業的貿易無紙化，大幅度節省紙張、印刷、儲存及郵寄費用，降低貿易文件成本。

（6）促進企業跨國經營。隨著 EDI 的使用，企業業務不再受到地域的限制，而是趨向全球化。

（7）降低需求的不確定性。供應鏈中最主要的不確定因素是消費者的需求。必須對消費者的需求做出盡可能準確的預測，供應鏈中的需求信息都源於而且依賴於這種需

求預測。

5.3.5.2　基於 EDI 的供應鏈信息集成系統

將 EDI 和企業的信息系統集成起來能顯著提高企業的經營管理水平。將供應鏈各節點企業在運用 EDI 的基礎上進行組織和集成，會大大提高整個供應鏈管理的運作效率。

基於 EDI 的信息集成後，供應鏈各節點企業之間與有關商務部門之間也實現了集成，形成了集成化的供應鏈。其基本過程是先將企業各子公司和部門的信息系統組成局域網，在局域網的基礎上組建企業級廣域網，相當於 Intranet，再和其他相關的企業和單位相連接。

5.4　RFID 在供應鏈管理中的應用

案例 5－1　2003 年全球主要百貨零售業龍頭，包括沃爾瑪、家樂福、寶潔公司、聯合利華等，都宣布加入射頻識別（RFID）行列，這一宣告使民生、醫療到科技電子產品供應商為滿足零售百貨業的需求，都必須在產品中加入 RFID 方能出貨。可以想像，在不久的將來，走在美國沃爾瑪超市，拿起幾塊香皂，香皂盒內的智能型卷標 RFID 就會發出無線訊號，RFID 電子判讀機通知庫房再拿出一些香皂到貨架上補貨。此時，RFID 判讀機也同步與信息網路聯機，激活店家的供應鏈管理系統，自動通知供應商鋪貨採購需求。你也可用有 RFID 系統的信用卡付費，銀行會自動從帳戶中扣除採購金額。這便是 RFID 即將在零售百貨市場的新變革。也因為 RFID 訊號可在 5 米內的距離被電子判讀機高速判讀，以後在沃爾瑪超市買東西，結帳時只要提著貨品走過電子判讀機，收銀系統就已計算好消費金額，不必再一件件的拿出來，用條形碼機一一接觸掃讀，就能快速結帳。因此，應用 RFID 系統，未來將不會見到在結帳櫃臺長長的付費隊伍，消費者將發現服務更好、更有效率。

5.4.1　射頻識別（RFID）的概念

射頻識別（Radio Frequency Identification，RFID）技術最早出現在 20 世紀 80 年代，用於跟蹤業務。它是「通過射頻信號識別目標對象並獲取相關數據信息的一種非接觸式的自動識別技術」（GB/T18354－2006）。RFID 的基本原理是電磁理論，利用無線電波對記錄媒體進行讀寫。射頻系統的優點是不局限於視線，識別距離比光學系統遠，射頻識別卡具有讀寫能力、可攜帶大量數據、難以偽造和具有智能等特點。

射頻識別系統的傳送距離由許多因素決定，如傳送頻率、天線設計等，射頻識別的距離可達幾十厘米至幾米，且根據讀寫的方式，可以輸入數千字節的信息，同時，還具有極高的保密性。射頻識別技術適用於物料跟蹤、運載工具和貨架識別等要求非接觸數據採集和交換的場合，要求頻繁改變數據內容的場合尤為適用。這項技術已被列為 20 世紀十大重要科技項目之一，並將改變人類消費方式。

案例5-2 中國香港的車輛自動識別系統——駕易能，採用的主要技術就是射頻技術。目前，中國香港已經有約8萬多輛汽車裝上了電子標籤，裝有電子標籤的車輛通過裝有射頻掃描器的專用隧道、停車場或高速公路路口時，無須停車繳費，大大提高了行車速度，提高了效率。

5.4.2 射頻識別系統的組成

射頻識別系統在具體的應用過程中，根據不同的應用目的和應用環境，系統的組成會有所不同，但從射頻識別系統的工作原理來看，系統一般都由信號發射機、信號接收機、發射接收天線等幾部分組成。

5.4.2.1 信號發射機

在射頻識別系統中，信號發射機為了不同的應用目的，會以不同的形式存在，典型的形式是標籤（TAG）。標籤相當於條碼技術中的條碼符號，用來存儲需要識別傳輸的信息。另外，與條碼不同的是，標籤必須能夠自動或在外力作用下，把存儲的信息主動發射出去。標籤一般是帶有線圈、天線、存儲器與控制系統的低電集成電路。

5.4.2.2 信號接收機

在射頻識別系統中，信號接收機一般叫閱讀器。閱讀器的基本功能是提供與標籤進行數據傳輸的途徑。標籤中除了存儲需要傳輸的信息外，還必須含有一定的附加信息，如錯誤校驗信息等。識別數據信息和附加信息按照一定的結構編製在一起，並按照特定的順序向外發送。閱讀器通過接收到的附加信息來控制數據流的發送，一旦到達閱讀器的信息被正確地接收和譯解後，閱讀器通過特定的算法決定是否需要發射機對發送的信號重發一次，或者知道發射器停止發信號，這就是「命令回應協議」。使用這種協議，即使在很短的時間、很小的空間閱讀多個標籤，也可以有效地防止「欺騙問題」的產生。

5.4.2.3 編程器

編程器是向標籤寫入數據的裝置。編程器寫入數據一般來說是離線完成的，也就是預先在標籤中寫入的數據，等到開始應用時直接將標籤黏附在被標示項目上。也有一些RFID應用系統，寫數據是在線完成的，尤其是在生產環境中作為交互式便攜數據文件來處理時。

5.4.2.4 天線

天線是標籤與閱讀器之間傳輸數據的發射、接收裝置。在實際應用中，除了系統功率，天線的形狀和相對位置也會影響數據的發射和接收，需要專業人員對系統的天線進行設計、安裝。

5.4.3 射頻識別系統在供應鏈管理中的應用

供應鏈包括從原材料到最終用戶的所有實物的移動過程。供應鏈管理包括供應商選擇、採購、產品計劃、材料加工、訂單處理、存貨管理、包裝、運輸、倉儲與客戶服務。同時也涉及供應鏈中的產品、貨主、位置和時間等要素，以便供應商和客戶之間更

好地溝通。

成功的供應鏈管理無縫整合所有供求活動。將所有合作者整合到供應鏈中。根據機構功能的不同,這些合作者包括供應商、配送商、運輸商、第三方物流公司和信息提供商。

在 RFID 的供應鏈應用中,主要的應用模式是物流的跟蹤應用。技術實現模式是將 RFID 標籤貼在托盤、包裝箱或元器件上,進行元器件規格、序列號等信息的自動存儲和傳遞。RFID 標籤能將信息傳遞到相當距離範圍內的讀頭上,使倉庫和車間不再需要使用手持條形碼讀卡器對元器件和在製品進行逐個掃描條碼,這在一定程度上減少了遺漏的發生,並大大提高了工作效率。RFID 的倡導者認為,此舉可能大幅度削減成本和清理供應鏈中的障礙。該技術正與物流供應鏈緊密聯繫在一起,有望在未來幾年取代條形碼掃描技術。

現代供應鏈管理的關鍵是供應鏈中產品、集裝箱、車輛和人員的自動識別,所有的信息都在企業 MIS 系統或者 ERP 系統得到即時的傳遞和反應。

單元小結

信息共享是實現供應鏈管理的基礎。供應鏈的協調運行建立在各節點企業高質量的信息傳遞與共享的基礎之上,因此,有效的供應鏈管理離不開信息技術的可靠支持。供應鏈管理中常用的信息技術有 Internet/Intranet 和 EDI,此外 RFID 等也將在供應鏈管理中有越來越廣泛的應用。因特網是供應鏈網路化最有效的工具。EDI 是供應鏈企業信息集成的重要工具之一,是一種在合作夥伴企業之間交互信息的有效的技術手段,是融現代計算機技術和遠程通信技術於一體的產物,它是根據商定的交易或電子數據的結構標準實施商業或行政交易,從計算機到計算機的電子數據傳輸。EDI 的構成要素包括:數據標準、EDI 軟件及硬件、通信網絡。EDI 具有單證格式化、報文標準化、處理自動化、軟件結構化、運作規範化等特徵。射頻識別技術的基本原理是電磁理論,利用無線電波對記錄媒體進行讀寫。射頻系統具有不局限於視線,識別距離比光學系統遠等優點。射頻識別卡具有讀寫能力、可攜帶大量數據、難以偽造和具有智能等特點。射頻系統一般都由信號發射機、信號接收機、編程器、發射接收天線等幾部分組成。

思考與練習題

簡答(述)

1. 簡述信息技術在供應鏈管理中的作用。
2. 簡述 Internet/Intranet 集成思想。
3. 簡述在供應鏈企業中利用 Internet/Intranet 建立的三個層次的管理信息系統。
4. 簡述 EDI 的含義及特性。

5. EDI 的構成要素有哪些?
6. 簡述 EDI 的工作原理。
7. 簡述射頻識別技術的含義。
8. 射頻識別系統是由哪幾部分組成的?

案例分析

「可的」公司的供應鏈信息系統

上海可的便利店有限公司（以下簡稱可的公司）是農工商超市（集團）有限公司旗下的控股子公司，擁有集直營、委託和特許加盟三種經營模式為一體的專業便利店1,200余家。多年來，公司規模及銷售額保持續穩定增長的態勢，2006年營業總額達26.28億元。

可的公司在供應鏈信息化過程中，面臨的問題包括：一是公司原來的計算機管理系統並沒有實現門店與總部的聯網，門店經理除了日常銷售和常規管理外，大量工作用於確定補貨的品種和數量等，總部採購人員則窮於應付要貨、補貨、配送等事務，無法進行新品開發及商品和供應商信息的綜合分析。二是如何控制門店的權限、增加門店「自我管理」的內容、實現門店的個性化經營是個難題。

為了解決以上難題，可的公司在供應鏈信息化建設方面主要採取了以下措施：

一、建立共用的信息平臺

為了提高整個供應鏈的運作水平，可的公司建立了基於WEB的信息互動平臺，此信息平臺和可的公司的商業自動化管理系統（HDPOS）相連，各門店和總部發生的所有業務數據，包括訂貨、配送、驗收、銷售以及周邊數據都自動通過HDPOS系統回傳到總部的供應鏈管理中心，通過統一處理後形成有價值的信息再反饋到各部門，對工作進行指導。

由於信息技術的支持，系統能夠及時、高效地統計出供應商在相應時間段內的銷售、庫存、進貨及退貨等情況；提前一個星期向供應商提供商品需求預測信息，供應商將及時回覆供貨情況，提前預報缺貨，並由此安排好排產計劃，以此實現了供應商和可的公司的「雙贏」。

二、採用倉庫管理系統，實現作業流程標準化、最優化

可的公司供應鏈管理中心通過自動化的倉庫管理系統，減少了人工操作，提高了物流活動的效率和準確度。同時，運用信息技術優化了倉庫內的物流作業，使其流程標準化，大大降低了運作成本。可的公司利用倉庫管理系統，在公司內部統一商品編碼、統一進貨渠道，當供貨商將貨物運到可的公司的物流中心後，就貼上唯一識別的標籤，通過射頻技術、數據通信技術、條形碼技術、掃描技術實現產品的入庫，使採集的數據自動導入標準化數據庫。

三、即時監控物流業務，降低供應鏈庫存水平

通過各個連鎖門店的終端銷售系統，可的供應鏈管理中心可以對各連鎖門店的銷售、庫存、進價等信息系統進行控制，從而實現整個物流業務的統一管理。經過中央信息處理中心，將各個物流結點的信息數據匯總，實現了統一訂貨，實現了規模效應，從整體上降低了供應鏈的運作成本。

四、通過送取結合，大大降低物流營運成本

可的公司的物流中心有一個電腦網路配送系統，分別與各門店相連。它在得到門店的要貨信息並將其匯總後，物流計劃很快便由TMS系統根據第二天的收貨、配送和生產任務定制完成。

五、門店支持系統提升差異化競爭力

在HDCSS（便利門店支持系統）提供的銷售、庫存數據和天氣預測等信息的支持下，可的公司門店的選貨質量越來越高。門店採用上下限自動配貨方式，下限是安全庫存量。當門店的庫存量低於下限時，系統就會按上限減去當前實際庫存量的設置進行配貨。便利門店的庫存面積一般很小，為了減少商品缺貨損失及由此帶來的門店形象受損，根據當天的實際銷售情況，門店會每天多次發送配貨請

求。這些請求通過網路，即時傳送到公司供應鏈管理中心倉庫系統 HDWMS 與 CAPS 系統，中心可及時為這些請求進行配貨，然后配送到門店。

六、電子商務平臺的應用

通過 HDEC 電子商務平臺，可的公司實現了網上訂貨、網上對帳和網上配送並將信息提供給供應商，提高了可的公司外部供應鏈的運行效率及公司在供應商中的信譽。EC 平臺成為所有幾百家門店的內部信息交流平臺，有效解決了企業規模越來越大、門店數量越來越多所帶來的日益嚴峻的內部溝通和日常管理問題。同時，可的公司通過公司網站發布便利店的商品和服務信息、近期促銷活動和預訂服務信息，通過顧客反饋功能給客戶管理信息系統提供數據支持。任何顧客或門店對商品或服務的投訴，都可及時反饋到可的公司的物流客服中心，並有專人做出答覆和處理意見。高效快捷的客服系統大大提高了可的公司便利的服務品質，增進了可的公司與顧客的關係。

經過 10 年的發展，可的公司的信息化建設已初具規模，並在此基礎上形成了公司強大的供應鏈系統。在整個集成系統中，HDPOS 系統的功能是商業業務的管理，完成可的公司商品和資金流轉的關鍵業務。HDEC 系統是可的公司與供應商交互的系統，在該平臺上實現了總部、各地公司、督導、門店、供應商的信息共享，各方均可通過 Internet 直接獲取相關信息。HDEC 系統和 HDPOS 系統組成了完整的業務管理系統。HDHR 系統是人力資源管理系統，通過該系統實現了對分散在門店的 5,000 餘名員工和各級管理人員的管理。HDINTRA 系統提供了員工交流和溝通的平臺，規範和統一了公司內部的信息流動。

根據案例提供的信息，請回答以下問題：
1. 可的公司在供應鏈信息化過程中主要面臨哪些問題？公司採取了哪些有效措施？
2. 可的公司的供應鏈信息系統主要包括哪些子系統？分別具有哪些主要功能？

單元 6

供應鏈管理策略的選擇與實施

【知識目標】

1. 能簡述 QR 和 ECR 兩種供應鏈管理策略產生的背景
2. 能闡釋 QR 和 ECR 兩種供應鏈管理策略的內涵
3. 能簡述 QR 策略主要的實施步驟
4. 能簡述 QR 策略成功實施的條件
5. 能簡述 ECR 策略的四大要素
6. 能列舉供應鏈管理策略在實施中使用的關鍵信息技術手段
7. 能列舉供應鏈管理策略在實施中使用的關鍵物流技術與管理方法
8. 能闡明 QR 和 ECR 兩種供應鏈管理策略的異同

【能力目標】

1. 能正確選擇供應鏈管理策略
2. 能辨識供應鏈管理策略成功實施的關鍵

引例：沃爾瑪公司的 QR 實踐

在薩爾蒙公司（Salmon）的倡導下，從 1985 年開始，美國服裝紡織行業開展了大規模的快速反應（QR）運動，正式掀起了供應鏈構築的高潮。美國零售巨頭沃爾瑪公司與服裝製造商塞米諾爾以及面料生產企業米尼肯公司合作，建立了快速反應（QR）系統。QR 系統的建立可分為如下三個階段：

（1）初始階段。沃爾瑪公司 1983 年開始採用 POS 系統，1985 年開始建立 EDI 系統。1986 年與薩爾蒙公司和米尼肯公司在服裝商品方面開展合作，開始建立垂直型的快速反應（QR）系統。當時合作的領域是訂貨業務和付款通知業務。通過電子數據交換系統發出訂貨明細清單和受理付款通知，以此來提高訂貨速度和準確性，以及節約相關事務的作業成本。

（2）發展階段。為了促進行業內電子商務的發展，沃爾瑪與行業內的其他商家一起成立了 VICS 委員會，共同協調確定行業統一的 EDI 標準和商品識別標準。VICS 委員會制定了行業統一的 EDI 標準並確定了商品識別標準，採用 UPC 商品識別碼。沃爾瑪公司基於行業統一標準設計出 POS 數據的傳輸格式，通過 EDI 系統向供應商傳送 POS 數據。供應商基於沃爾瑪傳送的 POS 信息，及時瞭解沃爾瑪的商品銷售狀況、把握商品的需求動向，並及時調整生產計劃和原材料採購計劃。

供應商利用 EDI 系統在發貨之前向沃爾瑪傳送提前裝運通知（ASN）。這樣，沃爾瑪事

前就可以做好進貨準備工作，同時可以省去貨物數據的輸入作業，使商品檢驗作業效率化。沃爾瑪在接收貨物時，用 RF 終端讀取包裝箱上的物流條形碼，把獲取的信息與提前裝運通知進行核對，判斷到貨與發貨清單是否一致，從而簡化了檢驗作業。在此基礎上，利用電子支付系統（EFT）向供應商支付貨款。同時只要把 ASN 數據和 POS 數據比較，就能迅速知道商品庫存的信息。這樣做的結果使沃爾瑪不僅節約了大量事務性作業成本，而且還能壓縮庫存，提高庫存週轉率。在此階段，沃爾瑪公司開始把 QR 的應用範圍擴大至其他商品和供應商。

（3）成熟階段。沃爾瑪把零售店商品的進貨和庫存管理的職能轉移給供應商（產品製造商），由製造商對沃爾瑪的流通庫存進行管理和控制。即採用供應商管理庫存的模式。沃爾瑪讓供應商與之共同營運管理沃爾瑪的流通中心。在流通中心保管的商品的所有權屬於供應商。供應商對 POS 數據和 ASN 數據進行分析，把握商品的銷售和沃爾瑪的庫存動向。在此基礎上，決定在什麼時間，把什麼類型的商品，以什麼方式向哪個店鋪發貨。發貨信息以提前裝運通知的形式傳送給沃爾瑪，以多頻次、小批量的方式進行連續庫存補充，即採用連續補充庫存方式。由於採用供應商管理庫存（VMI）和連續補貨計劃（CRP），供應商不僅能夠減少本企業的庫存，還能減少沃爾瑪的庫存，實現整個供應鏈庫存水平的最小化。另外，對沃爾瑪來說，省去了商品進貨業務，節約了成本，同時能集中精力於商品銷售。並且，事先能得知供應商的商品促銷計劃和商品生產計劃，能夠以較低的價格進貨。這些為沃爾瑪進行價格競爭提供了條件。

引導問題：
1. 什麼是供應鏈管理策略？
2. 常見的供應鏈管理策略有哪幾種？
3. 沃爾瑪公司採取了何種供應鏈管理策略？有何好處？
4. 沃爾瑪公司在實施該供應鏈管理策略的過程中，採用了哪些信息技術手段以及物流技術和管理方法作為支撐？

快速反應（QR）和有效客戶反應（ECR）是源於美國服裝行業和食品雜貨業的兩種供應鏈管理策略。成功實施供應鏈管理策略，是企業有效實施供應鏈管理的關鍵。

6.1　QR 策略的認知與實施

目前應用較多的供應鏈管理策略主要有快速反應和有效客戶反應。前者是美國紡織服裝業發展起來的一種供應鏈管理策略。它是美國零售商、服裝製造商以及紡織品供應商開發的整體業務概念，其目的是減少從原材料到銷售點的時間和整個供應鏈上的庫存量，最大限度地提高供應鏈營運管理的效率。

6.1.1　QR 策略產生的背景

20 世紀六七十年代，美國的雜貨行業面臨著國外進口商的激烈競爭。80 年代早期，美國國產的鞋、玩具以及家用電器的市場佔有率下降到 20%，而國外進口的服裝在美國的市場份額也達到了 40%。面對國外商品的激烈競爭，紡織與服裝行業在 70 年代和

80 年代採取的主要對策是在尋找法律保護的同時，加大現代化設備投資的力度。到了 80 年代中期，美國的紡織與服裝行業是通過進口配額系統保護最重的行業，而紡織業是美國製造業生產率增長最快的行業。儘管上述措施取得了巨大的成功，但服裝行業進口商品的滲透卻在繼續增加。一些行業的先驅認識到保護主義措施無法保護美國服裝製造業的領先地位，他們必須尋找別的方法。

1984 年，美國服裝、紡織以及化纖行業的一些主要的經銷商成立了「用國貨為榮委員會」（Crafted with Pride in USA Council），該委員會的任務是為購買美國生產的紡織品和服裝的消費者提供更多的利益。1985 年該委員會開始做廣告，提高了美國消費者對本國生產的服裝的信譽度。該委員會也拿出了一部分經費，研究如何長期保持美國紡織與服裝行業的競爭力。1985—1986 年，Kurt Salmon 協會進行了供應鏈分析，結果發現，儘管供應鏈的各個部分具有較高的運作效率，但整個系統的效率卻十分低。於是，纖維、紡織、服裝以及零售業開始尋找那些在供應鏈上導致高成本的活動。結果發現，供應鏈的長度是影響其高效運作的主要因素。

整個服裝供應鏈，從原材料到消費者購買，時間為 66 周：11 周在製造車間，40 周在倉庫或轉運，15 周在商店。這樣長的供應鏈，不僅各種費用高，更重要的是，建立在不精確需求預測基礎之上的生產和分銷，因數量過多或過少造成的損失非常大。

整個服裝供應鏈系統的總損失每年可達 25 億美元，其中 2/3 的損失來自於零售商或製造商對服裝的降價處理以及在零售時的缺貨。進一步的調查發現，消費者離開商店而不購買的主要原因是找不到合適的尺寸和顏色的商品。為此，Kurt Salmon 公司建議零售業者和紡織服裝生產廠家合作，共享信息資源，建立一個快速回應系統來實現銷售額增長、顧客服務水平提高以及庫存量、商品脫銷及商品風險最小化的目標。這項研究導致了快速回應策略的應用和發展。

美國是 QR 策略的發源地，有許多企業都已經開始實施 QR 策略，並取得了成功。其中，零售商主要有：Sears, Walmart, Kmart, JCPenney, Dayton Hudson, Target, Federated, Dillards, The Limited, Hudson's Bay, Montgomery Ward 以及 Circuit City 等。供應商主要有：Levi Strauss, VF Corp, Arrow Produets, ESteeLauder, Nike, Sara Lee Hosiery, Whirlpool 以及 Panasonic。實施 QR 的承運商有 Roadway 和 Schneider。

6.1.2　QR 策略的內涵

根據我國國家標準《物流術語》（GB/T18354‐2006）的定義，快速反應（Quick Response, QR）是「供應鏈成員企業之間建立戰略合作夥伴關係，利用電子數據交換（EDI）等信息技術進行信息交換與信息共享，用高頻率小批量配送方式補貨，以實現縮短交貨週期，減少庫存，提高顧客服務水平和企業競爭力為目的的一種供應鏈管理策略。」換言之，QR 策略是供應鏈成員企業為了實現共同的目標，如縮短供應提前期、降低供應鏈系統庫存量、避免大幅度降價、避免產品脫銷、降低供應鏈運作風險、提高供應鏈運作效率等而加強合作，實現供應鏈的可視化和協同化，其重點是對消費者的需求作出快速反應。

實施 QR 策略，要求零售商和供應商一起工作，通過共享 POS 數據來預測補貨需

求，不斷監測環境變化以發現新產品導入的機會，以便對消費者的需求做出快速反應。從業務運作的角度看，貿易夥伴需要利用 EDI 來加快供應鏈中信息的傳遞，共同重組業務活動以縮短供應提前期並最大限度地降低運作成本。

6.1.3 QR 策略的實施步驟

QR 策略的實施包括以下幾個主要步驟：

（1）商品單元條碼化。即對所有商品消費單元用 EAN/UPC 條碼標示，對商品貿易單元用 ITF-14 條碼標示，對物流單元則用 UCC/EAN—128 條碼標示。

（2）POS 數據的採集與傳輸。零售商通過 RF 終端掃描商品條形碼，從 POS 系統得到及時準確的銷售數據，並通過 EDI 傳輸給供應商共享。

（3）補貨需求的預測與補貨。供應商根據零售商的 POS 數據與庫存信息，主動預測補貨需求，制訂補貨計劃，經零售商確認后發貨。

從近年企業的實踐來看，零售商和製造商的合作進一步加強，合作的領域逐漸拓展到聯合產品開發和零售店鋪空間管理，如圖 6.1 所示。

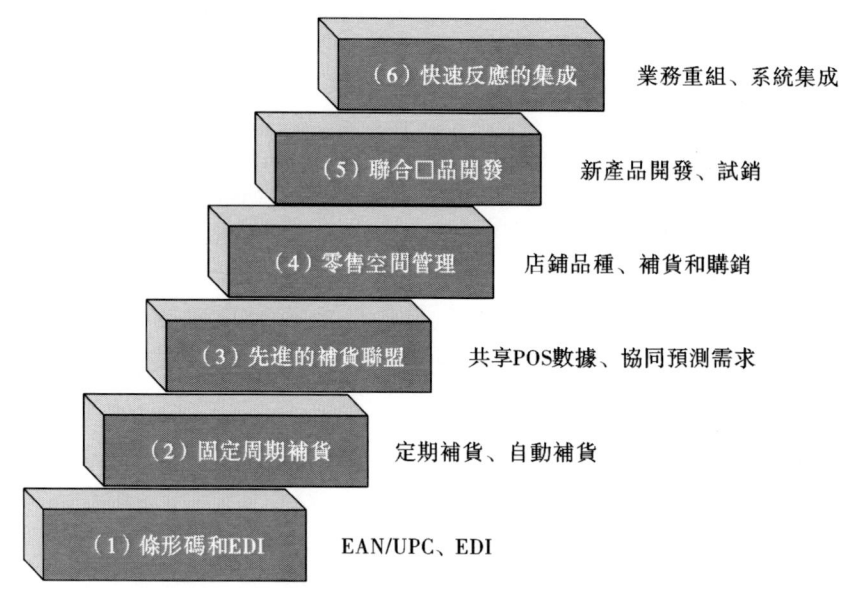

（6）快速反應的集成　　業務重組、系統集成
（5）聯合□品開發　　新產品開發、試銷
（4）零售空間管理　　店鋪品種、補貨和購銷
（3）先進的補貨聯盟　　共享POS數據、協同預測需求
（2）固定周期補貨　　定期補貨、自動補貨
（1）條形碼和EDI　　EAN/UPC、EDI

圖 6.1　QR 策略的實施步驟

6.1.4 QR 策略成功實施的條件

QR 策略的成功實施，需要具備以下基本條件：

1. 供應鏈成員企業間建立戰略夥伴關係

企業必須改變通過「單打獨鬥」來提高經營績效的傳統理念，要樹立通過與供應鏈成員企業建立戰略夥伴關係，實現資源共享，共同提高經營績效的現代供應鏈管理理念。

2. 供應鏈成員企業間建立有效的分工協作關係的框架

明確成員企業間分工協作的方式和範圍，加強協同，消除重複作業。特別的，零售商在 QR 系統中起主導作用，零售店鋪是構築 QR 系統的起點。

3. 實現供應鏈的可視化

開發和應用現代信息技術手段，打造透明的供應鏈（即時信息共享）。以供應鏈的可視化促進供應鏈的協同化。這些信息技術手段包括：條碼系統（Bar Code System）、條碼自動識別技術（Bar Code Automatic Identification Technology）、物流信息編碼（Logistics Information Coding）技術、物流標籤（Logistics Label）、電子訂貨系統（Electronic Order System，EOS）、銷售時點系統（POS）、射頻識別（RFID）技術、電子數據交換（EDI）、提前裝運通知（Advanced Shipment Notification，ASN）、電子資金轉帳（Electronic Funds Transfer，EFT）等。

4. 採用先進的物流技術和管理方法

在 QR 策略的實施過程中，需要採用供應商管理庫存（VMI）、連續補貨計劃（Continuous Replenishment Program，CRP）、越庫配送/直接換裝（CD）等先進的物流管理方法和手段，以減少物流作業環節，降低供應鏈系統的庫存量，實現及時補貨。

5. 柔性生產與供應

在供應鏈中需建立柔性生產系統，實現多品種小批量生產，努力縮短產品生產週期，滿足客戶的訂貨需求。

6.1.5 QR 策略實施的效果

對於零售商來說，大概需要投入佔銷售收入 1.5%～2% 的成本以支持條碼、POS 系統和 EDI 的正常運行。這些投入主要用於以下幾方面：EDI 啟動軟件，現有應用軟件的改進，租用增值網（VAN），產品查詢，系統開發，教育與培訓，EDI 工作協調，通信軟件，網路及遠程通信，CPU 硬件，條碼標籤打印的軟件與硬件等。

實施 QR 策略的收益是巨大的，遠遠超過其投入。Kurt Salmon 協會的 David Cole 在 1997 年曾說過：「在美國那些實施 QR 第一階段的公司每年可以節省 15 億美元的費用，而那些實施 QR 第二階段的公司每年可以節省 27 億美元的費用。」他提出，如果企業能夠過渡到第三階段——協同計劃、預測與補貨（CPFR），每年可望節約 60 億美元的費用。

根據 Black Burn 的研究，QR 策略的實施效果如表 6.1 所示：

表 6.1　　　　　　　　　　　QR 策略的實施效果

商品名稱	構成 QR 系統的供應鏈成員企業	實施 QR 策略的效果
休閒褲	零售商：沃爾瑪 製造商：塞米諾爾 面料供應商：米尼肯	銷售額：增加 31% 庫存週轉率[①]：提高 30%

[①] 庫存週轉率（Turnover Rate of Inventory /Inventory turn over，一般縮寫為 ITO）是指單位時間內的庫存週轉次數。計算公式為：庫存週轉率＝（一定期間的出庫總金額/該期間的平均庫存金額）＝一定期間的出庫總金額 × 2/（期初庫存金額＋期末庫存金額）。庫存週轉率沒有絕對的評價標準，通常是同行業相互比較，或是與企業內部的其他期間相比較。

表6.1（續）

商品名稱	構成 QR 系統的供應鏈成員企業	實施 QR 策略的效果
襯衫	零售商：J. C. Penney 製造商：Oxford 面料供應商：Burlinton	銷售額：增加 59% 庫存週轉率：提高 90% 銷售預測偏差率①：降低 50%

由表 6.1 可知，零售商在應用 QR 系統后，銷售額大幅度增加，庫存週轉率大幅度提高，銷售預測偏差率大幅度降低。此外，大約可以節約 5% 的銷售費用，管理、分銷、庫存等費用大幅度降低。與此同時，補貨前置期縮短了 75%。如圖 6.2 所示：

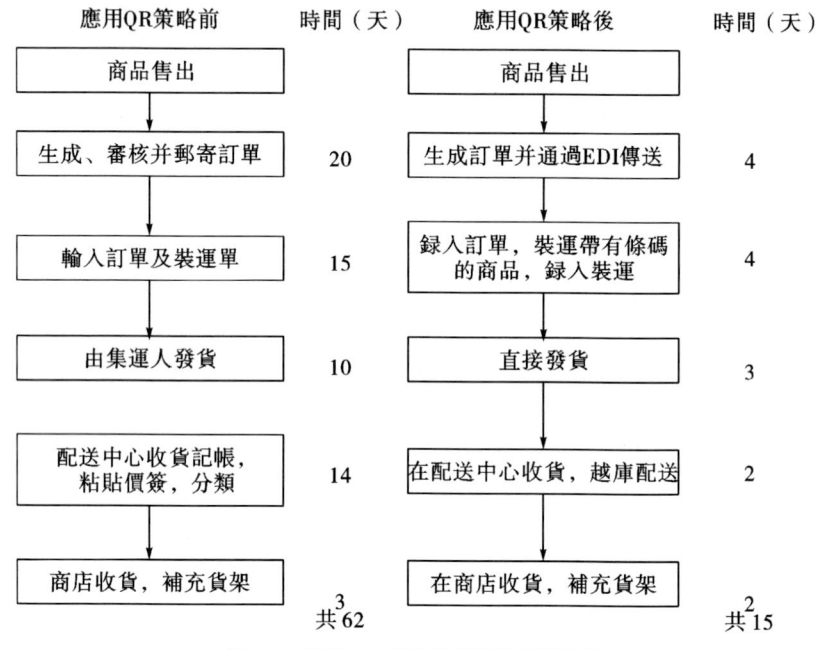

```
應用QR策略前         時間（天）      應用QR策略後         時間（天）

商品售出                              商品售出

生成、審核并郵寄訂單    20           生成訂單并通過EDI傳送    4

輸入訂單及裝運單       15           錄入訂單，裝運帶有條碼       4
                                    的商品，錄入裝運

由集運人發貨          10            直接發貨                3

配送中心收貨記帳，     14            在配送中心收貨，越庫配送    2
粘貼價簽，分類

商店收貨，補充貨架                  在商店收貨，補充貨架
                  共62 3                                 共15 2
```

圖6.2　應用 QR 策略前后補貨週期比較

6.1.6　QR 策略的最新發展

目前在歐美，QR 策略的發展已經進入第三階段，即：協同計劃、預測與補貨（Collaborative Planning；Forecasting and Replenishment，CPFR）。CPFR 是一種建立在貿易夥伴之間密切合作和標準流程基礎之上的經營理念。它是指「應用一系列的信息處理技術和模型技術，提供覆蓋整個供應鏈的合作過程，通過共同管理業務過程和共享信息來改善零售商和供應商之間的計劃協調性，提高預測精度，最終達到提高供應鏈效率、減少庫存和提高客戶滿意程度為目的的供應鏈庫存管理策略」（GB/T18354－2006）。CPFR 研究的重點是供應鏈成員企業之間協調一致的夥伴關係，以保證供應鏈整體計劃、

---

① 銷售預測偏差率是預測銷量與實際銷量之差和實際銷量的比率，反應需求預測的準確程度。

目標和策略的先進性。

案例 6-1　沃爾瑪利用信息技術手段有效整合物流和資金流，是基於 CPFR 供應鏈計劃管理模式的理論和實踐。在供應鏈運作的整個過程中，沃爾瑪應用一系列技術模型，對供應鏈中的不同客戶、不同節點的執行效率進行信息交互式管理和監控，對商品資源、物流資源進行集中的管理和控制。通過共同管理業務過程和共享信息來改善零售商和供應商的夥伴關係，提高採購訂單的計劃性、提高市場預測的準確度，提高供應鏈運作的效率，控制庫存週轉率，並最終控制物流成本。

Kurt Salmon 協會通過調查、研究和分析認為，通過實施 CPFR 可以達到以下目標：
（1）新產品開發的提前期可以縮短 2/3；
（2）缺貨率大大降低甚至杜絕；
（3）庫存週轉率可以提高 1~2 倍；
（4）通過敏捷製造（AM）技術，20%～30% 的產品可以實現用戶定制。

需要指出的，雖然應用 QR 策略的初衷是為了對抗進口商品，但是實際上並沒有出現這樣的結果。相反，隨著競爭的全球化和企業經營的全球化，QR 系統管理迅速在各國企業界擴展。航空運輸為國際快速供應提供了保證。現在，快速反應已成為企業獲取競爭優勢的重要策略。同時，隨著零售商和供應商結成戰略聯盟，競爭方式也從企業與企業之間的競爭轉變為戰略聯盟與戰略聯盟之間的競爭。

6.2　ECR 策略的認知與實施

有效客戶反應（ECR）是從美國的食品雜貨業發展起來的一種供應鏈管理策略，它是分銷商與供應商為了消除供應鏈系統中不必要的成本和費用，給客戶帶來更大利益而進行密切合作的一種供應鏈管理策略。

6.2.1　ECR 策略產生的背景

在 20 個世紀 60 年代和 70 年代，美國日雜百貨業的競爭主要是在生產廠商之間展開。競爭的焦點是品牌、商品、分銷渠道以及大量的廣告和促銷，同時在零售商和生產廠商的交易關係中生產廠商佔據支配地位。進入 80 年代特別是到了 90 年代以後，在零售商和生產廠商的交易關係中，零售商開始佔據主導地位，競爭的焦點轉向流通中心、商家自有品牌、供應鏈效率和 POS 系統。在供應鏈系統內部，零售商和生產廠商為了爭奪對供應鏈主導權的控制，並為自有品牌佔據零售店鋪貨架空間的份額展開著激烈的競爭，這種競爭使得供應鏈各個環節間的成本不斷轉移，供應鏈系統成本上升，並且容易犧牲力量較弱一方的利益。

在此期間，從零售商的角度來看，隨著新的零售業態如倉儲商店、折扣商店的大量湧現，使得它們能以相當低的價格銷售商品，從而使日雜百貨業的競爭更加激烈。在這種狀況下，許多傳統超市業者開始尋找應對這種競爭方式的新的管理方法。從生產廠商

角度來看，由於日用百貨的製造技術含量不高，大量無實質性差別的新商品被投放市場，導致生產廠商之間的競爭趨同。生產廠商為了控制分銷渠道，通常採用直接或間接降價的方式向零售商進行促銷，這在很大程度上犧牲了廠商自身的利益。因此，如果製造商能與零售商結成戰略聯盟，將不僅有利於零售業的發展，同時也符合生產廠商自身的利益。

另外，從消費者的角度來看，過度競爭往往使企業忽視消費者的需求。一般而言，消費者比較看重的是商品的高品質、新鮮度、優質的服務和在合理價格基礎上的多種選擇（品種多樣）。然而，許多企業並非通過提高商品和服務的質量以及在合理價格基礎上的多元化的產品來滿足消費者的需求，而是通過提供大量非實質性差異的商品來供消費者選擇，並通過大量的誘導型廣告和廣泛的促銷活動來吸引消費者轉換品牌，結果導致顧客滿意度不斷下降。面對這種狀況，客觀上要求企業從消費者的需求出發，提供能滿足消費者需求的商品和服務。

在上述背景下，美國食品市場行銷協會（FMI）聯合了可口可樂、寶潔、Safeway Store 等在內的六家企業與 Kurt Salmon 公司聯合成立了研究小組，對食品產業的供應鏈狀況進行調研，探索提高企業經營績效的途徑。1993 年 1 月，該研究小組正式形成了一份詳細的諮詢報告，在該報告中首次提出了 ECR 的概念，就此開始了食品產業供應鏈管理的實踐。

6.2.2 ECR 策略的內涵

根據我國國家標準《物流術語》（GB/T18354-2006）的定義，有效客戶反應（Efficient Customer Response，ECR）是「以滿足顧客要求和最大限度降低物流過程費用為原則，能及時做出準確反應，使提供的物品供應或服務流程最佳化的一種供應鏈管理策略。」

ECR 策略的目標是建立一個具有高效反應能力和以客戶需求為基礎的系統，在零售商與供應商等供應鏈成員企業之間建立戰略夥伴關係，其目的是最大限度地降低供應鏈系統的營運成本，提高供應鏈系統的營運效率，提高客戶服務水平。

ECR 策略的優勢在於供應鏈成員企業為了提高消費者滿意度這個共同的目標而結盟，共享信息和訣竅。它是一種把以前處於分離狀態的供應鏈各方聯繫在一起以滿足消費者需求的有效策略。

ECR 策略的核心是品類管理，即把品類（商品品種類別）作為戰略業務單元（SBU）來管理，通過滿足消費者需求來提高經營績效。品類管理是以數據為決策依據，不斷滿足消費者需求的過程。品類管理是零售業精細化管理之本。

案例 6-2　華聯超市的品類管理實踐

上海華聯超市股份有限公司的品類管理實踐主要包括品類優化和貨架管理兩方面的內容。品類優化是指通過數據來評估賣場中某個品類下各規格單品的銷售業績，比照數據做出品類規格的決策。而貨架管理則是在各品類規格銷售份額的基礎上合理安排貨架。

早在 2000 年，華聯超市和寶潔公司就通力合作實施了品類管理項目。他們根據門店

規模及現有貨架的不同，對眾多門店進行了分類，並針對不同類型的門店進行了品類優化和貨架圖紙的製作。在對洗髮水品類的測試與推廣中，這一合作取得了十分明顯的效果。根據對 50 家測試門店的統計，通過品類管理，華聯成功地降低了品類的總脫銷率（由 11% 降至 5%），當月洗髮水品類的銷量提高了 7%。

華聯超市的經驗是：考慮到連鎖超市企業各單體門店的位置及經營面積的差異性，門店促銷活動的頻繁以及門店執行質量的控制等因素後，華聯超市對門店品類優化、貨架管理、商品組織表及配置表等進行了深入的探索：首先，相關管理部門利用不同渠道收集市場銷售數據，對各品類內務規格進行排名，評估各規格商品對整個品類的意義和潛力，對消費者的購買行為和購買決策進行研究，最後對各規格商品做出相應的經營決策。其次，在品類優化的基礎上，華聯超市根據商品的銷量排行、A 類商品、對供應商的承諾三個因素，選擇商品配置，並對每張配置表進行排放試驗，規定每個商品的排面、高度和深度數量。

最近，華聯超市重點加強對大賣場系統的品類管理研究，制定出了更為細緻的商品組織表，然後制定出不同類型商場、不同地域要求的商品配置表，從商品分類抓採購業務和門店管理業務，取得了顯著成效。

品類管理主要由貫穿供應鏈各方的四個關鍵流程組成，如圖 6.3 所示：

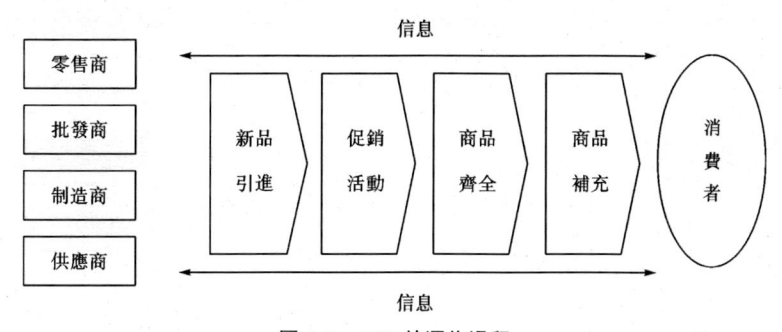

圖 6.3　ECR 的運作過程

這四個關鍵流程亦即 ECR 的四大要素，包括有效的新產品導入（Efficient New Product Introductions）、有效的商品組合（Efficient Store Assortment）、有效的促銷（Efficient Promotions）以及有效的補貨（Efficient Replenishment）。

（1）有效的新產品導入。它是指製造商通過即時共享零售店鋪的 POS 數據和信息，及時把握消費者需求的變化，及時進行新產品的研究開發，及時推出適銷對路的產品，提高新產品導入成功的概率。

（2）有效的商品組合。它是指供應商與零售商充分協同合作，評估滿足市場需求的商品組合策略，努力實現在最佳的時間，將最適當的商品品類展示在消費者面前，並以合理的價格吸引消費者購買。加強庫存管理，提高庫存週轉率和商品單品的盈利率；加強店鋪空間管理，提高店鋪空間的使用效率。

（3）有效的促銷。它是指上下游企業間加強合作，改善傳統的貿易關係，盡量避免無實質性差異的商品廣告等誘導型促銷活動，真正提高促銷的實效性。換言之，貿易

夥伴間加強合作，消除不必要的環節和無效的活動，通過減少環節降低成本來給消費者創造更多的讓渡價值。

（4）有效的補貨。它是指零售商向供應商提供及時準確的銷售數據與信息，借助於電子訂貨系統（EOS）和連續補貨計劃（CRP）實現及時準確的補貨，以縮短補貨提前期，降低補貨成本，最終降低商品的售價。

案例 6-3　華聯超市的自動補貨系統

早在1996年，上海華聯超市股份有限公司就在各個門店推行「零庫存」管理，同時實行24小時的即時配銷制度。取消店內小庫後，大大降低了庫存水平。該公司還擁有一個「零庫存」的生鮮食品加工配送中心，配送中心實施24小時全天候的整箱和折零商品的貨物配送。隨著連鎖經營規模的迅速擴大，華聯超市對配送中心與各門店的庫存管理提出了更高的要求，期望達到庫存成本和服務水平的最佳平衡。從2000年開始，華聯超市與供應商緊密合作，建立EDI自動補貨系統。華聯做了大量的動員工作，要求供應商全面配置電腦，並由華聯超市安裝EDI接口，實現華聯超市與供應商網路庫存信息的交換，實現對門店庫存的及時補充，進一步降低庫存成本，提升供應系統的整體效率。目前已有千餘家供應商與華聯共享數據。實施EDI自動補貨系統後，華聯物流中心的庫存週轉天數①從35天下降到15天左右。部分供應商充分利用這一共享信息，在供貨服務水平上有很大提高，從而也提高了華聯對各門店的服務水平，最終提高了顧客滿意度，提升了企業競爭力。

6.2.3　ECR 策略的實施

6.2.3.1　ECR 策略在實施中的注意事項

1. 確保給消費者提供更高的讓渡價值

傳統的貿易關係是一種此消彼長的對立型關係，即貿易各方按照對自己有利的條件進行交易，這是一種零和博弈。ECR 策略強調供應鏈成員企業建立戰略夥伴關係，通過合作，最大限度壓縮物流過程費用，以更低的成本向消費者提供更高的價值，並在此基礎上獲利。

2. 確保供應鏈的整體協調

傳統流通活動缺乏效率的主要原因在於製造商、批發商和零售商之間存在企業間聯繫的非效率性以及企業內採購、生產、銷售和物流等部門或職能之間存在部門間聯繫的非效率性。傳統的企業組織以部門或職能為基礎開展經營活動，以各部門或職能的效益最大化為目標。這樣，雖然能夠提高各個部門或職能的效率，但容易引起部門或職能間的摩擦。ECR 策略要求去除各部門、各職能以及各企業之間的隔閡，進行跨部門、跨職能和跨企業的管理和協調，使商品流和信息流在企業內和供應鏈系統中順暢地流動。

---

① 庫存週轉天數也稱庫存週轉期，是指物料從入庫起至出庫所經歷的時間（天數）。庫存週轉期越短，說明存貨變現的速度越快。計算公式為：庫存週轉天數＝一定時期／該期間的庫存週轉次數，如：年庫存週轉天數＝360／年庫存週轉次數，月庫存週轉天數＝30／月庫存週轉次數。

3. 需要對關聯行業進行分析研究

既然 ECR 策略要求對供應鏈整體進行管理和協調，ECR 策略所涉及的範圍必然包括零售業、批發業和製造業等相關的多個行業。為了最大限度地發揮 ECR 策略所具有的優勢，必須對關聯行業進行分析研究，對組成供應鏈的各類企業進行管理和協調。

6.2.3.2　ECR 策略的實施原則

在實施 ECR 策略時應遵循以下基本原則：
(1) 以更低的成本向消費者提供更優質的產品和服務。
(2) 核心企業主導供應鏈的運作。
(3) 供應鏈成員企業即時信息共享，科學決策。
(4) 最大限度壓縮物流過程費用，確保供應鏈的增值。
(5) 重視供應鏈績效評估，成員企業利益共享。

6.2.3.3　ECR 策略在實施中使用的關鍵技術與方法

ECR 策略在實施中使用的關鍵信息技術手段包括：條碼（Bar Code）技術、銷售時點系統（POS）、射頻識別（RFID）技術、電子數據交換（EDI）、電子訂貨系統（EOS）、提前裝運通知（ASN）以及產品、價格和促銷數據庫（Item, Price and Promotion Database）等。

ECR 策略在實施中使用的關鍵物流技術和管理方法包括：供應商管理庫存（VMI）、連續補貨計劃（CRP）、直接換裝/越庫配送（CD）、品類管理（CM）等。

6.2.3.4　ECR 策略的實施效果

實施 ECR 的效益是顯著的。根據歐洲供應鏈管理委員會提供的調查報告，在對 392 家企業調查的結果顯示：

對於製造商，預期銷售額增加 5.3%，製造費用減少 2.3%，銷售費用降低 1.1%，倉儲費用減少 1.3%，而總營利上升 5.5%；對於批發商和零售商，銷售額增加 5.4%，毛利增加 3.4%，倉儲費降低 5.9%，庫存量下降了 13.1%。

除此之外，上述企業還存在著廣泛的共同潛在效益，包括信息通暢、貨物品種規格齊全、減少缺貨、提高企業信譽、改善貿易雙方的關係、消費者購貨便利、增加了可選擇性以及貨品新鮮等。由於減少了商品流通環節，消除了不必要的成本和費用，最終消費者、製造商、零售商均受益。

6.3　辨識供應鏈管理策略成功實施的關鍵[1]

隨著供應鏈管理理論的發展和企業管理實踐的不斷深入，供應鏈管理策略的內涵在不斷深化。如何成功實施 QR 和 ECR 策略，是企業有效實施供應鏈管理的關鍵。

---

[1] 本節內容來源於：胡建波. 供應鏈管理的兩種策略 [J]. 企業管理，2011 (7).

6.3.1 供應鏈管理策略應與企業經營的產品類型合理匹配[①]

實施有效的供應鏈管理，首先要將供應鏈管理策略與企業經營的產品類型合理匹配。我們知道，根據產品生命週期、產品邊際利潤、需求的穩定性以及需求預測的準確性等指標，可以將企業經營的產品劃分為功能型和創新型兩種類型。功能型產品具有較長的生命週期，產品更新換代較慢，需求較穩定，需求預測的準確性較高，因而市場競爭比較激烈，產品邊際利潤較低，這類產品的通用性、替代性較強。而創新型產品的生命週期較短，產品更新換代較快，需求不太穩定、需求預測的準確度較低，但其邊際利潤較高。根據功能型產品與創新型產品特徵的差異性可知，經營功能型產品的企業，有必要實施 ECR 策略，高效、低成本地滿足市場需求；而經營創新型產品的企業，有必要實施 QR 策略，對市場需求作出快速回應。

6.3.2 供應鏈管理策略應與企業競爭戰略合理匹配

在經濟全球化、信息網路化的今天，企業之間的競爭已演變為供應鏈與供應鏈的競爭，即是基於產品開發設計、生產製造、分銷與配送、銷售與服務的跨越時空的全方位、一體化的綜合性競爭。在這樣的背景下，成功的供應鏈管理對提升企業競爭力的重要意義已不言而喻。而要實施有效的供應鏈管理，就必須實現供應鏈管理策略與企業競爭戰略的合理匹配。

企業的競爭戰略有多種類型。包括一體化戰略、加強型戰略、多元化經營戰略、防禦型戰略等。按照著名的戰略管理專家邁克爾·波特的觀點，可根據企業目標市場的寬窄、競爭優勢的來源（低成本或差異化），將企業競爭戰略劃分為總成本領先戰略（低成本戰略）、差異化戰略（差別化戰略或標新立異戰略）和聚焦戰略（集中戰略）三種，通常稱基本的競爭戰略或一般戰略。實施總成本領先戰略的企業，提供產品或服務的總成本低於競爭對手，以此來獲取競爭優勢。在當企業提供標準化產品且目標客戶群體對價格很敏感時，該戰略尤其有效。實施差異化戰略的企業，通過向目標客戶群體提供與競爭對手不同的產品或服務來獲取競爭優勢。當標準化產品或服務難以滿足買方的個性化需求，且實施差異化的成本低於企業的額外收益時，該戰略比較有效。

顯然，經營功能型產品的企業，由於產品同質化嚴重，市場競爭激烈，企業競爭優勢應建立在低成本的基礎上，因此，實施 ECR 策略能最大限度地與公司的總成本領先戰略相匹配。而經營創新型產品的企業，其競爭優勢主要來源於產品或服務的「差別化」，因此，實施 QR 策略能最大限度地與公司的差異化戰略相匹配。

產品類型與供應鏈管理策略及企業競爭戰略等的匹配關係如表 6.2 所示：

[①] 胡建波．基於產品類型的供應鏈管理策略研究［J］．中國物流與採購，2011 (14)．

表 6.2　　　　　　　　　　產品類型與供應鏈管理等策略的匹配

產品類型	供應鏈類型	供應鏈管理策略	企業需求回應策略	企業競爭戰略
功能型	功能型、有效性（或效率型）、推式、穩定型	有效客戶反應（ECR）	存貨型生產（MTS）	總成本領先
創新型	創新型、回應型（或反應性）、拉式、動態	快速反應（QR）	訂單驅動型生產（MTO、ATO、ETO）	差異化

6.3.3　供應鏈管理策略成功實施的關鍵之一：即時信息共享

構築高效的供應鏈信息系統，實現上下游企業的即時信息共享，是成功實施供應鏈管理策略的關鍵。

1. 構築高效的供應鏈信息系統

實施供應鏈管理策略，首先應建立高效的供應鏈信息系統，及時準確地捕捉顧客需求變化的信息。為此，需要實現商品單元條碼化，同時，建立銷售時點系統（POS），按照商品的最小類別（SKU）讀取即時銷售信息以及採購、配送等階段發生的各種信息。有條件的企業還應建立射頻識別（RFID）系統，以實現商品信息非接觸式的自動識別。在條碼技術和條碼自動識別等技術的有力支撐下，實現條碼的編碼、印製、識讀、自動識別與數據採集。與此同時，還應建立電子數據交換（EDI）系統，借助計算機網路，採用標準化的格式，實現供應鏈業務數據的傳輸和處理。這包括企業向供應商發送的訂單（訂貨明細清單）、付款通知以及供應商向客戶發貨前的提前裝運通知（ASN）等數據和信息。其目的是提高信息傳遞的效率和準確性，同時通過無紙化作業降低相關事務處理成本。需要說明，雖然因特網的使用費用相對低廉，但其保密性和安全性相對較差，商業秘密容易洩露。因此，要成功實施供應鏈管理策略，需要開發 EDI 系統。實力雄厚的企業可自行開發，實力不雄厚的企業可多家聯合開發，抑或由 IT 公司開發、構建，工商企業租用或採取信息系統外包等方式加以解決。第四方物流公司可以為企業提供完整的供應鏈解決方案，因此，也可以由其主導，集成 IT 公司的資源，為供應鏈中的節點企業提供電子數據交換服務。最后，需要將條碼系統、自動識別系統、銷售時點系統和電子數據交換等系統有機集成，在供應鏈中建立信息「高速公路」，實現上下游企業即時信息共享。

2. 目前企業普遍存在的問題

目前，條碼與 POS 系統的使用已比較普遍，但存在的問題是，多數企業並未充分對所獲取的信息加以有效利用。例如，製造商在商品上印製條碼，更多的是出於對國家標準的遵從或迫於社會各方面的壓力。但在企業管理實踐中，並未充分利用這些信息技術手段提高管理的效能。比如，在採購、儲存、配送等階段，並未充分發揮信息的紐帶與服務決策等功能。事實上，庫存信息、商品出入庫的頻率、庫存週轉的快慢（庫存週轉率、庫存週轉期）等信息是市場「晴雨表」，可反應下游用戶需求的變化，由此可進一步判定、區分暢銷品與滯銷品，為企業經營決策提供參考和依據。而在產品倉儲環節，若利用倉庫管理系統（WMS）和射頻識別（RFID）技術，可以提高貨物入庫、出庫以及在庫保管的效率，大大節省人力成本。

對於國內的多數零售商，採用條碼與 POS 系統，更多的是一種時尚，顯得「與時俱進」，或者僅僅是為了採集店鋪商品信息，將其輸入計算機系統，實現店鋪商品的計算機化管理，方便檢索與查詢。然而，目前存在的問題是，供應鏈中各個節點企業的信息未有效集成，特別地，零售店鋪的 POS 數據和信息未及時有效地向上游傳遞，讓製造商共享，這極可能會導致製造商新品開發、生產與配送的非效率性，即開發、生產的產品不適銷對路，這必然會導致產品積壓，庫存上升，甚至成為呆滯庫存，給企業造成損失。另一方面，由於沒有及時、準確地捕捉到顧客的需求信息，企業將無法及時滿足顧客需求，這將導致缺貨成本上升，降低供應鏈企業群體的盈利率與收益率。

綜上所述，供應鏈管理策略成功實施的關鍵，是要將供應鏈各節點的信息系統有效集成，實現無縫連接，建立健全高效的供應鏈信息系統，實現上下游企業的即時信息共享，這是供應鏈管理策略成功實施的前提。

6.3.4 供應鏈管理策略成功實施的關鍵之二：快速或高效補貨

QR 策略成功實施的保障是要建立快速補貨系統，最大限度地避免缺貨，降低缺貨率，提高客戶訂單滿足率和配送率，縮短客戶訂單履行的提前期，提高顧客滿意度，最終提升企業競爭力。而 ECR 策略成功實施的保障是要建立高效補貨系統，最大限度地降低營運成本，讓利給消費者，在保證產品品質的前提下，以低成本取勝。

上述貌似「背反」的兩個目標及保障措施並非像「魚和熊掌」一樣不可兼得，如果優化或重構供應鏈，實現供應鏈的簡約化；上下游企業加強合作，實施「協同計劃、預測與補貨」（CPFR），或採取供應商管理庫存（VMI）或聯合庫存管理（JMI）或集中化的多級庫存管理等策略；優化供應鏈物流系統，實施第三方物流（TPL），採取「越庫配送」等物流運作方式等有效措施，就可以在降低供應鏈運作成本的同時，縮短交貨期，實現快速或高效補貨。

1. 建立基於第三方物流的供應商管理庫存模式

實施 VMI，製造商根據零售商的 POS 數據和庫存信息來預測需求，據此制訂生產計劃和送貨計劃，實現對用戶庫存的管理。在供應鏈上游，原材料或零部件等生產資料供應商則根據製造商的物料需求計劃（MRP）和庫存信息來預測需求，制訂生產資料的供應配送計劃。在理想的情況下，供應商應多頻次、小批量地向客戶提供配送服務，在保證滿足客戶生產經營需要的同時，有效降低客戶的庫存水平。但這樣必然會增加供應商的配送成本，因此，可實施第三方物流，借助第三方物流服務商（TPLs）專業化、規模化、一體化和社會化的物流運作優勢，向下游企業提供高效、低成本的物流配送服務，實現對用戶庫存的快速補充。如 6.4 所示：

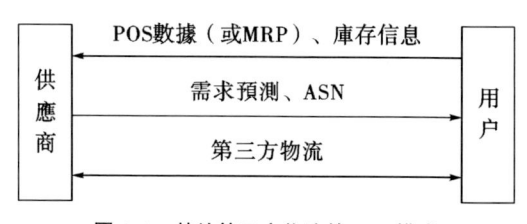

圖 6.4　基於第三方物流的 VMI 模式

實施 VMI，需要供應商、用戶和第三方物流企業一起建立標準操作程序（SOP），確定庫存控制參數（例如再訂貨點、安全庫存水平、最低庫存水平等），建立有效的分工協作框架（協議），確保信息系統的有效對接，同時實施連續補貨計劃（CRP），以確定補貨數量和配送時間。在運作中，還應本著互利互惠的「雙贏」原則，實施持續改善。

2. 優化供應鏈物流系統，實施「越庫配送」

傳統意義上，供應鏈參與體多，物流環節多，商品流速慢。為降低市場風險，各節點都不可避免地持有庫存，導致庫存的重複設置。因而，供應鏈中的庫存控制模式往往是一種分佈式的多級（點）庫存控制。為縮短供應週期，必須優化供應鏈物流系統，採取「越庫配送」方式，快速回應客戶訂單的需求。具體而言，在供應鏈上游，製造商應盡量採取直接供應方式，以縮短供應渠道，或者由供應商建立原材料、零部件等生產資料供應配送中心（DC），通過配送中心向製造商實施供應配送；在供應鏈下游，製造商應根據目標市場的地域範圍及客戶的分佈情況建立區域分撥中心（RDC）和成品配送中心，在構建完善的銷售物流系統的基礎上，由成品庫或區域分撥中心向配送中心提供供貨保障，而配送中心則負責對配送圈範圍內的目標客戶提供多頻次小批量的配送服務。若供應商能充分共享客戶的需求信息，則可實施「越庫配送」，即在成品庫或區域分撥中心按照客戶訂單進行貨物的組配，裝入小型集裝箱，經過長途運輸，到達配送中心后將組配好的貨物，以集裝箱為單位換載到卡車上直接向客戶進行配送。這樣，將最大限度地避免貨物的多次換裝（多次拼箱和掏箱），既降低了貨損率，又加快了貨物的流速，縮短了供貨的提前期。相應地，配送中心的儲存功能和配送功能弱化，由「分揀型」或「儲存型」演變為「通過型」。

需要說明，從企業銷售物流管理的角度出發，無論是製造商還是零配件供應商，都可以根據市場行銷及銷售物流管理的需要，建立區域分撥中心和配送中心，優化銷售物流系統；同時，為提高物流活動的效率並降低物流運作成本，可根據物流業務量的大小以及企業自營物流能力的強弱，科學合理地進行物流自營與外包決策（例如採取二維決策矩陣法以及綜合評價法等方法）。一般而言，將物流業務外包，實施第三方物流，是多數工商企業的理性選擇。在引入第三方物流以後，由於物流服務商的客戶分佈較廣，物流社會化程度較高，因此可導入多客戶運作，實現整合運輸、搭配裝載，送取結合，集中配送，在縮短物流配送時效的同時，將有效降低物流運作成本。

經優化的供應鏈物流系統與越庫配送模型如圖 6.5 所示：

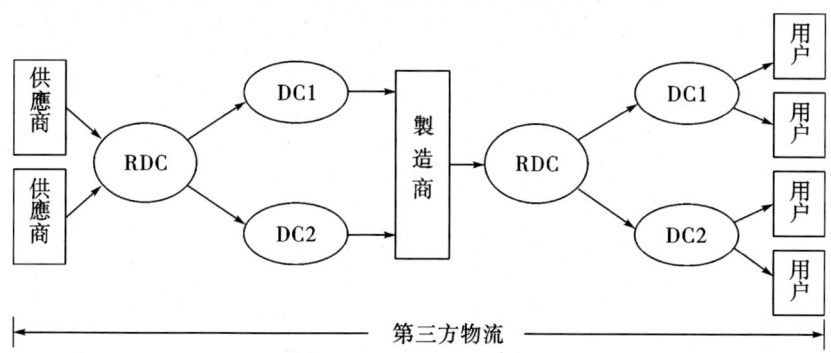

圖 6.5　優化的供應鏈物流系統與越庫配送模型

6.3.5 QR 策略與 ECR 策略實施要點之比較

總體而言，QR 和 ECR 兩種供應鏈管理策略都強調上下游企業應加強戰略協作，實現即時信息共享，只是側重點有所不同，QR 策略強調供應鏈系統對市場需求的反應速度快，而 ECR 策略則強調供應鏈系統的營運成本低。換言之，實施 QR 策略的主要目標是為了對客戶的需求作出快速反應，並進行快速補貨，防止產品脫銷，在最大限度地降低缺貨成本的同時，有效降低供應鏈系統的風險。而實施 ECR 策略的主要目標是為了降低供應鏈系統的總成本，提高供應鏈系統的營運效率。

1. QR 與 ECR 策略在運作中的相同之處

在實際運作中，兩種供應鏈管理策略都強調應建立健全供應鏈信息系統，及時、準確地捕捉顧客需求變化的信息，切實做好市場調查與預測工作。兩種策略在實施中都需要應用條碼技術、條碼自動識別技術、物流信息編碼技術、物流標籤、電子訂貨系統、銷售時點系統、電子數據交換系統、提前裝運通知、電子資金轉帳等信息技術，採用 VMI、JMI、集中化或分佈式的多級庫存管理等策略，採取「越庫配送」等物流運作方式。因此，優化供應鏈物流系統、實施「越庫配送」以及建立基於第三方物流的供應商管理庫存等舉措對兩種供應鏈管理策略都是有效的。但由於 QR 和 ECR 的側重點不同，因此，在運作上仍然存在差異性。

2. QR 與 ECR 策略在運作中的不同之處

（1）實施 ECR，可將規模生產與物流延遲策略相結合。具體而言，企業可以縮減產品線，加大產品生產的批量，通過規模經營來降低生產成本。但這樣又會使企業產生較多的成品庫存，占壓大量資金，導致成本上升。因此，可實施「物流延遲」策略，採取「越庫配送」方式，將成品集中存放於工廠成品庫內，通過提高庫存的共享性，減少庫存總投資來降低庫存成本；另一方面，「越庫配送」減少了物流作業環節，可進一步降低物流運作成本。

（2）實施 QR，可將規模生產與生產延遲或完全延遲策略相結合。QR 策略強調時間敏感性，企業通過縮短新品上市的週期來搶占市場，贏得商機，獲取競爭優勢，但這往往以高成本為代價（例如 JIT 配送）。為此，企業可實施「生產延遲」或「完全延遲」等策略，在有效降低供應鏈系統成本及風險的同時，快速回應市場需求的變化。具體而言，實施「生產延遲」策略，需要將產品的生產加工與流通加工從時間或地點上進行合理分離，這樣，企業產品的生產過程就被分成了兩個階段，在生產加工階段，企業只需將產品加工成「基本產品」（實質為半成品，如未配備操作手冊或用戶使用說明書及電源插件的「通用機」、未罐裝的果汁飲料等），將緩衝存貨點（DP 點）設在成品庫，由成品庫對配送中心提供供貨保障，在用戶下訂單後，在配送中心完成最後的配送加工（如客戶化包裝）。在生產加工階段，可以實現規模生產，從而降低生產成本；而流通加工點更靠近用戶，有利於對客戶的個性化需求作出快速回應。此外，企業也可採取訂單驅動的需求回應策略，產品採取模塊化設計、標準化組件，按訂單裝配（ATO）。在延遲需求差別化的同時，將有效降低供應鏈系統風險，並對客戶訂單作出快速回應。

單元小結

快速反應和有效客戶反應是源於美國服裝行業和食品雜貨業的兩種供應鏈管理策略。QR 策略和 ECR 策略都強調上下游企業應加強戰略協同，即時信息共享，但 QR 策略強調供應鏈系統對市場需求的反應速度快，而 ECR 策略則強調供應鏈系統的營運成本低。實施 QR 策略的主要目標是為了對客戶的需求作出快速反應，並進行快速補貨，防止產品脫銷，在最大限度地降低缺貨成本的同時，有效降低供應鏈系統的風險。而實施 ECR 策略的主要目標是為了降低供應鏈系統的總成本，提高供應鏈系統的營運效率。實施 ECR 策略，可將規模生產與物流延遲策略相結合；實施 QR 策略，可將規模生產與生產延遲或完全延遲策略相結合。成功實施供應鏈管理策略，是企業有效實施供應鏈管理的關鍵。

思考與練習題

簡答(述)

1. 簡述 QR 和 ECR 兩種供應鏈管理策略的內涵。
2. 簡述 QR 策略主要的實施步驟。
3. 簡述 QR 策略成功實施的條件。
4. 簡述 ECR 策略的四大要素。
5. 供應鏈管理策略在實施中要使用哪些關鍵信息技術手段？
6. 供應鏈管理策略在實施中要使用哪些關鍵物流技術與管理方法？
7. 如何正確選擇供應鏈管理策略？
8. 簡述供應鏈管理策略成功實施的關鍵。
9. 簡述 QR 策略和 ECR 策略的異同。
10. 簡述產品類型與供應鏈管理策略、企業需求回應策略以及企業競爭戰略的匹配關係。
11. 有人認為，QR 策略和 ECR 策略的目標存在很大的差異性，兩者之間是一種非此即彼的關係，無法同時達成這兩個目標。你同意該觀點嗎？請說明理由。

情境問答

1. A 公司生產的產品屬日用百貨，請問 A 公司應採取何種競爭戰略？相應地，應採取何種供應鏈管理策略？

2. B 公司是一家專門設計、生產女性新潮時裝的服裝製造企業，請問 B 公司應採取何種競爭戰略？相應地，應採取何種供應鏈管理策略？

案例分析

江蘇「雅家樂」超市的品類管理實踐

江蘇「雅家樂」超市是一家中小型零售企業。2003年8月，公司領導在參加了中國連鎖經營協會舉辦的品類管理知識培訓班后，認識到品類管理對提升超市經營績效的巨大作用，決定實施品類管理。

首先，公司制定了實施品類管理的流程，成立了由總經理負責的品類管理小組，從總部到門店，一層一級，界定職責，並指定配合部門。

其次，抽調熟悉商品知識的人員組成品類管理小組，品類管理的有關領導均為各部門主要負責人，公司從人力和權限上給予最充分的保障。

再次，研究公司目前在商品管理中存在的問題，制定出階段性目標，提前分析品類管理中可能會出現的困難，並提出相應的解決辦法。

最後，在項目開始實施後，品類管理小組和採購委員會每週召開一次任務落實檢查會；對平時出現的問題則隨時溝通，克服一切困難實現既定目標。

在四個月的時間裡，公司完成了以下工作：

（1）清理出了近2萬條「早已無此商品銷售」的商品信息。電腦中的信息資料變得更加清楚有條理，既方便查找分析，又提高了服務器的運行速度。

（2）分析了各店鋪三個月內銷量為零和銷售排名在最後5%的商品，其中的少數商品調整零售價和陳列位置后繼續試銷，其餘4,000多個單品被列為淘汰商品。大部分商品通過退換貨后迅速離店，少數無法退換的淘汰商品則集中到幾個大店進行清倉處理。同時，公司建立了商品淘汰審批制、商品銷售末位淘汰制、新品試銷制。幾個月來，貨架空間利用率得到大幅度提高，陳列效果得到極大改善，庫存結構趨於合理。

（3）進行了廣泛的市場調研，開發出了2,000多個差異化商品和多樣性商品，並合理配置到大小門店，增強了商品結構對消費者的吸引力。目前，公司正準備將商品類別加以拓寬。

（4）對佈局不合理的5個門店進行重新設計和調整，同時參照一家國內賣場和一家外資賣場的商品空間配比，對公司的大、中、小門店進行了商品調配，並建立了缺貨管理辦法。

上述舉措對商品銷售起到了明顯的促進作用，目前公司正在醞釀根據商品的貢獻度分配超市資源的方案。

（5）2002年年底，公司1萬平方米的配送中心建成。之後，公司重新對2萬餘個單品進行了角色定義。目前已建立了新的商品分類模型，待配送中心運轉達標後即導入使用。屆時，將對公司的品類管理產生新的指導意義。

（6）在3個大的門店分別設計了一個「愛嬰島」，嬰兒用品銷量的增幅達到了30%以上；在所有門店特設了無糖食品專櫃，不僅促進了銷售，還方便了顧客購買。

目前，公司正在嘗試開設藥品店中店、茶草店中店、新華書店店中店等。這些舉措增強了各部門的營運活力和創新能力。

通過幾個月的品類管理，公司的庫存成本、人力成本、採購成本都不同程度地得到了控制；門店環境、公司形象、商品價格、標準化程度等也不斷改善，企業的綜合運行質量得到了顯著提高。

根據案例提供的信息，請回答以下問題：
1. 江蘇「雅家樂」超市為什麼要實施品類管理？
2. 江蘇「雅家樂」超市實施了何種供應鏈管理策略？
3. 你認為江蘇「雅家樂」超市在實施品類管理中有哪些地方值得借鑑？為什麼？
4. 江蘇「雅家樂」超市對庫存商品實施了何種管理辦法？請說明理由。
5. 江蘇「雅家樂」超市在管理中是否實施了ABC分類法？你認為該法的分類標準是什麼？

單元 7

供應鏈管理環境下的生產運作管理

【知識目標】
1. 能簡述供應鏈管理環境下生產運作管理的特點
2. 能簡述供應鏈管理環境下企業生產計劃與控制基本方法
3. 能簡述供應鏈管理環境下生產計劃的信息組織與決策特徵
4. 能列舉供應鏈管理環境下生產計劃制訂的新特點
5. 能簡述供應鏈管理環境下生產控制的內容

【能力目標】
1. 能辨識供應鏈管理環境下生產計劃制訂面臨的問題
2. 能分析供應鏈管理對資源、能力及提前期內涵的拓展
3. 能分析供應鏈管理環境下生產運作管理與傳統生產管理的區別

引例：R 公司的「插單」生產方式

  R 公司是一家化工產品製造商，主要產品為多種加工添加劑，這些添加劑是橡膠、塑料、潤滑油和皮革製品等所需的高質量特殊助劑。

  R 公司採用按訂單生產和按庫存生產兩種模式。首先根據市場預測制訂生產計劃，在生產過程中也會有客戶下訂單，即所謂的插單。對於插單，公司先是檢查成品庫存，如果成品庫存不能滿足客戶的訂單，或是客戶要求新配方的產品，公司參照訂單的時間要求馬上重新制訂生產計劃，安排生產。R 公司共有四條生產線，每條生產線生產一大類產品，可以切換不同的產品，每次切換要對生產線進行清洗，防止前批次生產的殘留物影響后批次產品的質量，每次清洗需要 1~2 個小時。

  公司發現成品庫存和原料庫存都維持在較高的水平上，為此，公司一直在努力降低庫存，但收效甚微。計劃部門準備增加生產的批次，同時降低每一批次的產量，這引起了生產部門的不滿，生產部門與計劃部門為此事經常發生爭執。

引導問題：
1. R 公司的生產線能切換不同產品，這種能力對 R 公司有什麼益處？
2. R 公司的插單生產方式要求 R 公司具備哪些能力？
3. R 公司為什麼要採用多批次小批量的生產方式，生產部門為什麼對此不滿？
4. 可能是哪些因素導致 R 公司的成品與原料庫存水平較高？這些因素中，哪些是 R 公司無法控制或改進的？為什麼？
5. 採用什麼方法可以較快地解決 R 公司的成品和原料庫存水平較高的問題？
6. 怎樣才能從根本上降低 R 公司的成品和原料庫存水平？

在供應鏈管理環境下，生產運作系統、生產計劃的制訂和控制與傳統生產管理有了較大的區別。認識供應鏈管理環境下生產運作管理的特點，正確運用供應鏈管理環境下生產計劃與控制基本方法，對提升供應鏈競爭力具有非常重要的意義。

7.1 供應鏈管理環境下生產運作管理的認知

生產活動是人類最基本的活動，是創造社會財富的主要來源。生產運作作為供應鏈中一個關鍵環節為企業創造價值，從而獲取利潤。企業生產運作管理要控制的主要目標是質量、成本、時間和柔性。現代信息技術的迅速發展，為生產運作管理增添了新的工具，也是新世紀企業間競爭的關鍵環節。

7.1.1 生產運作系統的概念

生產運作系統是生產運作與管理的有機結合體。企業通過生產營運將資源轉換成產品或服務，而管理則為生產營運制訂目標和計劃，組織實施，並進行控制，使之適應不斷變化的內外部環境。如圖7.1所示。

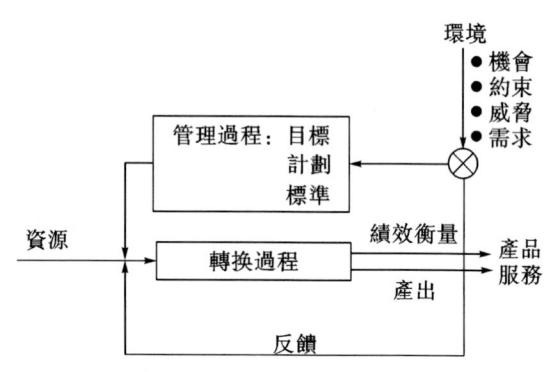

圖7.1 生產運作系統示意圖

由圖7.1可知，生產與運作系統中，先由管理部門提出目標和計劃，然後根據目標和計劃組織生產要素的投入，經過生產與運作過程將投入的生產要素轉換成產品或服務。生產與運作過程的績效反饋給管理部門。管理部門發現和分析實際績效和計劃之間的偏差，採取措施，調整投入並控制生產與運作過程的進行。這樣，生產與運作系統中存在著兩個流：物流和信息流。

生產要素的投入、轉換和產品的產出是物料的流動，它們從供應商開始，在工廠中按照工藝流程順序流經各個工作地，最后向需方流動。信息流包括商流信息和物流信息。商流信息如客戶訂單、銷售合同、採購合同等，物流信息如物料清單、庫存信息、生產物流計劃等。管理部門利用這兩方面的信息來指導和控制生產與運作過程，換言之，管理過程是管理部門通過信息流來管理控制物流的過程。因此，信息流的質量和速率，決定了生產與運作系統的管理效率。

生產與運作系統還要從外部環境獲取信息，如市場需求的變化、競爭對手的情況、

新技術的發展以及社會經濟的發展動向等。根據外部信息，企業必須調整生產與運作系統以適應外部環境的變化。

隨著供應鏈管理時代的來臨，企業生產與運作系統的範圍擴大了，供應商和用戶也被納入生產運作系統，成為該系統的關鍵構成要素。如圖7.2所示。

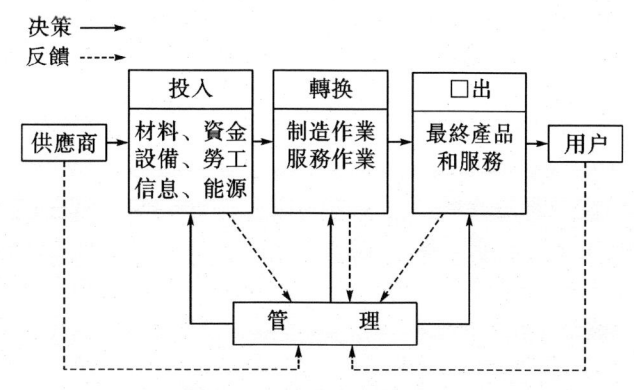

圖7.2 現代生產與運作系統

該系統由六個部分組成，即供應商、用戶（客戶）、投入、轉換、產出和管理等。后面四部分已在前面描述，下面對供應商和用戶的作用分別加以說明。

（1）供應商的作用。供應商是生產要素的生產者和供應者。以前，企業與供應商之間是以價格或合同為基礎的委託與被委託關係，甚至讓眾多的供應商進行競爭，企業從中選擇能提供低價格、高質量資源的供應商。被選擇的供應商十分清楚，這一次被選擇，並不意味著下一次也被選擇，因此，他們不會在與企業的合作方面投資，企業的供應也不會有保證。在當今的企業環境下，供應商的交貨時間和交貨質量對企業來講至關重要。因而，現在企業都把供應商視為生產運作系統的一部分，並與之建立相互信賴、利益共享的長期合作夥伴關係。在這種關係下，供應商按生產廠的日程計劃供應物料，甚至參與產品、零部件的開發和設計過程，雙方共同努力縮短產品生產週期。

（2）用戶的作用。用戶在生產與運作系統中的作用是為企業提供產品需求信息。過去，製造商按自己的設想來開發產品，往往不符合用戶的需要而導致失敗。今天，廠商認識到，用戶的輸入和反饋對提供用戶滿意的產品設計和改進設計都是極為重要的。把用戶作為生產運作系統的組成部分，使他們參與新產品的試製與開發，企業才能生產出真正受市場歡迎的產品。

7.1.2 供應鏈管理環境下生產運作管理的特點

供應鏈管理要實現兩個目標：一是滿足市場需求，提高服務水平；二是降低成本，且應努力做到在有效控制成本的前提下提高服務水平。要實現這兩個目標，需優化配置企業內外資源，快速回應用戶需求。供應鏈管理環境下的生產運作管理具有如下幾個特點：

（1）需建立有效的跟蹤機制對生產進度信息進行跟蹤、反饋和控制。
（2）需有效控制生產節奏，為此供應鏈成員企業之間以及企業內部各部門之間應

保持同步協調，上游企業應準時回應下游企業對原材料、零部件等的需求。

（3）應盡可能縮短提前期，提高交貨期準時性，這是保證供應鏈具有柔性和敏捷性的關鍵。

（4）實施多級、多點、多方管理庫存的策略。

案例7－1　　位於美國賓夕法尼亞 Landsdale 的福特汽車公司電子元件廠就是敏捷性製造的例子。該廠一天生產約 124,000 個發動機控制器、反鎖閘敏感元件和速度控制器。因每一產品有 400～500 個零件，這意味著每天要對 500 多萬個零件進行組裝。不過，該廠管理者說，當收到改變產品的訂單后，通常在 24 小時內可將符合顧客要求的產品發出。該廠之所以能對訂貨變化做出如此迅速的反應是因為它具有柔性高的自動設備、為適應變化而設計的軟件以及不必急於售出的少量庫存。

7.1.3　供應鏈管理環境下的企業生產計劃與控制基本方法

企業生產計劃與控制通常有兩種基本方法，即準時生產方式（JIT）和物料需求計劃（MRP）。JIT 被視為拉式生產系統，而 MRP 則被認為是推式生產系統。然而，有時它們可被用於類似情形，但這兩個系統的功能確實有點差異。MRP 系統比較複雜，需要廣泛細緻的車間控制，JIT 系統則簡單得多，只需要最低限度的車間控制。另外，MRP 依靠基於計算機的進度安排系統觸發生產和運送，而 JIT 則靠可視或可聽信號觸發生產和運送。

7.1.3.1　JIT 生產運作系統

1. JIT 的內涵

準時生產方式的基本思想是通過消除浪費來降低企業的成本，防止過度生產，使上下工序之間平滑聯接，使生產作業只在必要的時間、必要的地點生產必要的產品。

準時（JIT）生產方式是 20 世紀 70 年代在日本創立的，隨后歐美國家廣泛採用了這種生產方式。JIT 有增加盈利和提高公司競爭地位兩個戰略目標，實現這兩個戰略目標的手段包括：

（1）控制成本，形成價格優勢，增加盈利；

（2）改進送貨服務；

（3）提高產品質量。

對 JIT 的廣義理解是，它僅僅是一個使在製品與存貨水平降低的生產時間安排系統。但從某種意義上說，JIT 代表的是一種理念，它涉及生產過程的各個方面，從產品的設計一直到售后服務。在這種理念指導下的系統運行，存貨水平最低，浪費最小，空間占用最小，事務量最少。它必須是一個沒有中斷傾向的系統，根據產品品種及其所能控制的數量範圍而具備柔性，其最終目標是達到一個使材料平滑、迅速地流經整個系統的和諧系統。

2. 看板系統

在前面我們提到，JIT 依靠可視或可聽信號觸發生產和運送，這就是看板系統。

（1）看板的含義。看板是一張信息卡片，又稱為要貨指令。看板中記載著生產和

運送的數量、時間、目的地、放置場所、搬運工具等信息，從裝配工序逐次向前工序追溯。看板可以用不同的材料做成，例如紙片、塑料片、金屬片等，如今傳統紙質看板卡片已大多被電傳、傳真和電子信箱等現代媒介所替代，這使看板供應更加迅速和準確。

（2）看板管理。看板管理方法是在同一道工序或者前後工序之間進行物流或信息流的傳遞。JIT 是一種拉動式的管理方式，它需要從最后一道工序通過信息流向上一道工序傳遞信息，這種傳遞信息的載體就是看板。沒有看板，JIT 是無法進行的。

傳遞生產及運送工作指令是看板最基本的機能。公司總部的生產管理部門根據市場預測及訂貨而制定的生產指令只下達到總裝配線，各道前工序的生產都根據看板來進行。

在裝配線上將零部件所帶的看板取下，以此再去前一道工序領取。前工序則只生產被這些看板所領走的量，「后工序領取」及「適時適量生產」就是通過這些看板來實現的。

3. JIT 生產的特點

與傳統的生產系統相比，JIT 生產系統看起來似乎只是生產組織程序的改變，但實質上這是一種管理方式的創新，兩者存在著很大的區別。JIT 要求企業具備嚴密科學的組織規劃，擁有掌握多種技能的高素質員工隊伍，要求企業實施嚴格的質量控制。JIT 生產的特點可概括如下：

（1）按製造單位組織生產活動。在傳統生產系統中，機器設備按功能設置，完成相同功能的機器設備集中於一個地點或一個部門；而 JIT 則是以產品為中心設置製造單元，一個製造單元內配備生產一種產品或一類產品的各種機器設備。材料或零部件在製造單元內按加工工序從一種設備向另一種設備轉移。製造單元之間距離很近，進入製造單元和離開製造單元的材料或半成品、零部件只經過兩個製造單元之間的庫存點，而非傳統生產系統下的中心倉庫。這樣就大大節約了材料、零部件的處理成本和運送成本。

（2）多技能的技術工人。在 JIT 生產管理模式下，由於是以產品為中心組織生產、設置製造單元，而非傳統生產系統下以功能為中心確立不同工序，因此在製造單元內工作的工人需要掌握多種不同的操作技術，會使用製造單元內的不同機器和設備，還要掌握機器和設備的維修保養技術，能夠進行機器設備的調整準備工作和其他輔助性工作，而且，製造單元內的工人還必須負責產品質量的檢驗檢測，所以需要高素質的工人，他們掌握多種技能、具備高度的靈活性和適應性，從而保證了 JIT 系統的柔性。

（3）實施全面質量管理。JIT 生產系統必須實施全面質量管理（TQM）。全面質量管理是指一個組織以質量為中心，以全員參與為基礎，通過使顧客滿意從而使組織所有成員受益的管理方式。全面質量管理的對象既包括產品質量，又包括工作質量；管理範圍包括設計試製過程、製造過程、輔助生產過程、使用過程；參加的人員包括各業務部門、各環節的全體員工，他們都要參與到全面質量管理過程中來。

TQM 與傳統的質量管理不同，在傳統的生產系統中，質量控制以事後檢驗為主，為防止缺陷或故障對生產的影響，在各環節備有額外的材料和零部件。JIT 生產環境下的 TQM 是以零缺陷為目標，以生產過程的質量檢測為核心，在生產操作過程中進行質

量控制，將缺陷消滅在產品生產過程之中，製造單元內的生產工人同時也是質量檢驗和檢測人員，在生產加工的過程中進行連續的自我質量監控，一旦發現缺陷，便在生產線上及時解決和糾正，杜絕任何殘次品或缺陷從上一道工序轉入下一道工序。

案例7-2 豐田的生產車間遍布電燈，顯示各裝配線的當前狀態，紅燈表示生產線出現問題而停產，每名工人都有一個能夠停止生產線的按鈕，一旦他們認為生產線的運行出現問題或發現產品有缺陷就使用它。儘管生產線停止立刻就會產生損失，但事實證明，停產能夠幫助豐田早期發現問題，免於不良后果的擴散，有利於企業的長久發展。

（4）減少機器設備的調整和準備時間。JIT生產要求大大減少機器設備的調整和準備時間。調整準備時間的減少對於小批量多批次的生產是極為重要的，因為小批量多批次將增加調整和準備次數，如果不能大幅度降低調整準備時間，生產等待時間就難以消除。

案例7-3 由於豐田經常變換機器設備製造新產品，豐田工人被訓練得在修理和改變設備方面速度極快，比如，一種鍛壓模具，20世紀40年代變換它需要2~3小時，現在只需要3分鐘。

（5）防護性的設備維護。JIT生產系統實行無存貨控制，要求機器設備必須處於良好的狀態，不允許生產設備在生產過程中出現故障。因此實施JIT生產，機器設備的維護和保養是防護性的、預防性的、超前的，維護和保養貫穿於生產過程之中，從而使機器設備處於良好的適用狀態，獲得最佳使用效率。

（6）與供應商建立良好的夥伴關係。JIT生產系統必須採用JIT採購與供應系統，即要求原材料、外購零部件在生產需用時保質保量準時到達現場，直接使用。採購的關鍵問題在於選擇供應商，需要考慮價格、質量、交貨期等問題。傳統的採購方式最為關心的是價格，往往忽視質量和交貨期，而在JIT營運模式下，儘管價格仍然是一個很重要的因素，但質量和供貨的可靠性成為越來越重要的因素，因此，實施JIT生產的企業選擇少量質量過硬、供貨及時和信譽可靠的供應商，並與它們建立、維護長期合作夥伴關係。

案例7-4 2000年3月，飛利浦公司的一家工廠突然發生大火，這家工廠向諾基亞和愛立信提供射頻芯片，火災后數周無法正常供貨。愛立信的供應商僅此一家，它錯誤的採取了消極等待的策略，終因部件短缺而遭遇重創，手機生產不得不陷入停工狀態，當年手機業務虧損17億美元，以致忍痛將手機製造業務外包。而火災對諾基亞的影響則迥然不同，在報告起火之前，諾基亞就經常定期審查供應鏈，以防不測。火災過後，諾基亞總裁兼首席執行官奧利拉親自出馬，說明飛利浦允許其他工廠向諾基亞優先供應零部件，此外，諾基亞還對這些芯片進行重新設計，使得日本和美國的生產商也能製造。現在幾乎每一個諾基亞手機零部件都有兩三家供應商進行供貨。

7.1.3.2 物料需求計劃

物料需求計劃（Material Requirements Planning，MRP）是「製造企業內的物料計劃管理模式。根據產品結構各層次物品的從屬和數量關係，以每個物品為計劃對象，以完工日期為時間基準倒排計劃，按提前期長短區別各個物品下達計劃時間先後順序的管理方法」（GB/T18354-2006）。MRP 既是一種管理模式，又是一個基於計算機的信息系統，是一種解決既不出現短缺，又不出現庫存過多的物料管理信息系統。

MRP 可用於安排非獨立需求庫存的訂貨與時間進度。從預定日期開始，把產成品特定數量的生產計劃轉換成組合零件與原材料需求，用生產提前期及其他信息決定訂貨時間及訂貨量。因此，對最終產品的需求產生了對被計劃期分解開來的底層組件的需求，使訂貨、製作與裝配過程都以確定的時間安排，及時完成最終產品的生產，並使存貨保持在合理的水平上。MRP 按照其發展階段又可分為時段式 MRP 和閉環式 MRP。

1. 時段式 MRP

（1）時段式 MRP 的特點

首先，通過產品結構把所有物料的需求聯繫起來。考慮不同物料的需求之間的相互匹配關係，從而使各種物料的庫存在數量和時間上趨於合理。通過 BOM 完成。BOM 是產品結構文件，它不僅羅列出某一產品的所有構成項目，同時也要指出這些項目之間的結構關係，即從原材料到零件、組件、直到最終產品的層次隸屬關係。把主生產計劃等反應的需求沿各產品的 BOM 進行分解，從而得知為了生產所需產品，需要用些什麼？

其次，把所有物料按需求性質劃分為獨立需求項和非獨立需求項。獨立需求項目的需求量和需求時間通常由預測和客戶訂單等外在的因素來決定。而非獨立需求項目的需求量和需求時間則由 MRP 系統來決定。

最後，對物料的庫存狀態數據引入了時間分段的概念。所謂時間分段，就是給物料的庫存狀態數據加上時間坐標，即按具體的日期或計劃時區記錄和存儲庫存狀態數據，這樣就可以準確地回答和時間有關的各種問題。

（2）時段式 MRP 的結構原理

時段式 MRP 的主要輸入內容是一份物料清單，它表明了某產成品的主要組成部分；一份總進度計劃，表明產成品的需求數量與時間；一份存貨記錄文件，表明持有多少存貨，還需要訂多少貨等。計劃者對這些信息進行加工，以確定計劃期間各個時點的淨需求。

該過程的輸出包括訂貨計劃時間安排、訂貨免除、變更、業績控制報告、計劃報告、例外報告等。

時段式 MRP 的結構原理如圖 7.3 所示：

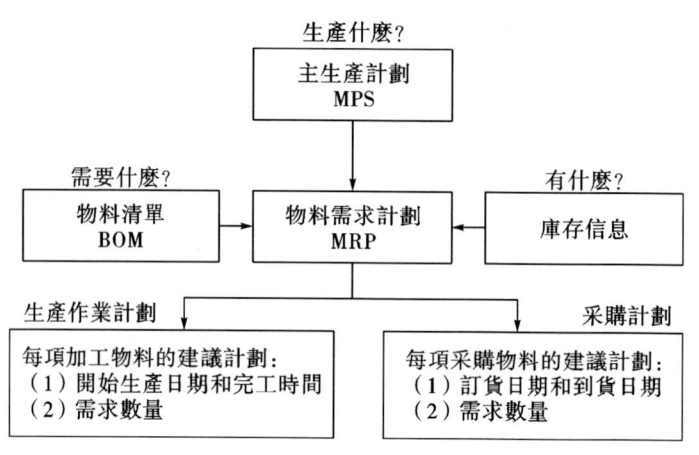

```
                          生產什麼?
                          ┌─────────┐
                          │ 主生產計劃 │
                          │   MPS   │
                          └────┬────┘
                               │
      需要什麼?                 ▼                 有什麼?
    ┌─────────┐        ┌─────────────┐        ┌─────────┐
    │ 物料清單 │───────▶│ 物料需求計劃 │◀───────│ 庫存信息 │
    │   BOM   │        │    MRP      │        │         │
    └─────────┘        └──┬───────┬──┘        └─────────┘
                          │       │
              生產作業計劃 │       │ 采購計劃
                          ▼       ▼
          ┌──────────────────┐  ┌──────────────────┐
          │ 每項加工物料的建議計劃：│  │ 每項采購物料的建議計劃：│
          │ (1)開始生產日期和完工時間│ │(1)訂貨日期和到貨日期  │
          │ (2)需求數量        │  │ (2)需求數量        │
          └──────────────────┘  └──────────────────┘
```

圖 7.3　時段式 MRP 結構原理圖

物料需求計劃的實施步驟通常包括以下幾個步驟：

①預計最終產品的需求量；

②列出每種產品生產所需的原材料、零部件的清單；

③考慮生產提前期，確定生產和採購的批量和時間；

④確定每一生產工序生產數量和材料的採購量；

⑤計算出全部材料採購數量和採購時間計劃。

（3）時段式 MRP 的不足

一方面，時段式 MRP 仍然沒有解決生產能力和生產計劃的匹配問題，即它無法平衡生產能力和生產計劃。

另一方面，時段式 MRP 只局限在物料需求方面，而物料需求計劃僅僅是生產管理的一部分，而且要通過車間作業管理和採購作業管理來實現，同時還必須受到生產能力的約束。

因此，僅有時段式 MRP 是不夠的，在此基礎上，人們又開發出了閉環式 MRP。

2. 閉環式 MRP

（1）閉環式 MRP 的特點。與時段式 MRP 相比，閉環式 MRP 具有以下特點：第一，閉環式 MRP 把生產能力計劃、車間作業計劃、採購作業計劃納入 MRP 系統之中。第二，閉環式 MRP 在計劃執行過程中，必須有來自車間、供應商和計劃人員的反饋信息，並利用這些反饋信息進行計劃調整平衡，從而使其工作過程成為一個計劃—實施—評價—反饋—計劃的循環優化過程。

（2）閉環式 MRP 的結構原理。閉環式 MRP 的結構原理如圖 7.4 所示：

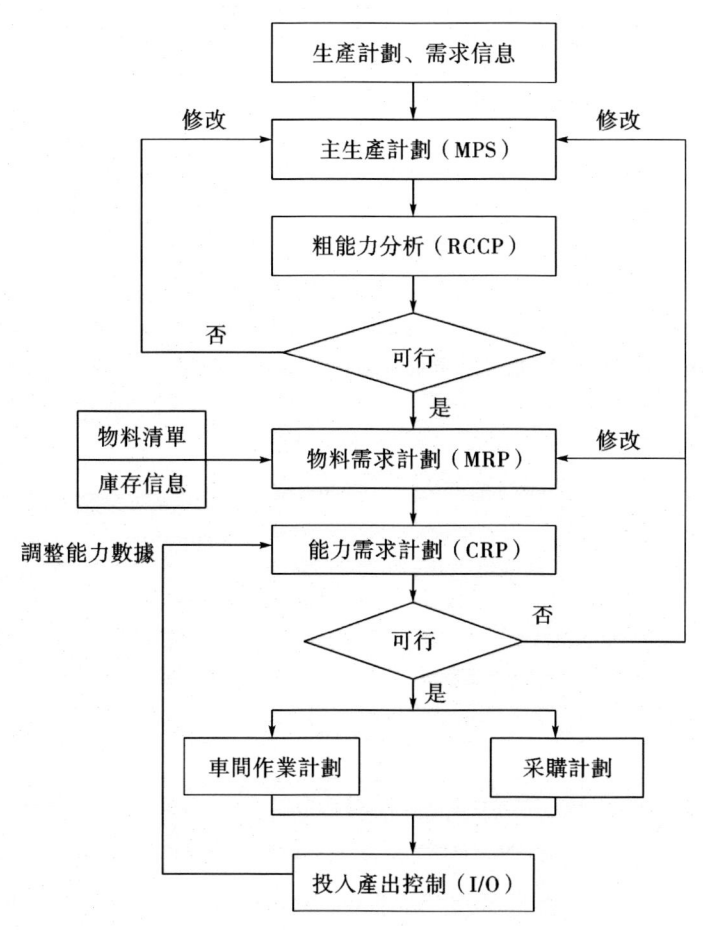

图7.4 閉環式 MRP 的結構原理圖

7.1.3.3 製造資源計劃

1. 製造資源計劃概述

　　MRP 雖然是一個完整的計劃與控制系統，但是，它並未清楚地說明執行計劃以後將給企業帶來什麼效益；這效益又是否實現了企業的總體目標。企業的經營狀況和效益終究是要用貨幣形式來表達的。20 世紀 70 年代末，MRP 系統已推行將近 10 年，一些企業又提出了新的課題，要求系統在處理物料計劃信息的同時，能同步地處理財務信息。就是說，把產品銷售計劃用貨幣表示以說明銷售收入；對物料賦予貨幣屬性以計算成本並方便報價；用貨幣表示能力、採購以編製預算；用貨幣表示庫存量以反應資金占用情況。總之，要求財務會計系統能同步地從生產系統獲得資金信息，隨時控制和指導生產經營活動，使之符合企業的整體戰略目標。因此，製造資源計劃應運而生。

　　製造資源計劃（Manufacturing Resource Planning, MRP Ⅱ）是「在物料需求計劃（MRP）的基礎上，增加行銷、財務和採購功能，對企業製造資源和生產經營各環節實行合理有效的計劃、組織、協調與控制，達到既能連續均衡生產，又能最大限度地降低

各種物品的庫存量，進而提高企業經濟效益的管理方法」（GB/T18354－2006）。

MRPⅡ由閉環式 MRP 系統發展而來，在技術上，它與閉環式 MRP 並無太大區別，但它具有財務管理和模擬功能，因而它們之間有本質上的不同。對於已經應用了閉環式 MRP 系統的企業，建立 MPRⅡ只是一個系統擴展的問題。而對於初建計算機輔助管理系統的企業來說，則是一件工作量大、難度較高的工作。

2．MRPⅡ的特點

（1）MRPⅡ把企業中的各子系統有機地結合起來，形成一個面向整個企業的一體化的系統。其中，生產和財務兩個子系統的關係尤為密切。

（2）MRPⅡ的所有數據來源於企業的中央數據庫。各子系統在統一的數據環境下工作。

（3）MRPⅡ具有模擬功能，能根據不同的決策方針模擬出各種未來將會發生的結果。因此，它也是企業高層領導的決策工具。

MRPⅡ的結構原理如圖 7.5 所示。

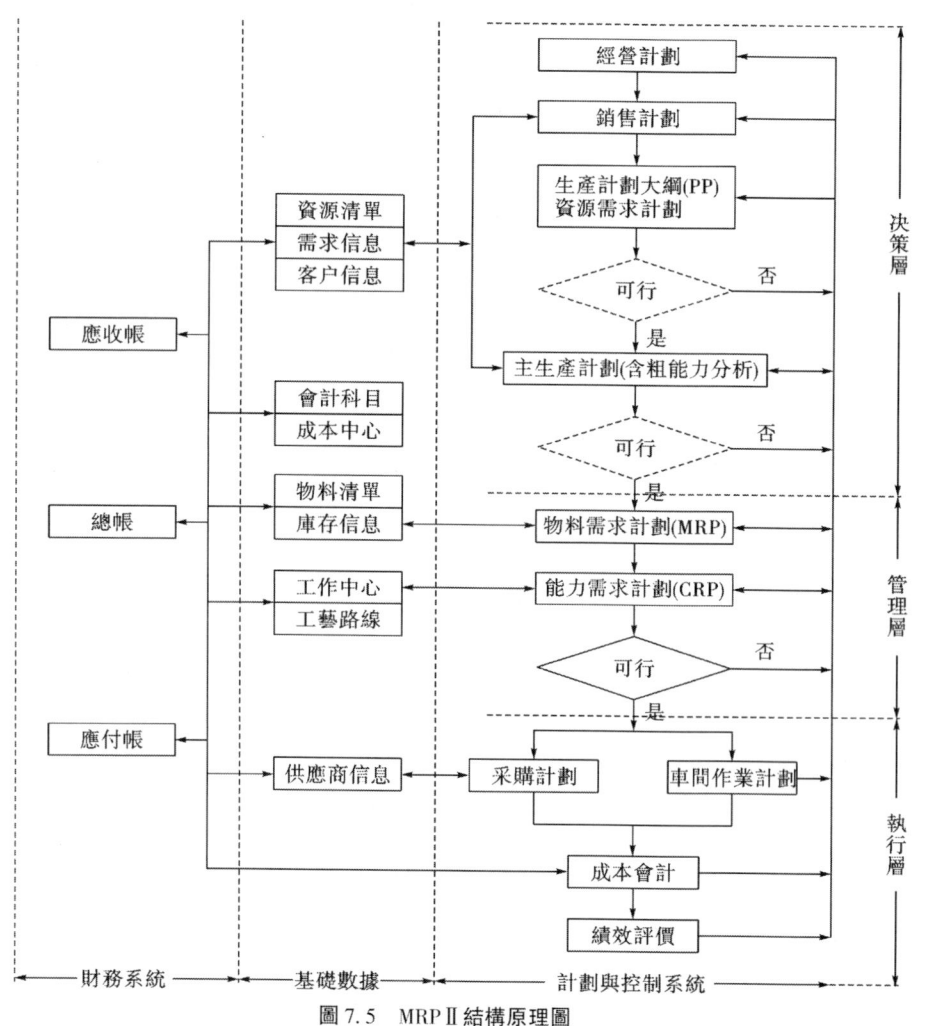

圖 7.5　MRPⅡ結構原理圖

7.1.3.4 企業資源計劃

1. 基本概念

企業資源計劃（Enterprise Resource Planning，ERP）是「在製造資源計劃（MRP Ⅱ）的基礎上，通過前饋的物流和反饋的信息流、資金流，把客戶需求和企業內部的生產經營活動以及供應商的資源整合在一起，體現完全按用戶需求進行經營管理的一種全新的管理方法」（GB/T18354-2006）。

可以從管理思想、軟件產品、管理系統三個層次來理解該定義：

（1）ERP 是在 MRP Ⅱ 基礎上進一步發展而成的面向供應鏈的管理思想，即不僅要計劃企業內部的資源，還要計劃整個供應鏈的資源；

（2）ERP 是以 ERP 管理思想（不僅計劃企業內部資源，還要計劃整合整個供應鏈的資源）為靈魂的軟件產品；

（3）ERP 是整合了企業管理理念、業務流程、基礎數據、人力物力、計算機硬件和軟件於一體的企業資源管理系統。

ERP 的概念層次如圖 7.6 所示。

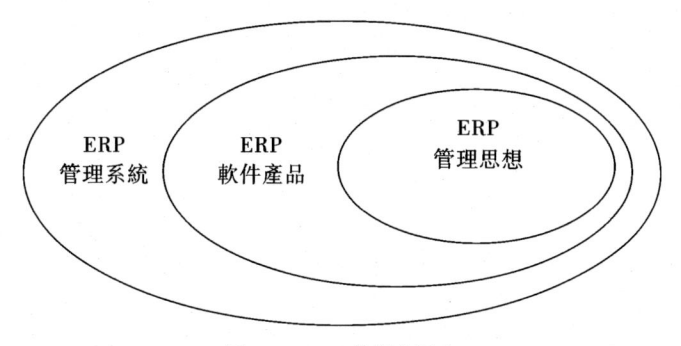

圖 7.6 ERP 的概念層次

因此，對應於管理界、信息界、企業界不同的表述要求，「ERP」分別有著它特定的內涵和外延，相應地採用「ERP 管理思想」「ERP 軟件」「ERP 系統」的表述方式。

2. ERP 的結構原理

一般而言，ERP 軟件具有銷售、製造、財務、人力資源、知識管理等業務功能。具體來說，ERP 系統軟件具有下列功能模塊：預測、訂單管理、銷售分析、採購管理、倉庫管理、運輸管理、資產管理、庫存控制、主生產計劃（MPS）、產品數據管理（PDM）、物料需求計劃（MRP）、能力需求計劃（CRP）、配送資源計劃（DRP Ⅱ）、車間控制、產品配置管理、流程作業管理、重複製造、質量管理、總帳、應收帳、應付款、工資、固定資產、現金管理、成本、人力資源管理等。

ERP 的結構原理如圖 7.7 所示：

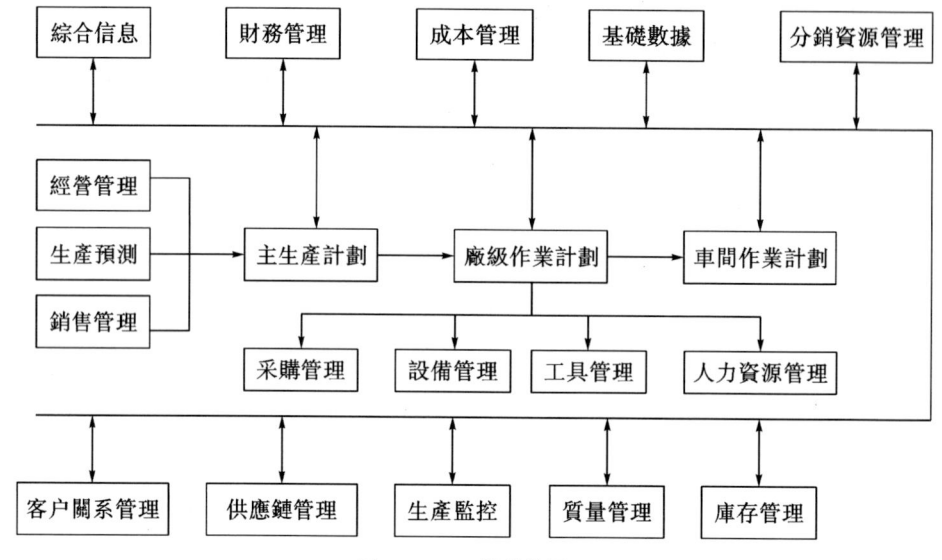

圖7.7 ERP的結構原理

3. ERP與MRP Ⅱ的區別

（1）在資源管理範圍方面的差別。MRP Ⅱ主要側重對企業內部人、財、物等資源的管理，ERP系統在MRP II的基礎上擴展了管理範圍，它把客戶需求和企業內部的製造活動以及供應商的製造資源整合在一起，形成企業完整的供應鏈，並對供應鏈上所有環節進行有效管理，這些環節包括訂單、採購、庫存、計劃、生產製造、質量控制、運輸、分銷、服務與維護、財務管理以及人事管理等。

（2）在生產方式管理方面的差別。MRP Ⅱ系統把企業歸類為幾種典型的生產方式來管理，如重複製造、批量生產、按訂單生產、按訂單裝配、按庫存生產等，對每一種生產類型都有一套管理標準。而在20世紀80年代末、90年代初期，企業為了緊跟市場的變化，多品種、小批量生產以及看板式生產等則是企業主要採用的生產方式，單一的生產方式向混合型生產發展，ERP能很好地支持和管理混合型製造環境，滿足了企業的這種多角化經營需求。

（3）在管理功能方面的差別。ERP除了MRP Ⅱ系統的製造、分銷、財務管理功能外，還增加了支持整個供應鏈上物料流通體系中供、產、需各個環節之間的運輸管理和倉庫管理；支持生產保障體系的質量管理、實驗室管理、設備維修和備品備件管理；支持對工作流（業務處理流程）的管理。

（4）在事務處理控制方面的差別。MRP Ⅱ的即時性較差，一般只能實現事中控制。而ERP系統則強調企業的事前控制能力，它向企業提供了對質量、效績、適應變化、客戶滿意等關鍵問題的即時分析能力。

（5）在跨國（或地區）經營事務處理方面的差別。現代企業的發展，使企業內部各個組織單元之間、企業與外部業務單元之間的協調變得越來越多和越來越重要，ERP

系統應用完善的組織架構，從而可以支持跨國經營的多國家地區、多工廠、多語種、多幣制應用需求。

（6）在計算機信息處理技術方面的差別。IT 的飛速發展以及網路通信技術的應用，使得 ERP 系統得以實現對整個供應鏈信息進行集成管理。ERP 系統採用客戶/服務器（C/S）體系結構和分佈式數據處理技術，支持 Internet/Intranet/Extranet、電子商務（E-business、E-commerce）、電子數據交換（EDI），此外，還能實現在不同平臺上的互操作。

總之，ERP 系統融合了先進的管理思想，結合國內企業的實際情況，抓住物流、資金流、信息流三條主線，優化企業流程，為企業管理層提供最佳的管理手段。借助於 ERP，企業實現了與上游供應商、下游分銷商、客戶等關鍵合作夥伴資源和能力的集成，充分實現信息共享，滿足了供應鏈管理的需要，全面提升了企業的市場應變能力和整體競爭力。

4. ERP 的不足

（1）ERP 計劃的企業資源不完整。由於 ERP 是從製造資源計劃 MRP Ⅱ 發展而來的，而 MRP Ⅱ 又是在 MRP 的基礎上發展而來的，因此，從 ERP 的發展史可以清楚地看到，ERP 系統始終是與製造業的生產管理密切相關的。它所指的企業資源也主要局限於企業的生產性資源上。比如，現在的 ERP 是以供應鏈管理為核心的，而按照現有供應鏈的思路，人們很少會把企業的研究與開發資源、無形資產資源考慮進去，而這兩種資源卻是企業的重要資源。此外，ERP 把物流轉化成資金流，以此來實現對資金的管理，但卻沒有把資金作為一種資源，這樣，實施了 ERP 的企業也不意味著就具備了融資功能。ERP 系統對人力資源的管理也停留在比較淺層的階段，現代人力資源的許多職能它都不具備，比如，績效考核、薪酬管理等。

（2）沒有考慮到剩餘資源的計劃。企業的資源按其在企業的用途可劃分為流轉資源和剩餘資源，如何在這二者之間進行分配，ERP 無法解決。

（3）ERP 限定了可伸縮的資源邊界。隨著新經濟時代的來臨，企業內外部資源的界限越來越模糊，企業應該擁有一個可伸縮的資源邊界，對於這個問題，ERP 不能解決。

（4）ERP 對於客戶資源管理的無為。在企業的各種資源中，顧客無疑是最寶貴的資源，而且顧客資源不同於企業的其他資源，它是企業服務的目標，是企業利潤的最終來源，所以企業的其他資源又都是為其服務的。正是由於顧客資源的這種雙重性的存在，使得企業沒有辦法像控制原材料那樣控制和操縱顧客資源，而 ERP 系統並沒有突出對客戶資源的管理這一功能。

案例7-5 國內製造業ERP軟肋：生產計劃與排程。《中國ERP市場年度綜合報告2006》中指出，在國際化多變的市場面前，傳統ERP的計劃模型越來越不能適應企業變化的需求。隨著中國製造業應用ERP的深入，ERP的不足之處逐漸顯露。一方面，從供應鏈網路的參照系統來考察傳統的製造業ERP，它無力承擔企業之間的集成和協同；另一方面，基於層次化物流清單（BOM）生成排產計劃既不能落實為詳細排產計劃，也無法滿足多變的市場需求。對於當今置身於供應鏈網路之中的中國製造企業，替代MRP和擴展ERP已經勢在必行。其實，同樣的問題在製造業領先的國家同樣顯現出來。學術界和軟件廠商一直在試圖突破瓶頸，直至20世紀90年代中期，尋求克服ERP缺點的努力開始結出碩果。這就是供應鏈管理和高級計劃與排程（Advanced Planning and Scheduling, APS）技術從理論逐步成熟、實用化。易觀國際認為，生產計劃與排程已成當前國內製造業ERP的軟肋。當然，製造業對於APS的應用也不能一蹴而就，ERP是APS發揮作用的基礎和前提。

5. ERP的風險及預防

（1）ERP的風險。儘管ERP在管理企業資源方面具有先進性，但企業的條件無論多優越，所做的準備無論多充分，實施的風險仍然存在。在ERP系統的實施週期中，各種影響因素隨時都可能發生變化。如何有效地管理和控制風險是保證ERP系統實施成功的重要環節之一。因此，我們非常有必要清楚ERP項目的風險。

通常人們在考慮失敗的因素時，一般著重於對實施過程中眾多因素的分析，而往往忽視項目啟動前和實施完成後ERP系統潛在的風險。對於ERP項目而言，風險存在於項目的全過程，包括項目規劃、項目準備、實施過程和系統運行。歸納起來，ERP項目的風險主要有以下幾方面：

①缺乏規劃或規劃不合理；
②項目預先準備不充分，表現為硬件選型及ERP軟件選擇錯誤；
③實施過程控制不嚴格，階段成果未達標；
④設計流程缺乏有效的控制環節；
⑤未實施效果的評估或評估不合理；
⑥系統安全設計不完善，存在系統被非法入侵的隱患；
⑦災難防範措施不當或不完整，容易造成系統崩潰。

（2）ERP風險的預防。瞭解了ERP的風險，如何預防風險就迎刃而解了。一般地，可以從以下幾個方面入手：

①戰略規劃。企業是否存在一個五年的IT系統規劃？隨著信息化時代的來臨，IT系統對於企業而言不僅是工具，更是一種重要的技術手段。ERP作為IT系統的重要組成部分，服務於企業的長期規劃，是企業長期規劃的重要保證。ERP的目標源於IT系統規劃，是評價ERP系統成敗的基本標準，應依據IT系統規劃明確ERP系統的實施範圍和實施內容。

②項目準備。該階段的三項主要任務是：確定硬件及網路方案、選擇ERP系統和評估諮詢合作夥伴，這也是ERP系統實施的三大要素。硬件及網路方案直接影響到系統的性能、運行的可靠性和穩定性；ERP系統功能的強弱決定企業需求的滿足程度；諮

詢合作夥伴的工作能力和經驗決定項目實施過程的質量及實施成效。

③項目實施控制。在 ERP 系統實施中，通常採用項目管理技術對實施過程進行管理和控制。有效的實施控制表現在科學的實施計劃、明確的階段成果和嚴格的成果審核。不僅如此，有效的控制還表現在積極的協調和信息傳遞渠道的通暢。實施 ERP 的組織機構包括：指導委員會、項目經理、外部諮詢顧問、IT 部門、職能部門的實施小組和職能部門的最終用戶。部門之間協調和交流的效果直接決定實施過程的工作質量和工作效率。目前，在企業缺乏合適的項目經理的條件下，這一風險尤其明顯和嚴重。

④業務流程控制。企業業務流程重組是在項目實施的設計階段完成的。監督和控制能確保 ERP 系統在正式運行後，各項業務處於有效的控制之中，避免企業遭受人為損失。在設計控制環節時應兼顧效率，過多的控制和業務流程冗余勢必降低工作效率，而控制不足又會有業務失控的風險。

⑤項目實施效果。雖然項目評估是 ERP 實施過程的最后一個環節。但這並不意味著項目評估不重要。相反，項目評估的結果是 ERP 實施效果的直接反應。正確地評價實施成果，離不開清晰的實施目標、客觀的評價標準和科學的評價方法。目前普遍存在著忽視項目評估的問題。忽視項目評估將帶來實施小組不關心實施成果這一隱患。這正是 ERP 項目的巨大風險所在。

⑥系統安全管理。系統安全包括：操作系統授權、網路設備權限、應用系統功能權限、數據訪問權限、病毒的預防、非法入侵的監督、數據更改的追蹤、數據的安全備份與存檔、主機房的安全管理規章、系統管理員的監督等等。目前，企業中熟練掌握計算機技術的人員較少，計算機接入 Internet 的也不多。因此，在實施 ERP 系統時，普遍存在著不重視系統安全的現象。諸如：用戶不注意口令保密、超級用戶授權多人等。缺乏安全意識的直接后果是系統在安全設計上存在著漏洞和缺陷。近年來，不斷有報章披露銀行或企業計算機系統被非法入侵的消息，這給企業敲響了警鐘。

⑦意外事故或災難。水災、火災、地震等不可抗拒的自然災害會給 ERP 系統帶來毀滅性的打擊。企業正式啟用 ERP 系統后，這種破壞將直接造成業務交易的中斷，給企業帶來不可估量的損失。未雨綢繆的策略和應對措施是降低這一風險的良方。

7.1.3.5　MRP、MRPⅡ、ERP 的關係

從時段式 MRP 發展到閉環式 MRP，再到 MRPⅡ，有兩個明顯的變化：一是資源內涵的不斷擴大；二是企業計劃閉環的形成。但其資源也僅僅局限於企業內部。ERP 的發展突破了這個局限，將供應鏈內的供應商等外部資源也看作是受控對象而集成起來。

MRP 是一種解決既不出現短缺，又不出現庫存過多的物料管理信息系統，是物料信息的集成。它在產品結構的基礎上，根據產品結構各層次物料的從屬和數量關係，以每個物料為計劃對象，以完工時期為時間基準倒排計劃，按提前期長短區別各個物料下達計劃時間的先后順序。MRP 是 MRPⅡ 和 ERP 的核心。

MRPⅡ 是一種以計劃與控制為主線，面向企業內部，以實現企業整體效益為宗旨的管理系統。它在 MRP 的基礎上考慮了所有其他與生產經營活動直接相關的工作和資源。它實現了物流與資金流的集成，使財務帳與實物帳同步生成，並通過信息集成，對企業有限的各種製造資源進行有效的計劃，合理的運用，以提高企業的競爭力。MRPⅡ 是 ERP 的重要組成部分。

ERP是市場競爭全球化形勢下的企業管理信息系統，它面向供應鏈流程的信息集成，實現合作夥伴之間的信息溝通。它在MRPⅡ的基礎上通過前饋的物流和反饋的信息流和資金流，把客戶需求和企業內部的生產活動以及供應商的製造資源整合在一起，形成一種完全按照用戶需求製造的供應鏈管理模式。它強調企業的合作，強調對市場需求快速反應、高度柔性的戰略管理，是實現敏捷製造和精益生產的必要手段。

從MRP到MRPⅡ再到ERP，體現了不同時期人們對生產物流的認知和發展，歸納起來是基於一種拉動式的生產物流管理理念，即從構成一個產品的所有物料出發，通過產品結構，一級一級地制定不同階段的物料需求計劃，在實踐中不斷完善、擴大運用範圍，從一個企業的內部物流最終發展到具有供應關係的企業間物流，並在計劃與控制手段上不斷發展和完善。這也反應出生產物流的計劃和控制與供應物流、銷售物流的計劃和控制是息息相關的。

7.2 供應鏈管理環境下生產計劃的制訂

7.2.1 生產計劃的認知

7.2.1.1 生產計劃的概念

生產計劃是企業根據市場需求和企業的資金、技術、設備、人力、物資等條件，對計劃期內應當生產的產品品種、產量和出產進度所作的綜合計劃，是對生產任務做出的統籌安排。生產計劃是組織生產活動的基本依據。

7.2.1.2 生產計劃的分類

一般而言，企業在三個層次上制訂生產計劃：長期、中期、短期。

（1）長期生產計劃的主要內容。長期生產計劃的主要內容包括：產品發展方向、生產發展規模、技術發展水平、生產能力水平、新設施的建造、生產組織結構的變革等。

（2）中期生產計劃的主要內容（年度生產計劃）。中期生產計劃的主要內容包括：生產計劃、總體能力計劃、產品出產進度計劃等。

（3）短期生產計劃的主要內容（作業計劃）。短期生產計劃的主要內容包括：主生產計劃、物料需求計劃、能力需求計劃以及生產作業計劃等。

7.2.1.3 影響總生產計劃制訂的因素

生產計劃是在一定的計劃區域內，以生產計劃期內成本最小化為目標，用已知每個時段的需求預測數量，確定不同時段的產品生產數量、生產中的庫存量和需要的員工總數。總生產計劃建立在企業生產戰略和總體生產能力計劃的基礎之上，決定了企業的主生產計劃和以后的具體作業計劃的制訂。

總生產計劃的制訂受到內外兩方面因素的影響，其中內部因素包括企業的庫存量、現有的勞動力、當前的生產能力等；外部因素則包括市場需求、現有所能夠提供的原材料、競爭者的情況等。

企業所面對的需求因不同因素的影響而不斷變化。需求的變動有超過企業的生產能

力、與企業的生產能力相匹配和低於企業生產能力三種狀態；面對變化的需求，企業需要研究各種因素，使企業的生產符合市場需求。

對於外部因素造成的需求變化，企業可以通過兩方面的行動來滿足：一方面，通過市場行銷和生產的配合，在需求低迷的時候通過促銷刺激需求，在需求高漲的時候減少促銷擴大利潤；另一方面，隨需求的波動調整所生產的產品品種。

7.2.2 供應鏈管理環境下生產計劃的信息組織與決策特徵

一般而言，供應鏈管理環境下的生產計劃具有開放性、動態性、集成性、群體性、分佈性等信息組織與決策特徵。

7.2.2.1 開放性

經濟全球化使企業進入全球市場，不管是基於虛擬企業的供應鏈還是基於供應鏈的虛擬企業，開放性是當今企業組織發展的趨勢。供應鏈是一種網路化組織，供應鏈管理環境下的企業生產計劃信息已跨越了企業組織的界限，形成開放性的信息系統。決策的信息資源來自企業的內部與外部，並與其他企業共享。

7.2.2.2 動態性

供應鏈管理環境下的生產計劃信息具有動態的特性，這是市場經濟發展的必然。為了適應不斷變化的顧客需求，企業必須具有敏捷性和柔性，生產計劃的信息必須隨市場需求的變化而更新。模糊的提前期和模糊的需求量，要求生產計劃具有更多的柔性和敏捷性。

7.2.2.3 集成性

供應鏈是集成的企業群體，是擴展的企業模型，因此供應鏈管理環境下的企業生產計劃信息是不同信息源信息的集成體，它集成了供應商、分銷商的信息，甚至消費者和競爭對手的信息。

7.2.2.4 群體性

供應鏈管理環境下的生產計劃決策過程具有群體特徵，是因為供應鏈是分佈式的網路化組織，具有網路化管理的特徵。供應鏈企業的生產計劃決策過程是一種群體協商過程，企業在制訂生產計劃時不但要考慮企業本身的能力和利益，同時還要考慮合作企業的需求與利益，是群體協商決策過程。

7.2.2.5 分佈性

供應鏈企業的信息來源在地理上是分佈的，信息資源跨越部門和企業，甚至全球化，通過 Internet/Intranet、EDI 等信息通信和交流工具，企業能夠把分佈在不同區域和不同組織的信息進行有機地集成與協調，使供應鏈活動能同步進行。

7.2.3 供應鏈管理環境下生產計劃制訂面臨的問題

總體而言，供應鏈管理環境下生產計劃的制訂面臨柔性約束、生產進度、生產能力等問題。

7.2.3.1 柔性約束

柔性實際上是對承諾的一種完善。承諾是企業對合作夥伴的保證，只有在此基礎上企業間才具有基本的信任，合作夥伴也因此獲得了相對穩定的需求信息。然而，由於承

諾的下達超前於承諾本身的實施，因此，儘管承諾方一般來講都盡力使承諾與未來的情況接近，但誤差卻是難以避免的。柔性的提出為承諾方緩解了這一矛盾，使承諾方有可能修正原有的承諾。可見，承諾與柔性是供應合同簽訂的關鍵要素。

對生產計劃而言，柔性具有多重含義：

（1）顯而易見，如果僅僅根據承諾的數量來制訂計劃是容易的。但是，柔性的存在使這一過程變得複雜了。柔性是雙方共同制訂的一個合同要素，對於需方而言，它代表著未來變化的預期；而對供方來說，它是對自身所能承受的需求波動的估計。本質上供應合同使用有限的可預知的需求波動代替了可以預測但不可控制的需求波動。

（2）下游企業的柔性對企業的計劃產量造成的影響在於：企業必須選擇一個在已知的需求波動下最為合理的產量。企業的產量不可能覆蓋整個需求的變化區域，否則會造成不可避免的庫存費用。在庫存費用與缺貨費用之間取得一個均衡點是確定產量的一個標準。

（3）供應鏈是首尾相連的，企業在確定生產計劃時還必須考慮到上游企業的利益。在與上游企業簽訂的供應合同中，上游企業表達的含義除了對自身所能承受的需求波動的估計之外，還表達了自身生產能力的權衡。可以認為，上游企業合同中反應的是相對於該下游企業的最優產量。之所以提出「相對於該下游企業」是因為上游企業可能同時為多家企業提供產品，因此下游企業在制訂生產計劃時應該盡量使需求與合同的承諾量接近，幫助供應企業達到最優產量。

7.2.3.2 生產進度

生產進度信息是企業檢查生產計劃執行狀況的重要依據，也是滾動制訂生產計劃過程中用於修正原有計劃和新計劃的重要信息。在供應鏈管理環境下，生產進度計劃屬於可共享的信息。這一信息的作用在於：

（1）供應鏈上游企業通過瞭解需方的生產進度情況實現準時供應。企業的生產計劃是在對未來需求做出的預測的基礎上制訂的，它與生產過程的實際進度一般是不同的，生產計劃信息不可能即時反應物流的運動狀態。供應鏈企業可以借助現代網路技術，使即時的生產進度信息能為合作方所共享。上游企業可以通過網路和雙方通用的軟件瞭解下游企業真實需求信息並準時提供物資。在這種情況下，下游企業可以避免不必要的庫存，而上游企業則可以靈活主動地安排生產和調撥物資。

（2）原材料和零部件的供應是企業進行生產的首要條件之一，供應鏈上游企業修正原有計劃時應該考慮到下游企業的生產狀況。在供應鏈管理環境下，企業可以瞭解到上游企業的生產進度，然後適當調整生產計劃，使供應鏈上的各個環節緊密地銜接在一起。其意義在於可以避免企業與企業之間出現供需脫節的現象，從而保證了供應鏈的整體利益。

7.2.3.3 生產能力

企業完成一份訂單不能脫離上游企業的支持，因此，在編製生產計劃時要盡可能借助外部資源，有必要考慮如何利用上游企業的生產能力。任何企業在現有的技術水平和組織條件下都具有一個最大的生產能力，但最大的生產能力並不等於最優生產負荷。在上下游企業間穩定的供應關係形成後，上游企業從自身利益出發，更希望所有與之相關的下游企業在同一時期的總需求與自身的生產能力相匹配。上游企業的這種對生產負荷

量的期望可以通過合同、協議等等形式反應出來，即上游企業提供給每一個相關下游企業一定的生產能力，並允許一定程度上的浮動。這樣，在下游企業編製生產計劃時就必須考慮到上游企業的這一能力約束。

7.2.4 供應鏈管理環境下生產計劃制訂的新特點

在供應鏈管理環境下，企業的生產計劃編製過程有了較大的變動，在原有的生產計劃制訂過程的基礎上增添了新的特點。

7.2.4.1 具有縱向和橫向的信息集成過程

這裡的縱向指供應鏈由下游向上游的信息集成，而橫向指生產相同或類似產品的企業之間的信息共享。

在生產計劃制訂過程中，上游企業的生產能力信息在生產計劃的能力分析中獨立發揮作用。通過在主生產計劃和投入出產計劃中分別進行的粗、細能力平衡，上游企業承接訂單的能力和意願都反應到了下游企業的生產計劃中。同時，上游企業的生產進度信息也和下游企業的生產進度信息一道作為編製滾動計劃的依據，其目的在於保持上下游企業間生產活動的同步。

外包決策和外包生產進度分析是集中體現供應鏈橫向集成的環節。在外包中所涉及的企業都能夠生產相同或類似的產品，或者說在供應鏈網路上是屬於同一產品級別的企業。企業在編製主生產計劃時所面臨的訂單，在兩種情況下可能轉向外包：一是企業本身或其上游企業的生產能力無法承受需求波動所帶來的負荷；二是所承接的訂單通過外包所獲得利潤大於企業自己進行生產的利潤。無論在何種情況下，都需要承接外包的企業的基本數據來支持企業的獲利分析，以確定是否外包。同時，由於企業對該訂單的客戶負有直接的責任，因此也需要承接外包的企業的生產進度信息來確保對客戶的供應。

7.2.4.2 豐富了能力平衡在計劃中的作用

在通常的概念中，能力平衡只是一種分析生產任務與生產能力之間差距的手段，再根據能力平衡的結果對計劃進行修正。在供應鏈管理環境下制訂生產計劃過程中，能力平衡發揮了以下作用：

①為修正主生產計劃和投入出產計劃提供依據，這也是能力平衡的傳統作用；
②能力平衡是進行外包決策和零部件（原材料）急件外購的決策依據；
③在主生產計劃和投入出產計劃中所使用的上游企業能力數據，反應了其在合作中所願意承擔的生產負荷，可以為供應鏈管理的高效運作提供保證。
④在信息技術的支持下，對本企業和上游企業的能力狀態的即時更新使生產計劃具有較高的可行性。

7.2.4.3 計劃的循環過程突破了企業的限制

在企業獨立運行生產計劃系統時，一般有三個信息流的閉環，而且都在企業內部：
①主生產計劃—粗能力平衡—主生產計劃；
②投入出產計劃—能力需求分析（細能力平衡）—投入出產計劃；
③投入出產計劃—車間作業計劃—生產進度狀態—投入出產計劃。
在供應鏈管理下生產計劃的信息流跨越了企業，從而增添了新的內容：
①主生產計劃—供應鏈企業粗能力平衡—主生產計劃；

②主生產計劃—外包工程計劃—外包工程進度—主生產計劃；
③外包工程計劃—主生產計劃—供應鏈企業生產能力平衡—外包工程計劃；
④投入出產計劃—供應鏈企業能力需求分析（細能力平衡）—投入出產計劃；
⑤投入出產計劃—上游企業生產進度分析—投入出產計劃；
⑥投入出產計劃—車間作業計劃—生產進度狀態—投入出產計劃。

需要說明的是，以上各循環中的信息流都只是各自循環所必需的信息流的一部分，但可對計劃的某個方面起決定性的作用。

7.3 供應鏈管理環境下的生產控制與協調

7.3.1 供應鏈管理對資源、能力及提前期概念內涵的拓展

7.3.1.1 供應鏈管理對資源概念內涵的拓展

傳統的製造資源計劃 MRP Ⅱ 對企業資源這一概念的界定是局限於企業內部的，並統稱為物料，因此 MRP Ⅱ 的核心是物料需求計劃。在供應鏈管理環境下，資源分為內部資源和外部資源。因此在供應鏈環境下，資源優化的空間由企業內部擴展到企業外部，即從供應鏈整體系統的角度進行資源的優化。

7.3.1.2 供應鏈管理對能力概念內涵的拓展

生產能力是企業資源的一種，在 MRP Ⅱ 系統中，常把資源問題歸結為能力需求問題，或能力平衡問題。但正如資源概念一樣，MRP Ⅱ 對能力的利用也是局限於企業內部的。供應鏈管理把資源的範圍擴展到供應鏈系統，其能力的利用範圍也因此擴展到了供應鏈系統全過程。

7.3.1.3 供應鏈管理對提前期概念內涵的擴展

提前期是生產計劃中一個重要的變量，在 MRP Ⅱ 系統中這是一個重要的設置參數。但 MRP Ⅱ 系統中一般把它作為一個靜態的固定值來對待（為了反應不確定性，後來人們又提出了動態提前期的概念）。在供應鏈管理環境下，並不強調提前期的固定與否，重要的是交貨期，準時交貨，即供應鏈管理強調準時：準時採購、準時生產、準時配送。

7.3.2 生產控制模式的特點

7.3.2.1 訂貨決策與訂單分解控制

在對用戶訂貨與訂單分解控制決策方面，需要設立訂單控制系統，用戶訂單進入該系統後，要進行三個決策過程：①價格/成本比較分析；②交貨期比較分析；③能力比較分析。最后進行訂單的分解決策，分解產生出兩種訂單（如在管理軟件中用不同的工程號表示）：外包訂單和自製訂單。

7.3.2.2 面向對象的、分佈式、協調生產作業控制模式

對生產企業的對象進行分析可知，企業對象由產品、設備、材料、人員、訂單、發票、合同等各種對象組成，企業之間最重要的聯繫紐帶是「訂單」，企業內部及企業間

的一切經營活動都是圍繞著訂單而運作的，通過訂單驅動其他企業的活動，如採購部門圍繞採購訂單而動，製造部門圍繞製造訂單而運作，裝配部門圍繞裝配訂單而運作，這就是供應鏈的訂單驅動原理。

面向對象的生產作業控制模式從訂單概念的形成開始，就考慮了物流系統各目標之間的關係，形成面向訂單對象的控制系統。訂單在控制過程中，主要有如下幾方面的作用：

①對整個供應鏈過程（產供銷）進行面向訂單的監督和協調檢查；
②規劃一個訂單工程的計劃完成日期和完成工作量指標；
③對訂單工程對象的運行狀態進行跟蹤監控；
④分析訂單工程完成情況，與計劃進行比較分析；
⑤根據顧客需求變化和訂單工程完成情況提出切實可行的改進措施。

供應鏈環境下這種分佈式、面向對象的、協調生產作業控制模式，最主要的特點是信息的相互溝通與共享。建立供應鏈信息集成平臺（協調信息的發布與接收），及時反饋生產進度有關數據，修正生產計劃，以保持供應鏈各企業都能同步執行。

7.3.3 供應鏈管理環境下的生產控制內容

供應鏈環境下的企業生產控制和傳統的企業生產控制模式不同。前者需要更多的協調機制（企業內部和企業之間的協調），體現了供應鏈的戰略夥伴關係原則。供應鏈環境下的生產協調控制包括如下幾個方面的內容：

7.3.3.1 生產進度控制

生產進度控制的目的在於依據生產作業計劃，檢查零部件的投入和出產數量、出產時間和配套性，保證產品能準時裝配出廠。供應鏈管理環境下的進度控制與傳統生產模式的進度控制不同，因為許多產品是協作生產的，抑或是轉包的業務，和傳統企業內部的進度控制比較來說，其控制的難度更大，必須建立一種有效的跟蹤機制進行生產進度信息的跟蹤和反饋。生產進度控制在供應鏈管理中有重要作用，因此必須研究解決供應鏈企業之間的信息跟蹤機制和快速反應機制。

7.3.3.2 供應鏈的生產節奏控制

供應鏈的同步化計劃需要解決供應鏈企業之間的生產同步化問題，只有各成員企業之間以及企業內部各部門之間保持步調一致，供應鏈的同步化才能實現。供應鏈形成的準時生產系統，要求上游企業準時為下游企業提供必需的零部件。如果供應鏈中任何一個企業不能準時交貨，都會導致供應鏈不穩定或中斷，導致供應鏈對用戶需求的回應性下降，因此嚴格控制供應鏈的生產節奏對供應鏈的敏捷性是十分重要的。

7.3.3.3 提前期管理

基於時間的競爭是 20 世紀 90 年代一種新的競爭策略，具體到企業的運作層，主要體現為提前期的管理，這是實現 QR、ECR 策略的重要內容。在供應鏈管理環境下的生產控制中，提前期管理是實現快速回應用戶需求的有效途徑。縮短提前期，提高交貨的準時性是保證供應鏈獲得柔性和敏捷性的關鍵。缺乏對供應商不確定性的有效控制是供應鏈提前期管理中的一大難點。因此，建立有效的供應提前期的管理模式和交貨期的設置系統是供應鏈提前期管理中值得研究的問題。

7.3.3.4 庫存控制和在製品管理

庫存在應對需求不確定性時有積極作用，但是庫存又是一種資源浪費。在供應鏈管理模式下，實施多級、多點、多方管理庫存的策略，對提高供應鏈環境下的庫存管理水平、降低製造成本有著重要意義。這種庫存管理模式涉及的部門不僅僅是企業內部。基於 JIT 的採購與供應、供應商管理庫存（VMI）、聯合庫存管理等都是供應鏈庫存管理的新方法，對降低庫存都有重要作用。因此，建立供應鏈管理環境下的庫存控制體系對提高供應鏈的庫存管理水平有重要作用，是供應鏈企業生產控制的重要手段。

7.3.4 供應鏈環境下生產系統的協調機制

7.3.4.1 供應鏈的協調控制機制

要實現供應鏈的同步化運作，就需要建立一種協調機制，協調供應鏈的目的是使信息能無縫（Seamless）地、順暢地在供應鏈中傳遞，減少因信息失真而導致過量生產、過量庫存等現象的發生，使整個供應鏈能協調一致，同步運作，能及時回應市場需求的變化。

供應鏈的協調機制有兩種分類方法。若根據協調的內容可將其劃分為信息協調和非信息協調。根據協調的職能可將其劃分為如下兩類：一類是不同職能活動之間的協調與集成，如生產—供應協調、生產—銷售協調、庫存—銷售協調等協調關係；另一類是同一職能不同活動層次的協調，如多個工廠之間的生產協調。

7.3.4.2 供應鏈的協調控制模式

供應鏈的協調控制模式分為中心化協調、非中心化協調和混合式協調三種。中心化協調控制模式是把整個供應鏈納入一個系統，採用集中決策方式，因而忽視了代理商的主動性，很難適應市場需求的變化。分散協調控制模式則過分強調代理人的獨立性，對資源的共享程度低，缺乏信息溝通與交流，很難實現供應鏈的同步化運作。比較好的控制模式是分散與集中相結合的混合模式。一方面，各代理者獨立地運作，另一方面它們又參與到整個供應鏈的同步化運作體系中來，保持了獨立性與協調性的統一。

7.3.4.3 供應鏈的信息跟蹤機制

供應鏈成員之間的關係是服務與被服務的關係，服務信號的跟蹤和反饋機制可使企業生產與供應同步進行，消除不確定性對供應鏈的影響。因此應該在供應鏈系統中建立服務跟蹤機制以降低不確定性對供應鏈同步化的影響。

供應鏈的服務跟蹤機制能提供供需兩方面的協調輔助：信息協調和非信息協調。非信息協調主要指完善供應鏈運作的實物供需條件，採用 JIT 生產與採購、運輸調度等；信息協調主要是通過企業之間的生產進度的跟蹤與反饋來協調各個企業的生產進度，保證按時完成用戶的訂單，及時交貨。

供應鏈企業在生產系統中使用跟蹤機制的根本目的是保證對下游企業的服務質量。在集成化供應鏈管理的條件下，跟蹤機制能發揮其最大的作用。跟蹤機制在企業內部表現為客戶（下游企業）的相關信息在企業生產系統中的滲透。其中，客戶的需求信息（訂單）成為貫穿企業生產系統的一條主線，成為生產計劃、生產控制、物資供應相互銜接、協調的手段。

1. 信息跟蹤機制的外部運行環境

跟蹤機制的提出是與對供應鏈管理的深入研究密不可分的。供應鏈管理環境下企業間的信息集成可從以下三個部門展開。

(1) 採購部門與銷售部門。採購部門與銷售部門是企業間傳遞需求信息的接口。需求信息總是沿著供應鏈從下游傳至上游，從一個企業的採購部門傳向另一個企業的銷售部門。由於我們討論的是供應鏈管理下的銷售與採購環節，穩定而長期的供應關係是必備的前提，所以可將注意力集中在需求信息的傳遞上。

從傳統意義上講，企業的銷售部門應該對產品交貨的全過程負責，即從訂單下達到企業開始，直到交貨完畢的全過程。然而，在供應鏈戰略夥伴關係建立以後，銷售部門的職能簡化了。銷售部門在供應鏈上下游企業間的作用僅僅是一個信息的接口。它負責接收和管理有關下游企業需求的一切信息。這些信息除了單純意義上的訂單外，還有下游企業對產品的個性化需求，如質量、規格、交貨渠道、交貨方式等等。這些信息是企業其他部門工作所必需的。

同銷售部門一樣，採購部門的職能也得以簡化。採購部門原有的工作是保證生產所需的物資供應。它不僅要下達採購訂單，還要確保採購的物資能保質保量按時入庫。在供應鏈管理下，採購部門的主要工作是將生產計劃系統的採購計劃轉換為需求信息，以電子訂單的形式傳達給上游企業。同時，它還要從銷售部門獲取與所採購的零部件和原材料相關的客戶個性化要求，並傳達給上游企業。

(2) 製造部門。製造部門的任務不僅僅是生產，還包括對採購物資的接收以及按計劃供應下游企業的配套件。在這裡，製造部門實際上兼具運輸服務和倉儲管理兩項輔助功能。製造部門能夠完成如此複雜的工作，原因在於生產計劃部門對上下游企業的信息集成，同時也依賴於戰略夥伴關係中的質量保證體系。

此外，製造部門還要即時收集生產進度信息，經過分析后提供給生產計劃部門。

(3) 生產計劃部門。在集成化供應鏈管理環境下，企業的生產計劃部門肩負著大量的工作，集成了來自上下游生產計劃部門、企業自身的銷售部門和製造部門的信息。其主要功能有：

①滾動編製生產計劃。來自銷售部門的新增訂單信息，來自企業製造部門的訂單生產進度信息和來自上游企業的外購物資的生產計劃信息以及來自下游企業的需求變動信息，這四部分信息共同構成了企業編製滾動生產計劃的信息支柱。

②保證對下游企業的產品供應。下游企業的訂單並非一成不變，從訂單到達時起，供方和需方的內外環境就一直不斷變化著，最終的供應時間實際上是雙方不斷協調的結果，其協調的工具就是雙方不斷滾動更新的生產計劃。生產計劃部門按照最終的協議批示製造部門對下游企業進行供應。這種供應是與下游企業生產計劃相匹配的準時供應。由於生產出來的產品不斷發往下游企業，製造部門不會有過多的在製品庫存和成品庫存。

③保證上游企業對本企業的供應。這一功能是與上一功能相對應的。生產計劃部門在製造部門提供的即時生產進度分析的基礎上結合上游企業傳來的生產計劃（生產進度分析）信息，與上游企業協商確定各批訂單的準確供貨時間。上游企業將按照約定的時間將物資發送到本企業，外購零部件和原材料的準時供應降低了製造部門的庫存壓力。

2. 生產計劃中的信息跟蹤機制

在接到下游企業的訂單後,應建立針對下游企業的訂單檔案,其中包含了用戶對產品的個性化要求,如產品規格、質量、交貨期、交貨方式等。

(1) 主生產計劃。在主生產計劃外包分析中,我們可以將訂單分解為外包子訂單和自製件子訂單。訂單與子訂單的關係在於,訂單通常是一個用戶提出的訂貨要求,在同一個用戶提出的要求中,可能有多個訂貨項,我們可以將同一訂單中不同的訂貨項定義為子訂單。如表 7.1 所示,訂單包含了三個子訂單。

表 7.1　　　　　　　　　　　訂單的子項信息

產品編號	出產日期	……
A300	2016/07/31	……
A300	2016/07/31	……
A3001	2016/07/31	……

根據主生產計劃對子訂單進行規劃時,可以改變子訂單在期與量上的設定,但應保持子訂單與訂單的對應關係。

(2) 投入產出計劃。投入產出計劃中也涉及信息跟蹤機制,其基本步驟如下:

①子訂單的分解。結合產品結構文件和工藝文件以及提前期數據,倒排編製生產計劃。對不同的子訂單獨立計算,不允許進行跨子訂單的計劃記錄合併。

②庫存的分配。本步驟與上一步驟是同時進行的,將計劃期內可利用的庫存分配給不同的子訂單。在庫存分配記錄上註明子訂單信息,保證專貨專用。

③能力占用。結合工藝文件和設備組文件計算各子訂單計劃期內的能力占用。這一步驟使單獨評價子訂單對生產負荷的影響成為可能。在調整子訂單時也無需重新計算整個計劃所有記錄的能力占用數據,僅需調整子訂單間的相關能力數據。

④調整。結合歷史數據對整個計劃週期內的能力占用狀況進行評價和分析,找出可能的瓶頸。對在一定時間段內所形成的能力瓶頸,可採取兩種辦法解決:一種辦法是調整子訂單的出產日期和出產數量,另一種辦法是將子訂單細分為更小的批量,分別設定出產日期和出產數量。當然,必須保持細分后的「子子訂單」與原訂單的對應關係。經過調整的子訂單(子子訂單)和上一週期計劃中未對生產產生實際影響的子訂單(子子訂單)都可重新進行分解以產生新的計劃。

⑤修正。本步驟實際上是在上述步驟之前進行的,它是對前一週期內投入產出計劃執行狀況的總結。與通常的計劃滾動過程一樣,前一週期的生產進度數據和庫存數據是必不可少的,不同的是,可以準確地按子訂單檢查計劃的執行狀況,同時調整相應子訂單的期量設定以適應生產的實際需要。能夠完成這一功能的原因在於,在整個生產系統中通過子訂單形成了內在聯繫。

(3) 車間作業計劃。車間作業計劃用於指導具體的生產活動,具有高度的複雜性。一般難以嚴格按子訂單來調度生產,但可要求在加工單上註明本批生產任務的子訂單信息和相關信息。在整個生產過程中即時地收集和反饋子訂單的生產數據,為跟蹤機制的運行提供來自基層的數據。

（4）採購計劃。採購部門接收的是按子訂單下達的採購信息，他們可以使用不同的採購策略來完成採購計劃。子訂單的作用主要體現在以下兩方面：

一方面，將採購部門與銷售部門聯繫起來。下游企業在需求上的個性化要求可能涉及原材料和零部件的採購，採購部門可以利用子訂單查詢這一信息，並提供給各上游企業。

另一方面，建立需求與生產間的聯繫。採購部門的重要任務之一就是建立上游企業的生產過程與本企業子訂單的對應關係。在這一條件下，企業可以瞭解到子訂單生產所需要的物資在上游企業中的生產情況，還可以提供給上游企業準確的供貨時間。

3. 生產進度控制中的信息跟蹤機制

生產控制是生產管理的重要職能，是實現生產計劃和生產作業管理的重要手段。雖然生產計劃和生產作業計劃對生產活動已作了較為周密而具體的安排，但隨著時間的推移，市場需求往往會發生變化。此外，由於生產準備工作不充分或生產現場偶然因素的影響，也會使計劃產量和實際產量之間產生差異。因此，必須及時對生產過程進行監督和檢查，發現偏差，進行調節和校正工作，以保證計劃目標的順利實現。

本部分主要討論內嵌於生產控制中的信息跟蹤機制及其作用。生產控制有許多具體的內容，我們僅以具有普遍意義的生產進度控制作為討論的對象。

生產進度控制的主要任務是依照預先制定的作業計劃，檢查各種零部件的投入和產出時間、數量及其配套性，保證產品能準時產出，按照訂單承諾的交貨期將產品準時送到用戶手中。

由於建立了生產計劃中的跟蹤機制，生產進度控制中的相應工作就是在加工路線單中保留子訂單信息。此外，在生產進度控制中運用了多種分析方法，如在生產預計分析中的差額推算法，生產均衡性控制中的均衡系數法，生產成套性控制中的甘特圖等等。這些方法同樣可以運用到跟蹤機制中，只不過分析的目標不再僅是計劃的執行狀況，還包括了對子訂單的分析。

在沒有跟蹤機制的生產系統中，由於生產計劃隱去了子訂單信息，生產控制系統無法識別生產過程與子訂單的關係，也無法將不同的子訂單區別開來，因此僅能控制產品的計劃投入和產出。使用跟蹤機制的作用在於對子訂單的生產實施控制，保證客戶服務質量。

（1）按優先級保證對客戶的產品供應。子訂單是訂單的細化，只有保證子訂單的準時完工才能保證訂單的準時完工，這即意味著對客戶服務質量的保證。在一個企業中不同的子訂單總是有著大量的相同或類似的零部件同時進行加工。在車間生產的複雜情況下，由於生產實際與生產計劃的偏差，在製品未能按時到位的情況經常發生。在產品結構樹中，低層零部件的缺件破壞了生產的成套性，必將導致高層零部件的生產計劃無法執行，這是一個逐層向上的循環。

較好的辦法是將這種可能產生的混亂限制在優先級較低的子訂單內，保證高優先級的子訂單的生產成套性。在發生意外情況時，總是認為意外發生在低優先級別的子訂單內，高優先級的子訂單能夠獲得物資上的保證。在低優先級訂單的優先級不斷上升的情況下，總是優先保證高優先級的訂單，必然能夠保證對客戶的服務質量。相反，在不能區分子訂單的條件下這種辦法無法得以實現。「拆東牆補西牆」式的生產調度，會導致

在同一時間加工但不在同一時間使用的零部件互相擠占，對后續生產造成隱患。

（2）保證在集成化供應鏈管理的條件下下游企業所需要的即時計劃信息。對本企業而言，這一要求就意味著使用精確即時的生產進度數據修正預訂單項對應的每一個子訂單的相關計劃記錄，保持生產計劃的有效性。在沒有相應的跟蹤機制的情況下，同一個生產計劃、同一批半成品都可能對應著多份訂單，實際上無法度量具體訂單的生產進度。可見，生產控制系統必須建立跟蹤機制才能實現面向訂單的數據搜集，生產計劃系統才能夠獲得必要的信息以實現面向用戶的即時計劃修正。

單元小結

生產運作系統是供應鏈上的重要一環，企業的經營活動是以顧客需求為驅動、以生產和控制活動為中心而展開的，只有建立面向供應鏈的生產計劃與控制系統，企業才能從傳統的生產運作管理模式向現代生產運作管理模式轉變。

MRP 是一種物料管理信息系統，是對物料信息的集成，它是 MRP Ⅱ 和 ERP 的核心。MRP Ⅱ 是一種以計劃與控制為主線，面向企業內部，以實現企業整體效益為宗旨的管理系統。它實現了物流與資金流的集成，是 ERP 的重要組成部分。ERP 是競爭全球化形勢下的企業管理信息系統，是面向供應鏈流程的信息集成，實現合作夥伴之間的信息溝通。它在 MRP Ⅱ 的基礎上通過前饋的物流和反饋的信息流和資金流，把客戶需求和企業內部的生產活動以及供應商的製造資源整合在一起，形成一種完全按照用戶需求製造的供應鏈管理模式。它強調企業的合作，強調對市場需求快速反應、高度柔性的戰略管理，是實現敏捷製造和精益生產的必要手段。從 MRP 到 MRP Ⅱ 再到 ERP，體現了不同時期人們對生產物流的認知和發展，是基於一種拉動式的生產物流管理理念。

供應鏈管理環境下的生產計劃具有開放性、動態性、集成性、群體性、分佈性等信息組織與決策特徵。在制訂生產計劃時要考慮柔性約束、生產進度、生產能力等問題。供應鏈管理環境下生產計劃的制定具有如下新特點：是縱向和橫向的信息集成過程，豐富了能力平衡在計劃中的作用，計劃的循環過程突破了企業的限制。供應鏈管理環境下的生產控制內容包括：生產進度控制，生產節奏控制，提前期管理，庫存控制和在製品管理等。

思考與練習題

簡答（述）

1. 供應鏈管理環境下的生產運作系統有什麼特點？
2. 什麼是 MRP？
3. MRP 的輸入信息有哪些？輸出信息有哪些？
4. MRP 是如何處理信息的？

5. 簡述 MRP、MRP Ⅱ、ERP 的歷史演變過程。三者之間有何區別與聯繫？
6. ERP 的功能模塊有哪些？
7. 簡述 ERP 在供應鏈管理中的重要作用。
8. 什麼是生產計劃？生產計劃是如何分類的？
9. 什麼是主生產計劃？
10. 供應鏈管理環境下的生產計劃具有哪些信息組織與決策特徵？
11. 在供應鏈管理環境下，制訂生產計劃應考慮哪些因素？
12. 供應鏈管理環境下生產計劃的制定具有哪些新特點？
13. 供應鏈管理環境下的生產控制包括哪些內容？

撰寫方案

越來越多的公司在互聯網上做廣告，徵聘各類人才。請登錄國內兩家著名公司的網站，閱讀它們的徵聘廣告，在總結的基礎上撰寫一份有關生產與運作管理職位的徵聘廣告。

情境問答

1. 國內某民營汽車製造商生產長途旅行客車和城市公共汽車等大型客車。由於客戶根據其城市規模的要求，對客車和公共汽車的設計要求不盡相同，因此，很少有大批量生產完全相同的客車的生產任務。這家企業為了提高生產效率，曾經參觀了外資企業（例如豐田汽車公司）的汽車生產線，希望能從中借鑑到有價值的管理方法。但是，在參觀結束後的討論會上，各部門經理有一個共識，那就是豐田汽車公司的經驗只能是在理論上借鑑，而不能有實質性的參考。請問：為什麼這些部門經理有這樣的看法，你的觀點是什麼？

2. 在企業的生產計劃協調會上，各車間與廠計劃科之間總會討價還價。其中，爭論最激烈的往往是細能力計劃（CRP）的內容，而對粗能力計劃（RCCP）一般沒有太大的爭議。我們知道，粗能力計劃是非常重要的，是決定企業生產目標能否實現的關鍵計劃，但為什麼雙方在該階段沒有太多的爭議，相反，對細能力計劃的爭論最激烈呢？請你給出合理的解釋和理由。

3. 美嘉公司是浙江某服裝加工企業。隨著公司知名度的提升，訂單數量急遽增加。但由於短期內難以擴大生產規模，產品數量、質量和交貨期都得不到保證，導致公司客戶合同糾紛日益增多。如果你是公司生產部負責人，你將採取哪些措施來保證公司的生產進度，改變現狀？

案例分析

X 公司的 MRP 系統

X 公司是國內一家機電產品製造商。其產品 SX 由機芯、控制面板、傳動裝置和輔助裝置四個部件組成，每部分又由幾個主要零部件組成（如表 7.2 所示）。將四個部件組裝起來，需要 2 天時間。輔助裝置的組裝時間為 3 天，其餘 3 個部件的組裝比較複雜，分別需要 5 天時間。

由於客戶一般會對產品提出一些具體的特殊要求，因此公司在接到客戶下訂單後才開始安排生產。

該公司現在採用一套 MRP（物料需求計劃）軟件來制訂生產計劃，MRP 運行的結果交給生產車間和採購部。但採購部並不看重這份計劃，因為在採購零部件時，有不少零部件的實際到貨時間並不

是 MRP 系統中所設定的前置期，系統中設定的前置期只是一個平均值，比如零件 SX002，系統中設定的時間是 1 周，但有時到貨的時間長達 2 周。所以採購部並不是完全按照 MRP 運行的結果下訂單，只是作為一個參考。

表 7.2　　　　　　　　　　　SX 主要零部件來源

0 層	1 層	2 層	來源	前置期
SX	SX01（機芯）	SX001	外購	2 周
		SX002	外購	1 周
		SX003	外購	3 天
	SX02（控制面板）	SX004	自製	2 周
		SX005	外購	1 周
	SX03（傳動裝置）	SX006	自製	5 天
		SX007	自製	6 天
		SX003	外購	3 天
	SX04（輔助裝置）	SX008	外購	1 周
		SX009	外購	1 周
		SX010	外購	2 周
		SX003	外購	3 天

根據案例提供的信息，請回答以下問題：

1. 為什麼採購零部件時的實際到貨時間並不是 MRP 系統中設定的前置期？
2. 若要對供應物流或銷售物流進行控制，要採用哪種物流軟件？
3. 前置期不穩定會給企業帶來哪些影響？
4. 生產 SX 產品的前置期是多少天？
5. 請畫出時段式 MRP 的邏輯結構圖，並說明 MRP 對案例中的企業可能會帶來哪些好處。
6. 請畫出 SX 產品的產品結構圖。
7. 請描述 DP 點的類型。

單元 8

供應鏈管理環境下的採購與供應管理

【知識目標】
1. 能闡釋採購與供應管理基本概念
2. 能簡述採購與供應管理的目標
3. 能簡述採購的分類
4. 能簡述採購基本流程
5. 能簡述採購與供應管理的發展趨勢
6. 能簡述供應鏈管理環境下的採購與供應管理基本特徵
7. 能簡述準時採購的含義、特點、實施條件與要點

【能力目標】
1. 能分析採購流程變革的動因和方向
2. 能列舉和分析典型的採購模式
3. 能正確選擇採購模式
4. 能分析集中採購、分散採購、混合採購的優缺點
5. 能正確判斷採購類型
6. 能正確運用採購管理策略
7. 能正確進行採購決策
8. 能對供應商進行評估、選擇和管理

引例：德國大眾汽車公司的採購模式

　　德國大眾汽車公司把所需採購的零配件按使用頻率分為高、中、低三個部分，把所需採購的零配件按其價值高低分為高、中、低三個部分，使用頻率和價值都高的為需要即時供應的零配件，這些零配件所占的比例目前為20%。某種需要即時供應的配件在12個月前，供應商通過聯網的計算機得到大眾公司的需求量，這個需求量的準確性較差，誤差為正負30%；在三個月前，供應商又從聯網的計算機得到較準確的需求量，誤差為正負10%；在一個月前，供應商得到更近似的需求量，誤差為正負1%；在需要前一週，供應商得到精確的需求信息。這批配件在供貨的頭兩天開始生產，成品直接運到大眾汽車公司的生產線上。借助於高效的計算機信息網路以及高質量的生產，供應商不僅為用戶即時供應所需的配件，而且供應商也得到了經營運作所需的相關信息。通過有效的即時供應，使大眾汽車公司的庫存下降了4%，運輸費用降低了15%。

引導問題：
1. 德國大眾汽車公司對零配件採取了何種管理方法？
2. 德國大眾汽車公司採取了何種計劃管理方法？
3. 德國大眾汽車公司採取了何種採購模式？
4. 德國大眾汽車公司怎樣才能實現「有效的即時供應」？
5. 與傳統的採購流程相比，德國大眾汽車公司的採購業務流程發生了什麼變化？有何好處？

採購與供應管理是供應鏈管理的重要內容之一。在供應鏈管理環境下，企業的採購與供應和傳統採購相比有了許多不同的特徵。傳統的採購管理正在向供應管理或者說外部資源管理方向變革。

8.1 採購與供應管理的認知

傳統的採購管理是以交易為導向的「戰術職能」，而現代的供應管理則是以流程為導向的「戰略職能」。企業通過加強與供應商的合作，促進了採購供應流程與生產流程的無縫銜接，使供應鏈企業群體能快速回應用戶需求的變化，從而有效提升供應鏈系統的競爭力。

8.1.1 採購與供應管理概述

8.1.1.1 採購與供應

採購是指在市場經濟條件下，在商品流通過程中，企業或個人為獲得商品，對獲取商品的渠道、方式、質量、價格和時間等進行預測、抉擇，把貨幣資金轉化為商品的交易過程。採購有明顯的商業性，它包括購買、儲存、運輸、接收、檢驗及廢料處理等活動。採購既是一項商流活動，又是一項物流活動。

狹義的採購指購買物品，即通過商品交換和物流手段從資源市場獲取資源的過程。對企業而言，即是根據需求提出採購計劃，審核計劃，選擇供應商，通過談判商定價格以及交貨的時間、地點、方式等條件，雙方簽約並按合同條款收貨付款的過程。廣義的採購是指除了以購買方式佔有物品之外，還可以通過租賃、借貸、交換等途徑獲得物品的使用權，以達到滿足需求之目的。採購不僅僅是採購員或採購部門的工作，而是企業供應鏈管理的重要組成部分，同時採購也是物流的重要組成部分。

供應是指供應商向買方提供產品或服務的全過程。供應鏈中的企業一般具有雙重身分，一方面，它要向其供應商採購生產資料，另一方面，它又要向其客戶供應產品。

8.1.1.2 採購與供應管理

1. 採購與供應管理的內涵

採購管理是指為了實現生產或銷售計劃，從適當的供應商那裡，在確保質量的前提下，在適當的時間，以適當的價格，購入適當數量的商品所採取的一系列管理活動。

供應管理是指為了保質、保量、經濟、及時地供應生產經營所需要的各種物品，對

採購、儲存、供料等一系列供應過程進行計劃、組織、協調和控制,以保證企業經營目標實現的管理活動和過程。採購管理是以交易為導向的「戰術職能」,而供應管理則是以流程為導向的「戰略職能」,隨著供應管理的發展,企業對其戰略職能越來越認同,事實上,許多企業正在用供應管理或採購與供應管理一詞來替代採購管理的傳統稱謂,這充分反應了採購職能的變遷。

2. 採購與供應管理的目標

採購與供應管理的總目標是以最低的總成本為企業提供滿足其生產經營所需的物料和服務。為此,就要按照適價、適質、適量、適時、適地的原則做好採購與供應工作,要協調好這些常常相互衝突的分目標之間的關係,以實現採購與供應績效的最大化。

採購與供應管理的具體目標包括:保證供應的連續性,確保企業正常運轉;使存貨及其損失降到最低限度;維護並提高採購物品的品質;發展有競爭力的供應商;建立供應商夥伴關係等。通過加強供應商關係管理,促使供應商不斷降低成本,提高產品質量。

3. 採購與供應管理策略

要實現採購與供應管理的上述目標,就需要正確地運用以下策略:

(1) 通過選擇可靠的供應商來確保供應質量。
(2) 實施 AB 角制[1],使企業與供應商保持適度的競爭與合作關係。
(3) 靈活運用 ABC 分類法,加強重點管理。
(4) 科學確定訂貨批量與訂購時間,降低採購成本。

通常,採購與供應管理部門需要根據採購標的的價值及供應風險,對採購對象進行分類,並採取不同的採購策略。如圖 8.1 所示:

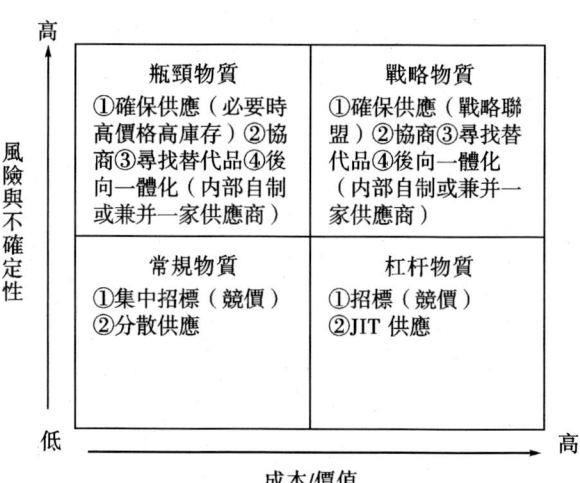

	瓶頸物質 ①確保供應(必要時高價格高庫存)②協商③尋找替代品④後向一體化(內部自制或兼并一家供應商)	戰略物質 ①確保供應(戰略聯盟)②協商③尋找替代品④後向一體化(內部自制或兼并一家供應商)
	常規物質 ①集中招標(競價) ②分散供應	槓桿物質 ①招標(競價) ②JIT 供應

(縱軸:風險與不確定性 低→高;橫軸:成本/價值 低→高)

圖 8.1 供應細分圖

---

[1] AB 角制是指企業的供應任務由 AB 兩家供應商承擔,A 供應商的產品質量高、價格低,多採購一些,B 供應商的產品則相應少採購一些,但要讓 B 供應商體會到企業這樣做的理由及相應的評價標準。

同樣，對供應商進行分類管理也是必要的。一般而言，企業應加強與重點（關鍵）供應商的合作，建立戰略夥伴關係（供應商夥伴關係）；對於普通供應商，宜保持一般的合作關係。對於製造企業而言，原材料和零部件的採購最為頻繁，要加強對原材料供應商的日常管理；對於設備類物質的採購，一次性投資大，在設備的維修方面需要與供應商保持良好的溝通與合作，所以選擇能提供優質服務的供應商十分重要；對於辦公用品的採購，一般應盡可能選擇少數供應商，保持長期的合作關係，以獲得批量優惠。

8.1.2 採購流程及其變革

1. 採購業務流程

傳統採購業務包括以下程序：①確認需求，制訂採購計劃；②供應源搜尋與分析；③供應商的評估與選擇；④談判、議價、簽約；⑤擬訂並發出訂單；⑥訂單的跟蹤與跟催；⑦驗貨、收貨；⑧開票付款；⑨記錄維護；⑩績效評估。傳統採購業務流程如圖8.2所示：

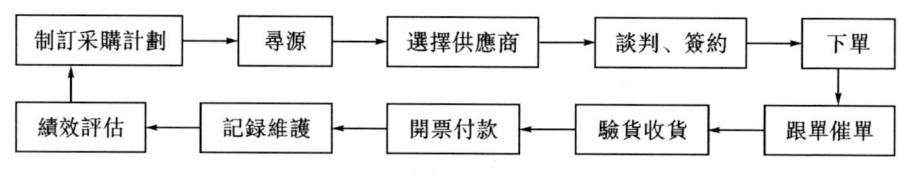

圖8.2 傳統採購業務流程

在目前電子採購、準時採購（JIT採購）、全球採購等新的採購方式不斷出現，新型供應商夥伴關係初見端倪的情況下，企業的採購業務流程已悄然變革，流程環節減少，流程效率不斷提高。

2. 採購流程的變革

（1）採購流程變革的驅動因素。經濟發展的三大趨勢影響和推動著採購流程的變革。首先，全球經濟一體化趨勢日益明顯，跨國公司的全球戰略正逐步推行，全球採購已成為跨國公司全球戰略的重要組成部分；其次，隨著電子商務的發展，電子採購應運而生，B2B和B2C正成為眾多公司延伸其採購和行銷業務的重要手段；最後，合作與競爭的思想促使大量的採購行為向「縱向一體化」（如企業與供應商、企業與經銷商）方向延伸、擴展。

（2）採購流程的變革方向。與傳統的採購流程相比，現在許多企業已經採取供應鏈管理策略來改進與供應商之間的關係，基於信息技術的協同採購理念正成為現代企業採購流程的核心，也稱為基於供應鏈環境下的電子採購流程（見圖8.3）。它包括企業內部協同、外部協同，強調協同採購的理念。其目標是要實現從「庫存採購」向「訂單採購」轉變，從採購管理向外部資源管理轉變，從一般買賣關係向戰略夥伴關係轉變。通過實施最佳的供應商組合，建立穩定的供應商夥伴關係，力求實現供應鏈價值的最大化。這一策略有助於供需雙方加強合作，消除無效環節，共同降低成本，提高業務流程效率；有助於從源頭上改進產品質量，縮短產品開發週期，改善產品交付性能；有助於為客戶提供更多的增值服務。

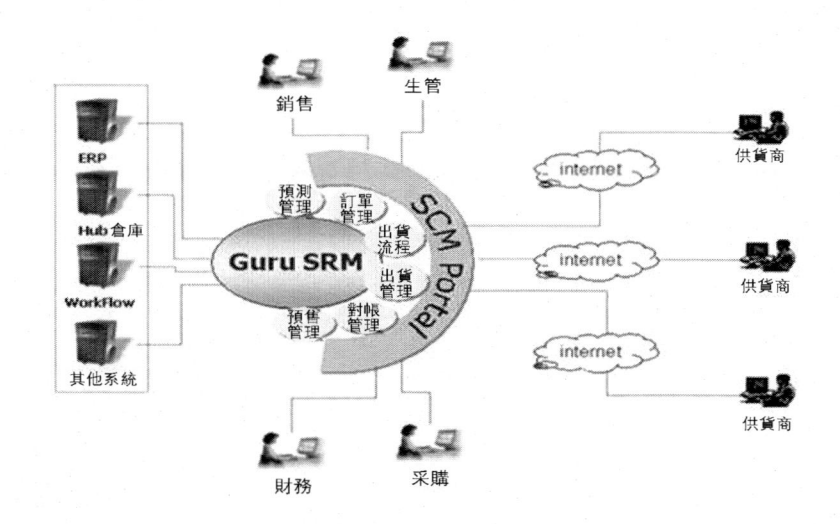

圖 8.3　供應鏈管理環境下的電子化協調採購流程

8.1.3　採購的分類

採購有多種分類方法。企業可以根據每種採購方式的特點及本企業的具體需要合理選擇。

8.1.3.1　按採購範圍分類

根據採購範圍，可將採購分為國內採購和國外採購兩類。

1. 國內採購

國內採購是指企業以本幣向國內供應商採購所需物質的購買行為。國內採購主要是指在國內市場上採購，並不是指所購物資都必須是國內生產的。即企業也可向國外企業設在國內的代理商進行採購，只不過以本幣支付貨款，不需要以外匯結算。國內採購又分為本地市場採購和外地市場採購兩種。一般而言，採購人員應優先考慮在本地市場上採購，這樣可有效降低運輸費用，降低採購成本，既節約時間又保障供應；若本地市場不能滿足需求時，再考慮從外地市場進行採購。

國內採購的優點是：首先，國內採購不會遇到商業溝通的困難。由於供需雙方都有共同的文化背景、道德觀念以及商業習慣，這樣有利於維繫雙方良好的商業關係。雙方都可以減少資源消耗。其次，國內採購一般不存在國際貿易與國際物流中的多式聯運組織、費率、保險、交貨方式、付款條件等複雜問題。最后，國內採購一般歷時較短，面臨的不確定性和風險較小。

2. 國外採購

國外採購，也稱國際採購或全球採購，主要是指國內採購企業直接向國外廠商採購所需要物資的購買行為。

國外採購有如下一些優點：首先，對採購產品的質量有較高要求的企業，特別是一些大型跨國公司，通過國外採購可擴大供應商的選擇範圍，買方有可能獲得高質量的產

品。其次,買方都希望能降低採購成本,國外一些大公司往往能提供更具價格競爭力的產品。再次,全球採購能增強企業參與全球化國際競爭的能力,有利於企業的長遠發展。最後,通過國際採購還可以獲得在國內無法得到的商品,尤其是一些高科技產品,如電腦的芯片等。因此,雖然國際採購具有流程麻煩、風險較高等弱點,但仍然不失為一種重要的採購途徑。

8.1.3.2 按採購時間分類

按照採購時間可將採購分為長期合同採購和短期合同採購兩類。

1. 長期合同採購

長期合同採購是指買賣雙方通過簽訂合同(合同期一般在一年以上),以穩定雙方交易關係的採購行為。在合同期內,買方承諾向供方採購其所需要的產品,而供方承諾保證滿足買方在數量、品種、規格、型號等方面的需求。

長期合同採購的優點是:首先,有利於增進雙方的信任和理解,建立穩定的供需關係;其次,有利於降低交易費用;最後,這種合同治理方式有明確的法律保障,可以通過法律手段來維護各方的利益。

但長期合同採購也有弊端:首先,價格調整比較困難,一旦未來市場價格下降,買方將會由於不能隨之調整採購價格而造成價差損失;其次,合同對採購數量作了規定,任何一方不能根據實際情況的變化做出調整;最後,由於有了合同的限制,即使出現了更好的供應渠道,買方也不能隨意調整採購策略。長期合同採購主要適合於買方需求量大,且需求穩定的情形。

2. 短期合同採購

短期合同採購指買賣雙方通過簽約,實現一次交易,以滿足買方生產經營活動需要的採購行為。在短期合同採購中,供需雙方的關係不穩定,所購產品的數量和價格可根據實際情況進行調整,買方具有較強的靈活性。但由於交易不穩定,一般會增加交易費用,供方服務質量不高,容易出現短視行為。短期合同採購一般適合於非經常消耗物質、價格波動較大的物質以及質量不穩定的物品。

8.1.3.3 按採購主體分類

按照採購主體可將採購分為個人採購、企業採購和政府採購三類。

1. 個人採購

個人採購幾乎是每個人都必須且經常進行的採購行為,它是指消費者為滿足自身需要而發生的購買消費品的行為。個人採購的對象主要是生活資料,如家用電器和生活必需品等。一般而言,個人採購的購買過程相對比較簡單。

2. 企業採購

企業採購是企業為了實現其經營目標而發生的採購行為。企業採購一般分為生產企業採購和流通企業採購。生產企業採購是企業為了保證生產的順利進行而發生的採購行為,採購對象以生產資料為主。流通企業採購是企業為了銷售而進行採購,採購對象主要為一般生活資料。

3. 政府採購

政府採購是以政府為採購主體進行的不以營利為目的的採購活動。我國 2002 年 6 月 29 日新頒布的《中華人民共和國政府採購法》中對政府採購作了如下定義:「政府

採購，是指各級國家機關、事業單位和團體組織，使用財政性資金採購依法制定的集中採購目錄以內的或者採購限額標準以上的貨物、工程和服務的行為。」政府採購不僅是指具體的採購過程，而且是採購政策、採購程序、採購過程以及採購管理的總稱，是一種對公共採購管理的制度規定。同時，政府採購也會作為國家的一種宏觀調控手段，對國家宏觀經濟的運行產生影響。

8.1.3.4 按採購制度分類

按照採購制度可將採購分為集中採購、分散採購和混合採購三類。

1. 集中採購

集中採購制度是把採購工作集中到一個部門來管理，最極端的情況是，總公司各部門、分公司以及各個分廠均沒有採購權。

集中採購具有以下優點：

（1）可以使採購數量增加，增強對賣方的談判力度，比較容易獲得價格折扣和良好的服務。如果各分公司都單獨採購同種物品，必然不會有很大的採購規模，就不會得到供應商的重視和優惠。

（2）便於制定統一的採購方針政策，有利於將採購業務歸口統一管理。同時，有利於將採購物料統籌安排，合理協調企業內部各部門的使用。

（3）將採購職能集中於同一部門，有利於節省人力，便於員工的培訓，提高採購工作的專業化程度，提高採購績效，降低採購成本。

（4）可以綜合利用各種信息，形成信息優勢，為企業經營活動提供信息源。

集中採購也有一定的缺陷：首先，採購流程過長，採購的時效性差，難以適應零星採購、地域採購以及緊急採購的需要。其次，採購與需求單位分離開來，有時可能難以準確瞭解內部需求，從而在一定程度上降低了採購績效。

集中採購主要適用於兩種情況：其一，企業產銷規模不大，採購量均勻，只要一個採購部門就可以完成全部工作。其二，企業各部門及工廠集中在一處，採購工作並沒有因地制宜的必要，換言之，不存在地域性採購。或者採購部門與需求機構雖然不在一處，但信息交流方便，也可以採用集中採購。

2. 分散採購

分散採購是指將採購工作分散運作，由各個需用部門自行採購。這種採購制度對於企業規模較大，部門比較分散，在地域上分佈較廣的公司比較奏效。對這類公司而言，集中採購容易產生延遲，往往不能滿足緊急需要，且使用部門和採購部門之間的聯繫不方便。若採用分散採購可以較好地克服這些弊端。

3. 混合採購

對於一些大公司，各分支機構可能對同種原材料或零部件有共同需求，也有可能存在地域性需求，若只採用集中採購方式或分散採購方式都不太理想。混合採購集中了集中採購和分散採購這兩種方式的優點，可視具體情況將它們有機結合。例如，對共同性物料和採購金額較大的物料，可由總公司集中進行採購；而小額、臨時性的物料需求，可授權分公司自行採購。

案例 8-1　臺灣統一企業集團是以食品製造、銷售為核心主業的企業集團，集團公司總部考慮到下轄的次集團、子公司所需要的原材料中有許多是相同的，為提高採購的議價能力，降低採購成本，獲取優質的原材料，特以臺灣作為國際平臺進行了兩岸共購嘗試，並獲得成功。具體而言，像香精、香料、調味粉、脫水蔬菜、食品添加劑、塑料包材（塑料包裝物）等，總部將各分公司的需求集中起來在全球範圍內統一採購。像香精、香料等，僅從全球最有名的三家公司——國際香精、芬美意、奇華頓採購。除了集團統購的原材料以外，其餘的原材料需根據各公司的具體情況自行採購。對成都統一企業而言，一些具有地方特色的原料或調味品，像麵粉、棕櫚油、醬油、醋、黃油等必須盡量滿足當地消費者的口味需求，因此，由公司管理部就近進行採購以降低成本。

8.1.3.5　按採購輸出的結果（即採購內容）分類

按照採購採購輸出結果可將其分為有形採購和無形採購兩類。

1. 有形採購

有形採購指採購輸出的結果是有形的物品，抑或是參與某個系統運行的組成部分。如：一臺電腦、一臺電視機等，都是看得見、摸得著的東西，像這種商品的採購我們稱其為「有形採購」。

2. 無形採購

無形採購輸出的結果是無形的，例如：一項服務、一個軟件、一項技術、保險及工程發包等，我們稱這種採購為「無形採購」。無形採購主要是諮詢服務採購和技術採購，抑或是採購設備時附帶的服務。

採購在企業經營活動中佔有重要的地位，採購成本也是企業經營成本的重要組成部分。在全球經濟一體化的今天，供應鏈採購活動日益受到外界條件的影響，與傳統經濟條件下的採購有了明顯的區別。

8.1.4　採購與供應管理發展趨勢

隨著計算機信息網路技術的進步，以及管理理念的創新，採購與供應管理也在不斷發展變化，全球採購、電子採購、準時採購（JIT 採購）等新的採購方式不斷出現，新型供應商夥伴關係已初見端倪。由於準時化採購和供應商夥伴關係在供應鏈管理中佔有非常重要的地位，我們將在本單元的第三和第四部分作重點探討，這裡僅簡介電子採購。

自從電子商務於 1994 年被北美國家採用後，目前已被越來越多的成功企業所關注。電子商務和世界貿易組織為經濟全球化及企業經營範圍的擴展奠定了基礎。同時，也將企業推向了更為激烈的全球競爭市場。地域壁壘和貿易保護不復存在了，如果企業不向外拓展市場，別的企業也會滲透進來。在這樣的經營環境下，企業要生存和發展，就必須依靠優質的產品和服務，就必須抓住網路和電子商務這一創新工具去拓展市場，參與全球市場競爭，在更大的範圍內選擇、採購原材料，降低企業生產經營成本。在這樣的背景下，電子採購應運而生。

電子採購（E-Procurement）是指「利用計算機技術和網路技術與供應商建立聯

繫，並完成獲得某種特定產品或服務的商務活動」（GB/T18354-2006）。換言之，電子採購是以計算機技術、網路技術為基礎，以電子商務軟件為依託、互聯網為紐帶、EDI電子商務支付工具以及電子商務安全系統為保障的即時信息交換與在線交易的採購活動。

電子採購也稱網上採購，是一種很有前途的採購模式。其基本原理是，採購人員通過在網上搜尋所需採購的商品、在網上尋找供應商、網上洽談貿易、網上訂貨甚至網上支付貨款，最終實現進貨作業，完成全部採購活動。其特點可歸納為：網上尋源、網上議價、網上訂貨、網上支付、電子物流。

與傳統的採購方式相比，電子採購主要具有如下優勢：
● 利用IT手段提高溝通效率，增進供需雙方的信息交流；
● 優化採購業務流程，降低採購成本；
● 延長服務時間，提高服務質量；
● 提升企業競爭力。

8.2　辨識供應鏈管理環境下的採購與供應管理基本特徵

採購與供應管理是供應鏈管理的重要內容之一。在供應鏈管理環境下，企業的採購與供應管理與傳統採購模式相比有了許多不同的特點。本節主要從與傳統採購模式比較的角度來闡述供應鏈管理環境下的採購與供應管理基本特徵。

8.2.1　傳統採購的特點

8.2.1.1　傳統採購過程是典型的非信息對稱博弈過程

在傳統採購過程中，採購、供應雙方都不進行有效的信息溝通，傳統採購過程是典型的非信息對稱博弈過程。對傳統採購而言，選擇供應商是首要任務。採購一方為了能夠從多個競爭性的供應商中選擇一個最佳的供應商，往往會保留私有信息，因為給供應商提供的信息越多，供應商的競爭砝碼就越大，這樣對採購一方不利。因此採購一方盡量保留私有信息，而供應商也同樣在競爭中隱瞞自己的信息。這樣，採購、供應雙方都不進行有效的信息溝通，供應鏈上的各級企業都無法共享需求、庫存信息，各節點企業都獨立地採用訂貨點技術進行庫存決策，不可避免地產生需求信息的扭曲、失真現象。

8.2.1.2　傳統採購質量控制難度大

在傳統採購過程中，由於企業沒有給予供應商產品質量保證方面的技術支持和信息反饋，質量控制靠採購部門事後把關，驗收檢查成為採購部門的一項重要的事後把關工作，質量控制的難度極大。在採購中，企業要考慮的另外兩個重要因素是質量與交貨期，但在傳統的採購模式下，要有效控制質量和交貨期只能通過事後把關的辦法來解決。因為採購一方很難參與供應商的生產組織過程和有關質量控制活動，相互的工作是不透明的。因此，需要通過各種相關標準如國際標準、國家標準等，進行檢查驗收。缺乏合作的質量控制會導致採購部門對採購物品質量控制的難度增加。

8.2.1.3 傳統供需關係是買賣關係，缺乏合作

在傳統意義上，供方與需方之間是一種買賣關係，最多是一種臨時的或短期的合作關係，且競爭多於合作。由於缺乏合作與協商，採購過程中各種抱怨和扯皮的事情比較多，很多時間消耗在解決日常事務性問題上，沒有更多的時間用來做長期性預測與計劃工作。供需雙方之間缺乏合作，增大了採購供應運作的不確定性。

8.2.1.4 不能快速回應市場需求的變化

在傳統採購中，供應商對採購一方的需求不能即時回應，供應與採購雙方不能快速回應市場需求的變化。在傳統採購模式下，供應商對採購一方製造過程的信息不瞭解，也無需關心製造商的生產活動。由於供需雙方沒有充分進行信息溝通，缺乏及時的信息反饋，當市場需求發生變化時，採購一方無法改變與供應商已簽訂的訂貨合同，這往往導致採購一方在市場需求減少時庫存增加，而在市場需求增加時又出現供不應求的局面。若重新與供應商訂立合同，又會增加談判交易等費用。因此，在傳統採購環境下供需雙方缺乏對市場需求變化的回應能力。

8.2.2 供應鏈管理環境下的採購與供應管理新特點

在供應鏈管理環境下，企業的採購方式和傳統的採購方式有所不同。這些差異主要體現在如下幾個方面：

8.2.2.1 從為庫存採購向為訂單採購轉變

在傳統的採購模式中，採購的目的很簡單，就是為了補充庫存，即為庫存而採購。採購部門並不關心企業的生產過程，不瞭解生產的進度和產品需求的變化，因此採購過程缺乏主動性，採購部門制定的採購計劃很難適應製造需求的變化。在供應鏈管理模式下，採購活動是以訂單驅動方式進行的，製造訂單的產生是在用戶需求訂單的驅動下產生的，然後，製造訂單驅動採購訂單，採購訂單再驅動供應商。這種準時化的訂單驅動模式，使供應鏈系統得以準時回應用戶的需求，從而降低了庫存成本，提高了物流的速度和庫存週轉率。訂單驅動的採購方式有如下特點：

（1）由於供應商與製造商建立了戰略合作夥伴關係，簽訂供應合同的手續大大簡化，不再需要雙方的詢盤和報盤的反覆協商，交易費用也因此大為降低。

（2）在同步化供應鏈計劃的協調下，製造計劃、採購計劃、供應計劃能夠並行進行，縮短了用戶回應時間，實現了供應鏈的同步化運作。採購與供應的重點在於協調各種計劃的執行。

（3）採購物資直接進入製造部門，減少採購部門的工作壓力和不增加價值的活動過程，實現供應鏈精細化運作。

（4）信息傳遞方式發生了變化。在傳統採購方式中，供應商對製造過程的信息不瞭解，也無需關心製造商的生產活動。但在供應鏈管理環境下，供應商能共享製造部門的信息，提高了供應商應變能力，減少了信息失真。同時在訂貨過程中不斷進行信息反饋，修正訂貨計劃，使訂貨與需求保持同步。

（5）實現了面向過程的作業管理模式的轉變。訂單驅動的採購方式簡化了採購工作流程，採購部門的作用主要是溝通供應商與企業製造部門之間的聯繫，協調供應與製造的關係，為實現精細採購提供基礎保障。

8.2.2.2 從採購管理向供應管理轉變

在建築行業中，當採用工程業務承包時，為了對承包業務的進度與工程質量進行監控，負責工程項目的部門會派出有關人員深入到承包工地，對承包工程進行即時監管。這種方法也可以適用於製造企業的採購業務活動，這是將事后把關轉變為事中控制的有效途徑——供應管理或者叫外部資源管理。

那麼，為什麼要進行外部資源管理，以及如何進行有效的外部資源管理？正如前面所指出的，傳統採購管理的不足之處，就是與供應商之間缺乏合作，缺乏柔性和對需求快速回應的能力。準時化思想出現以后，對企業的物流管理提出了嚴峻的挑戰，需要改變傳統的單純為庫存而採購的管理模式，提高採購的柔性和市場回應能力，增加和供應商的信息聯繫和相互之間的合作，建立新的供需合作模式。

一方面，在傳統的採購模式中，供應商對採購企業的需求不能即時回應；另一方面，產品的質量控制也只能靠事后把關，不能進行即時控制，這些缺陷使供應鏈企業無法實現同步化運作。為此，供應鏈管理環境下的採購模式的第二個特點就是實施有效的外部資源管理。

實施外部資源管理也是實施精細化生產、零庫存生產的要求。供應鏈管理的一個重要思想，是在生產控制中採用基於訂單流的準時化生產模式，使供應鏈企業的業務流程朝著精細化生產努力，即實現生產過程的幾個「零」化管理：零缺陷、零庫存、零交貨期、零故障、零（無）紙文書、零廢料、零事故、零人力資源浪費。

供應鏈管理思想體現在系統性、協調性、集成性和同步性幾方面，外部資源管理是實現供應鏈管理思想的一個重要步驟——企業集成。從供應鏈企業集成的過程來看，它是供應鏈企業從內部集成走向外部集成的重要一步。

外部資源管理並不是採購一方（下游企業）的單方面努力就能取得成效的，需要供應商的配合與支持，為此，供應商也應該從以下幾個方面提供協作：

①幫助拓展用戶（下游企業）的多種戰略；
②保證高質量的售后服務；
③對下游企業的問題作出快速反應；
④及時報告所發現的可能影響用戶服務的內部問題；
⑤基於用戶的需求，不斷改進產品和服務質量；
⑥在滿足自己的能力需求的前提下提供一部分能力給下游企業——能力外援。

8.2.2.3 從普通貿易關係向戰略夥伴關係轉變

供應鏈管理模式下採購管理的第三個特點，是供應與需求的關係從簡單的買賣關係向雙方建立戰略協作夥伴關係轉變。

在傳統的採購模式中，供方與需方之間是一種簡單的買賣關係，因此無法解決一些涉及全局性、戰略性的供應鏈管理問題，而基於戰略夥伴關係的採購方式為解決這些問題創造了條件。這些問題是：

第一，庫存問題。在傳統的採購模式下，供應鏈的各級企業都無法共享庫存信息，各節點企業都獨立地採用訂貨點技術進行庫存決策，不可避免地產生需求信息的扭曲現象，因此供應鏈的整體效率得不到充分提高。但在供應鏈管理模式下，通過建立合作夥伴關係，供應與需求雙方可以共享庫存數據，因此採購的決策過程變得透明，減少了需

求信息的失真現象。

第二，風險問題。供需雙方通過建立戰略夥伴關係，可以降低由於不可預測的需求變化帶來的風險，比如運輸過程的風險、信用的風險、產品質量的風險等。

第三，協商問題。通過建立合作夥伴關係可以為雙方共同解決問題提供便利的條件。雙方可以為制定戰略性的採購供應計劃共同協商，不必為日常瑣事消耗時間與精力。

第四，降低採購成本。通過建立合作夥伴關係，供需雙方都從降低交易費用中獲得了好處。由於避免了許多不必要的手續和談判過程，信息的共享避免了信息不對稱決策可能造成的成本損失。

第五，組織問題。戰略夥伴關係消除了供應過程中的組織障礙，為實現準時化採購創造了條件。

綜上所述，供應鏈管理環境下的採購與供應管理與傳統採購相比有較大的不同，這種差異詳見表 8.1「傳統採購方式與供應鏈管理環境下的採購方式的比較」所示：

表 8.1　　　傳統採購方式與供應鏈管理環境下的採購方式的比較

比較項目 \ 採購方式	傳統採購	供應鏈管理環境下的採購方式
供需雙方的關係	買賣/貿易/競爭關係	合作關係
供應商數目	多	少
供應商分佈範圍	廣	盡可能緊密
業務合同時限	短	長
訂單批量	大	小
運輸策略	單一產品的大量運輸，少頻次	準時配送
質量保證	檢查驗收，事後把關	品質廠商控管，入廠免檢
溝通	不良或缺乏	充分，即時信息共享
「庫存」的性質	一項資產	一項負債（供方鋪貨）
供應商是否參與產品設計	不參與	參與

8.3　準時採購的實施與管理

準時採購是一種先進的採購模式，它由準時生產發展而來，是為了消除庫存和不必要的浪費而進行持續改進的結果。準時採購是整個準時生產管理體系中的重要一環。成功的準時採購可增強供應鏈的系統性和集成性，提高供應鏈的敏感性和回應性。

8.3.1　準時採購的含義

準時採購也稱 JIT（Just In Time）採購，是一種以滿足用戶需求為目的的採購方式。該採購模式以滿足用戶需求為根本出發點，通過變革採購方法並優化採購業務流程，使採購與供應業務既能靈敏地回應生產的變化，又使原材料、零部件等生產資源向零庫存趨近。

準時採購的基本思想是：在適當的時間、適當的地點，以適當的方式和適當的成本從上游供應商處採購並使之向企業提供適當數量和適當質量的產品。

8.3.2 準時採購的特點

準時採購和傳統的採購方法在質量控制、供需關係、供應商的數目、交貨期的管理等方面有很多不同，其中關於供應商的選擇、質量控制是其核心內容。

相對於傳統的採購模式，JIT採購具有如下一些特點：

8.3.2.1 供應商的數量更少

傳統的採購模式一般是多頭採購，供應商的數量較多。從理論上講，減少供應商的數量更有利，一方面，管理供應商更方便，有利於降低採購成本；另一方面，有利於供需雙方建立長期穩定的合作關係，採購供應質量比較有保證。但是，採用單一的供應源往往有風險，比如供應商可能因意外原因中斷交貨，以及供應商缺乏競爭意識等。

案例8-2　柯達公司選擇盡可能少的供應商。1993年，柯達公司成立了一支由採購人員和工程人員組成的小組，負責統一在世界各地的所有柯達生產廠對控制系統的使用和採購情況。控制系統控制整個生產的工藝流程，尤其是那些高度自動化的工廠。在選擇供應商的過程中，柯達公司選擇盡可能少的供應商，而且小組偏重於考察控制系統的壽命週期成本而不是單位成本。壽命週期成本包括隱性成本和顯性成本，隱性成本包括培訓、工程、零部件、維修、可靠性等方面的成本，柯達公司估計隱性成本是單位成本的2.5倍。小組將在全球範圍內選擇供應商。小組首先對現有的控制系統供應商進行評價，主要調查對產品、服務、潛在的成本降低能力、全球競爭能力、戰略導向等問題的觀點。然后據此對潛在的供應商進行評價，將供應商分為3類：世界一流供應商、首選的供應商和淘汰的供應商。根據合作目標選擇盡可能少的供應商進行合作。這種選擇供應商的方法，已經幫助柯達公司降低了花費在控制系統上大約25%的總成本，尤其是對於柯達公司的小型生產廠，獲得了控制系統安裝週期的縮短、供應商允諾持續更新、地方分銷商願意持有閒置部件、供應商在設計早期就參與其中等好處。

8.3.2.2 對供應商的選擇標準更嚴

在傳統的採購模式中，需方一般是通過「競價」（即價格競爭）方式選擇供應商的，供需雙方是短期的合作關係。當需方發現供應商不能滿足其需求時，常常通過競標的方式重新選擇供應商。但在準時化採購模式中，由於供應商和用戶是長期的合作關係，供應商的合作能力將影響企業的長期經濟利益，因此對供應商的要求比較高。在選擇供應商時，需要對供應商進行綜合評估。在評價供應商時，價格並不是主要的因素，質量才是最重要的標準。這裡的質量不單指產品質量，還包括工作質量、交貨質量、技術質量等多方面內容。選擇高質量的供應商有利於企業與之建立長期的合作關係。

8.3.2.3 對交貨準時性的要求更高

準時採購的一個重要特點是要求供方準時交貨，這是實施準時化生產的前提條件。能否準時交貨取決於供應商的生產及運輸條件。供應商要實現準時交貨，可從以下兩方面著手：首先，供應商要不斷改進企業的生產方式和生產條件，提高生產的穩定性和可靠性，減少延遲交貨或誤點現象。其次，為了提高交貨的準時性，要重視物流運輸。運輸是物流管理的重要環節，它決定了準時交貨的可能性。特別是在全球供應鏈系統中，

運輸經歷的時間長，而且可能涉及多式聯運，需要進行轉運，故有必要對運輸進行有效的規劃和管理，確保準時交貨。

8.3.2.4 供需雙方高度信息共享

準時化採購的實現要求供需雙方高度信息共享，保證供應與需求信息的即時性和準確性。由於雙方建立了戰略夥伴關係，企業在生產計劃、庫存、質量等各方面的信息都可以及時進行交流，以便出現問題時能夠及時處理。

8.3.2.5 多頻次小批量採購

多頻次小批量採購是準時化採購的一個基本特徵。JIT 採購與傳統的採購模式相比，一個重要的區別是，JIT 採購服務於準時化生產，而準時化生產需要減少生產批量，直至實現「一個流生產」，因此需要採用多頻次小批量的採購辦法。

8.3.3 準時採購的實施

8.3.3.1 準時採購實施成功的條件

為了保證 JIT 採購的成功實施，應做好以下幾方面的工作：

1. 供需雙方建立戰略聯盟

企業與供應商應建立一種長期、互惠互利的戰略夥伴關係。這種合作關係能確保供需雙方之間合作的誠意，並有利於調動雙方參與解決共同問題的積極性。

2. 建立完善的供應商網路

建立有不同層次的供應商參與的供應網路，並逐步減少同類供應商的數量，同時加強與他們的合作。一般而言，供應商數量越少越有利於雙方的合作。但企業的產品對原材料或零部件的需求是多元化的，因此，採購一方應根據本企業的需要選擇適當數量的供應商，建立並逐步完善供應商網路。

3. 採購與供應過程須嚴格需求拉動

供應鏈管理環境下的採購是一種訂單驅動的採購模式，供需雙方都圍繞訂單開展工作，目的是實現準時化、同步化運作。為此，必須實施並行作業，即當企業對原材料、零部件、產成品及其他外購件產生了需求時，供應商就必須著手準備供應工作。與此同時，企業的採購部門根據生產部門的需要編製詳細的採購計劃，當採購部門把詳細的採購訂單發送給供應商時，供應商就能在較短的時間內將企業所需的物資交付。當顧客需求發生變化時，企業的製造訂單又拉動採購訂單發生改變。這樣一種快速變化的過程，如果企業不實施 JIT 採購，供應鏈就很難適應不斷變化的市場需求。因此，準時化採購必須嚴格需求拉動。

4. 向供應商提供信息反饋和教育培訓支持

傳統採購管理的不足在於企業沒有給予供應商產品質量保證方面的技術支持和信息反饋。在今天，產品的質量是由顧客化需求所決定的。因此，要確保產品質量，就需要客戶企業向供應商提供質量要求，並及時把供應商的產品質量問題反饋給供應商，以便供應商及時改進。對於個性化的產品，還需要企業向供應商提供有關技術培訓支持，使供應商能夠按照需方的要求生產並提供客戶滿意的產品和服務。

5. 參與供應商的產品設計和產品質量控制過程

同步化營運是供應鏈管理的一個重要思想。同步化的供應鏈計劃使供應鏈各成員企

業在回應需求方面取得一致性的行動,增加了供應鏈的敏捷性。實現同步化營運的措施是並行工程。製造商應該參與供應商的產品設計和質量控制過程,共同制定有關產品的質量標準、作業標準,使需求信息能更好地在供應商的業務活動中體現出來。

6. 協調供應商的供應計劃

一般而言,供應商可能會同時向多家生產企業供應原輔料,同時參與多條供應鏈的運作。在供應資源有限的情況下,必然會出現多家生產企業爭奪供應商資源的局面。因此,生產企業的採購部門應主動參與供應商供應計劃的協調工作。理想的情況是實現資源共享,確保供應,保證供應鏈的正常運作,維護企業的利益。

7. 高效率低成本的物流運輸

多頻次小批量的 JIT 採購,必然會增加運輸、配送的次數和成本。若是全球採購,實施的難度就更大。為此,需要實現整合運輸,即將多個供應商的小批量貨物集中起來作為一個運輸單位進行運送,以保證按時交貨,並節約物流成本。此外,引入第三方物流,尋找貨運代理公司,或盡量就近選擇供應商等也是較好的途徑。

8. 決策層的支持

準時化採購要求企業最高決策層的大力支持。JIT 管理思想認為,庫存使企業負債,因而庫存是一種浪費。JIT 採購是企業 JIT 管理體系中的一部分。實施 JIT 管理要求對企業整個體系進行變革,需要大量投資並花費管理者很多精力和時間,也存在較大的風險。如果沒有企業最高決策層的支持,或者是資源投入不足,抑或是部門之間缺乏協調,準時化採購難以取得成功,更難以發揮其優勢。因此準時化採購是「一把手工程」,需要企業最高決策層的大力支持。

8.3.3.2 準時採購實施的要點

1. 創建準時化採購班組

世界一流企業的專業採購人員有三項責任:尋找貨源、商定價格、發展與供應商的協作關係並不斷改進。因此,專業化的高素質採購隊伍對實施 JIT 採購至關重要。為此,應成立兩個班組,一個是專門處理供應商事務的班組,該班組的任務是認定和評估供應商的信譽、能力,或與供應商談判簽訂準時化訂貨合同,向供應商發放免檢證書等,同時要負責供應商的教育與培訓。另一個班組是專門從事消除採購過程中浪費的班組。這些班組人員對準時化採購的方法應有充分的瞭解和認識,必要時要進行培訓,如果這些人員對準時化採購的認識和瞭解都不徹底,就不可能指望供應商的合作了。

2. 制訂計劃,確保準時採購有計劃有步驟地實施

要制定採購策略,改進當前的採購方式,減少供應商的數量、正確評估供應商、向供應商發放產品免檢證書。在這個過程中,要與供應商一起商定準時採購的目標和措施,保持經常性的信息溝通。

3. 精選少數供應商,建立戰略夥伴關係

在選擇供應商時,主要應從以下幾個方面考慮:產品質量、供貨能力、地理位置、企業規模、應變能力、財務狀況、技術能力、價格、與其他供應商的可替代性等。

4. 先試點,再推廣

先從某種產品或某條生產線試點開始,進行零部件或原輔料的準時化供應試點。在試點過程中,取得企業各個部門的支持是很重要的,特別是生產部門的支持。通過試

點,總結經驗,為全面實施準時化採購打下基礎。

5. 搞好供應商的培訓,確定共同目標

準時化採購是供需雙方共同的業務活動,單靠採購部門的努力是不夠的,需要供應商的配合。只有供應商也對準時化採購的策略和運作方法有了充分的認識和理解,才能獲得供應商的支持和配合,因此有必要對供應商進行培訓。通過培訓,雙方達成一致的目標,彼此才能很好地協調,共同做好 JIT 採購與供應工作。

6. 向供應商頒發產品免檢合格證書

JIT 採購和傳統的採購方式的不同之處在於買方不需要對採購產品進行比較多的檢驗手續。要做到這一點,需要供應商提供 100% 的合格產品,當其做到這一要求時,即發給免檢證書。

7. 實現配合準時化生產的交貨方式

準時化採購的最終目的是實現企業的準時化生產,為此要實現從預測的交貨方式向準時化適時交貨方式的轉變。

8. 繼續改進,擴大成果

JIT 採購是一個不斷完善和不斷改進的過程,需要在實施中不斷總結經驗和教訓,提高產品的質量和交貨的準時性,降低供應商庫存,降低採購與供應成本,不斷提高準時化採購與供應的運作績效。

案例 8-3

中聯重科第二製造公司的準時化採購。 2004 年中聯重科第二製造公司擔負壓路機、泵車臂架、攤鋪機、銑刨機、水平定向鑽、加熱機、旋挖鑽機等產品的生產和試製任務,產品種類多,且多數產品生產批量不大。中聯重科第二製造公司領導分析實際情況後,將採購室與計劃室合併為一個辦公室,為中聯重科第二製造公司實施準時化採購奠定了基礎。

(1) 準時化採購,首先要做到採購計劃的準時化

中聯重科第二製造公司採購室和計劃室集體辦公,為採購室獲取準時化的生產計劃創造了條件。採購員通過與計劃部零距離的交流,在第一時間獲取生產計劃及其變更的信息,他們主動與技術人員交流,及時瞭解產品零配件的變更,經常深入裝配班組和倉庫,準確瞭解零配件庫存的情況,再回過頭來與計劃室協調,做到採購計劃的準時化。

(2) 準時化採購,關鍵要做到與供應商協調的準時化

為了提高外購零配件的入庫合格率,「二制」質檢部和技術部在這方面做了大量工作,對一些出現較多質量問題的供應商直接淘汰,並轉由產品質量較好的供應商供應。

為了實現零配件的小批量採購,「二制」採購室對外購件的庫存、資金、生產週期和供應週期進行了深入分析,對零配件及供應商進行了分類管理,通過與供應商即時、有效的信息溝通,準確制定小批量的採購計劃。盡可能做到需要的零配件一定按時到,暫不用的零配件堅決不讓到,有些零配件甚至做到由供應商直接送貨上生產線。

準時化採購從 2004 年 5 月開始在中聯重科第二製造公司正式實行,到 6 月底已經初見成效,有力地提高了採購物資的質量,減少了公司流動資金的佔用,降低了公司的庫存成本。據不完全統計,僅鋼材和國內採購的進口件兩項,就減少佔用的資金 300 萬元以上。準時化採購的成功實施,增強了公司對市場需求變化的快速回應能力。

8.4 供應商的選擇與管理

在採購過程中,供應商的選擇是非常關鍵的一環。而供應商質量的提高與企業同供應商的關係密切相關。企業與少數供應商建立戰略夥伴關係,加強與供應商的合作,有利於提高供應商質量,確保企業採購工作的順利實現。

8.4.1 供應商的選擇

優秀的供應商是企業採購與供應取得成功的重要保證。供應商選擇包括供應源調查、供應商評價指標的設置、供應商評估以及具體的供應商選擇等內容。

8.4.1.1 供應源調查

在選擇供應商之前,首先要瞭解資源市場,進行供應商調查。供應商調查包括資源市場調查、供應商初步調查、供應商深入調查等幾種情形。

1. 資源市場調查

資源市場調查應包括以下內容:

(1) 資源市場的規模、容量和性質。如資源市場的範圍、容量有多大,是賣方還是買方市場,是競爭性市場還是壟斷性市場(市場結構),是新興的成長市場還是沒落市場,資源市場的總供給和總需求是何種關係等。

(2) 資源市場環境。它包括市場的規範化程度、管理制度、政治、法制、經濟等環境條件,以及市場的發展前景如何等。

(3) 資源市場中各個供應商的情況。把眾多供應商的調查資料進行匯總分析就可以得出資源市場的基本情況,如資源市場的生產能力、技術水平、管理水平、可供資源量、需求狀況、價格水平以及市場競爭性質等。

通過對資源市場的調查並加以分析,可以為企業制定採購策略和選擇供應商做準備。

2. 供應商的初步調查

所謂供應商的初步調查,是指對供應商的名稱、地址、生產能力、產品、市場地位、質量水平等基本情況的調查。

供應商初步調查的特點是調查內容淺但調查面較廣,其目的是為了通過對整個資源市場的大部分供應商基本情況的初步瞭解來掌握整個資源市場的基本狀況,並為選擇最佳供應商做準備。

供應商初步調查一般採用訪問調查法或問卷調查法,建立包含供應商基本信息的供應商登記卡片,並納入計算機系統,形成供應商基本信息數據庫。

3. 供應商的深入調查

供應商的深入調查是指經過初步調查後,對擬發展為本企業的供應商的企業進行更加深入仔細的考察活動。這種考察要求深入到供應商企業的生產線、各個生產車間、質量檢驗環節和管理部門,對現有的設備工藝、生產技術、管理技術等進行全面考察。有時,甚至要根據本企業產品生產的具體需要,要求供應商進行資源重組,進行樣品試製

且試製成功後，才能正式結束考察。

由於深入調查要花費大量的時間、精力，成本較高，通常只需對以下兩種供應商進行深入調查：

（1）準備發展為夥伴關係的供應商。例如，在實施準時化採購以服務於準時化生產時，供應商的產品必須準時、免檢，直接進入生產線進行裝配，在選擇此類供應商時，就必須對其進行深入調查。

（2）關鍵零部件的供應商。對於提供關鍵零部件，特別是精密度高、加工難度大、質量要求高、在採購方的產品中起核心功能的零部件的供應商，必須進行認真反覆的深入考察。

8.4.1.2 供應商選擇的評估要素

綜合近年來供應鏈管理理論的發展和一些跨國公司的實踐經驗，一個好的供應商應該具備以下條件，或者說企業在選擇供應商時應著重考慮以下因素：

（1）技術水平。技術水平指供應商提供產品的技術參數應達到採購方的要求，且供應商應具備產品開發能力和項目改進的能力。

（2）產品質量。供應商必須具備良好的質量保證體系，所提供的產品要能夠滿足採購方在生產、裝配和實際使用過程中的質量要求。

（3）供應能力。供應商的生產實施設備必須在數量上達到一定的規模，必須具備相當的生產能力和發展潛力，必須保證能滿足採購方的需求。

（4）價格。供應商提供的產品必須具有價格競爭力，該價格不一定是最低的，但供應商應該具備降低成本的能力，即供應商保證能滿足採購方在時間、數量、質量和服務等方面的需求后，供應商還應具備持續降低成本的能力以及向製造商提供改進產品成本方案的能力。

（5）地理位置。一般而言，就近選擇供應商有利於企業及時與供應商溝通，便於管理供應商，降低採購與供應成本。此外，還可更好地滿足買方緊急供貨的要求。但在全球化採購的今天，地理位置這一制約因素可以通過實施第三方物流等途徑加以解決。

（6）可靠性。採購方應選擇財務實力雄厚、經營狀況良好、信譽等級較高的供應商。此外，供需雙方應能建立良好的合作關係，應相互信任，共享信息，以確保並進一步提高採購與供應的可靠性。

（7）售后服務。許多產品及服務具有經驗屬性，因此，供應商提供良好的售后服務非常重要，這是確保供應質量的必要環節，有利於供需雙方對產品質量等相關信息及時進行溝通、交流。同時，這也是供需雙方建立並維持戰略夥伴關係的關鍵。

（8）提前期。在供應鏈管理環境下，由於競爭越來越激烈，顧客越來越挑剔，供應鏈回應顧客訂單的週期在縮短，相應地，要求供應商的供貨提前期也要縮短，企業在選擇供應商時應充分考慮到這一點。

（9）交貨準確率。在供應鏈管理環境下，上下游企業間的業務活動是一環扣一環連續進行的，要求各成員企業的業務流程能實現無縫連接，以實現供應鏈營運的精益化。顯然，這一目標的達成，要求供應商具有較高的交貨準確率，確保及時、準確、無誤地供應原料或成品。

（10）快速回應能力。在買方市場的今天，市場需求變化莫測。為了增強供應鏈的

敏感性和回應性，供應商必須具有較強的快速回應能力，這要求供應商具有完善的信息系統，且生產、供應要有柔性。

總的說來，企業應綜合考慮以上各要素，制定完善的供應商選擇評價指標體系和相應的組織體系，採用嚴格、科學的方法進行供應商的選擇。關於評價指標體系的設置原則、評價指標體系結構、供應商的選擇方法和選擇步驟參見本書第四單元「供應鏈合作夥伴的選擇」，此處不再贅述。

案例8－4　上海通用汽車公司的供應商選擇

上海通用汽車公司（SGM）在選擇供應商時，依據兩大標準：一是技術標準（TA）；二是潛在質量標準（PSA）。

根據這兩大標準，SGM有經過嚴格培訓並合格上崗的評審人員，在現場對潛在的供應商逐個進行細緻的評估，不達標的一律拒絕接受；達標的供應商還要進一步要求他們逐步達到QS9000的質量管理要求（QS9000是當今世界汽車行業的最高質量管理標準）。而一旦達標的供應商供貨出現問題時，SGM則會對供應商的質量保證系統及其物流能力進行再次評估，並給予耐心指導，協助供應商改善質量保證能力和供貨的物流水平。若供應商經指導后，還是達不到要求，就更換供應商。因為SGM的企業文化是：質量是製造出來的，不是檢驗出來的；質量跟每個人都有關。

同時，SGM借助於ERP系統中的MGO子系統，根據訂單展開物料需求計劃，並定期提供給供應商：年度需求計劃；20周需求計劃；3周訂貨訂單。對國內供應商有時還提供1周的訂貨訂單。訂貨訂單上列明：送貨數量、批次、時間和地點。這樣做，是為了能使供應商及時回應供貨信息、按時並保質保量地及時配送。再者，SGM廠區內不設倉庫，而是由第三方物流公司每兩小時送貨到車間零部件暫存區，保持廠內只有兩小時的庫存，從而使物流系統的效率非常高。

8.4.2　供應商質量管理

質量一直是廣大用戶十分關心的問題。企業生產出來的產品質量不合格，不僅是因為產品的設計和裝配存在問題，而且在很多時候是由於廠商採購的原材料質量不合格，因此，供應商質量管理是採購與供應管理的一個關鍵環節。

8.4.2.1　供應商質量的內涵

所謂質量，是指公司提供的產品和服務應與需求一致或超出客戶的期望。供應商質量是指在特定的績效範圍內，符合或超過現有客戶和未來客戶（包括最終用戶或消費者）的期望或需求的能力。該定義包含如下三方面的含義：

（1）供應商具備一貫符合或超出標準績效的能力。這意味著供應商每次都能滿足或超出買方要求。如果供應商在實體產品質量或即時配送方面的績效反覆變化的話，則該供應商不是高質量的供應商。

（2）供應商必須能滿足或超出現有的需求標準，同時有能力滿足未來需求。供應商必須能做到隨時改善。能滿足現在標準卻達不到未來標準的供應商不是高質量的供應商。

（3）供應商質量不僅僅是指產品的實體特性。好的供應商能滿足買方的多方面期望，如產品的配送服務、產品或服務的一致性以及售後服務等。

8.4.2.2 供應商質量管理的意義

供應商質量的高低會對採購方在以下幾方面造成影響：

（1）供應商對企業產品質量的影響。質量專家菲利浦·克羅斯比（Philip Crosby）認為供應商對相關產品的質量問題負50%的責任。此外，每個生產企業在購買的物品和服務上的花費約占銷售額的55%。如果只關注企業內部質量問題的話，供應商質量低下會破壞公司全部質量改進的努力。

（2）供應商提供的原材料或零部件占企業產成品的比重越大，它們對公司產品成本和質量的影響就越大。許多公司從供應商那裡採購完全配件甚至最終產品，因此出現了許多依靠具備設計生產能力的供應商的公司，他們甚至要求供應商提供高新技術或複雜部件。供應商質量的高低對該類公司的影響不言而喻。

（3）供應商質量高低會影響到採購商現在及未來的績效水平。通常，採購經理可從以下三個角度考察供應商的績效：供應商對企業產品設計和計劃變動的應變能力、供應商提供的實體產品質量、供應商的產品（物料）配送能力。

（4）供應商質量管理是採購商持續改善的必要途徑。有效的質量管理是公司持續改善的一個重要途徑。

8.4.2.3 供應商質量管理策略

採購方在供應商質量管理中發揮著重要作用。特別是企業的採購與供應管理部門，在傳統的採購管理職能的基礎上承擔了許多複雜的新任務，它們促進了供應商的質量管理。具體而言，企業可採取如下的供應商質量管理策略：

1. 要求供應商提供明晰的產品說明書

採購方可要求供應商提供明晰的產品說明書。一方面，明晰的產品說明書能幫助供應商更好地介紹本企業的產品；另一方面，也能使採購方更好地瞭解供應商提供的產品是否能滿足本企業的需要。有了明晰的產品說明書，供需雙方在溝通中就能省掉許多不必要的環節，有利於降低交易費用。此外，一份製作精美、清楚明晰的產品說明書能展示供應商的實力。

2. 要使供應商明確採購方的期望

供應商能否明確採購方的期望取決於以下兩方面的能力：一是採購方主動與供應商溝通的能力，即買方要有說明自身需求的能力；二是供需雙方彼此溝通的能力。這意味著雙方都要理解共同的需求，需求涉及的要素有實體產品說明書、原材料、供應商交貨的承諾或特定供應商的任務和責任。要確保供應商滿足採購方的需求，首先是採購方要讓供應商知道本企業究竟需要哪些原輔料或產品，何時需要、需要多少。

3. 採購方真誠的態度有利於提高供應商質量

採購方的態度在供應商質量管理中也是十分重要的。真誠的採購商容易博得供應商的好感，有利於雙方的長期合作，有利於提高供應商質量。通常他們會時不時派人去和供應商溝通、交流，溝通層次從高層管理者到直接負責銷售的員工，及時發現問題，及時要求供應商改進。這是防患於未然的前饋控制，而非「亡羊補牢」式的事後應對，有利於提高供應商質量，降低採購與供應成本。

一般說來，供應商願意和通情達理的採購方合作，供應商希望採購方及早預測未來新產品的需求、預測未來採購量，這有利於供應商制訂生產計劃；希望採購方詳盡說明產品的規格和交貨要求；希望採購方及時支付貨款。

4. 供應商數量優化

減少供應商數量，同少數實力雄厚的供應商合作，有利於提高供應商質量。這不僅僅是「2/8 原理」的科學體現，同時也是歷史發展的必然要求。

案例 8-5 英國某大型企業原來共有認證的供應商 23,000 家，在過去幾年中與之做過生意的僅 7,500 家。而每年在數以億計的採購額中，81% 的採購量只是集中在區區 87 家供應商身上。減少了供應商數量，企業就可以將主要時間、精力和資源放在少數重要供應商身上，而不是頻繁地同大量的供應商進行討價還價。

5. 供應商績效評估

供應商績效評估是指對已經通過認證的、正在為企業提供服務的供應商進行評估。其目的是瞭解供應商的表現，確保供應商提高供應質量，並為供應商獎懲提供依據。績效評估有利於採購方繼續選擇同優秀的供應商進行合作，並淘汰績效差的供應商。此外，供應商的績效評估還有利於採購方瞭解供應商的不足，將意見反饋給供應商，促進其改善業績，不斷提高供應質量，為日後更好地完成供應活動奠定良好的基礎。供應商績效評估有四大類，即反應供應商質量、供應能力、價格、支持與配合等方面表現的績效評估。

為了科學、客觀地反應供應商供應活動的運作情況，採購方應建立供應商績效評價指標體系。在制定評價指標體系時，應突出重點，對關鍵指標進行重點分析，盡量採用即時分析與考核的方法，要把績效度量範圍擴大到能反應供貨活動營運的信息上去，這比做事後分析有價值得多。供應商績效評估的主要因素有質量、交貨時間、價格、服務水平等。

6. 供應商的持續改進

供需雙方可以通過以下幾種方式加強合作，以促進供應商的持續改進。

（1）定期召開合作策略回顧和發展戰略會議。理想的情況是，這類會議應在採購方和供應商所在地輪流舉行，會議應重點就如何改進具體的目標和識別未來機會等方面的問題進行深入探討。

（2）舉行高層主管參與的供應商會議。共同探討雙方在合作期間遇到的問題，努力尋找解決方案，分享技術發展趨勢和未來產品計劃。

（3）建立持續改進小組，促進供應商的持續改進。

（4）建立跨職能業務流程團隊，管理和改進採購供應聯盟及其合作夥伴關係。

7. 供應商激勵

供應商激勵的目的是為了充分調動供應商的積極性和主動性，促使其努力做好物資供應工作，以確保採購企業生產經營活動的正常進行，並逐步和供應商建立起穩定可靠的合作關係。

激勵供應商的方式有多種。企業可以和供應商簽訂長期的業務合同；可以有意識地

在供應商之間引入競爭機制，促使供應商之間在產品質量、服務質量和價格方面不斷優化；當供應商經考核轉為正式供應商後，可將優質供應商的貨物由驗貨收貨轉變為免檢收貨。此外，不定期地召開企業領導的碰頭會，交換意見，研究問題，協調工作，甚至開展一些互助活動等都對供應商有激勵作用。

8. 供應商質量認證

可參照第四單元中合作夥伴質量認證體系對供應商質量進行認證，這裡不再贅述。

8.4.3 供應商關係管理

供應商和採購商之間的關係，除了明顯的相互作用外，還有其他一些形式。例如：產品和服務的相互適應、運作銜接以及共同的戰略意圖等。所有這些構成了供應商和採購商之間相互關係的本質。在供應鏈管理環境下，需要將這種關係保持穩定並不斷發展。

8.4.3.1 供應商分類

加強供應商關係管理，首先需要瞭解供應商的類型。

根據供應商對採購方的重要度以及採購方對供應商的重要度可以將供應商分為四種類型：普通商業型供應商、重點商業型供應商、優先型供應商和夥伴型供應商。如圖8.4 所示：

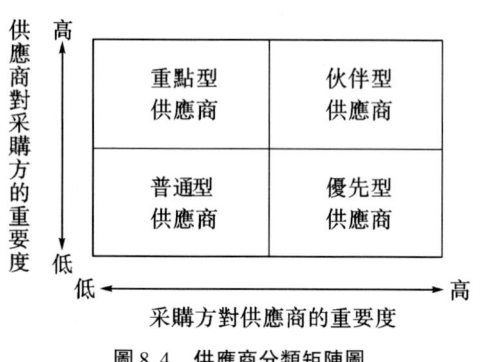

圖 8.4 供應商分類矩陣圖

由供應商分類矩陣圖可知，如果採購業務對買方非常重要，供應商也認為該採購業務對其很重要，並且供應商具有很強的產品開發能力和生產能力，則這類供應商就是採購方的「夥伴型供應商」；如果供應商認為採購方的採購業務對其非常重要，但該項業務對於採購方卻並不十分重要，這樣的供應商無疑有利於採購方，是採購方的「優先型供應商」；如果供應商認為採購方的採購業務對他們來說無關緊要，但該採購業務對買方又非常重要，那麼這類供應商就是需要採購方倍加關注並不斷促進其改善提高的「重點商業型供應商」；對於那些對供應商和採購方來說均不是很重要的採購業務，相應的供應商可以很方便地選擇更換，那麼這些採購業務對應的供應商就是「普通商業型供應商」。

顯然，企業應與不同類型的供應商建立不同程度的合作關係。特別地，企業應加強同夥伴型供應商的合作，雙方建立戰略聯盟。

8.4.3.2 供應商合作夥伴關係

供應商合作夥伴關係是當今較受企業關注，且被證明對供需雙方都有較大好處的一種供應商關係。

1. 供應商合作夥伴關係的概念

供應商夥伴關係是企業與供應商之間達成的最高層次的合作關係。它是指供需雙方在相互信任的基礎上，為了實現共同的目標而建立的信息共享、風險共擔、共同獲利的長期合作關係。具體而言，供應商夥伴關係包含以下幾方面的含義：

（1）供需雙方發展長期的、相互依賴的合作關係。這種合作關係由明確或口頭的合約確定，雙方共同確認並且在各個層次上都有相應的溝通；

（2）供需雙方有共同的目標，並且為了實現共同的目標有挑戰性的改進計劃，共同開發、共同創造；

（3）供需雙方相互信任，信息共享，風險共擔，利益共享；

（4）有嚴格的評價標準來評估合作表現，並不斷改善提高。

供應商合作夥伴關係最初的表現形式是採購商的注意力由關心成本轉移到不僅關心成本，更注重供應商的產品質量與交貨的及時性。供應商合作關係進入戰略夥伴關係階段的標誌是採購商主動幫助、敦促供應商改進產品設計，促使供應商主動為自己的產品開發提供設計支持。

需要指出的是，在發展供應商合作夥伴關係中，「供應商的早期參與和採購方的早期介入」（Early Purchasing Involvement，EPI）非常重要。因為在採購早期，影響價值創造的機會比后期大得多。供應商與採購方的早期共同介入，將促使採購方將供應商納入其交叉職能團隊，大大改善產品研究開發、設計、再設計、生產工藝以及價值分析等活動，縮短提前期，降低採購與供應成本，提升聯盟的競爭力。此外，供應商會共同參與拯救採購方的活動，自願成為繼續發展的戰略聯盟的一部分。

> **案例 8-6　洛克維爾公司參與克萊斯勒公司產品設計**
>
> 　　美國克萊斯勒公司與洛克維爾公司達成一項協議，兩家公司將在汽車的設計階段進行緊密合作。洛克維爾公司負責總裝廠與零部件廠的計算機控制部分的設計。如果計算機控制與汽車的設計不匹配，就會影響到汽車的質量和汽車進入市場的時間。根據協議，洛克維爾公司成為克萊斯勒公司的總裝、衝壓、焊接和電力設備等部門設計計算機控制的獨家供應商。他們（汽車製造商和計算機控制系統設計商）之間是一種相互依賴的合作夥伴關係。他們的這種合作是行業內的首次合作。兩家公司的工程師在汽車設計的初期合作中，洛克維爾公司的工程師設計開發相關計算機控制軟件，以便能與克萊斯勒公司的工程師同時設計控制系統和整個汽車。計算機控制是汽車製造過程中的重要部分。通過雙方的緊密合作，可以達到降低成本、縮短開發和製造週期等目標，而且還有效地縮短了汽車進入市場的週期。與洛克維爾合作之前，克萊斯勒公司的開發和生產週期是 26～28 周，現在通過合作，已有效地縮短到 24 周。

2. 建立供應商合作夥伴關係的意義

企業發展與供應商的長期合作夥伴關係具有十分重要的意義。日本企業的經驗表

明，良好的供應商關係可以帶來許多好處，即得到能夠接受交付時間、數量、質量改變的靈活多變的供應商。另外，供應商還能幫助採購方及時發現問題，並提出解決問題的建議。

不同的企業由於自身條件不同，所處的企業環境不同，與供應商建立長期合作夥伴關係的目的也有所不同，但總的說來，合作的主要目的是提高原材料和零部件等外購件的質量、保證原材料和零部件的供應、縮短交貨期、降低庫存水平、控制生產成本、獲得供應商的技術支持。

具體而言，企業通過與供應商建立長期合作夥伴關係，可以縮短供應商的供應週期，提高供應的靈活性；可以降低企業的原材料、零部件的庫存水平，降低管理費用、加快資金週轉；可以提高原材料、零部件的質量；可以加強與供應商的溝通，優化訂單的發送及訂單的處理過程，使供應商能準確理解採購方的需求；可以共享供應商的技術與革新成果，加快產品開發速度，縮短產品開發週期；可以與供應商共享管理經驗，推動企業整體管理水平的提高，等等。

總之，理解與供應商的關係，加強與供應商的合作，與供應商建立戰略聯盟，對評估經營機會以及促進企業發展具有十分重要的意義。

3. 供應商合作夥伴關係與傳統關係的區別

供需雙方之間的貿易關係歷史悠久，從企業成立之初便已存在。但這種關係是隨著供應市場的變化而不斷演變的。傳統企業與供應商的關係是簡單的買賣關係，採購方的目標是以最低的成本買到最好的商品，而供應商的目標是通過交易獲得更大的利潤。因而，這種買賣關係的典型特徵是供需雙方討價還價，關注的焦點是價格，彼此視對方為競爭對手。

然而，隨著科技進步和社會發展，在過去的幾十年裡供應市場發生了深刻的變化。面對日益激烈的市場競爭，許多企業管理者逐漸意識到了建立良好的供應商關係的重要性。日本企業的成功使人們重新認識了採購供應雙方之間的關係。為了控制企業上游資源，採購商不斷審視自己與供應商之間的關係，大多數企業順應潮流，將採購活動由單純的「做生意」轉向了與供應商進行長期合作。在供應鏈管理環境下，供需雙方為了共同的目標而結盟，供應商正在從單純的貨物和服務的提供者轉變為採購方的戰略同盟。在共同利益的驅使下，遊戲規則從「單贏」變為「雙贏」乃至「多贏」，相應地，供應商成本的各項構成也就成了買方進行供應商管理的內容。

8.4.3.3 供應商關係分類

在供應鏈管理中，通常將企業與供應商之間的關係大致分為五種，即短期目標型、長期目標型、滲透型、聯盟型和縱向集成型。

1. 短期目標型

短期目標型企業關係最主要的特徵是，供需雙方之間是傳統的貿易關係，或者說買賣關係。買方希望獲得穩定的物品供應，賣方希望獲得穩定的訂單，雙方都希望能保持長期的貿易關係，但雙方所做的努力通常只停留在具體的某一筆交易上。雙方主要關注的問題是談判交易，即如何進行談判，如何提高談判技巧，以便在交易中獲得更大的利益。當某一筆買賣業務成交后，雙方的合作關係也就終止了。他們往往沒有考慮通過改善自己的工作，共同降低成本，使雙方都獲利。通常，買賣雙方只有供銷人員之間有聯

繫，其他部門的員工一般不參與雙方之間的業務活動，他們之間也很少有業務往來。此外，供應商提供的僅是標準化的產品或服務，很難滿足買方的個性化需求。

2. 長期目標型

長期目標型企業關係的顯著特徵是在供需雙方之間建立一種長期的合作關係，其工作重點是雙方從長遠利益出發，相互配合、協作，不斷改進產品質量和服務質量，共同降低採購供應成本，提高供應鏈競爭力。通常，供需雙方合作的範圍不僅僅是供銷部門。例如，企業新產品開發對供應商提出了新的技術要求，在供應商還沒有這種技術能力的情況下，採購方可以對供應商提供技術支持。而供應商的技術能力提高后將會促進採購企業的產品改進，縮短產品開發週期。但對供應商在技術、資金等方面進行投資需要花費採購企業的成本，為了獲得投資匯報，這種合作必須是長期的。顯然，長期合作有利於供需雙方的長期繁榮。

3. 滲透型

滲透型企業關係是在長期目標型企業關係的基礎上發展起來的。其基本思想是把合作夥伴企業看成本公司延伸的一部分，因此，彼此對對方的關心程度會進一步提高。為了能夠參與對方企業的活動，有時會在產權關係上採取適當的措施，如共同投資、互相參股等，以保證雙方利益的一致性。在生產組織上也會採取相應措施，例如雙方派員參與對方企業的相關業務活動。這樣做的優點是可以更好地瞭解合作夥伴的生產經營情況，供應商將更加清楚本企業的產品（如原材料、零部件等）在採購方企業的生產經營活動中是如何起作用的，有利於供應商及時發現問題並及時改進，甚至可前瞻性地採取預防性措施，提高供應質量；而採購方則可以對供應商的生產製造過程進行控制，保證能滿足本企業的生產經營需要。

4. 聯盟型

聯盟型企業關係是從供應鏈管理的角度而言的。其特點是從更長的縱向鏈條（即：供應鏈）上管理成員企業間的關係，涉及供應商的供應商和客戶的客戶，在具有供求關係的多個企業間建立戰略聯盟。核心企業要很好地協調成員企業間的關係，難度很大，要求也更高。當然，這樣的供應鏈戰略聯盟其市場競爭力也更強，各成員企業從合作中獲得的利益自然也更多。

5. 縱向集成型

縱向集成型即動態聯盟型，這是一種最複雜的企業關係類型。即把供應鏈上的成員企業整合起來形成「虛擬企業」，供應鏈企業群體像一個企業一樣運作，但各成員是完全獨立的企業，決策權屬於自己。在這種關係中，要求每個成員企業在充分瞭解供應鏈的目標、要求以及在即時信息共享的前提下，自覺地做出有利於供應鏈整體利益的決策。

單元小結

傳統採購管理是以交易為導向的「戰術職能」，現代供應管理是以流程為導向的「戰略職能」。企業加強與供應商的合作，促進採購供應流程與生產流程的無縫銜接，

使供應鏈企業群體能快速回應用戶需求的變化，從而提升供應鏈系統的競爭力。採購管理的總目標是以最低的總成本為企業供應生產經營所需的物料和服務，應滿足5R（適價、適質、適量、適時、適地）的原則。採購管理策略包括確保供應、AB角制、ABC分類等。供應細分分析方法是採購戰略決策的基本方法。基於供應鏈管理環境下的電子化協同採購成為現代企業採購流程的核心。按照採購制度，可將採購劃分為集中採購、分散採購、混合採購三種。全球採購、電子採購、準時採購是採購的主要發展趨勢。JIT採購是指在適當的時間、適當的地點，以適當的方式和適當的成本從上游供應商處採購並使之向企業提供適當數量和適當質量的產品。成功的JIT採購可增強供應鏈的系統性和集成性，提高供應鏈的敏感性和回應性。供應商選擇包括供應源調查、供應商評價指標設置、供應商評估等內容。供應商管理包括供應商質量管理和供應商關係管理。供應商夥伴關係是供需雙方在相互信任的基礎上，為實現共同的目標而建立的信息共享、風險共擔、共同獲利的協議關係。供需雙方的早期介入（EPI）非常重要。供應商關係包括短期目標型、長期目標型、滲透型、聯盟型和縱向集成型。

思考與練習題

簡答（述）

1. 什麼是採購？什麼是供應？什麼是採購管理？什麼是供應管理？供應鏈管理環境下的採購與供應管理與傳統的採購管理有何不同？
2. 採購有哪幾種分類方法？
3. 採購與供應管理有何發展趨勢？
4. 傳統採購有何特點？供應鏈管理環境下的採購與供應管理有何新特點？
5. 什麼是JIT採購？JIT採購的基本思想是什麼？
6. JIT採購有哪些特點？JIT採購實施成功的條件是什麼？JIT採購成功實施的要點有哪些？
7. 供應商管理包括哪些內容？
8. 企業應怎樣選擇供應商？
9. 供應商質量管理策略有哪些？
10. 按照重要度來劃分，供應商有哪幾種類型？
11. 為什麼說供應商的早期參與很重要？
12. 建立供應商合作夥伴關係有何意義？
13. 供應商關係有哪幾種類型？
14. 如何進行供應商分類管理？

情境問答

1. 在一次企業物流經理的座談會上，來自不同企業的物流經理們相互交流工作經驗和體會。某生產企業的物流經理說，他們日常工作中很重要的一項就是與供應商打交道，並管理供應商，包括採購訂單的下達、產品的接收與檢驗以及負責審核貨款的支付等。與會的很多物流經理都覺得很驚訝：這

難道不是企業採購部門的事情嗎？怎麼會是物流部門的工作呢？物流部門應該只管理運輸、倉儲以及生產線配送等業務就可以了。怎麼會管理供應商呢？請你對這些疑問給予合理的解釋。

2. 近年來飛機製造業增長變緩，行業出現了併購風潮，F 公司就是這樣一家公司。它是由生產機翼、機身、尾翼等部件的多家公司合併而成。合併前，生產這些部件的公司單獨向飛機製造商供貨。合併以後，原來這些公司就變成了 F 公司下屬的製造事業部，但還是相互獨立運作。

新公司經過一段時間運作後發現，各事業部的原材料庫存量很大，許多事業部存儲的原料是相同的，但彼此間並不知道。F 公司決定調整採購權限，但許多事業部抵制，如機翼製造部就反應說他們正在試用新型材料，一旦出現問題供應商就到現場處理。他們不同意公司實行集中採購的決定。

根據以上信息，請回答以下問題：

(1) 請結合案例分析，F 公司出現大量原料庫存的原因有哪些？
(2) 多家公司合併為一家，請分析原因。
(3) 請分析，為什麼 F 公司的製造事業部要抵制公司集中採購的決定？
(4) 從採購的角度分析，你認為 F 公司可以採取哪些措施來解決各事業部對集中採購的抵制問題？

3. X 集團公司根據採購物料金額的大小，對所購物品進行了 ABC 分類。A 類是指那些品類較少，但採購金額較大的物品；C 類是指那些品類很多但採購金額很少的物品；B 類介於其間。根據分類，他們對 A 類物品實施了集中採購，對 C 類物品實施了分散採購，對 B 類物品實施了混合採購（公司主管領導認為，混合採購即下屬企業可以從集團公司的物資超市採購，也可以自行採購）。

根據以上信息，請回答以下問題：

(1) X 集團公司採用 ABC 分類法對所購物品進行採購的做法是否合理？為什麼？
(2) 請評價 X 集團公司對所購物品進行的 ABC 分類。

4. 請結合本單元第三節「中聯重科準時化採購」案例回答以下問題：
(1) 中聯重科第二製造公司為什麼要實施 JIT 採購？
(2) 為了能夠順利實施準時化採購，中聯重科第二製造公司在組織結構設計上採取了何種措施？有何好處？
(3) 採購部門是如何制訂 JIT 採購計劃的？
(4) 中聯重科第二製造公司對零配件採取了何種管理方法？有何好處？
(5) 中聯重科第二製造公司對供應商採取了何種管理方法？有何好處？
(6) 「盡可能做到需要的零配件一定按時到，暫不用的零配件堅決不讓到，有些零配件甚至做到由供應商直接送貨上生產線。」請分析中聯重科第二製造公司這樣做的好處。並請分析如何才能實現這一目標？
(7) 中聯重科第二製造公司的 JIT 採購取得了哪些成效？
(8) 中聯重科第二製造公司在實施準時化採購中有哪些成功經驗？
(9) 你認為準時化採購實施成功的關鍵是什麼？

4. K 公司為日本某大型連鎖超市，年銷售額達 2,000 億日元，經營品種約 1.5 萬種。公司總部的商品部負責採購業務。在商品部的採購業務中，集中採購約占總採購額的 67%，其餘為分散採購。你認為商品部在決定一種商品是採用集中採購方式還是分散採購方式時應主要考慮哪些因素？

5. 王經理是高德集團公司總部的採購經理。高德集團的採購方式是由各個子公司分散採購。王經理經過對以往採購方式的分析、總結，向公司高層提出，集團內部包括各子公司的重要零部件應由集團總部集中採購，其他零部件仍由各子公司分散採購，並且為了保證集團各分公司的生產能按照生產計劃順利進行，要對原有的供應商進行評價、淘汰。集團高層經過研究，同意了王經理的建議。

(1) 你認為高德集團公司的採購方式發生變化的理由是什麼？

（2）請為王經理制定一個供應商的評價流程。
（3）請為王經理制定一個供應商的淘汰流程。

綜合分析

　　C 公司主要從事工程建築。公司採購部負責施工物資的採購。公司對採購部 2005 年上半年的工作進行了一次績效考核。公司上半年完成產值 3,700 萬元。採購部門獲取的施工物資採購預算額度為產值的 65%。預算包括所需物資成本和物資保管費。所需物資成本即合同金額，物資保管費按合同金額 1.5% 計。根據 2005 年上半年報表顯示，採購部共收到需求計劃 73 份，所需物資品類共 1,026 種。採購部根據需求計劃和供應商簽訂了 57 份合同，包括物資品類 1,015 種。合同總金額為 2,323 萬元。上半年，實際到貨 107 批次，物資品類 964 種。公司共對所到物資抽檢 362 種，其中 355 種合格，7 種不合格。不合格的物資品類已經從供應商得到及時補貨，沒有影響生產。
　　根據上述信息，請通過計算對 C 公司採購部的績效進行評價：
1. 該公司採購部是否完成了公司施工物資採購預算額度？
2. 根據採購物資抽檢數據，採購物資合格率為多少？
3. 按採購物資品類計算，採購部門採購計劃完成率為多少？（註：計算結果四捨五入取整數）

案例分析

案例 1：Z 工具公司的供應商選擇

　　某工具公司設計出了一種新機器，該機器比市場上同類型的所有機器都要好。估計機器投產一年後銷售額可達 4,000 萬元。該機器的最大競爭優勢來源於一個獨特的凸輪部件，由此可以使操作者能夠快速調好設備。
　　為了實現機器設計方案的優勢，每臺機器所需要的兩個凸輪的製造公差要求很小。因為幾個不同圓心的零件加工比較困難，而且在中央的直徑上需要一個完整的定位鍵，所以該零件不容易由實心棒料加工，公司最終決定用粉末冶金加工。該工具公司確定了三個可能的供應商，並且向它們發出了零件圖。
　　供應商 A 位於 1,000 千米以外，是粉末冶金領域的巨頭之一。該工具公司去年向該供應商採購過另一產品的零件，供應情況一般。供應商 A 的報價如下：

1～10,000 件　　　單價 5.90 元
10,001～20,000 件　單價 3.92 元
20,000 件以上　　　單價 2.92 元

交貨期約 10 周，以上報價不包括每件 0.12 元的運輸成本。
　　供應商 B 距該工具公司 400 千米，相對而言，是粉末冶金領域的新手，但 B 公司最近聘請了一位該領域經驗豐富的專家。工具公司過去與供應商 B 在其他領域合作得很愉快，生產的產品也令人滿意。
　　供應商 B 要求放寬幾個尺寸的公差要求，因為其工人不能按照指定的公差加工。但是該工具公司的工程部認為要發揮凸輪的關鍵作用就必須按原定公差製造。
　　該信息反饋給供應商 B 后，供應商 B 表示退出報價。
　　第三個是供應商 C。該工具公司以前沒有同供應商 C 做過生意，但這次希望它就凸輪報價。供應商 C 是某個大型汽車公司的一個附屬公司，在技術上有很好的聲譽。該汽車公司正考慮在汽車生產線

上採用幾個粉末金屬零件。供應商 C 的報價如下：

1 ~ 10,000 件　　　　　單價 3.24 元
10,001 ~ 20,000 件　　　單價 3.34 元
20,000 件以上　　　　　單價 2.88 元

交貨期 10 周。供應商 C 距該工具公司 900 千米，每件需運費 0.12 元。

工具公司的採購經理覺得有必要再次努力爭取供應商 B 的報價。因此，採購經理親自和供應商 B 討論這一問題，並且瞭解該廠能夠進一步提高中心孔的精度，這樣幾乎可以保證凸輪外徑表面的累積誤差滿足指定公差要求。工程部同意相應修改零件圖，允許凸輪表面適當放寬公差要求。在這個基礎上，供應商 B 提出如下報價：

1 ~ 10,000 件　　　　　單價 7.90 元
10,001 ~ 20,000 件　　　單價 5.35 元
20,000 件以上　　　　　單價 3.88 元

交貨期 10 周 – 12 周，另外每件還需要運費 0.05 元。

至此，報價全部收到，同時機器其他零件的製造也都有了保證，最終裝配安排在 12 周之後。

評審以上三個報價，很明顯供應商 B 的成本相對較高。採購經理電話通知供應商 B 要求對成本進行復審。

修改后的報價單如下：

1 ~ 10,000 件　　　　　單價 7.20 元
10,001 ~ 20,000 件　　　單價 2.80 元
20,000 件以上　　　　　單價 2.12 元

根據案例提供的信息，請回答以下問題：

1. 公司在選擇供應商時應考慮哪些因素？
2. 在選擇供應商時考慮的成本因素由哪幾部分組成？
3. 根據案例提供的成本數據，請計算每個供應商的供貨價格，如果僅考慮成本因素，公司應考慮選擇哪家供應商？若選擇該供應商可能導致哪些風險？
4. 結合案例，你認為公司應選擇一家供應商還是多家供應商？請說明各自的優勢與劣勢。
5. 結合案例陳述企業間建立戰略夥伴關係的重要性。若長期合作，哪家供應商會受益？

案例 2：成都統一企業與供應商的合作

成都統一企業食品有限公司是一家綜合性的食品企業，主要生產和經營方便面、飲料和肉品。公司現有 5 條方便面生產線，2 條無菌寶特瓶（PET）生產線，1 條制瓶生產線以及一個肉品生產廠，均採用國際先進生產設備，並於 2001 年 10 月通過了 ISO 9001—2000 質量認證體系認證。

成都統一企業實施品牌經營戰略，視產品質量為生命線，對原材料質量的把關極為嚴格。非常重視與供應商的合作，對供應商的選擇極為慎重，一旦選定了供應商，雙方便建立長期的合作關係。

在選擇供應商時，一般遵循就近原則。公司先請供應商送樣品進行測試，測試合格後再請供應商初步報價，並專門成立了由公司的研發、生產、管理等部門課長以上人員組成的評估小組，對供應商的生產作業環境、生產製造程序、物流環境條件（倉儲環境、運輸條件）等進行實地考察，並進行綜合評估。在評估供應商時，公司充分考慮供應商的合法性與供應品質。如果評估結果符合公司的要求，接下來就進入小批量供貨試合作。如果批量供貨試合作的結果滿意，雙方將經歷 3 ~ 5 個月的磨合期。這段時間結束后，公司會再次對供應商進行評估，並將結果反饋給供應商。如果在此期間合作默契，雙方將簽約進行長期合作。

在雙方的合作中，成都統一企業從不拖欠供應商貨款，甚至催供應商前來收款，在供應商急需資

金時，提前預付貨款。不但對供應商提供資金支持，還無償地提供教育、培訓支持，涉及技術與管理領域，包括：作業指導、操作標準、品管制度、分析檢驗等方方面面，並派員親臨供應商企業現場進行指導。通過這種方式，對原材料及其供應品質進行掌控（品質廠商控管）。此外，公司還幫助供應商進行採購價格談判。

成都統一企業探索出了「滾動預估法」（滾動計劃法），積極實施了準時化（JIT）採購。具體而言，公司每月於某固定時日將未來 2～3 個月的需求計劃告知供應商，讓其作好供應準備；在具體需要原料之前再給供應商下達交貨通知單，滾動向前。這樣運作，既降低了原材料的庫存，降低了採購成本，又滿足了公司對原材料多頻次、小批量生產的需要，極大地提高了供應鏈對市場需求的回應能力，提高了經營運作的柔性。

成都統一企業非常重視對供應商的評估與管理，在雙方的合作中，充分起到了供應鏈核心企業的作用。該公司目前有供應商 200 多家，數量多、分佈廣。為了提高效率，公司實行電子採購，包括網上訂購、網上議價等。公司每月對供應商的供應能力、交貨品質及信用等進行評估，並評出甲、乙、丙、丁四個等級。每季度出一份評估報告，年終再出一份年度評估報告。對不符合要求的供應商限期整改，經整改仍不符合要求者取消其供應商資格。

根據案例提供的信息，請回答以下問題：
1. 成都統一企業對供應商的選擇為什麼那麼嚴格？
2. 成都統一企業為什麼多次對供應商進行評估？其用意何在？
3. 成都統一企業在評估供應商時為什麼關注其合法性與供應品質？
4. 請描述成都統一企業選擇供應商的程序。
5. 成都統一企業為什麼就近選擇供應商？
6. 成都統一企業為什麼要幫助供應商進行採購價格談判？為什麼要向供應商提供無償的幫助？
7. 成都統一企業為什麼要親臨供應商企業現場進行指導？這對雙方各有什麼好處？
8. 請闡述滾動計劃法在 JIT 採購中的好處。

單元 9

供應鏈管理環境下的客戶關係管理

【知識目標】

1. 能闡釋 CRM 的概念和內涵
2. 能簡述 CRM 的作用
3. 能闡明 CRM 的基本觀念
4. 能列舉 CRM 的內容

【能力目標】

1. 能分析企業導入 CRM 的必要性
2. 能分析 CRM 與物流管理的關係
3. 能分析 ERP、CRM 與供應鏈管理的整合

引例：A 倉儲公司的客戶挖掘

A 倉儲公司的固定資產價值超過 8,000 萬元人民幣，而每年的利潤不足 500 萬元，資產回報率較低。公司領導認為，為提升公司的利潤率，有必要開展物流增值服務，開發更多的利潤貢獻率高的優質客戶。

引導問題：

1. 怎樣進行客戶挖掘？
2. 怎樣進行有效的客戶關係管理？
3. A 倉儲公司怎樣才能達成上述目標？

供應鏈管理不僅涉及供應商關係管理、生產運作管理，還涉及客戶關係管理，需要整合企業內外資源和能力，實現供應鏈價值的最大化。特別的，借助現代信息技術手段（如移動互聯網、電子商務平臺），企業可以實現與客戶在銷售、行銷以及服務上的交互，向客戶提供創新性、個性化的服務，這對吸引新客戶、留住老客戶、培養顧客對企業的忠誠，具有非常重要的意義。

9.1 客戶關係管理的認知

有道是，得市場者得天下。在市場競爭日益激烈的今天，加強客戶關係管理顯得尤為重要。客戶關係管理（Customer Relationships Management，CRM）起源於20世紀80年代初提出的「接觸管理」（Contact Management），到90年代初期演變為包括電話服務中心與支援資料分析的客戶服務（Customer Care）。伴隨著供應鏈的不斷延伸，對最終客戶的管理要求越來越細化，CRM不斷演變發展並趨向成熟，最終形成了一套完整的管理理論體系。

9.1.1 基本概念

客戶關係管理是一種全新的管理機制，其目的是為了改善企業與客戶之間的關係。CRM通過對銷售、市場行銷、客戶服務與支援等流程進行改善，使企業與客戶之間形成一種協調關係。

CRM強調以客戶為中心，是一種顧客驅動的管理模式，它通過先進的計算機應用技術和優化管理方法的結合，對客戶進行系統研究，建立有關老客戶、新客戶、潛在客戶的檔案，從中找出有價值的客戶，並且不斷挖掘客戶的潛力，不斷開拓市場。簡言之，客戶關係管理是「一種致力於實現與客戶建立和維持長久、緊密合作夥伴關係，旨在改善企業與客戶之間關係的管理模式」（GB/T18354－2006）。

CRM本身是一種管理方法，借助於信息技術，人們迅速地開發出了一套CRM軟件，使之成為一種技術。它利用WEB、呼叫中心（Call Center）等多種手段，實現企業與客戶的無縫連接與交流，極大地提高了企業管理的效率。

綜上所述，CRM就是要通過對企業與客戶間發生的各種關係進行全面管理，以贏得新客戶，鞏固並保留既有客戶，增進客戶利潤貢獻度。目前CRM已經將管理的對象延伸出直接客戶的範疇，包括了企業的代理、媒體合作者、供應商、員工，等等。

9.1.2 CRM的產生

當越來越多的企業成功地應用ERP軟件並進行業務流程再造之後，企業內部管理效率提高了，此時，顧客驅動的理念被越來越多的企業所接受，企業的注意力從內部管理轉向外部客戶，從以產品為中心轉向以客戶為中心，從ERP軟件中的銷售管理功能轉向了更加關注銷售、行銷、客戶服務與支持的客戶關係管理。

當企業的商業策略和銷售手段由坐等客戶上門轉向主動上門推銷之後，企業的銷售

情況也隨之大為改觀。坐等上門是被動的「守株待兔」，而上門推銷則是主動出擊，這是一種基於「一對一」理論的拉式策略。企業收集客戶的數據與信息，並進行分類、整理，從而充分地瞭解客戶，以便對市場作出準確的分析。拉式策略能使企業及時瞭解客戶群的消費動向，跟蹤客戶的消費意向，把握消費趨勢，準確判斷市場需求。

隨著信息技術的發展，企業不僅可以通過電話、傳真與客戶交往，還可以通過互聯網與客戶及時溝通，而互聯網與電話的發展，又推動了呼叫中心的發展。所有與客戶交流的信息均可通過網路進行傳遞，使企業各個部門的人員都能共享客戶信息，全面瞭解客戶情況，快速準確地進行業務處理。市場對客戶關係的需求使客戶關係管理的觀念提升，而信息技術的飛速發展，又使客戶關係管理得以實現，CRM 應運而生。

9.1.3 CRM 的作用

客戶關係管理是一種全新的企業戰略和管理手段，CRM 子系統與 ERP 子系統的無縫連接，會使供應鏈管理產生很好的效果。客戶關係管理在開拓市場、吸引客戶、減少銷售環節、降低銷售成本、提高企業運行效率等方面比單純應用 ERP 軟件能給企業帶來更大的效益。

1. 開拓市場

通過電話、傳真和互聯網等多種工具與客戶進行頻繁的溝通，擴大了銷售活動的範圍，增加了與客戶往來的信息，掌握了市場的最新動態，把握了競爭的最好時機。

2. 吸引客戶

由於客戶與企業有較多渠道進行交流，企業聯繫客戶方便，客戶服務和支持加強，客戶滿意度提高，企業吸引住了客戶。

3. 減少銷售環節

由於任何企業員工均能通過系統提供的客戶信息，全面地瞭解客戶的情況，同時也可以將自身所得到的客戶信息添加到系統，這樣會使銷售渠道更為暢通，信息的中間傳遞環節減少，銷售環節也相應地減少。

4. 降低銷售成本

由於銷售環節的減少，必然會造成銷售費用的下降，當然銷售成本也就跟著降低了。

5. 提高企業運行效率

由於企業通過客戶關係信息，從所提供的銷售產品、銷售數量、銷售成本、市場風險、客戶變化等多方面進行多維分析和銷售績效分析，企業在經營過程中的運行效率也就相應地提高了。

9.1.4 企業導入 CRM 的必要性

CRM 的應用不僅僅只是軟件的實施，更重要的是通過軟件的實施，實現企業在客戶關係管理方面的全面重組，包括部門重組、業務重組，以及業務的自動化，以便最終實現企業各個部門能夠協同運作，為客戶提供最有價值的產品和服務。因此，企業導入 CRM 的必要性主要表現在以下兩個方面：

1. 增強部門的協調性

許多企業的市場行銷、銷售、客戶服務與支持部門都是各自獨立的，由於部門間缺乏協調，造成業務功能難以實現整體最優，不能以顧客導向的理念處理相關業務，往往導致客戶意見多，顧客滿意度及忠誠度大大降低。

導入 CRM 之后，企業能建立各個部門共享的信息平臺，以上情況將大大改觀。各個部門能從建立良好客戶關係的共同目標出發，相互配合，相互支持，提高客戶服務的效率。

2. 提高員工工作的有效性

當企業導入 CRM 之后，對客戶服務全過程更加清楚，有利於企業對客戶需求作出快速反應。通過清晰的業務流程與嚴格的實施步驟去規劃與客戶之間的交往活動，使現有客戶和潛在客戶得到滿足，使他們能夠獲得更多的效用。這樣有利於留住顧客，並逐步擴大市場份額。

CRM 的導入為企業構築了一座最佳的與客戶溝通的橋樑——CRM 解決方案，該方案的實施將極大地提高員工的客戶服務意識，進一步規範業務流程，實現客戶管理的自動化和智能化，從而改善與客戶的關係，密切與客戶的聯繫，實現企業利潤最大化的經營目標。

9.2 樹立 CRM 的觀念

客戶關係管理的基本觀念主要體現在重視客戶價值、應用「一對一」理論、推行拉式模式等幾方面。

9.2.1 重視客戶價值

面對顧客需求驅動的買方市場，企業迫切需要瞭解以下信息：哪些潛在顧客對產品感興趣？他們容易接受哪種銷售方式？哪些客戶對報價有反應？哪些客戶是企業的長期顧客？哪些客戶容易轉向競爭對手？等等。這些信息是客戶對產品、服務和無形資產滿意度的反應，這種反應非常有價值，它來自客戶，亦即客戶價值。

顧客對產品是否滿意，反應在顧客對產品品種的選擇以及對產品價格的評判等方面；顧客對服務是否滿意，主要取決於企業提供的基本服務與增值服務。當然，顧客滿意並不等同於顧客忠誠，企業不僅希望顧客滿意度高，更希望顧客忠誠度也高。

重視對顧客價值的管理可以顯著地提高企業的盈利能力，因此，許多企業越來越關注顧客價值，並建立起以顧客價值為導向的企業戰略，以此來改善經營業績。為此，開發、維繫並發展與最有價值的顧客的關係顯得格外重要。此外，企業還需全面提高對低利潤客戶群的盈利能力。當然，要有效地提供顧客價值，還必須克服組織、技術等方面的障礙，因為以產品為導向的傳統企業經營模式和機械式組織結構會成為顧客導向行動的阻力。

重視顧客價值還有利於供應鏈管理以顧客需求為導向，從供應鏈戰略、供應鏈類型等方面作出進一步的改善。

瞭解客戶價值需要通過與客戶的交流而實現，而信息技術又為這種交流提供了很好的工具。企業與客戶通過在互聯網上的互動式溝通交流就是一個很好的例子。

9.2.2　應用「一對一」理論

在傳統的行銷活動中，企業往往通過千篇一律的顧客調查表、淡季打折的廣告牌、大肆宣揚的中獎活動等方式來爭取顧客群。而 CRM 則是向客戶提供「一對一」的個性化服務。

不同的客戶價值是不一樣的，而各個客戶的需求也是有差異的，因此，企業應該提供個性化的服務去滿足不同客戶的需求。具體的做法包括同每個客戶建立關係；同每個客戶進行交流；瞭解客戶的特殊需求；在客戶關係的整個週期中跟蹤客戶；收集匯總客戶信息，建立客戶檔案，做到瞭解每個客戶，關懷每個客戶，滿足每個客戶，做到為不同客戶提供不同的服務。只有這樣，才能真正留住客戶，留住企業寶貴的資源。

9.2.3　推行拉式模式

在商品短缺的年代，產品供不應求，企業經營運作往往採用的是推式市場模式，由企業來引導市場需求，通過庫存來調節供求關係。在推式市場中，企業主動，客戶被動，企業從中可以得到部分最佳的效益。

在商品豐富的年代，產品供過於求，企業往往採用的是拉式市場模式，由客戶需求來引導企業的經營運作。在拉式市場中，客戶主動，企業被動。企業被迫向客戶讓利，以不斷創造新的需求。

CRM 的新觀念建立在拉式市場模式基礎之上，銷售人員應耐心傾聽客戶的意見，並採取顧客滿意的方式進行銷售。因此，銷售人員應與客戶進行充分的溝通交流，真正瞭解客戶的需要，掌握市場脈搏。

9.3　辨識 CRM 的內容

CRM 軟件可以通過 WEB、呼叫中心、移動設備等多種渠道來跟蹤和管理與客戶交往的一切活動，它對電子商務的實現起到了促進作用。因此，CRM 軟件是一個融合了多種功能、使用了多種渠道的組合軟件。

客戶關係管理軟件的功能包含銷售、行銷、客戶服務與支持以及商務智能四大部分。

9.3.1　銷售自動化

銷售部分主要是實現銷售自動化。通過向銷售人員提供計算機網路及各種通信工具，銷售人員便可瞭解業務日程安排、帳戶管理狀況、薪酬、定價、商機、交易建議、費用、信息傳遞渠道、客戶的關鍵人物圖片信息、有關媒體新聞等信息。客戶則可借助於電子商務平臺，通過網上交易來購買企業的產品和服務。

CRM 的銷售自動化具有如下幾種功能：

1. 現場銷售

在許多 CRM 應用軟件中，現場銷售是一個十分重要的功能，它不僅包含軟件技術，還包含相關的硬件技術，其目的是為了方便現場銷售人員在遠離公司的時候，利用便攜式計算機或掌上電腦及時與公司取得聯繫，及時提交客戶的訂單、接受新任務以及查詢客戶信息。當然，對於某些企業來說，現場銷售模塊不一定有實施的必要。

2. 電話銷售與網路銷售

電話銷售與網路銷售是重要的銷售渠道，一般需要通過這兩項功能來建立銷售訂單。無論是電話銷售還是網路銷售，都需要有客戶信息及產品信息提示屏幕，以便當客戶通過銷售渠道與銷售人員接觸時，企業內部有關人員能獲得該客戶的相關信息。例如：呼叫中心的接線員在接線時，能迅速地從屏幕上看到客戶和商品的有關信息。對電話銷售中的接線員而言，當客戶打入電話時，也能迅速地從計算機屏幕上查閱客戶的歷史檔案。

在以上各種功能中，呼叫中心是一項較為常用的功能。CRM 強調與客戶交流渠道的多樣性，例如現場、電話、網路等。這樣不僅可以為客戶提供方便，而且還可以增加與客戶交流的機會。多種渠道的存在要求企業具備融通各種渠道的能力，以保證客戶與企業溝通交流的效率與效果。同時，企業內部溝通也可以通過多種方式進行。因此，CRM 將以往的呼叫中心提升為交互中心，交互中心處理多種渠道的能力大為增強，其最終的結果就是建立一份銷售訂單。

3. 客戶管理

客戶管理包括現有客戶管理以及潛在客戶管理。在 CRM 中，客戶信息以集成的方式存儲在數據庫裡，以便相關人員能共享該信息。這些信息可支持公司的日常銷售。此外，根據需要還須對客戶信息進行詳細的歸類和分析。

企業的銷售部或客戶服務部可以通過多渠道獲得潛在客戶（如已註冊但無購買記錄的客戶）的信息。CRM 的潛在客戶管理功能能記錄潛在客戶信息，並且具有信息分析功能。借助於 CRM，企業能有效利用所獲得的信息來改善與客戶的關係，以便吸引更多的客戶。

4. 薪酬管理

銷售人員的薪酬由銷售部經理根據銷售人員的業績來決定，呼叫中心接線員的薪酬則依據訂單錄入的次數來決定。借助於 CRM 的薪酬管理功能，可以準確地計算每個銷售人員的銷售業績，如銷量、銷售貢獻額、利潤貢獻額等，為科學考評員工的績效提供了重要依據；同時，也可靈活地設置佣金的提成方式，準確地計算每個銷售人員的佣金數。

5. 日曆日程表

企業員工的工作安排可以通過企業內部網的功能來實現。在理想的 CRM 中，根據業務流程的需要，上級主管要為下屬指派工作，一個部門也可以為另一個部門安排任務，這些任務可以通過網路傳輸到每個員工自己的日曆日程表中，從而保證企業部門內、部門間及時、準確的信息溝通。

9.3.2 行銷自動化

行銷自動化是銷售自動化的補充。行銷自動化是通過行銷計劃的編製、執行和結果分析，清單的產生和管理，預算和預測，資料管理，建立產品定價以及競爭等信息的知識庫，提供行銷的百科全書，進行客戶跟蹤，分銷管理，以達到行銷活動的設計目的。

在企業的各個職能部門中，目前具有市場行銷功能的部門主要是市場部。市場部負責公關活動的策劃和實施、促銷活動的計劃和執行、廣告設計、發布與投放等活動。CRM 中行銷自動化的功能主要有：

1. 行銷活動管理

市場部有關行銷活動的信息都可以在 CRM 中得到反應，例如活動地點、採用的媒體、開始日期、結束日期、任務進度、責任人、預算、開支、預測效果等信息。通過計算機處理，保證了工作信息及時、準確地傳遞，實現了信息共享，提高了管理效率，並使市場部員工擺脫了日常的重複工作，能將注意力集中在行銷活動的策劃上。

2. 行銷百科全書

企業在數據庫中存放了許多在銷商品的基本信息，同時要求列出各種商品的定價、性能等詳細信息。在 CRM 的行銷功能中有一部「行銷百科全書」，它能夠為公司提供有關產品的定價、性能、競爭信息等知識。

3. 網路行銷

企業網上商店的公告欄雖然具備某些網路行銷的功能，可以發布促銷信息，但這是一種非主動的信息發布方式。CRM 要求企業能夠充分利用網路的功能開展行銷活動，例如：個性化網頁、針對不同客戶定制的郵件、公共的公告欄等等。這就要求 CRM 必須具備個性化網頁的自動生成功能，成為電子郵件中心。有些企業在實施 CRM 之前已經具備了電子郵件收發系統，則可將 CRM 的行銷功能和原來的電子郵件收發系統進行集成。

4. 日曆日程表

同銷售自動化中的日曆日程表功能相似，在行銷自動化中，也可以利用公司現有的內部網和外部網的功能來實現公司員工的工作安排，將相應的任務安排通過網路傳送到各個員工自己的日曆日程表中，以保證公司內部信息的交流。

9.3.3 客戶服務與支持

客戶服務與支持（Customer Service and Support，CSS）是客戶關係管理中的重要部分，它是通過呼叫中心和互聯網來實現的。這樣便於產生客戶的縱向及橫向銷售業務。客戶服務與支持為客戶提供了產品質量、業務探討、現場服務、訂單跟蹤、客戶關懷、服務請求、服務合同、維修調度、糾紛解決等功能。

對於維修站、現場服務及售後服務部門來說，如何提高服務質量，提高顧客滿意度是很重要的。為此，有必要建立一整套完善的服務/支持管理體系。客戶服務與支持的功能一般包括：

1. 安裝產品的跟蹤

服務與支持是根據產品發貨、自動更新銷售或保修產品記錄，以及購買者信息來進

行管理的。它是按照保修項目規定的服務內容和條件進行服務的。

2. 服務合同管理

在客戶服務與支持中，預先設置了各種服務合同的樣本，規定了服務條件、服務方式（熱線電話、現場維修等）、服務人員、服務費用以及服務有效範圍等條款。服務合同有助於縮短收帳週期，並與銷售管理的開發票作業相聯繫，有利於迅速開出發票。

3. 求助電話管理

求助電話是一種較為常見的服務方式。對於客戶的求助電話，企業應按照優先權規則及時處理，及時分派服務人員，以確保客戶能盡快得到回音。

求助電話管理可以記下求助所需的配件或人工，並按配件價格和服務費用開出票據；也可為補充服務配件的庫存下訂單，還可根據預先設定的檢修標準和程序記錄配件和人工，並開具發票。

4. 退貨和檢修管理

如果產品質量有問題客戶要求退貨，可利用物料審核功能進行退貨核准，當收到退貨後，可及時發出替代貨品，收到的退貨在檢修之後入庫。

5. 投訴管理和知識庫

在過去，企業處理客戶投訴往往通過手工方式來完成，整個業務流程沒有相應的軟件支持。客戶服務部在接到客戶的投訴電話或獲得網上投訴的信息後，一般用手工的方式記錄下來，接著依靠主觀判斷提出問題解決方案抑或請求上級進行處理。這往往導致交互式處理週期過長，顧客不滿。CRM 軟件有常見問題解決方案的知識庫和投訴管理功能，當客戶投訴時，接待員立即將所投訴的問題輸入計算機（投訴內容同時作為客戶管理中客戶信息的一部分）。如果是常見問題，計算機可通過知識庫迅速地找到標準解決方案，這樣就大大縮短瞭解決問題的時間，使顧客滿意度上升。如果客戶投訴的問題較複雜，處理週期較長，CRM 軟件可以給相關人員分配任務，全程跟蹤投訴處理過程。

6. 客戶關懷

在企業現有的服務流程中，一般沒有客戶關懷功能。CRM 的客戶關懷功能模塊能依據分析工具對客戶的購買額度、利潤貢獻、滿意度、忠誠度進行分析，然后根據分析結果制定客戶關係計劃。由於客戶關懷功能模塊與其他 CRM 的功能模塊進行集成，因而制定的客戶關係計劃可以自動得到執行，相應的任務與步驟可在其中設置並描述，且可自動將任務分配到有關的責任人。

7. 日曆日程表

客戶服務部分的日曆日程表功能與銷售自動化、行銷自動化中的日曆日程表功能相同。

9.3.4 商務智能

當銷售自動化、行銷自動化和客戶服務與支持三種功能實現以後，將會產生大量現有客戶和潛在客戶的有關信息。這些信息是企業寶貴的資源。通過對這些信息進行分析處理，可產生有關客戶關係管理的商務智能方案，以便決策者及時作出正確的決策。因此，除了以上三種功能外，還可增加一個商務智能功能。

CRM 為企業的各級人員提供了強大的數據統計分析功能，實現了商務智能功能。

CRM 的商務智能是一種報表生成、分析和決策支持的工具，包括銷售智能、行銷智能、客戶智能等內容。

9.4　CRM 的實施與應用

9.4.1　CRM 的實施

CRM 軟件在實施中要注意以下幾個問題：

1. 企業決策層的重視

企業決策層不僅僅是 CRM 項目的投資決策者，更重要的是高層管理者要充分認識到 CRM 項目投資的重要意義，瞭解 CRM 項目的實施帶來的巨大效益，做好 CRM 實施前的組織準備工作，安排好實施前的人員培訓。

2. 實施人員的選擇

由於 CRM 的基本功能是銷售、行銷、客戶服務與支持，因此 CRM 的實施主要涉及銷售業務以及服務方面的人員。所挑選的這些人員不僅要學會操作 CRM 軟件，更為重要的是應按照 CRM 全新的業務流程來處理企業業務，徹底改變原來的手工操作習慣以及傳統的行銷理念與方法，迅速地轉變行銷觀念，盡快適應 CRM 變革所創造的新型企業文化。

3. 具有明確的實施目標

企業相關人員不僅要透澈瞭解 CRM 軟件的各項功能，更需要結合企業自身業務、需要解決的實際問題以及要達到的經營指標，建立明確的實施目標，制定切實可行的實施計劃，確保項目的成功實現。

4. 選擇合適的軟件供應商

企業應根據實施目標，有針對性地挑選適合本企業的 CRM 軟件。雖然 CRM 軟件都同時具有銷售、行銷、客戶服務與支持三種基本功能，但不同的軟件側重點不同，軟件的具體功能範圍和功能大小不一樣，因而往往具有不同的特點。

5. 實施要有基礎

CRM 軟件中的數據來自企業前臺和后臺管理，因此在實施 CRM 之前，首先要做好后臺計算機的應用工作，如果企業已完成或部分完成了 ERP 系統的實施，那麼 CRM 的實施將更有保證。

實施一個完整的 CRM 項目一般需要幾年時間，但如果企業已實施了 ERP，實現了電子貿易，建立了數據庫，並開始實施供應鏈管理，已具備實現 CRM 的部分要素，則可大大縮短實施時間。

9.4.2　CRM 在我國的應用

當 CRM 的熱潮在全球掀起之時，中國人同樣感到一陣新鮮。一些企業敢於「吃螃蟹」，率先進行了 CRM 嘗試，期望以此來提高自身的客戶關係管理水平，獲取最大化的利潤。但是，實施中面臨著強大的壓力，這種壓力表現在中國企業的現狀與 CRM 軟件

系統之間還存在著較大的差距；企業還沒有完全掌握市場運作規律；銷售渠道較單一、銷售作業尚不規範；行銷經驗也缺乏；文檔資料不完善。為此，首先要進行一系列的變革，包括經營理念的改變、良好規範的建立、分銷渠道的發展、數據庫的建立等等，為 CRM 系統的建立和用好 CRM 軟件創造良好的環境條件。

根據 IDC 公司的市場預測，中國將是除日本之外亞太地區增長最為迅速的 CRM 應用市場。在中國，目前已應用 CRM 的企業有：惠普公司、無錫機床廠、上海羅氏制藥有限公司、浙江省電信公司等。

9.5　辨識 CRM 與物流管理的關係

無論是流通領域的物流管理，還是製造領域的物流管理，抑或第三方物流和國際物流，都離不開客戶，也都存在著客戶與企業的關係，當然也都需要對客戶關係進行管理。

流通領域的物流管理包含了運輸、保管、配送、包裝、裝卸、流通加工等環節，各環節都存在客戶與企業的關係。例如：運輸中有托運人和承運人，保管中有委託保管方和保管方，而托運方和委託保管方均為客戶。

生產企業的物流管理包含了銷售物流、供應物流、生產物流、回收物流和廢棄物流各個部分。其中銷售物流與銷售系統相配合，共同完成產品的銷售工作。市場預測和開拓、制訂銷售計劃和策略、產品推銷和服務各項活動都是銷售系統的功能，顯然這些活動和 CRM 中的銷售自動化、行銷自動化和客戶服務與支持的活動是一致的。

對於第三方物流企業來說，委託它承擔物流管理工作的企業就是它的客戶，因為企業購買了第三方物流企業的服務。因此，第三方物流企業與委託方之間存在著客戶關係管理。

與流通領域的物流管理相類似，國際物流也包含著運輸、保管、配送、包裝、裝卸、流通加工各個部分，而每個部分中均有客戶與服務方，因此也必然存在著客戶關係管理。

從以上分析不難看出，凡是存在客戶關係之處，必然需要進行管理。而物流管理中處處都有客戶關係，所以物流管理與 CRM 有著密切的關係。企業應用 ERP，也可以同 CRM 和 SCM 一起用，如果再加上電子貿易，無疑就可以名副其實地成為電子商務軟件的用戶了。

9.6　ERP、CRM 與供應鏈管理的整合

隨著經濟全球化進程的加快，市場競爭日益激烈。企業競爭形態已經演變為企業戰略聯盟間、虛擬企業與虛擬企業之間、供應鏈與供應鏈之間的競爭。借助計算機網路及信息技術，溝通企業內外部的信息聯繫，實現信息共享，是提高企業競爭力的有力手段。

企業資源計劃（ERP）、供應鏈管理（SCM）、客戶關係管理（CRM）是當前研究的熱點。三者研究的側重點不同，功能上具有一定的重疊和互補性：ERP是一個面向供應鏈的管理系統，但側重於企業內部的優化與控制；SCM則強調溝通企業上下游的關係，側重於供應鏈夥伴的參與與資源運籌調度能力；CRM認為企業的營運應圍繞客戶來進行，強調對企業的潛在客戶和現有客戶的管理。國內外的很多管理軟件廠商相繼推出了自己的SCM、CRM軟件，也有些ERP廠商（如SAP）正在以ERP為核心，將SCM、CRM、企業門戶等整合成為一體化的解決方案。

9.6.1 ERP、SCM及CRM管理思想的比較

9.6.1.1 ERP、SCM和CRM的概念

ERP的概念是由美國高德納公司（Gartner Inc.）在20世紀90年代初提出的。是一種基於供應鏈管理思想的企業管理系統。它以市場和客戶需求為導向，以實現協同商務和多贏為目標，運用各種先進管理思想和方法對企業內外資源實行優化配置，以消除生產經營過程中一切無效的資源和環節，進而提升有效客戶反應和客戶滿意度。但實際上，目前大多數ERP系統主要用於企業內部流程的優化，幫助企業實現內部資金流、物流與信息流一體化管理。

SCM是圍繞核心企業，主要通過信息手段，對供應鏈各個環節中的物料、資金、信息等資源進行計劃、調度、調配、控制與利用，形成用戶、零售商、分銷商、製造商、供應商的全部供應過程的功能整體。

CRM就是要通過對企業與客戶間發生的各種關係進行全面管理，以贏得新客戶，鞏固並保留既有客戶，增進客戶利潤貢獻度。目前CRM已經將管理的對象延伸出直接客戶的範疇，包括了企業的代理、媒體合作者、供應商、員工，等等。

9.6.1.2 ERP、SCM和CRM的區別

ERP與SCM的最大區別是：ERP著重於企業內部的流程優化，強調企業管理的縱向化。SCM著眼於和企業發生關係的上游或下游的合作夥伴，強調企業管理的橫向化。SCM強調從供應鏈的整體角度出發，並不過多地考慮在企業內部進行製造的某個環節上工序是否合理，時間是否可控，庫存是否正常，而是考慮商品在一家企業傳遞到另一企業的時候如何實現了「鏈條上的增值」。

ERP與CRM的最大區別是：ERP缺乏對外部客戶的專注與管理，缺乏對外部市場信息的分析與挖掘。雖然ERP包含銷售管理模塊，但只是對銷售過程（如銷售計劃、銷售訂單、銷售催款）的管理。而CRM強化了對客戶的管理，視客戶為最重要的資源之一，對企業與客戶發生的各種關係進行全面管理。CRM通過記錄客戶與企業的交往和交易，並將有可能改變客戶購買行為的信息加以整理和分析，同時進行商業情報分析，瞭解競爭對手、市場和行業動態。

9.6.1.3 ERP、SCM和CRM的聯繫

無論ERP、SCM還是CRM，其共同點都是利用信息技術，在信息共享的基礎上，提高企業運作的效率與柔性，降低運作成本，提高企業對市場的反應能力，從而增強企業的市場競爭力。這三者又是互相聯繫互為補充的：

SCM從企業外部供應鏈全局的角度，通過對供應鏈上各節點的協調，與上下游夥伴

企業以適當的方式共享計劃信息、庫存信息、運輸信息等，實現了企業外部的物流、資金流、信息流的集成，最大限度地減少了整條供應鏈運作的成本，彌補了 ERP 橫向管理的不足。

CRM 進一步延伸了企業的供應鏈管理，CRM 可看作是 ERP 在銷售管理上的延伸，借助 Internet 技術，突破了供應鏈上企業間的地域邊界和不同企業之間信息交流的組織邊界，建立起企業自己的 B2B 網路行銷模式，CRM 強化了對供應商及客戶的管理，樹立以客戶為中心的管理理念，通過持續地提高客戶滿意度來提高企業競爭力。

9.6.2 ERP、SCM 與 CRM 的整合

9.6.2.1 ERP、SCM 與 CRM 整合的必要性

目前，企業市場競爭形態已經從單個企業之間的競爭，發展演變為企業戰略聯盟之間、虛擬企業與虛擬企業之間、供應鏈與供應鏈之間的競爭。對於一個企業發展而言，市場早期拼的是生產製造，中期比試的是銷售和物流，最后則完全看客戶服務。為了在激烈的市場競爭中立於不敗之地，企業必須整合企業內外部的各種資源，在專注於自身核心競爭力的同時，樹立以客戶為中心、面向供應鏈展開競爭的管理理念。

雖然理論上 ERP、CRM 與 SCM 存在著不同的定義和概念，但三者存在著密切的聯繫，現有系統在功能實現上也存在著很多重合，在實踐中嚴格地界定 ERP、CRM 與 SCM 是非常困難的，尤其是對於那些以分銷為主要銷售模式的企業。因此，十分有必要整合 ERP、SCM 與 CRM，滿足企業從縱向化到橫向化管理的需要。

ERP、CRM 和 SCM 相互之間存在著緊密的聯繫。首先，SCM 的成功運行離不開 ERP 的支持。成功運行 ERP 是供應鏈上各節點企業相互之間共享計劃、庫存、運輸等信息，從而實現供應鏈上的物流、資金流、信息流的集成的基礎和前提。例如，在供應商管理庫存的策略下，必須與上游供應商或下游客戶之間共享庫存信息，以便實現及時補庫。同時，又必須及時瞭解企業自身的庫存量，如果庫存不足，就需要安排生產，這就有賴於 ERP。其次，CRM 也離不開 ERP 系統的支持。若離開了后臺 ERP 系統的支持，則從 CRM 平臺上獲得的銷售訂單、市場信息就不能及時傳遞到后臺 ERP 系統中；同樣，若 CRM 與 ERP 系統沒有集成，則前臺的 CRM 系統也不能讀取 ERP 系統中的有關產品的價格、產品配置等信息，從而造成前后臺信息脫節，導致客戶滿意度的下降，甚至造成大量客戶流失。只有集成 ERP、SCM 及 CRM 系統，才能真正將核心企業、客戶、經銷商等整合到一起，實現企業對客戶個性化需求的快速回應，同時也幫助企業清除了行銷體系中的中間環節，通過新的扁平化行銷體系，縮短回應時間，降低銷售成本。

9.6.2.2 ERP、SCM 與 CRM 的整合方式

整合思路：以供應鏈管理為核心，以核心企業 ERP 建設為出發點，在實現企業內部一體化管理的基礎上加強對企業上下游合作夥伴的縱向管理；通過加強對外部市場及企業客戶的管理，實施以客戶及市場驅動的企業運作模式。

前面已經提到，ERP 是一個基於供應鏈的企業管理系統，其典型的功能模塊有：採購管理、銷售管理、生產管理、財務管理、固定資產、成本管理、設備管理、質量管理、人力資源管理等。現有的 SCM 及 CRM 系統產品在功能模塊設置上與 ERP 有一定的

重疊，相對 ERP 原有的模塊而言，只是在供應鏈的縱向上有些擴展或增強。因此，通過統籌規劃，以 ERP 為中心，在現有功能模塊設置基礎上，與 SCM 和 CRM 提供的功能相互融合與增強，從而實現 ERP、SCM 及 CRM 的整合。

1. ERP 與 SCM 的整合

ERP 在對企業間物流、信息流、資金流進行協同計劃、組織、協調及控制等方面功能不足，而 SCM 在這些方面提供了更好的解決方案。具體而言 SCM 在如下幾個方面提供了優於 ERP 的功能。

（1）生產計劃與控制。基於 MRP 的 ERP 計劃模型有其固有的缺陷，如基於無限能力及固定的製造與生產提前期假設，以企業內部的物料需求為中心進行 MRP 展開，缺乏和供應商的協調，企業的計劃制定沒有考慮到供應商以及分銷商的實際情況，不確定性對庫存和服務水平影響較大，庫存控制策略也難以發揮作用等。而 SCM 可分析企業內部及供應商生產設施的物料和能力約束，編製滿足物料和能力約束的生產進度計劃，通過協調並優化各節點企業的生產計劃執行情況，使生產計劃具有更高的柔性和敏捷性，從而使企業能對市場變化作出快速反應。

（2）採購與物流管理。儘管 ERP 也提供了採購管理功能，但 ERP 側重於對採購訂單的制定及執行情況的簡單記錄。儘管 ERP 提供了分銷資源計劃（Distribution Resource Planning，DRPⅡ）擴展模塊，但 SCM 提供了更為全面的功能以及更加詳細的信息。基於 Internet 的 SCM 採購與物流管理解決方案和協同引擎等在內的通信技術可幫助企業更好地跟蹤、協調採購進程，在共享生產進度及庫存信息的基礎上，還可以實現供應商管理庫存（VMI）。SCM 中的分銷管理方案，可以更有效地管理分銷中心，能夠在降低分銷成本的同時，保證產品可訂貨、可盈利、能力可用。可見，SCM 能有效地幫助企業實現由內部資源管理向外部資源管理的轉變，從一般買賣關係向戰略合作夥伴關係的轉變，實現企業內外部資源的有效配置。

（3）企業間供應鏈分析。這是 SCM 在決策支持方面與 ERP 顯著不同的一個方面。SCM 可以提供一個整個企業或全局供應鏈的圖示模型，幫助企業從戰略上對工廠和銷售中心進行調整，有可能對貫穿整個供應鏈的一個或多個產品進行分析，有助於發掘到問題的癥結。

因此，ERP 與 SCM 可按如下方案進行整合：在現有的 ERP 功能基礎上，加入高級供應鏈計劃模塊，引入「整體計劃」功能，用戶可以計劃整個供應鏈、物料和能力，從而可以極大地減少用戶花費在同步化計劃上的能力，提高協調滿足市場需求的速度。通過「整體計劃」獲得對分銷中心的需求及對供應商的要求，在此基礎上，進行企業內部的生產製造規劃（MPS/MRP），根據規劃結果調整對分銷需求及供應商的供貨期量需求，通過加強 ERP 中的採購與物流管理實現 SCM 的整合。

2. ERP 與 CRM 的整合

現有的 ERP 產品在銷售方面，尤其在市場行銷管理、售後服務、客戶支持等方面遠遠不夠。而 CRM 則在銷售、市場行銷、客戶服務和支持等與客戶直接打交道的前臺領域提供了很強的能力。具體而言，CRM 在如下幾個方面提供了優於 ERP 的功能。

（1）銷售管理。CRM 更注重銷售機會及銷售過程的管理，提供的功能有：聯繫人管理、銷售機會管理、活動日曆管理、銷售預測、銷售人員費用管理等。而 ERP 只強

調銷售結果，強調銷售計劃和銷售業績，如銷售量、銷售額等，不具備面向市場挖掘銷售機會的功能，而該項功能對於當今企業的生存是非常關鍵的。

（2）市場行銷管理。CRM 能有效地幫助企業管理行銷活動，幫助企業深入瞭解市場、競爭對手、消費趨勢，輔助制訂行銷計劃，強調一對一行銷思想。而 ERP 在這方面比較薄弱，只是提供了一些市場資料和行銷資料。

（3）售後服務管理。CRM 加強了對客戶服務和支持的全面管理，強調客戶關懷，提高客戶滿意度和忠誠度。而 ERP 只是對售后服務情況、客戶投訴及解決情況等進行簡單記錄。

（4）決策分析。CRM 更側重於對客戶信息的挖掘和分析，而 ERP 主要是一個面向企業內部的事務處理系統，通過各種輸出報表支持高層決策。

因此，ERP 與 CRM 可按如下方案進行整合：在 ERP 的現有銷售模塊功能基礎上，向外部市場及客戶服務功能延伸，增加市場行銷管理、銷售機會捕獲及分銷、售后服務支持。從而在信息共享基礎上，實現了銷售、行銷、客戶支持等流程的一體化，大大增強企業把握市場機遇、面向客戶及市場組織生產的能力。

3．ERP、SCM 與 CRM 的整合途徑

通常有兩類整合 ERP、SCM 及 CRM 的方式，一類是採用現成的高度集成的整合方案，如：著名的 ERP 廠商 SAP 推出的 my SAP 商務套件正在以 ERP 為核心，將 SCM、CRM、SRM、企業門戶等整合成為一體化的解決方案。這類整合方式集成度高，但價格昂貴，實施週期長。另一類是基於 ERP 集成第三方的 SCM、CRM 產品，這類集成可以集中各軟件廠商的產品優勢，缺點是由於目前尚缺乏 ERP、SCM 及 CRM 的統一規範，各軟件廠商的數據庫獨立設計，雖然產品大多提供了開放的程序接口及集成支持工具，但集成的代價仍然高昂，目前可用的集成方式是採用基於標準中間件的支持異構平臺的集成技術。

案例9-1 某集團是國家經委批准的大型企業，省產品質量信得過單位，主要生產各種型號規格的硅酸鹽水泥，產品被評為國家免檢產品。2003 年年初，該集團被批准為省企業信息化試點單位，並全面啓動了×××企業信息化建設項目。該集團在生產、銷售和採購中主要有如下管理特點及需求：一是生產方式是以市場銷售為主導的面向庫存的連續型生產；二是生產組織管理工作並不複雜，三是對市場行銷、銷售機遇及售後服務的管理亟待加強，四是急需加強對大宗原燃材料及關鍵備品配件的供應商管理及採購過程跟蹤控制，五是進一步加強對公路及鐵路運輸的管理，溝通與運輸協作單位的信息聯繫。在充分調研的基礎上，結合企業特點、現狀及進一步發展需要，該集團以 ERP 系統為核心，向企業兩端（採購、運輸、市場）延伸，實現了 ERP、SCM 與 CRM 的整合。

企業以 ERP 為核心，通過擴展供應鏈管理的範圍，實現 ERP、SCM 和 CRM 的整合，為企業展開基於供應鏈的競爭提供信息支持。針對現有的來自不同軟件廠商的 ERP、SCM 與 CRM 產品，要實現基於軟件總線的即插即用式的系統整合，還有待於相關產品的產品構架及互操作標準的進一步規範與完善。

單元小結

　　CRM 是一種全新的管理機制，它通過對企業與客戶間發生的各種關係進行全面管理，以贏得新客戶，鞏固並保留既有客戶，增進客戶利潤貢獻度。CRM 在開拓市場、吸引客戶、減少銷售環節、降低銷售成本、提高企業運行效率等方面比單純應用 ERP 軟件能給企業帶來更大的效益。CRM 的基本觀念主要體現在重視客戶價值、應用一對一理論、推行拉式模式等幾方面。CRM 軟件包含銷售、行銷、客戶服務與支持以及商務智能四大功能。ERP 是一個面向供應鏈的管理系統，側重於企業內部的優化與控制；SCM 強調溝通企業上下游的關係，側重於供應鏈夥伴的參與與資源運籌調度能力；CRM 認為企業的營運應圍繞客戶來進行，強調對企業的潛在客戶和現有客戶的管理。ERP、SCM 及 CRM 的整合思路是：以供應鏈管理為核心，以核心企業 ERP 建設為出發點，在實現企業內部一體化管理的基礎上加強對企業上下游合作夥伴的縱向管理；通過加強對外部市場及企業客戶的管理，實施以客戶及市場驅動的企業運作模式。

思考與練習題

簡答(述)

1. 請闡述企業加強客戶關係管理的重要意義。
2. 什麼是客戶關係管理？
3. 客戶關係管理的基本觀念有哪些？
4. 客戶關係管理有哪些內容？
5. CRM 軟件在實施中要注意哪些問題？
6. 如何實現 ERP 與 SCM 及 CRM 的整合？
7. 請簡述 ERP 與 SCM 及 CRM 的區別與聯繫。

情境問答

　　在某物流公司的內部會議上，小王提議引進一套 CRM 軟件，以提高公司的客戶管理水平。部分同事強烈反對，理由是「CRM 對客戶數量較大的生產企業有用，對物流企業作用不大」。請談談你對此事的看法。

案例分析

eCRM 營造溫馨家園——上海金豐易居客戶關係管理

　　上海金豐易居是集租賃、銷售、裝潢、物業管理於一身的房地產集團。由於房地產領域競爭日趨

激烈，花一大筆錢在展會上建個樣板間來招攬客戶的做法已經很難獲得好的效果，在電子商務之潮席捲而來時，很多房地產企業都在考慮用新的方式來吸引客戶。

在上海有很多營業點，以前如果客戶有購房、租房的需求，都是通過電話、傳真等原始的手段與之聯繫。由於沒有統一的客戶中心，而服務員的水平參差不齊，導致用戶常常要多次交涉才能找到適合解答他們關心問題的部門。又由於各個部門信息共享程度很低，所以用戶從不同部門得到的回覆有很大的出入，由此給用戶留下了很不好的印象，很多客戶因此乾脆就棄之而去。更讓金豐易居一籌莫展的是，儘管以前累積了大量的客戶資料和信息，但由於缺乏對客戶潛在需求的分析和分類，這些很有價值的資料利用率很低。

金豐易居的總經理彭加亮意識到，在Internet時代，如果再不去瞭解客戶的真正需求，主動出擊，肯定會在競爭中被淘汰。1999年5月，金豐易居與美國艾克公司接觸後，決定採用該公司的eCRM產品。

一、找到突破口

經過雙方人員充分溝通之後，艾克認為金豐易居的條件很適合實施客戶關係管理系統，艾克公司的中國區產品行銷總監張穎說：「首先，金豐易居有很豐富的客戶資料，只要把各個分支的資料放在一個統一的數據庫中，就可以作為eCRM的資料源；另外，金豐易居有自己的電子商務平臺，可以作為eCRM與客戶交流的接口。」

但是金豐易居還是有不少顧慮，因為客戶關係管理在國內還沒有多少成功的案例。另外，傳統的CRM系統需要具備龐大的客戶數據樣本庫，並且建設的週期長，投資大，不是一般的企業可以承受的。最後，eCRM系統的特色打消了金豐易居的顧慮，eCRM系統與傳統的CRM有很大的不同——它是模塊化的結構，用戶可以各取所需；用戶選定模塊後，廠商只需做一些定制化的工作就可以運行起來，實施的週期也很短，很適合中小企業使用。經過充分溝通以後，為了盡量減少風險，雙方都認為先從需求最迫切的地方入手，根據實施的效果，然後再決定下一步的實施。

通過對金豐易居情況的分析，雙方人員最後決定先從以下幾個部分實施：

◆ 金豐易居有行銷中心、網上查詢等服務，因此需要設立多媒體、多渠道的即時客服中心，提高整體服務質量，節省管理成本。

◆ 實現一對一的客戶需求回應，通過對客戶愛好、需求分析，實現個性化服務。

◆ 有效利用已累積的客戶資料，挖掘客戶的潛在價值。

◆ 充分利用數據庫信息，挖掘潛在客戶，並通過電話主動拜訪客戶和向客戶推薦滿足客戶要求的房型，以達到充分瞭解客戶，提高銷售機會。

◆ 即時數據庫資源共享使金豐易居的網站技術中心、服務中心與實體業務有效結合，降低銷售和管理成本。

根據這些需求，艾克公司提供了有針對性的解決方案，主要用到艾克eCRM產品enterprise I，該產品結合了網頁、電話、電子郵件、傳真等與客戶進行交流，並提供客戶消費行為追蹤、客戶行銷數據分析功能，實現一對一行銷。另外，結合艾克的電子商務平臺eACP，與金豐易居現有的系統有效整合。

二、艾克的方案

艾克公司為金豐易居提供的客戶關係管理平臺包括前端的「綜合客戶服務中心UCC」以及後端的數據分析模塊。前端採用艾克UCC3.20，該產品整合了電話、Web、傳真等多渠道、多媒介傳播及多方式分析系統的綜合應用平臺。在前端與後端之間是數據庫，它如同信息蓄水池，可以把從各個渠道接收的信息分類，如客戶基本信息、交易信息等並記錄。後臺採用艾克OTO2.0，它用於數據分析，找出產品與產品之間的關係，根據不同的目的，從中間的數據庫中抽取相應的數據，並得出結果，然後返回數據庫。於是，從前端就可以看到行銷建議或者市場指導計劃，由此構成了從前到後的即時的

一對一行銷平臺。通過這個平臺，解決了金豐易居的大部分需求。

在前端，UCC 系統整合電話、Web、傳真等多種服務，客服人員在為客戶提供多媒體交流的同時，還可以服務於來自電話、Web、傳真等媒介的需求，管理人員可以即時監控、管理客服人員的服務狀況，實現統一管理。這個統一的服務中心設立統一標準問題集及統一客服號，利用問題分組及話務分配隨時讓客戶找到適合回答問題的服務人員，得到滿意的答覆。該系統中的 UCC - Approach 模塊可以有效挖掘客戶潛在的價值。

三、按計劃實施

金豐易居與艾克認為，實施的原則是，必須以金豐易居的現有系統和業務不做大的改動為前提，充分利用現有的硬件、軟件和網路環境，並且與以前的系統有效地整合在一起。

1. 建立多渠道客戶溝通方式

這一步驟包括 3 個部分 UCC - Web、UCC - Ware 和 UCC - Approach。

UCC - Web 客戶通過 Web 進來時，客戶的基本信息與以往交易紀錄一併顯示於服務界面，客服人員可給予客戶個性化服務，並根據后端分析結果做出連帶的銷售建議。

UCC - Ware 客戶租房、買房等諮詢電話經話務分配后到達專門的服務人員，同時自動調用后臺客戶數據顯示於客服界面供客服人員參考，而一些標準問題，可以利用 IVR 系統做自動語音、傳真回覆，節省人力。

UCC - Approach 根據 CRM 系統分析出數據所制定的服務和行銷計劃，對目標客戶發送電話呼叫，將接通的電話自動轉到適當的座席，為客戶提供產品售后回訪或者新產品行銷服務。

2. 實現 OTO 分析與前端互動功能的整合

利用 OTO 分析結果，直接進入 UCC 的 Planer 數據庫，作為建議事項及行銷依據。目前金豐易居有 4 項主營業務，已累積了大量的客戶資料。該部分針對資料做檢測，剔除無效信息，對有效信息按照業務需求類型分組，然后對分組數據作 PTP 分析，找出相關性最強的兩種產品，據此可以做連帶銷售建議。

同時，對目標客戶貢獻度做分析，找到在一定時效內對產品有購買能力與貢獻度最大的客戶，其餘客戶可按照時效及重要程度作力度和方式不同的跟蹤處理。

另外，金豐易居以前的銷售系統、樓盤管理系統、購房中心系統和業務辦公系統，現在都通過艾克產品提供的接口，整合到客戶關係系統內。該項目的實施總共只花了 3 個星期，由於前期的工作做得很充分，所以項目實施很順利，並且很快就運行起來。

應用艾克的客戶關係管理系統之後，金豐易居很快取得了很好的效果，統一的服務平臺不僅提高了企業的服務形象，還節省了人力物力。通過挖掘客戶的潛在價值，金豐易居採用了更具特色的服務方法，提高了業務量。另外，由於客戶關係管理整合了內部的管理資源，降低了管理成本。

四、小步前進

現在回想起來，張穎說，雖然項目的實施時間並不長，但這個成功來之不易。CRM 對於中國企業來說還很陌生，沒有多少成功的經驗可以借鑑，所以要說動企業相信它就不是一件容易的事情。艾克為了讓金豐易居相信 eCRM，做了大量的工作，並且把試用版本給金豐易居使用。雖然金豐易居承認它能夠為自己帶來很多好處，但是由於害怕風險，所以並不能立即決定採用，因為大家都知道上 CRM 意味著巨大的資金投入和管理革新。真讓金豐易居決定採用艾克產品的原因是，應用艾克的產品不需要花很多錢，而且以前的設備很多可以保留下來，也不用進行傷筋動骨的人事和管理的調整。

在考慮如何與金豐易居原有系統連接問題時，雙方的意見並不一致。作為艾克來講，開始連接的系統越簡單越好，而金豐易居則認為能把自己所有的系統和 CRM 整合起來當然最好——客戶往往忽視過於複雜的實施會帶來更大的風險。張穎說，國內的客戶與國外的客戶區別很大，國外的客戶很清楚自己要什麼，而國內的用戶很多只知道自己大概要什麼，具體的需求並不清楚，而一旦廠商提供了

產品之后，它們又覺得很多地方要改進，使廠商又花很多精力重新做很多工作。

為了防止系統在實施過程中發生意外，艾克和金豐易居在實施之前簽訂了一個協議，明確規定什麼時候完成什麼事情，完成到什麼程度，達到什麼樣的效果，由誰來負責，然后在實施過程中按照這個步驟執行，有效保證了系統的順利實施。

作為一家外資企業，能否瞭解中國用戶的特殊需求，是其產品能否在國內站穩腳跟的關鍵。張穎說，艾克成功的原因在於他們能夠從最簡單的地方入手，而不是一上來就把系統所有的功能推給用戶。先實施一部分功能，然后根據客戶的反饋意見做一些改動，直到穩定之後，接著繼續實施其他的功能。這種小步前進的方法適合中國的國情，也容易被中國的用戶接受。

根據案例提供的信息，請回答以下問題：
1. 艾克是怎樣與金豐易居進行合作的？雙方合作成功的關鍵是什麼？
2. 金豐易居為什麼要導入 CRM？金豐易居從中獲得了什麼好處？
3. 請結合該案例談談企業導入 CRM 應注意哪些問題。

單元 10

供應鏈管理環境下的物流管理

【知識目標】
1. 能闡釋供應鏈物流管理的特徵
2. 能闡述物流管理戰略體系
3. 能簡述第三方物流的發展階段
4. 能區分第三方物流與第四方物流
5. 能簡述第四方物流的服務內容
6. 能辨識第四方物流的營運模式

【能力目標】
1. 能分析物流管理在供應鏈管理中的重要地位
2. 能正確判斷物流企業的類型
3. 能正確判斷物流外包的類型及形式
4. 能分析物流外包的驅動因素
5. 能正確進行物流自營與外包決策
6. 能辨識物流外包風險的類型
7. 能分析物流外包風險的成因
8. 能提出規避物流外包風險的舉措
9. 能正確評估、選擇第三方物流服務商
10. 能正確選擇第三方物流的運作模式

引例：保通物流公司的全程供應鏈物流服務

保通物流公司是國內領先的第三方物流企業，在全國多個城市設有分公司、子公司和辦事處，形成了一個覆蓋全國並向國際延伸的運作和信息網路，並與國內外近百家著名大型工商企業結成戰略聯盟，為他們提供商品以及原輔材料、零部件等的採購、儲存、分銷、加工、包裝、配送、信息處理、信息服務和物流系統規劃與設計等供應鏈一體化綜合物流服務。

（1）發展歷程。保通公司成立之初，倉庫和車輛都是租來的，並且只有佳化公司一個客戶。為了能給佳化公司提供優質的服務，保通公司的業務流程和業務發展方向都是圍繞佳化公司的需求來設計的。從第一筆滿意的服務開始，到大批量貨物的高效運輸，保通儲運有

限公司取得了佳化公司的信任。之后，保通公司致力於物流服務，並利用信息技術和信息系統為客戶創造價值。經過幾年的努力，保通物流公司迅速發展成為國內知名的一家物流企業。

（2）物流基地與物流網路建設。隨著市場競爭的加劇，面對小批量、多批次、多品種的小訂單，如何變革現有的商品流通模式與物流運作模式，整合各環節的信息並作出快速反應，是擺在第三方物流公司面前的一道難題。為了應對這種挑戰，保通公司自2003年開始，在全國沿海發達地區及內地重要城市選點建設高效、大型的現代化配送中心，形成樞紐式的物流網路體系。建成后的配送中心不僅是現代化的儲存、分撥、配送、多種運輸交叉作業的中心，同時也是加工增值服務中心、貿易集散中心、結算中心和信息發布中心，可以為客戶提供生產和商品流通一體化的物流服務。

（3）信息化與倉庫管理。保通公司於2003年首先在蘇州基地實施倉庫管理系統（WMS），該基地主要作為飛利浦電子的中央配送中心（CDC）為其提供物流服務。隨著項目的平穩進行，保通公司的倉庫營運達到了全新的高度，得到了國內外客戶的一致好評。隨后，保通公司把這個成功的案例加以推廣，將WMS應用到各地的倉儲管理中，通過應用WMS系統的無線射頻（RF）技術和配套流程，保通公司還將原來的紙張化操作逐步升級到RF管理。系統支持下的運作能力和服務質量的提升，幫助保通公司保持了國內第三方物流企業領先者的地位。

引導問題：

1. 在保通物流公司由小到大、由弱到強的發展歷程中，哪些值得我國第三方物流公司借鑒？
2. 結合保通物流公司的發展歷程，你認為保通物流公司為什麼要自建配送中心？配送中心在選址時主要應考慮哪些因素？
3. 保通物流公司與多家工商企業結成戰略聯盟后，怎樣才能更好地為客戶提供全程供應鏈物流服務？

物流在供應鏈的整合中起著非常重要的作用，它是供應鏈各環節有機聯繫的橋樑和紐帶。實施供應鏈管理，需要將供應鏈物流業務進行集成、整合，形成一體化的流程。因而，在供應鏈管理中有必要引入第三方物流，而第四方物流服務商則能為企業提供完整的供應鏈解決方案。

10.1 供應鏈物流管理的認知

隨著市場競爭的日益加劇，人們把目光投向了供應鏈管理，期望通過向客戶提供優質服務來增強企業競爭力，因而物流管理在供應鏈管理中有著非常重要的地位。與傳統的物流供應鏈相比，供應鏈管理環境下的物流管理有了許多不同的特點。

10.1.1 物流管理在供應鏈管理中的重要地位

供應鏈管理是對商流、物流、信息流、資金流、業務流等多流進行集成和管理的過

程，其中，物流是供應鏈的核心要素之一。物流管理在供應鏈管理中的重要地位可以通過物流所創造的價值來衡量。

表 10.1 反應的是「供應鏈的價值分佈」。雖然不同行業不同類型的產品，其價值在供應鏈上的分佈是不同的，但從表 10.1 中我們不難看出，主要的物流價值（採購與供應物流及銷售物流價值之和）在各行各業相應類型的產品中都占到了整個供應鏈價值的一半以上，而生產製造過程中的增值不到一半。在低值易耗品和一般工業品中，物流價值所占的比例更大，達 80% 以上，這足以說明物流管理在供應鏈管理中的重要性。供應鏈最基本的特徵是增值性，供應鏈管理的首要目標是要確保供應鏈的不斷增值，故提高物流管理水平，對促進供應鏈的增值有著極為重要的意義。

表 10.1　　　　　　　　　　　　供應鏈價值分佈

產品	採購與供應	生產製造	分銷行銷
低值易耗品（如香皂、香精等）	30%～50%	5%～10%	30%～50%
耐用品（如轎車、洗衣機、冰箱等）	50%～60%	10%～15%	20%～30%
重工業產品（如飛機、船舶、工業設備等）	30%～50%	30%～50%	5%～10%

傳統的觀點認為，採購供應、生產製造、分銷行銷等活動是企業的主要職能活動，物流管理與研究開發管理、財務管理、人力資源管理、一般管理等輔助活動一起共同支撐著企業價值鏈的主鏈。然而，現代企業的生產方式已逐漸從傳統的大量大批型生產向精益生產轉變，這種生產方式需要 JIT 採購/供應與之配合。與此同時，多變的環境、激烈的競爭要求企業對顧客需求作出快速回應，這使得 JIT 配送成為企業的必然選擇。這一切都要求企業的物流系統具有和製造系統協調運作的能力，以增強供應鏈的敏捷性和適應性。因此，物流管理不僅要保證生產過程的連續進行，而且還將在供應鏈管理中發揮以下重要作用：

● 創造顧客價值，降低顧客成本；
● 協調生產活動，提高企業柔性；
● 提供優質服務，提升企業形象；
● 提供信息反饋，解決供需矛盾。

為此，須建立高效敏捷的供應鏈物流系統，以便快速傳遞並反饋市場信息；提高物流流速、減少時間延遲，實現準時交貨、避免貨損貨差；加快庫存週轉，減少資金占壓；優化物流管理，降低物流成本。總之，物流是供應鏈的核心要素之一，加強物流管理將提升企業供應鏈管理能力，而加強供應鏈管理又將提升企業核心競爭力。

10.1.2　供應鏈管理環境下的物流特徵

10.1.2.1　供應鏈管理下的物流環境及其特徵

在 20 世紀 70 年代以前，企業競爭的焦點是成本，80 年代是質量，90 年代是交貨期。進入 21 世紀，企業競爭的優勢更多地來源於反應敏捷，亦即企業要能快速地回應市場需求，並滿足不同客戶的個性化需求。現代信息技術手段使信息資源的共享成為可能，這有利於企業建立超越企業邊界的新型合作關係。企業競爭環境的變化導致了企業

管理模式的創新，供應鏈管理在複雜多變的經營環境下應運而生，它使企業從資源的約束中解放出來，實現了企業內外資源的優化配置，為企業創造了強大競爭優勢。

供應鏈管理實質上是一個擴展企業的概念，其基本原理和基本思想體現在以下幾個方面：核心能力、戰略聯盟、資源共享、團隊管理（流程再造）、競爭與合作、同步化運作、需求驅動。這些特點不可避免地影響到了物流環境。

總的說來，供應鏈管理環境下的物流環境的特徵如表 10.2 所示。

表 10.2　　　　　　　　　供應鏈管理環境下的物流環境特徵

競爭的特性	回應需求須具備的能力	物流策略
敏捷性	對顧客化產品的開發、製造並快速交貨的能力	物流渠道暢通，確保快速交貨
合作性	資源動態重組的能力	利用現代信息技術，手段實現信息共享
靈活性	物流系統對變化的即時回應能力	充分利用多種運輸方式的優勢，構建完善的物流網路，適時採集物流信息
滿意度	提供優質服務的能力	產品多樣、柔性服務、質量保障

10.1.2.2　供應鏈管理環境下物流管理的新特徵

供應鏈管理環境下物流環境的變化，使物流管理與傳統相比產生了許多不同的特點。這些特點是供應鏈管理思想和企業競爭新策略的體現。

1. 傳統物流管理的特點

傳統物流供應鏈如圖 10.1 所示。

供應商 → 製造商 → 分銷商 → 用戶

物流　　需求信息　　供應信息

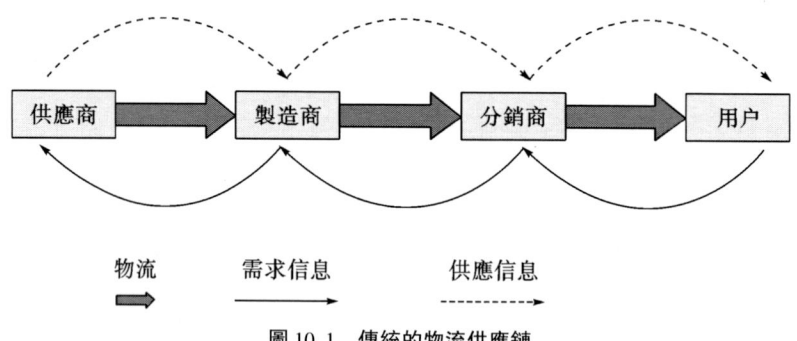

圖 10.1　傳統的物流供應鏈

在傳統的物流供應鏈中，信息（包括需求信息和供應信息）一般是沿著供應鏈逐級傳遞的，這往往導致信息的扭曲和失真。上游供應商不能及時準確地把握市場需求信息，對市場需求的回應速度非常慢。

此外，傳統的物流系統未從整個供應鏈的角度進行規劃，每個企業各搞一套，所謂「家家搞倉儲」「戶戶搞運輸」，出現「大而全」「小而全」。這不但導致物流設施設備和庫存的重複設置，引起物流系統成本上升，而且由於物流系統整體不協調，信息不共享，在一些企業庫存不斷增加的同時，另一些企業又無法及時滿足需求，喪失市場機會。

案例 10-1 1994年，康柏公司就是因為物流渠道不暢通，而導致了1億美元的損失。康柏公司的財務經理說，我們在製造、市場開拓、廣告等方面做了大量的努力，但是物流管理沒有跟上，這是我們最大的損失。

簡言之，傳統物流管理主要具有以下幾個特點：
● 物流系統呈現縱向一體化的特徵；
● 供求關係不穩定，彼此缺乏合作；
● 沒有充分利用企業外部資源，資源配置效率低；
● 信息不共享，經常發生信息扭曲失真的現象。

2. 供應鏈管理環境下物流管理的特徵

供應鏈管理環境下的物流系統（供應鏈物流系統）模型如圖10.2所示。

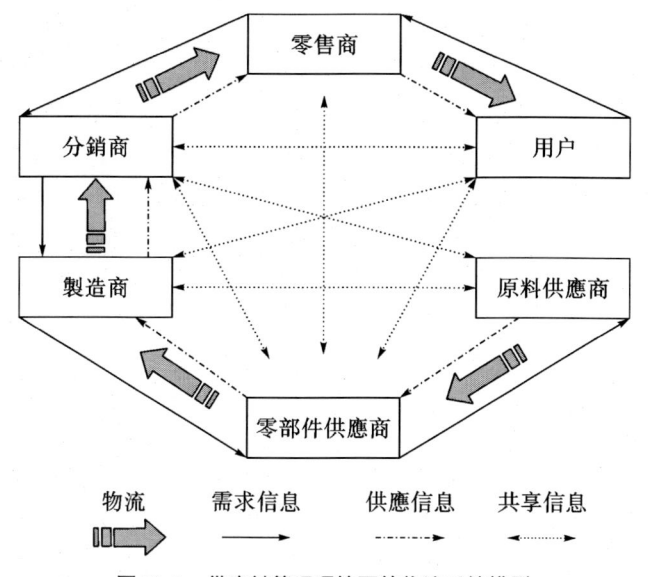

圖10.2 供應鏈管理環境下的物流系統模型

與傳統縱向一體化物流模型相比，供應鏈管理環境下的物流系統及其管理具有以下特徵：

（1）信息量大大增加，實現了信息共享。在供應鏈環境下，需求信息和反饋信息不是沿著供應鏈逐級傳遞的，而是網路式傳遞。依託電子商務平臺，所有節點企業及消費者通過因特網、EDI便可以快速獲取供應鏈上不同環節的供求信息和市場信息。因此，在供應鏈環境下的物流系統中有三種信息在流動：需求信息、供應信息以及共享信息。

共享信息對供應鏈管理極為重要。由於供應鏈上所有環節的物流信息都能透明地與其他環節進行溝通與交流，實現適時信息共享，從而可有效避免供應、需求信息的扭曲、失真，有利於管理者及時把握整個供應鏈的運行情況，對顧客需求作出快速回應。

對信息跟蹤能力的提高，使供應鏈物流過程更加透明化，也為即時控制物流過程提

供了條件。在傳統的物流系統中，許多企業有能力跟蹤企業內部的物流過程，但沒有能力跟蹤企業外部的物流過程，這是因為沒有共享的信息系統和信息反饋機制。

(2) 物流網路規劃能力大大增強，確保了供應鏈物流系統的無縫連接。在供應鏈中可引入第三方物流和第四方物流，使物流網路規劃、設計能力大大增強，以確保供應鏈物流系統的無縫連接，這是供應鏈協調運作的重要保障。合作性與協調性是供應鏈管理的一個重要特徵，但如果沒有物流系統的無縫連接，會使供應鏈的合作性大打折扣。例如，供應商不能準時供應原材料，製造商會出現停工待料；客戶購買的產品不能及時送達，將影響客戶企業正常的經營運作，進而影響貿易雙方的關係。通過物流系統優化，既降低了安全庫存，又提高了服務水平，增強了供應鏈競爭力。

(3) 業務流程再造（BPR）極大地提高了供應鏈物流系統的敏捷性。通過流程再造，消除了非增值環節，降低了物流成本，加快了物流流速，提升了供應鏈的敏捷性，為實施精細化供應鏈運作提供了重要的基礎保障。

(4) 靈活多樣的物流服務，提高了客戶的滿意度。企業可充分利用物流業務外包以及貨運代理等多種手段，通過廠商和物流公司以及承運人的即時信息交換，及時將客戶需要的貨物送達，滿足顧客的個性化需求。

綜上所述，供應鏈環境下物流管理的特徵可歸納為：信息共享、協同運作、合作雙贏、快速回應。

10.2 供應鏈物流管理戰略的構建

戰略是為達成組織的宗旨和目標而確定的組織行動方向和資源配置綱要。戰略是企業生存和發展的重要保障。現代企業經營環境複雜多變，供應鏈物流管理需要運籌與決策，要為提升供應鏈競爭力提供有力保障，因此物流戰略在供應鏈管理戰略中具有非常重要的意義。

10.2.1 構建供應鏈物流管理戰略的意義

古人雲：「兵馬未到，糧草先行。」物流為企業的生產源源不斷地輸送原材料，為企業產品的分銷提供重要保障。沒有暢通而敏捷的物流系統，企業就無法在市場競爭中取得成功。

傳統企業管理一般不太重視物流，通常並未進行物流戰略規劃。有的企業雖然產品研究開發能力強，生產運作管理水平也比較高，但產品就是銷不出去，其中一個非常重要的原因就是物流渠道不暢導致產品分銷受阻，影響了企業進一步的生產經營。有的企業由於沒有與供應商建立良好的合作夥伴關係，對原料供應渠道控制不力，影響了生產，同樣也制約了企業經營戰略的實現。有的企業由於缺乏為用戶服務的理念，沒有建立客戶信息反饋機制，沒有進行良好的客戶關係管理，導致客戶不滿意，最終市場份額不斷萎縮，使企業的經營目標難以實現。

供應鏈管理戰略的思想就是要通過企業間的合作，建立一種提高效率、降低成本、快速回應、靈活敏捷的企業經營機制，使企業在質量、成本、時間、服務、柔性等方面

獲得顯著改善，從而產生強大競爭優勢。這需要從戰略高度去規劃、構建供應鏈物流系統，並通過供應鏈物流戰略的貫徹落實使供應鏈管理戰略得以順利實現。

10.2.2 物流管理戰略體系的構建

物流管理戰略由全局性戰略、結構性戰略、功能性戰略以及基礎性戰略構成。物流管理戰略體系如圖 10.3 所示。

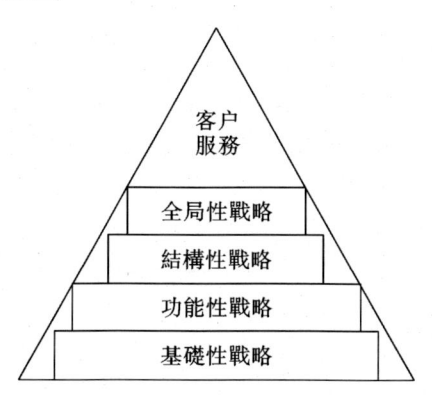

圖 10.3 物流管理戰略體系

10.2.2.1 全局性戰略

物流系統管理的目的是實現物資的空間和時間效益，在保證社會再生產順利進行的前提條件下，實現各物流環節的合理銜接，並取得最佳的經濟效益。物流管理的最終目標是滿足顧客需求，即在適當的時間（Right Time）、適當的地點（Right Place）、以適當的條件（Right Condition）和適當的成本（Right Cost），將恰當數量（Right Quantity）的合適產品（Right Product）供應給目標顧客（Right Customer）。因此，客戶服務是物流管理的最終目標，即全局性的戰略目標。通過良好的客戶服務，可增進與客戶的溝通，可直接得到用戶的信息反饋，可獲得市場需求信息，可以提高企業的信譽，可以留住顧客，擴大市場份額，使企業獲得更大的利潤。

要實現客戶服務的戰略目標，必須建立客戶服務的評價指標體系，如平均回應時間、訂貨滿足率、平均缺貨率、供應率等。雖然目前還未建立規範統一的客戶服務評價指標體系，對客戶服務的內涵也有不同的理解，但企業可以根據實際情況建立提高客戶滿意度的管理體系，通過實施客戶滿意工程，全面提高客戶服務水平。

10.2.2.2 結構性戰略

結構性戰略位於物流管理戰略體系中的第二層，包括渠道設計和網路分析。渠道設計是供應鏈設計的重要內容之一，包括重構物流系統、優化物流渠道等。通過優化供應/分銷渠道，可提高物流系統的敏捷性和回應性，可降低供應鏈物流成本。

網路分析是物流管理中另一項重要的戰略工作，它為物流系統的優化設計提供了參考依據。網路分析的主要內容包括：①庫存分析。通過對物流系統不同據點庫存狀況的分析，可進一步設置降低庫存的新目標。②客戶服務的調查分析。通過對客戶服務的調查、分析，可發現客戶新的需求並獲得市場反饋信息，找到客戶服務水平與服務成本的

平衡點。③運輸方式和交貨狀況的分析。通過分析，可選擇最佳的運輸方式，有利於改善交貨狀況。④信息系統及物流信息的傳遞狀況分析。通過分析，可及時發現問題，並有針對性地採取措施，提高物流信息傳遞的速度，加強信息反饋，增強信息的透明度。⑤合作夥伴業績的評估和考核。

物流管理系統結構性分析的目標是在保證服務水平的前提下，盡可能減少物流環節，消除供應鏈營運中的非增值活動，提高流程效率。

10.2.2.3 功能性戰略

物流管理戰略的第三層是功能性戰略，包括物料管理、倉庫管理和運輸管理。具體而言，主要涉及以下內容：採購與供應、庫存控制的方法與策略；倉庫作業管理；運輸工具的選擇、使用與調度，等等。

物料管理與運輸管理是物流管理的主要內容，管理者須不斷改進相應的管理方法和技術，才能使物流管理向零庫存的目標靠近。通過優化運輸路線，保證準時交貨，降低運輸費用，降低庫存成本，實現適時、適量、適地的高效物流運作。

10.2.2.4 基礎性戰略

基礎性戰略位於物流管理戰略體系中的底層，其主要作用是為物流系統的正常運行提供基礎保證。內容包括：組織系統管理、信息系統管理、政策與策略、基礎設施管理。

要健全物流管理系統的組織結構並優化人員配備，就必須重視對員工進行培訓，提高他們的業務素質。特別地，採購與供應部門、銷售部門是企業的兩個「窗口」，他們需要與外單位進行業務聯繫、溝通與協調，其工作質量的高低直接影響到企業的形象，關係到企業與合作夥伴的關係，因此，須加強對這兩個部門的組織領導工作。

物流管理信息系統（Logistics Management Information System）是深化物流信息管理的手段，包括：庫存管理信息系統、配送/分銷信息系統、客戶信息系統、電子數據交換（EDI）系統、電子資金轉帳（EFT）系統、銷售時點信息（POS）系統等子系統。這些系統對提高物流系統的運行效率起著至關重要的作用，故必須從戰略高度進行規劃與管理。

10.3　物流外包與第三方物流管理

物流是供應鏈流程的一個重要組成部分，為了增強供應鏈的系統性和集成性以及供應鏈的敏感性和回應性，第三方物流企業有必要加盟供應鏈，以便整合供應鏈的物流業務，提高物流效率，降低物流成本，為客戶創造可感知的效用，並為客戶企業創造強大的競爭優勢。

10.3.1　第三方物流的內涵與特徵

第三方物流（Third Party Logistics，TPL 或 3PL）是「獨立於供需雙方，為客戶提供專項或全面的物流系統設計或系統營運的物流服務模式」（GB/T18354-2006）。

第三方物流是相對於第一方發貨人和第二方收貨人而言的第三方專業物流公司承擔企業物流活動的一種物流形態。它通過與第一方和第二方的合作來提供其專業化的物流服務，它不擁有商品，不參與商品買賣，而是為顧客提供以合同約束、以結盟為基礎的、系列化、個性化、信息化的物流代理服務，包括設計物流系統、提供 EDI 服務、報表管理、貨物集運、選擇承運人、貨運代理、海關代理、信息管理、倉儲、諮詢、運費支付和談判等。

從歐美以及日本等發達國家的物流業發展狀況來分析，第三方物流已在發展中形成了功能專業化、服務個性化綜合化、關係契約化、合作聯盟化、信息網路化等特徵。

近年來，我國政府和媒體一直都在大力推動第三方物流的發展，但總體而言，我國第三方物流仍處於起步階段。國有物流企業尚未完成經營機制的轉換，民營物流企業雖然崛起，但羽翼未豐。我國物流企業正處於從粗放型經營向集約化經營轉變階段，正逐步向現代物流轉變。

10.3.2　第三方物流的發展階段

物流發展的核心是為供應鏈企業群體提供最優的物流服務，具備實現產品鏈或產業鏈整體優化的物流能力。在這一能力的實現過程中，第三方物流的發展經歷了簡單物流、綜合物流、綜合集成、全面擴大、全面優化等階段。如表 10.3 所示。

表 10.3　　　　　　　　　　第三方物流的發展階段

階段	描述	標誌	能力	特徵
簡單物流階段	簡單的基於客戶的運輸、倉儲等功能運作	2PL	資源能力（車隊、倉庫，其他物流工具）	物流運作主體眾多，但方數①單一，管理關係簡單
綜合物流階段	基於合同的物流優化和運作	3PL	資源能力、管理能力、信息能力	物流運作主體減少，方數增加，管理關係簡單
綜合集成階段	基於供應鏈的整合與優化	4PL	集成優化能力、統籌能力	運作主體減少，方數增加，管理關係複雜
全面擴大階段	基於供應鏈的網路化運作	5PL	擴大的價值支持能力，如信息平臺、培訓平臺等	運作主體減少，方數增加，管理關係複雜
全面優化階段	基於產品鏈或產業鏈的集約化物流再造與運作	6PL	技術能力、高度集約的整合與運作能力	運作主體減少，方數減少，管理關係簡單

2PL ~ 6PL 的運作方式都是為了實現物流的最優運作和實現產品鏈或產業鏈整體優化的物流能力所使用的重要手段，最終還是要歸結到如何充分利用各種方式和手段，實現物流的最優運作（包括1PL在內）。因此，第三方物流發展的最高階段是所謂的 6PL 階段。在這一階段，物流運作的基礎信息平臺和物流專業培訓等服務平臺均已建立並完善，物流企業具備先進的物流技術能力、高度集約的整合與運作能力。大型和超大型物流企業（或聯盟）出現，它們真正具備物流運作能力、物流系統優化能力、物流信息

---

① 物流業務中涉及的業務各方數量。

服務能力以及人才培訓等能力，可以為供應鏈企業群體提供真正的一體化物流服務。

10.3.3　我國第三方物流企業的分類

一般的，可按照第三方物流企業所提供的服務功能主要特徵、第三方物流企業的來源構成、第三方物流企業權屬性質以及第三方物流企業是否擁有物流資產來進行分類。

10.3.3.1　按照物流企業所提供的服務功能主要特徵分類

我國國家標準化管理委員會根據物流企業所提供的服務功能主要特徵將其劃分為運輸型物流企業、倉儲型物流企業以及綜合服務型物流企業三種類型（國家質量監督檢驗檢疫總局、國家標準化管理委員會2005年3月24日頒布，2005年5月1日起執行，GB/T 19680-2005）。

1. 運輸型物流企業

運輸型物流企業是指以從事貨物運輸服務為主，包含其他物流服務活動，具備一定規模的實體企業。這類企業經營業務的範圍主要是運輸服務領域，以從事貨物運輸業務為主，包括貨物快遞或運輸代理服務，具備一定規模；可以為客戶提供門到門運輸、門到站運輸、站到門運輸、站到站運輸服務和其他物流服務；企業自有一定數量的運輸設備；具備網路化信息服務功能，應用信息系統可對貨物進行狀態查詢、監控。運輸型物流企業評估指標（GB/T 19680-2005）詳見附錄。

2. 倉儲型物流企業

倉儲型物流企業是指以從事倉儲服務為主，包含其他物流服務活動，具備一定規模的實體企業。這類企業經營業務的範圍主要是倉儲業務領域，以從事倉儲業務為主，為客戶提供貨物儲存、保管、中轉等倉儲服務，具備一定規模；企業能為客戶提供配送服務以及商品經銷、流通加工等其他服務；企業自有一定規模的倉儲設施、設備，擁有或租用必要的貨運車輛；具備網路化信息服務功能，應用信息系統可對貨物進行狀態查詢、監控。倉儲型物流企業評估指標（GB/T 19680-2005）詳見附錄。

3. 綜合服務型物流企業

綜合服務型物流企業是指以從事多種物流服務活動，並可根據客戶的要求提供物流一體化服務，具備一定規模的實體企業。這類企業經營業務的範圍是物流服務領域，從事多種物流服務業務，可以為客戶提供運輸、貨運代理、倉儲、配送等多種物流服務，具備一定規模；可根據客戶需求，為客戶制定整合物流資源的運作方案，為客戶提供契約性的綜合物流服務；可按照業務要求，企業自有或租用必要的運輸設備、倉儲設施及設備；企業配置了專門的機構和人員，建立了完備的客戶服務體系，能及時有效地提供客戶服務；具備網路化信息服務功能，應用信息系統可對物流服務全過程進行狀態查詢、監控。綜合服務型物流企業評估指標（GB/T 19680-2005）詳見附錄。

10.3.3.2　按我國第三方物流企業的來源構成分類

隨著物流熱的升溫，很多企業或者轉型，或者新建，或者從其他行業直接轉變業務進入物流領域。其中，由傳統倉儲、運輸、貨運代理企業轉型而來的占了較大的比例。

1. 由傳統儲運、貨代等類型企業經改造轉型而來的第三方物流企業

由傳統倉儲、運輸、貨運代理等類型企業經改造轉型而來的第三方物流企業

目前占據主導地位，擁有較大的市場份額。同時，這類企業也是我國成立較早的第三方物流企業。

由傳統倉儲和運輸企業轉型而來的第三方物流企業，如上海友誼集團物流有限公司。

案例 10－2 上海友誼集團物流有限公司是由原上海商業儲運公司經過分離和改制后組建的，20 世紀 90 年代初便為國際上最大的日用消費品公司——聯合利華提供專業物流服務，業務由最初的倉儲和運輸服務，發展到今天提供運輸、倉儲、配送、流通加工、信息處理等多功能、個性化服務，雙方建立了良好的戰略夥伴關係。

由傳統運輸企業轉型而來的第三方物流企業，如中遠國際貨運有限公司、中國對外貿易運輸（集團）總公司（簡稱中外運）、中國儲運總公司、中國海運總公司等。

案例 10－3 中遠集團成立於 1993 年，該集團公司於 1995 年對陸上貨運企業進行整合，成立了中遠國際貨運有限公司，建立起全國統一的貨運網路，2001 年又通過合資方式，與廣東科龍公司、無錫小天鵝公司成立安泰達物流公司。

由傳統倉儲企業轉型而來的第三方物流企業，如中海物流公司。

案例 10－4 中海物流公司成立於 1993 年 11 月，從倉儲開始發展物流業務，現發展成能為國際大型知名跨國公司提供包括倉儲、運輸、配送、報關等多功能物流服務的第三方物流企業。

由傳統貨運代理企業轉型而來的第三方物流企業，如成立於 1990 年 6 月 26 日的錦程國際物流集團股份有限公司和華潤物流有限公司。

案例 10－5 錦程國際物流集團股份有限公司是由大連錦聯進出口貨運代理公司轉型而來，目前已成為我國最大的國際物流公司之一，主要為客戶提供門到門的全程國際物流服務。華潤物流有限公司是華夏企業有限公司在歷經 50 多年貨運代理經營的基礎上發展起來的第三方物流企業。

這類由傳統儲運、貨代等類型企業經改造轉型而來的第三方物流企業，往往擁有比較穩定的客戶群、健全的物流服務網路，憑藉原有的物流業務基礎和在市場、經營網路、設施、企業規模等方面的優勢，不斷拓展和延伸其他物流服務，逐步向現代物流企業轉型。

2. 由工商企業的物流部門發展起來的第三方物流企業

傳統工商企業的物流運作模式是自營物流，企業經營呈現典型的「大而全」「小而全」的特徵。隨著競爭的加劇，很多企業實施「歸核化」戰略，將資源和能力集中於核心業務，並將企業的輔助職能弱化，相應業務外包。在社會分工進一步細化的基礎上，一些傳統工商企業的物流部門逐步發展成為第三方物流企業。如青島啤酒集團以原有運輸公司為基礎，註冊成立具有獨立法人資格的物流有限公司。再如，科健集團將原

手機行銷體系中的售後服務人員、業務及相關資產剝離並組建獨立的物流服務公司。

這類第三方物流企業充分利用原有的物流資源網路，以及既有的客戶資源，運用現代經營理念，逐步走向專業化和現代化。

3. 新創建的第三方物流企業

近年來，隨著我國經濟的發展以及物流熱的升溫，出現了大量新創建的第三方物流企業。如深圳市奇速快運有限公司，是經批准於1997年註冊成立的專業速遞公司。

10.3.3.3 按第三方物流企業的所有權權屬性質分類

按照第三方物流企業的所有權權屬來分，可將其分為國有或國家控股的物流企業、外資和港資物流企業以及民營物流企業三種類型。

1. 國有或國家控股的物流企業

我國多數國有或國家控股的第三方物流企業，是推行現代企業制度的產物，管理機制比較完善，發展比較快。例如，中海物流公司。近年來，也產生了一些新的第三方物流企業，如浙江杭鋼物流有限公司。

案例10-6 浙江杭鋼物流有限公司是由杭鋼集團公司、浙江杭鋼國貿有限公司等8家單位聯合出資成立的物流企業。目前，該公司已擁有全國性的物流網路和相當數量的物流資源，正處於不斷發展和完善中。

2. 外資和港資物流企業

隨著我國經濟體制改革的深化和更大程度的對外開放，國外物流公司首先以合資的方式進入我國，然后逐步向中國物流市場滲透。外資和港資物流企業，一方面為原有客戶──跨國公司進入中國市場提供延伸服務，另一方面用它們的經營理念、經營模式和優質服務吸引中國企業，如丹麥有利物流公司主要為馬士基船運公司及其貨主企業提供物流服務，深圳的日本近鐵物流公司主要為日本在華的企業服務。自2005年初以來，外資第三方物流企業在華數量與日俱增，像原日本頂通物流公司、聯合包裹（UPS）等已將物流網路延伸到了我國西部，並已成功地與我國一些著名工商企業建立了合作夥伴關係。

3. 民營物流企業

這類企業多產生於20世紀90年代以后，是我國物流行業中最具朝氣的第三方物流企業。它們由於機制靈活，發展迅速，且目標客戶群比較集中，管理效率較高，管理費用相對較低。如廣州寶供物流集團。

案例10-7 廣州寶供物流集團從1992年承包鐵路貨物轉運站開始，1994年成立廣東寶供儲運公司，當年便承接世界上最大的日用消費品生產企業──美國寶潔公司在中國市場的物流業務，經過幾年的開拓創新，現已發展成為在澳洲、泰國、香港及國內主要城市設有40多個分公司或辦事處，為40多個跨國公司和一批國內企業提供國際性物流服務的物流集團公司。

此外，遠成物流、南方物流、天津大田物流、保運物流、上海炎黃在線物流、珠海九川物流等均屬於這類第三方物流企業。

案例 10-8 遠成集團有限公司的前身是廣東遠成儲運貿易有限公司，創建於 1988 年，現已發展成以鐵路行包快運、特快行郵專列、五定班列、集裝箱班列、公路快運、倉儲、配送物流方案策劃等物流業為主導，集實業投資、國際貿易為一體的多元化綜合性企業集團。現已形成以鐵路干線運輸為基礎、公路快運為延伸，區域配送為深度滲透的多層次物流網路服務體系。集團固定資產達 13 億，擁有 3 對鐵路特快行郵專列、6 條鐵路行包快運專線、10 對集裝箱五定班列、15 萬平方米的倉儲基地、1,000 多個營業網點、1,000 臺車輛、6,000 余名員工、6 萬多個長期合作夥伴。公司的宗旨是「一諾千金，欲速必達」，經營理念是「管理出效益，開拓求發展」，企業精神是「遠成為家，團結為上，開拓為志，信譽為本」。公司現已通過了 ISO 9000 質量認證體系認證，並在 2004 年 11 月榮獲 2004 年度中國最具競爭力的物流企業的光榮稱號。

10.3.3.4 按第三方物流企業是否擁有物流資產來進行分類

按照第三方物流企業是否擁有物流資產來分，可將其分為以資產為基礎的第三方物流企業和不以資產為基礎的第三方物流企業兩類。

1. 資產基礎型第三方物流企業（Assets-based TPLs）

這類以資產為基礎的第三方物流企業擁有自己的倉儲、運輸設施，如倉庫、貨運車輛等，主要通過使用本企業的物流資源來向客戶提供專業化的物流服務。因此，這些物流公司實質上直接承擔著客戶的物流服務活動。像基於倉儲服務的第三方物流企業（Warehouse-based TPLs），基於運輸服務的第三方物流企業（Carrier-based TPLs）等均屬此類。

2. 非資產基礎型第三方物流企業（Non-assets-based TPLs）

這類企業一般不擁有物流資產，如儲運設施、裝卸搬運工具等，抑或通過租賃等方式取得這些資產，主要利用本公司員工的物流專業知識和管理信息系統，提供物流管理諮詢以及設計物流系統，為客戶提供物流解決方案，或者以承包人的身分承擔部分或全部物流業務。這類企業實質上是以管理為基礎的第三方物流企業，目前在國內還比較少，但在發達國家卻很多。

案例 10-9 華運通公司是一家非資產基礎型的第三方物流公司。公司擁有一個覆蓋全國、完善的物流配送網路，致力於為大中型企業提供原材料供應、產成品轉移以及供應鏈管理和物流服務。公司總部設在上海，擁有 7 個分公司、20 家配送中心和 2 個辦事處，擁有可隨時調動的 5,000 輛車源，超過 50 萬平方米的倉儲資源，並有極優越的物流資源整合優勢，其業務遍及全國。

10.3.4 企業物流外包管理

近年來，隨著縱向一體化戰略弊端的日益顯露，國際上許多大公司紛紛實施「歸核化」戰略，將資源和能力集中於核心業務，而將非核心業務外包，與上下游企業建立戰略夥伴關係。企業間的競爭逐漸演變成供應鏈與供應鏈的競爭。對多數工商企業而言，物流是輔助性的活動，為使企業有限資源發揮最大效力，自然將其外包。

10.3.4.1 物流外包的認知
1. 物流外包的含義

物流業務外包通常簡稱物流外包（Logistics Outsourcing），它是指「企業將其部分或全部物流的業務合同交由合作企業完成的物流運作模式」（GB/T18354-2006）。換言之，物流外包是一個業務實體將原來由本企業完成的物流業務，轉移到企業外部由其他業務實體來完成。物流外包是企業業務外包的一種典型形態。

據美國《財富》雜誌刊載，目前全球年收入在5,000萬美元以上的公司，都普遍開展了業務外包。例如，戴爾公司將物流業務外包給聯邦快遞（FedEx）、HP公司將物流業務外包給聯合包裹（UPS）、宜家居將物流業務外包給馬士基（MAERSK）、廣州寶潔公司將物流業務外包給廣州寶供、通用汽車（GM）公司將物流業務外包給理斯維公司。

2. 物流外包的類型與形式

物流外包作為企業業務外包的常見形式之一，主要有以下三種類型：

（1）零散外包。指由外部物流服務商承擔企業較小的、離散的物流業務。

（2）業務委託。指企業在操作層面上將自己的物流業務委託給外部物流服務商。

（3）戰略外包。強調與企業的總體戰略發展相協調，從戰略高度全面規劃和實施物流外包。

從零散外包到業務委託，再到戰略性外包，這三種外包形式是從低級到高級，從離散到連續，從簡單到複雜，從不規範到規範，不斷升級演進，深化發展的。

具體而言，目前企業物流業務外包主要有以下幾種形式：物流業務完全外包、物流業務部分外包、戰略聯盟、物流系統剝離、物流業務管理外包等。

3. 物流外包的驅動因素[1]

企業或是沒有能力在物流方面進行投資，或是不能夠建立起高效的物流配送機制，抑或自營物流缺乏競爭力，因而實施物流業務外包。

案例10-10 亞馬遜公司雖然擁有完善的物流設施，但對於「門到門」的配送業務，始終堅持外包，因為這種「最后一千米配送」不但繁瑣，而且不經濟，自營不如外包。

案例10-11 2004年7月，廣東志高空調為加速拓展海外市場，與美國最大的大件貨物物流企業伯靈頓公司簽訂了貨運量達3億元的合作協議。根據雙方協議，志高今后將年貨營運業額3億元的空調器委託伯靈頓公司運往全球200多個國家和地區。對志高而言，這即是物流業務外包。

2002年，美智（Mercer）管理諮詢公司和中國物流與採購聯合會對我國第三方物流市場進行了為期3個月的調查，發布了《中國第三方物流市場——2002年中國第三方物流市場調查的主要發現》報告。調查結果顯示，工商企業實施物流外包首先是為了降低物流費用，其次是為了強化核心業務，最后是為了改善提高物流服務水平和質量。

與企業自營物流相比，採用第三方物流系統可以在作業利益、經濟利益和管理利益

---

[1] 胡建波. 工商企業物流外包的動因探析 [J]. 中國水運，2011（3）.

三方面給企業帶來優勢。第三方物流企業憑藉先進的物流設施設備、先進的物流信息系統和先進的物流管理技術為客戶提供跟蹤裝運、貨物配送、海關報關、代收貨款等基本服務和增值服務；通過導入多客戶運作，實現規模經營；通過整合供應鏈各環節的物流業務，減少非必要的庫存，降低非必要的成本，為消費者創造更多的價值，增強供應鏈競爭力。因而，工商企業將物流業務外包，可享受到第三方物流企業帶來的作業利益、經濟利益和管理利益。

企業通過資源的外向配置來提升核心能力是市場經濟發展的必然趨勢，物流外包是企業提高自我適應能力的必然選擇。

4．物流外包的障礙

目前，我國企業在物流外包問題上主要遇到了以下障礙：

（1）經營理念的束縛。一方面，很多企業管理者對「第三利潤源泉」缺乏正確認識；另一方面，傳統「大而全」「小而全」觀念根深蒂固，以及受「肥水不流外人田」等狹隘思想的影響，不願將物流業務外包。

（2）傳統經營模式遺留的問題。我國大中型工業企業與商品流通企業受過去「大而全」「小而全」經營模式的影響，一般擁有儲運設施，如倉庫、貨運車輛等，一旦實施物流外包，必然面臨物流資產的處置以及員工的安置等問題，給物流外包帶來障礙。

（3）我國第三方物流企業本身的問題。我國第三方物流企業普遍服務質量不高，而收取的服務費用又昂貴，致使工商企業傾向於自營物流。

10.3.4.2　物流外包的風險與規避

近年來，隨著物流產業的快速發展，第三方物流企業的實力顯著提升，工商企業實施物流外包的力度進一步加大。然而，物流業務外包在給企業帶來利益的同時，也隱含著巨大的潛在風險，需要企業管理者理性分析，並採取有效措施加以規避。

1．物流外包風險的類型[①]

物流外包風險是指企業物流外包過程及其結果的不確定性。包括決策、運作等風險，具有隨機性（偶然性）、突發性、隱含性和關聯性等特徵。一般而言，實施物流業務外包，有利於工商企業強化核心業務，培育核心能力，獲取競爭優勢。但物流外包也可能產生負面效應，給企業帶來風險。

（1）決策風險。決策階段的風險主要涉及物流自營與外包決策、部分外包與完全外包決策、抑或物流系統剝離等決策的風險。甚至涉及企業在確定物流業務外包後，如何正確選擇物流服務商、業務流程是否再造、組織結構是否變革、企業文化是否重塑、人力資源是否調整等問題，一旦決策失誤，極有可能導致物流外包失敗。

（2）運作風險。在物流外包實施階段，主要存在以下風險：

①物流服務商的違約風險。在工商企業實施物流外包後，或者是因為物流服務商的能力有限，或者是由於交通運輸狀況的限制，抑或其他的一些因素，都有可能導致物流服務商違約，例如貨物損壞或滅失、延遲交貨、錯運錯發等。此外，由於企業資源有限，為使有限資源發揮最大效力，獲取最大化的利潤，物流服務商往往會對客戶實施

---

① 胡建波．探析物流外包的風險與對策［J］．企業導報，2012（4）．

ABC 分類，進行重點管理（分級分層管理）。對於非 A 類客戶，一般不會實施準時配送（JIT 配送），這樣，從物流服務商的服務策略來看，本身就隱含著巨大的潛在風險。具體而言，對於 B 類客戶，物流服務商的服務策略一般是實施貨物批量正常配送，允許有一定的延遲交貨期；對於 C 類客戶，則允許更長的延遲交貨期，在提供配送服務時，往往將客戶委託運送的貨物作臨時配車之用（目的是提高車輛實載率以降低配送成本）或再度外包，從而給貨主企業（委託方）帶來巨大的潛在風險。而在實際運作中，為了有效降低成本，物流服務商往往會實施整合運輸，即將多個客戶的貨物搭配裝載，按照最優的運輸路線進行配送，這往往會導致 A 類客戶的貨物誤點交貨，造成違約。

②物流失控風險。工商企業實施物流外包後，物流服務商必然會介入委託企業的供應物流、銷售物流、逆向物流（包括退貨物流與回收物流）以及廢棄物流等若干環節，成為委託企業的物流營運管理者，相應地，貨主企業對物流業務的控制力大大減弱。從某種意義上講，委託方可能會因此而受制於物流服務商，這即是許多工商企業不願意將物流業務外包的主要原因之一。特別地，當委託方與代理方在信息溝通、業務協調出現障礙時，貨主企業必然會面臨著物流失控的風險。換言之，物流服務商可能因未能完全理解委託方的意願而無法按照其要求去運作，從而可能會影響貨主企業生產經營活動的正常開展。例如，由於物流服務商未按時將原材料、零配件等生產資料供應到位，企業可能會因此而停工待料，為規避這一風險，企業必然會增大安全庫存量，而這又必然以高成本為代價。而當物流服務商未按時將產成品送達客戶，抑或出現較高的貨損率或貨差率時，必然會大大降低顧客滿意度。在市場轉型、競爭激烈的今天，這意味著客戶流失、市場份額萎縮，長此以往，企業將無法生存，更談不上發展。

③客戶關係管理風險。工商企業實施物流外包後，由物流企業代其完成產品的遞送、開展售後服務、傾聽客戶的意見。由於物流服務商直接與客戶打交道，必然會減少工商企業與客戶直接接觸的機會，這在一定程度上會弱化委託方與客戶之間的關係，從而帶來客戶關係管理風險。換言之，由於在第一方（賣方）與第二方（買方）之間增加了第三方（物流企業），客戶的要求、意見、建議等反饋信息可能無法及時、直接傳遞給委託方。因為根據外包協議，可能事先約定由物流服務商代為收集客戶反饋意見和信息，或者客戶理所當然地將物流服務商視為委託方的代理者，從而直接向其反饋。但物流服務商往往會有意識地將對自己不利的客戶信息過濾掉，或者是因為其他的原因未能向委託方反饋或全部反饋客戶的意見和信息，這極有可能會導致委託方的客戶信息系統不能完全發揮作用（不能完全捕捉到客戶的反饋信息）。而一些比較重視企業形象、品牌聲譽的第三方物流企業，則往往會通過公司形象識別系統（CIS），採用統一的標誌與著裝等，強化其在客戶心中的地位。久而久之，委託方在客戶心中的地位就有可能被物流服務商所取代。

④商業秘密洩露風險。工商企業實施物流外包後，由於貨主企業與第三方物流企業的信息系統要實現對接，因此，物流服務商將會擁有，甚至掌握工商企業經營運作的相關信息。例如，實施準時生產（JIT 生產）的企業，需要借助第三方物流服務商高效的物流配送來實現生產資料的準時供應（JIT 供應），第三方物流企業必然會掌握製造商的採購與供應計劃以及生產計劃等信息（如需要什麼、需要多少、何時供應等）。此外，多數工商企業需要借助第三方物流服務商高效的物流配送來實現產成品的分撥與配

送，因此，物流服務商必然會掌握企業的產品種類、客戶分佈、產品銷售等相關信息。由於第三方物流企業是提供社會化物流服務的經濟組織，一般會同時與多家互為競爭對手的同類型貨主企業合作（特別是那些專業化程度高的行業，如危險化學品等特殊物流行業），在運作中，可能會有意（如在客戶的「公關」下，利益驅使）或無意中將客戶的商業秘密洩露給競爭對手，從而可能會給委託方帶來無法挽回的損失。

⑤連帶經營風險。工商企業物流外包第三方後，物流企業成為貨主企業的合法物流代理者。在物流運作中，一旦物流服務商違約，對「買方」造成損失，「賣方」必然要承擔直接的經濟責任。雖然「賣方」在完成對其客戶「買方」的賠償之後，也會對物流企業進行追償，但由於買賣雙方簽訂的合同與貨主企業和物流服務商簽訂的合同是兩個完全不同的合同，其訴訟時效、賠償限額、責任豁免等條款也存在差異，因此，這極有可能會導致「賣方」得不到足額賠償。另一方面，即使是「賣方」得到了足額經濟賠償，但物流服務商因違約給貨主企業（「賣方」）帶來的企業形象受損、商譽下滑等無形資產損失將是無法用貨幣來衡量的。特別地，物流業務外包一般基於長期的合同，如果物流服務商在經營運作中出現重大問題，必然會給貨主企業的生產經營活動帶來不良影響。若重新評估、選擇新的物流服務商，必然會帶來供應商的轉換成本，而與之解除合同關係，貨主企業往往也會付出沉重的代價。

除了上述風險外，物流外包還可能給企業帶來其他風險，例如人力資源管理風險。因為隨著物流業務外包的不斷深入，物流部門的員工必然會擔心自己的工作被物流服務商所取代，相應地，員工對企業的忠誠度會下降，工作績效會下滑。此外，由於物流市場價格波動、遇到不可抗力、企業未有效控制物流外包成本抑或過分打壓物流服務商的利潤空間等，都可能引起相應的風險（市場、財務、管理等風險）。

2. 物流外包風險的成因[①]

工商企業在物流外包中之所以會面臨風險，原因是多方面的。有決策的有限理性，有信息非對稱的原因，也有代理者的敗德行為。

（1）決策的有限理性。這主要體現在物流自營與外包決策以及物流服務商的選擇階段。一般而言，由於受到主客觀條件的限制，工商企業在物流外包時，所能獲取的物流服務商的信息是有限的，即不可能找出所有的物流服務商，也不可能獲取每個物流服務商完全的信息。有限的信息，對信息的有限的利用能力，雙重有限性決定了工商企業在選擇物流服務商時的決策方案數量有限。在對物流外包結果判定不明確的情況下，工商企業極有可能會做出錯誤的決策，即選錯合作夥伴，從而給企業帶來風險。

（2）信息非對稱。無論在物流外包協議簽訂前，還是簽訂後，簽約雙方均存在嚴重的信息非對稱。總體而言，物流服務商擁有信息優勢，而貨主企業處於信息劣勢。這無疑給委託方帶來了潛在的信息風險。

①簽約前，由於信息非對稱導致逆向選擇。在簽約前，為了獲取訂單，成功地與客戶簽約，物流服務商往往會隱瞞自身的一些信息（私有信息），而過分誇大物流能力與服務水平，甚至會做出一些未必能實現的承諾（如隨時提供優質的物流服務、提供 JIT

[①] 胡建波. 物流外包的風險成因與對策［J］. 中國物流與採購，2011（17）.

配送等)。而委託方在不瞭解物流服務商的服務水平與物流能力的情況下，很難能夠明辨真偽。即使是貨主對物流服務商進行了實地考察與調研，也未必能做到「明察秋毫」，完全、準確、全面地掌握物流服務商真實的物流能力與服務水平。特別是當委託方的物流服務需求比較迫切而又找不到合適的物流服務商時，極有可能會輕信物流服務商的承諾，從而作出「逆向選擇」（即選錯合作夥伴），這無疑給貨主企業埋下了風險隱患。

②簽約后，由於信息非對稱引發道德風險。在簽約后，根據雙方的協定，貨主企業的物流業務自然交給物流服務商去營運。在物流運作中，委託方仍然處於信息劣勢，這將使其面臨著物流服務商的道德風險。因為委託方很難能對物流服務商的運作情況進行即時監控，包括貨物的集配載、裝卸搬運、運輸線路的規劃與選擇、貨物的運送及送達服務等。這一方面是因為即時監控成本太高，另一方面是一些業務根本無法監控。因此，貨主企業一般傾向於選擇事後控制，即根據準時交貨率、貨損率、發運錯誤率等關鍵績效指標（KPI）對物流服務商的服務績效進行事後評估。然而，這只能是「亡羊補牢」，因為損失已經鑄成，只能採取措施進行彌補。而對物流服務商來說，股東或公司所有者與經理層乃至作業人員之間也存在委託—代理關係，這無疑會進一步加劇貨主與物流服務商之間的委託—代理風險。因為在通常情況下，物流公司所有者會要求經理層與物流作業人員提高服務質量，但因為委託—代理關係的存在，經理層可能會放鬆對物流作業人員的監管，從而可能會使物流運作處於失控狀態，於是野蠻裝卸、偷盜或調換貨主貨物等現象自然就會出現（甚至一些物流公司的管理者連貨損或貨物滅失發生在哪個環節都不知道），而一旦貨主事後發現並要求索賠時，很多物流服務商往往會採取「大事化小，小事化了」的手段來應對。在目前信用體系尚未健全、法制環境尚需完善的情況下，貨主往往會權衡利弊，在考慮到高昂的訴訟成本（包括貨幣成本、時間與精力等非貨幣成本，以及因訴訟而導致的機會成本等損失）後，一些理性的貨主會放棄訴訟而選擇協商，但由於雙方的利益不一致，最終貨主可能會蒙受巨大的損失。

而之所以代理人會產生敗德行為，歸根究柢是因為委託方和代理方是兩個完全不同的企業，在合作中有著不同的利益，雙方都為追求利潤最大化的企業經營目標，難免一方會產生短期行為。特別是當物流外包合同存在不完全性時，這在一定程度上給物流服務商帶來了可乘之機。委託—代理風險可以通過建立代理人激勵機制和企業間的信任機制加以解決，以減弱其對供應鏈績效的影響。

3. 物流外包風險的對策[1]

針對企業在物流外包中存在的風險，筆者提出以下應對策略與舉措：

(1) 正確進行物流自營與外包決策。工商企業物流自營還是外包，首先應考慮能否給企業帶來戰略業績，換言之，對企業核心能力的形成或提升有無貢獻，能否最大限度地支持企業的競爭戰略；其次，應考慮能否給企業帶來財務業績，換言之，能否在降低企業經營成本的同時，提高物流服務水平。總的原則是，應該在服務與成本之間尋求平衡。具體而言，可以採用「綜合評價法」或「二維決策矩陣法」等方法科學地進行

---

[1] 胡建波. 物流外包的風險成因與對策 [J]. 中國物流與採購, 2011 (17).

物流自營與外包決策。

　　（2）科學選擇物流服務商。選擇優秀的物流服務商並與之合作，可以起到防患於未然，事前規避風險的作用。按照現行物流企業評價指標體系，可以從經營狀況、資產、設備設施、管理及服務、人員素質、信息化水平（包括網路系統、電子單證、貨物跟蹤、客戶查詢）等六個方面對物流企業進行評級（A級～AAAAA級）。因此，通過行業主管部門的認證、評級，獲得相應稱號的物流企業，一般具備相應的物流能力與服務水平。從業已通過行業認證、評級的物流企業中選擇合作夥伴，貨主企業的選擇成本與風險相對較低。此外，在選擇物流服務商時，還應考慮其服務區域（包括物流網路與輻射範圍）、商譽、行業服務經驗、業務集中控制的能力、核心業務是否與貨主企業的物流需求相一致，能否促進貨主企業改善經營管理，以及雙方的企業文化、組織結構、管理風格等是否兼容。特別地，對於潛在（有簽約意向）的物流服務商，還需要對其進行實地考察、論證；同時，通過走訪物流服務商的客戶，傾聽客戶的評價，均有助於降低風險並成功地選擇物流服務商。而在具體選擇時，可綜合、靈活地運用招標法、協商法、層次分析法等多種方法。

　　（3）謹慎簽訂物流外包合同。物流外包合同是貨主企業與物流服務商協商一致的產物，是約束雙方行為的經濟文件，是指導雙方后續合作並處理糾紛的重要依據，因此，必須審慎簽訂。為此，可諮詢物流糾紛處理經驗豐富的律師，加強對簽約人員的培訓，建立相應的制度，完善物流服務商的信用審查、會簽、審批、登記、備案等程序。加強合同文本管理，明確雙方的責、權、利。完善合同條款，避免疏漏，以免留下風險隱患。特別地，為有效防止物流服務商洩露企業的商業秘密，合同中應有相應的保密條款（或另外簽訂保密協議）。此外，為避免物流市場價格波動給委託方帶來損失，物流外包合同中的價格條款應有彈性，應與當期市場價格一致。為此，可由合作雙方定期或不定期對服務價格進行評估並做出調整。

　　（4）加強對物流服務商的評估與管理。在實施物流外包合同時，委託—代理雙方應加強溝通，促進信息共享，避免因溝通不良而導致物流服務商錯誤地理解委託方的意願，出現業務協調障礙乃至業務失控。同時，委託方還應加強對物流服務商合同執行情況的考核，對發現的問題及時處理（如賠償、限期整改等），以免留下后患。具體而言，委託方應定期或不定期地對物流服務商的服務績效進行評估，以確保合約的嚴格執行，從而有效控制物流外包成本，同時提高物流服務質量。為此，委託方需建立一整套績效評價指標體系，客觀、公正地對物流服務商的績效進行評估。評價指標應科學、合理，既要充分考慮到本企業的物流服務需求，同時又要參考行業平均水平。指標的設置不能脫離實際，要體現「跳一跳，摸得著」的原則，換言之，物流服務商經努力后能夠達到，目的是使其潛能得到充分發揮。此外，績效評價指標還應具有可操作性。通常，應包括以下主要指標：準時交貨率（或誤點交貨率/延遲交貨率）、貨損率（或商品完好率）、貨差率、配送率、發運錯誤率、客戶投訴率、物流成本率、物流效用增長率等。鑒於事後評估的弊端（亡羊補牢），工商企業可以派員常駐重要物流服務商的公司所在地，既充當合作雙方溝通的橋樑和紐帶，同時，又可對物流服務商實施有效的監督與控制，實現事前、事中、事後控制的有機結合。

(5) 把握好競爭與合作的度，切實激勵物流服務商。工商企業與物流服務商之間本質上是一種「競合」關係，把握好競爭與合作的「度」非常重要。一方面，既要「借力」，實現物流資源的外向配置，提升本企業的物流客戶服務能力（由代理者執行）；另一方面，又不能完全依賴、受制於某個物流服務商，這樣會增大委託—代理風險。因此，採用 AB 角制，與少數幾家（2～3）主要的物流服務商保持適度的競爭與合作關係（當然，也可以某一家主要的物流服務商為主，其餘一兩家為輔），加強對物流服務商的動態評估，及時反饋信息，根據服務質量，調整委託物流業務量，在物流服務商之間建立起有效的競爭機制，切實激勵物流服務商提高服務質量，降低委託—代理風險。

除了上述策略外，委託方及時辦理物流貨物保險，將風險轉嫁；設置物流外包風險管理經理，加強風險管理專項工作；合作雙方建立戰略聯盟，以預期的長遠利益來規避物流服務商的短期行為；給物流服務商足夠的利潤空間；建立「雙贏」合作機制等，均可有效降低物流外包風險。

10.3.4.3 物流外包決策

工商企業物流自營還是外包，首先應考慮能否給企業帶來戰略業績，換言之，是否支持企業的競爭戰略，對企業核心能力的形成或提升有無影響；其次，應考慮能否給企業帶來財務業績，換言之，能否降低企業經營成本，同時提高服務水平。總的原則是，應該在成本與服務之間尋求平衡。通常，企業物流自營與外包決策主要應綜合權衡以下兩個因素：物流對企業經營成功的重要性程度，以及企業自營物流的能力，如圖 10.4「企業物流自營與外包決策矩陣」所示。

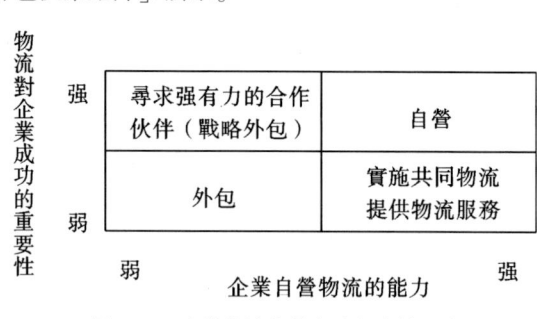

物流對企業成功的重要性	強	尋求強有力的合作夥伴（戰略外包）	自營
	弱	外包	實施共同物流提供物流服務
		弱　　企業自營物流的能力　　強	

圖 10.4　企業物流自營與外包決策矩陣

由圖 10.4 可知，若物流對企業很重要，例如，物流是企業核心能力的關鍵構成要素；而企業自營物流的能力也很強，比如，企業已經擁有了相當數量的、先進的物流設施設備，且已經擁有高素質的物流管理人員和作業人員，物流運作效率高，成本低，且服務水平高，則企業就應該自營物流，而不應當將其外包。像美國零售巨頭沃爾瑪、我國著名企業海爾集團等，都是自營物流的典範。

若物流對企業不太重要，而企業自營物流的能力也較弱，則企業就應該將物流業務外包，而不應當將其自營。例如，軟件企業的外購物流服務。

若物流對本企業的重要性相對較低，而企業自營物流的能力又很強，則企業不但應

該自營物流，而且應積極拓展物流市場，實施共同物流，為其他工商企業提供物流服務。

案例10－12 花王公司是日本一流的日用品企業，一直致力於組織以花王公司為核心的綜合流通和物流體系，長期以來在物流體系上進行投資，因而其物流能力較強，后為此專門成立了「花王系統物流」分公司，在自營物流的基礎上，實施共同物流，為其他企業提供物流服務。

若物流對企業很重要，而企業自營物流的能力又比較弱，則企業也應該將物流業務外包。因考慮到物流對本企業極為重要，故企業在實施物流外包時，應非常謹慎，盡量選擇滿意的第三方物流公司，並與之建立戰略夥伴關係，進行長期合作。例如戴爾公司，物流並非其核心業務，運作、管理物流的能力也比較弱，但電腦零配件及成品的配送對其非常重要，因此，該公司傾向於戰略性外包。

綜上所述，工商企業在物流自營與外包決策時，應充分考慮顧客的需求、本公司發展戰略的需要、本公司的核心業務及核心能力、本公司的物流能力以及物流自營與外包成本的高低，綜合權衡，在總成本（包括顯性成本、隱性成本）與總服務水平之間尋求平衡。

10.3.5 第三方物流服務商的評估與選擇

案例10－13 義大利A公司精品鞋業在選擇物流合作夥伴時特別注重服務商的綜合服務能力，他們除了要求物流商擁有最完善的物流服務網路、最先進的物流管理手段和最豐富的物流管理經驗外，還針對其產品的特點，對物流服務商的倉庫管理系統提出了嚴格的要求：物流服務商的WMS同A公司的ERP間的信息流全程EDI交換；強大成熟的Bar-code解決方案；對系統的執行效率、並發、可靠性、穩定性要求極高；具有管理多點多倉的能力；靈活的上架及揀貨策略；可以追蹤貨品的多種屬性和狀態；靈活的報表及報告系統；靈活的第三方物流費用結算系統；方便快捷的配送系統；強大的網上查詢系統。

物流服務商T公司有著同國際跨國公司多次合作的經歷，有著豐富的中國當地物流市場經驗，有著強大的倉儲和運輸網路，更因其採用的國內領先的Power WMS TM倉庫管理系統（上海科箭軟件科技有限公司產品），完全符合A公司對物流服務商倉庫管理系統的嚴格要求而一舉贏得了客戶的青睞，成為管理A公司精品鞋業兩個RDC和三個DC的第三方物流公司。

工商企業在決定了實施物流業務外包之後，接下來就需要搜尋第三方物流服務商的信息，對其進行評估，並作出選擇。

10.3.5.1 制定企業物流業務外包方案

企業在實施物流外包之前，首先應制定可行的物流業務外包方案，這是選擇滿意的物流服務商的前提。一般地，企業的物流業務外包方案應包含以下內容：

第一，對本企業的物流服務需求及第三方物流企業的物流服務水平進行準確的界定；

第二，界定物流外包應解決的主要問題；
第三，描述物流外包預期應達成的目標；
第四，描述本企業所需要的第三方物流企業的類型。

10.3.5.2 第三方物流服務商的評估

一般而言，工商企業可從以下幾方面對第三方物流服務商進行評估：

第一，第三方物流服務商的物流系統規劃與設計能力；

第二，第三方物流服務商的物流網路是否完善，分佈是否合理；

第三，第三方物流服務商的關鍵物流活動（如倉儲、運輸）的營運能力，包括基本的運輸模式、多式聯運，倉儲作業能力及其增值服務等；

第四，第三方物流服務商的信息服務能力，如：是否有完善的物流信息系統、能否提供跟蹤裝運及貨物狀態查詢等服務；

第五，第三方物流服務商的管理水平，如：管理人員的管理能力、業務流程是否標準、是否通過了 ISO 質量認證體系認證、是否健全了績效評價體系等；

第六，第三方物流服務商的總體物流服務水平的高低，如：目標客戶群的多少及其分佈、客戶對第三方物流服務商的歷史性評估等。

需要強調的是，物流外包的重點在於物流服務整體價值的實現上，即除了第三方物流服務商能保證物流作業的實現之外，還應側重於對其在物流時間、速度、效率、服務水平、延伸能力等方面的綜合測評。具體而言，包括有效的物流時間是多少，與物流自營相比物流流速提高了多少，同等貨物量下的裝卸搬運頻次、時間和人力消耗量，儲存空間的負荷量以及倉庫的有效利用率，準時服務的質量及保障、貨損失貨差等。

10.3.5.3 第三方物流服務商的選擇

工商企業對第三方物流服務商進行了考察與評估之後，可根據服務商的物流能力、戰略導向、雙方企業文化及組織結構的兼容性等對物流商進行選擇。具體而言，應遵循以下 10 條原則：

（1）第三方物流服務商應能最大限度地支持本企業的戰略；

（2）第三方物流服務商應具有業務集中控制的能力；

（3）第三方物流服務商應具有物流服務從業經驗；

（4）第三方物流服務商應具有適應本企業發展的物流技術能力；

（5）第三方物流服務商的核心業務應與本企業的物流需求相一致；

（6）第三方物流服務商應具有為本企業服務的實力；

（7）雙方應能相互信任；

（8）雙方的企業文化、組織結構兼容；

（9）第三方物流服務商要能夠促進本企業改善經營管理；

（10）不能過分強調成本低。

美智（Mercer）管理諮詢公司與中國物流與採購聯合會聯合發布的《中國第三方物流市場——2002 年中國第三方物流市場調查的主要發現》報告指出，客戶在選擇第三方物流企業時，首先看重的是其物流服務能力（包含行業營運經驗），其次是品牌聲譽，再次是物流網路覆蓋率，最後才是較低的價格。

10.3.6 第三方物流運作模式的選擇

第三方物流的運作模式可分為基於單個第三方物流企業的運作模式和基於合作關係的第三方物流運作模式，后者主要有垂直一體化物流、第三方物流企業戰略聯盟以及物流企業連鎖經營等幾種情形。

10.3.6.1 基於單個第三方物流企業的運作模式

該模式主要是從單個第三方物流企業的角度出發進行物流業務運作。如圖10.5所示。

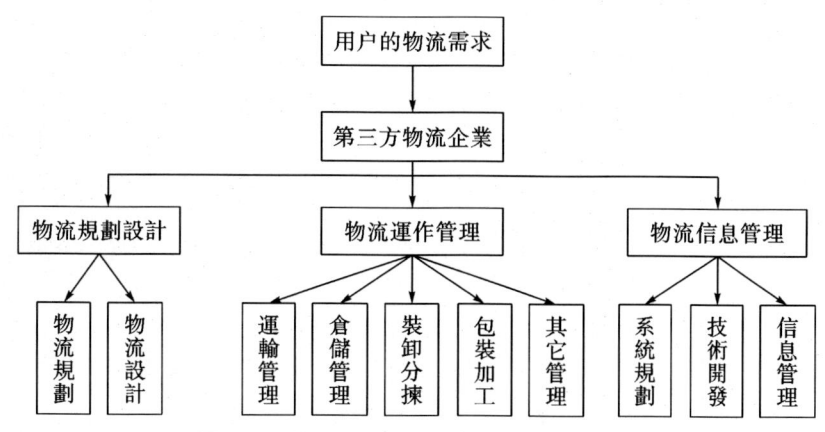

圖10.5 基於單個第三方物流企業的運作模式

第三方物流企業的業務運作首先源於用戶的物流需求。在明確了客戶的需求之后，第三方物流企業首先應進行物流（系統）方案的規劃與設計，為客戶提供完整的物流解決方案，在此基礎上開展物流業務活動，並進行相關的運作管理，包括倉儲管理、運輸管理、包裝、裝卸搬運、訂單分揀、流通加工等活動的管理。為更好地滿足客戶的需求，並提高物流運作的效率，還必須進行相應的信息管理，包括物流信息系統的規劃與設計、信息技術的開發與信息系統的維護以及具體的物流信息管理等活動。尤其是隨著信息時代的來臨，競爭日益激烈，顧客越來越挑剔，第三方物流企業應能提供跟蹤裝運服務，應盡量滿足客戶的個性化服務需求；同時，有了完善的物流信息系統，可深化物流信息管理，可及時獲取物流運作的信息，可根據反饋信息及時調整物流活動，確保向客戶提供高質量的物流服務。

10.3.6.2 基於合作關係的第三方物流運作模式

20世紀90年代以后，信息技術的飛速發展推動了管理理念和管理技術的創新，促使物流管理向專業化合作經營方向發展。一體化物流是20世紀末最有影響的物流趨勢之一，但它必須以第三方物流的充分發育和完善為基礎。一體化物流有三種形式：垂直一體化、水平一體化和物流網路。其中，研究最多，應用最廣的是垂直一體化物流。

所謂垂直一體化物流（Vertical Integrated Logistics），就是為了更好地滿足顧客的價值需求，核心企業加強與上下游企業及第三方物流企業的合作，由第三方物流企業整合供應鏈物流業務，實現從原材料的供應、生產、分銷、一直到消費者的整個物流活動的

一體化、系統化和整合化。它通過對分散的、跨越企業和部門的物流活動進行集成，整合物流活動各環節，形成客戶服務的綜合能力，提高流通的效率和效益，為工商企業及其客戶降低物流成本，創造第三利潤源泉。簡言之，垂直一體化物流是第三方物流企業與上下游企業進行合作的一種物流運作模式。

垂直一體化物流要求企業將產品或運輸服務的供應商和用戶納入管理範疇，並作為物流管理的一項中心內容。具體而言，要求企業從原材料的供應到產品送達用戶實現全程物流管理，要求企業建立和發展與供應商和用戶的合作關係，建立戰略聯盟，獲取競爭優勢。垂直一體化物流為解決複雜的物流問題提供了方便，而先進的管理思想、方法和手段，物流技術以及信息技術則為其提供了強大的支持。垂直一體化物流是供應鏈管理的一個重要組成部分。

此外，基於合作關係的第三方物流運作模式還有「第三方物流企業戰略聯盟」以及「物流企業連鎖經營」等方式，特別地，「物流企業連鎖經營」是第三方物流運作的一大創新，比較適合我國國情[①]。

綜上所述，第三方物流系統是一種實現供應鏈物流集成的有效方法和策略。通過實施第三方物流系統，企業可集中力量發展核心業務，提高供應鏈管理效率，降低供應鏈運作成本，提高客戶服務水平，快速進入國際市場，實現供應鏈整合，提升供應鏈競爭力。

10.4　第四方物流運作模式的選擇

隨著物流業的進一步發展，行業內以及行業間企業併購、整合風潮促使以利用信息技術手段、為供應鏈提供完整解決方案的「第四方物流」產生。

10.4.1　第四方物流的概念與內涵

美國埃森哲公司最早提出了第四方物流的概念，他們認為：「第四方物流供應商（Fourth‐Party Logistics Service Provider，4PLs）是一個供應鏈的集成商，它對公司內部和具有互補性的服務供應商所擁有的資源、能力和技術進行整合和管理，提供一整套供應鏈解決方案。」

從定義中可以看出，4PL 的主要作用是對製造企業或分銷企業的供應鏈進行監控，在物流、信息等服務供應商與客戶之間充當唯一「聯繫人」的角色。第四方物流服務商是有領導力量的物流供應商，它通過設計、實施綜合完整的供應鏈解決方案，提升供應鏈影響力，來實現增值。

第四方物流的業務運作模式如圖 10.6 所示。

[①] 胡建波. 物流基礎 [M]. 3 版. 成都：西南財經大學出版社，2014.

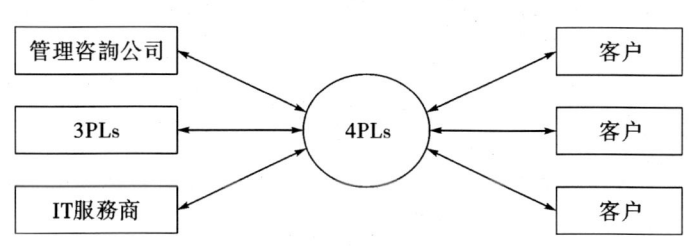

```
管理咨詢公司 ──→
                    ──→ 客戶
3PLs       ──→ 4PLs ←──→ 客戶
                    ←──
IT服務商     ──→       ──→ 客戶
```

圖 10.6　第四方物流的業務運作模式

由圖 10.6 可知，第四方物流集成了管理諮詢公司、第三方物流供應商以及 IT 服務商的能力，利用分包商來管理控制客戶企業點到點的供應鏈運作流程。它充分整合了 3PLs、信息技術供應商、合同物流供應商、呼叫中心、電信公司等增值服務供應商以及客戶企業的能力，再加上 4PLs 自身的能力，設計、實施一個前所未有的、使客戶價值最大化的供應鏈解決方案。在這一過程中，不但強調技術外包，而且對人的素質要求高。

近年來，國外已經出現了第四方物流的研究與試驗。事實證明，第四方物流的發展可以滿足整個物流系統的需要，它在很大程度上整合了社會資源，減少了物流時間，提高了物流效率，減少了環境污染。

案例 10-14　美國 Menlo Worldwide 物流公司旗下的 Vector SCM 戰略分部，在通用公司的物流鏈管理中所扮演的正是典型的第四方物流角色——LLP[①]。通用公司每年的物流費用支出大約超過 50 億美元，針對公司物流業務量大、第三方物流公司眾多和供應鏈系統複雜等現狀與問題，通用提出了進一步整合第三方物流商及簡化其物流系統的要求，Vector SCM 應運而生。從公司成立以來，Vector SCM 公司通過整合通用公司的第三方物流商，優化供應鏈解決方案，不僅從通用公司的運輸、倉儲和庫存管理等多個環節的優化中挖掘利潤空間，而且通過績效評估，可直接參與通用公司主營業務的利潤分成，成為通用公司真正的戰略合作同盟。

10.4.2　第四方物流的特徵

第四方物流具有再造、變革、實施和執行等幾個特徵。

10.4.2.1　再造

再造是供應鏈流程協作和供應鏈流程的再設計。第四方物流服務商提供的最高層次的供應鏈解決方案就是流程再造。供應鏈業務流程的顯著改善是通過供應鏈各環節計劃與運作的協調一致或通過參與各方的通力合作來實現的。再造是對客戶企業的供應鏈管理進行優化，並使供應鏈各節點的業務策略保持協調一致。

[①]　美國的物流實踐表明，第四方物流發展的重要條件之一便是在這個供應鏈的集成商中，能有一個公司充當所謂牽頭的物流服務供應商（LLP），作為這些集成商的龍頭。

10.4.2.2 變革

變革是通過新技術來實現供應鏈職能的加強,變革的努力集中在改善某一具體的供應鏈職能上,包括銷售和運作計劃、分銷管理、採購策略和客戶支持等。領先的技術,高明的戰略思維,卓越的流程再造以及強有力的組織變革管理,共同組成最佳方案,對供應鏈流程進行整合和改善。

10.4.2.3 實施

實施是進行流程一體化、系統集成及運作交接。第四方物流供應商應能幫助客戶實施新的業務方案,包括業務流程重組、客戶企業與服務供應商之間的系統集成等。

10.4.2.4 執行

執行是指4PLs開始承接多個供應鏈職能和流程的運作。其營運範圍包括製造、採購、庫存管理、供應鏈信息技術、需求預測、網路管理、客戶關係管理以及行政管理等。同時,4PLs運用先進的技術優化整合供應鏈內部以及與之交叉的供應鏈運作。

10.4.3 第四方物流的服務內容

4PLs不僅管理和控制特定的物流服務,而且對整個供應鏈物流過程提出策劃方案,並通過電子商務進行集成。因此,第四方物流成功的關鍵在於為顧客提供最優的增值服務,即快速、高效、低成本和個性化的服務。發展第四方物流,需要充分利用第三方物流的能力、技術且使貿易流暢,為客戶提供全方位、一體化、多功能的綜合服務,並擴大營運的自主性。第四方物流主要提供以下幾方面的服務:

10.4.3.1 物流服務

通過有效整合物流資源,為工商企業提供貨物運輸、倉儲、加工、配送、貨代、商檢、報關等服務和全程物流數字化服務,以及整體物流方案策劃服務。

10.4.3.2 金融服務

為工商企業提供基於「電子銀行」的企業間結算服務,與多家銀行聯合推出商品質押融資業務。

10.4.3.3 信息服務

為工商企業提供來自物流終端的統計信息,幫助企業科學決策。通過整合傳統資源及網路資源,為企業搜集信息、發布信息、進行商品展示以及廣告宣傳。

10.4.3.4 管理、技術及系統服務

為工商企業提供基於供應鏈管理的全程物流管理及網路技術支持服務。為工業原料流通領域的企業提供管理需求界定、業務流程分析與規範、業務流程再造以及建立ISO質量管理體系等服務。

10.4.4 第四方物流的價值

第四方物流服務商通過整合社會資源,提供綜合性的供應鏈解決方案,有效滿足客戶企業多樣化、複雜化、個性化的服務需求。第四方物流供應商通過影響整個供應鏈來實現增值,並帶給客戶可感知的效用。

10.4.4.1 實現供應鏈一體化

第四方物流供應商通過與第三方物流企業、信息技術服務商和管理諮詢公司的協同運作，使物流的集成一躍成為供應鏈的一體化。業務流程再造將使客戶、製造商、供應商的信息和技術系統實現一體化，把人的因素和業務規範有機結合，使整個供應鏈的戰略規劃和業務運作能夠高效地貫徹實施。

10.4.4.2 提高資產利用率

工商企業通過實施第四方物流，將減少固定資產投資，並提高資產利用率。與此同時，工商企業可實施「歸核化」戰略，通過產品研究開發、市場開拓來獲取規模經濟和範圍經濟性收益。

10.4.4.3 優化客戶企業組織結構

第四方物流通過「再造」來實現客戶企業業務流程的優化，隨著物流及其他業務外包的不斷擴展，必然使客戶企業的一些傳統職能「虛擬」化，從而使組織結構變平化，使組織結構更具有柔性，更能適應經營環境的變化。

10.4.4.4 降低成本，增加利潤

第四方物流的運作強調物流數字化的作用，通過有效的物流數字化作業，為物流信息系統提供強有力的信息源保證，從而使物流信息系統強大的分析決策功能得以有效發揮，並為工商企業提供利潤增長。

第四方物流採用現代信息技術、科學的管理流程和先進的管理方法，使庫存及資金的週轉次數減少，從而降低交易費用。通過供應鏈規劃、業務流程再造以及一體化流程的實現，將最大限度地降低供應鏈營運成本，實現利潤增長。

第四方物流利潤的增長取決於其服務質量的提高以及成本的降低。第四方物流服務商是通過為供應鏈提供全方位、一體化、多功能的綜合服務來獲利的。

10.4.5 第四方物流運作模式的選擇

第四方物流的運作模式主要有協同運作型、方案集成型和行業創新型三種。

10.4.5.1 協同運作型

這是第四方物流服務商與第三方物流企業共同開發市場的一種模式。第四方物流服務商向第三方物流企業提供供應鏈整合策略、進入市場的能力、項目管理能力以及技術服務等支持。第四方物流服務商在第三方物流企業內部運作，第三方物流企業成為第四方物流服務商的思想與策略的具體實施者，以達到為客戶服務的目的。雙方一般會採取戰略聯盟或合同治理的方式進行合作。其運作模式見圖 10.7 所示。

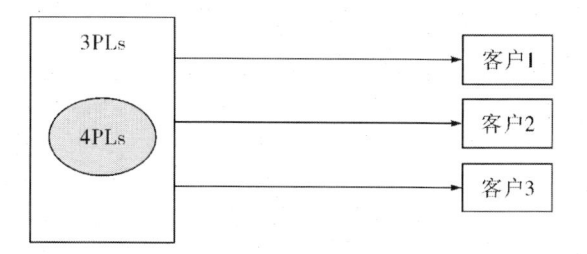

圖 10.7　第四方物流的協同運作模式

案例 10-15 由安得物流有限公司投資設立的廣州安得供應鏈技術有限公司是國內第一家由第三方物流公司孵化的第四方物流公司。安得物流有限公司因為有美的集團在資金、資源和貨源方面的保證，因此在我國眾多的第三方物流公司中脫穎而出。廣州安得供應鏈技術有限公司背靠著安得物流有限公司，可能成為它在我國第四方物流企業中脫穎而出的有利條件。安得物流有限公司現在的年營業額已經超過 3 億元，超過一半的收入來源於美的集團以外的 30 多個客戶。安得供應鏈技術有限公司前期可以利用安得物流有限公司現有的客戶資源，免費或以較低的價格為安得物流有限公司的客戶提供第四方物流服務，累積經驗，一旦有幾個成功的案例，以它相對於跨國諮詢公司的價格優勢和本土優勢，很可能領先於其競爭對手。

10.4.5.2 方案集成型

在該模式中，第四方物流服務商整合了自身以及第三方物流企業的資源、技術和能力，並充分借助第三方物流企業為客戶提供服務。第四方物流服務商作為一個「樞紐」，可以集成多個服務商的能力以及客戶的能力。其運作模式如圖 10.8 所示。

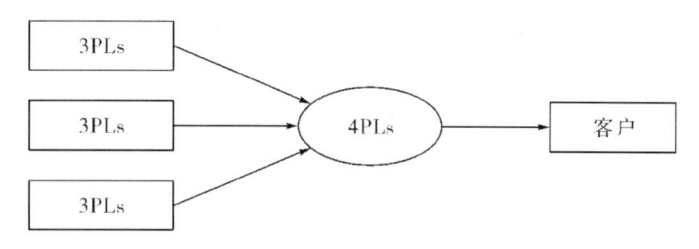

圖 10.8 第四方物流的方案集成型運作模式

10.4.5.3 行業創新型

在該模式中，第四方物流服務商將多個第三方物流企業的資源和能力進行集成，以整合供應鏈的職能為重點，為多個行業的客戶提供完整的供應鏈解決方案，其運作模式如圖 10.9 所示。在這裡，第四方物流服務商這一角色非常重要，因為它是第三方物流企業集群和客戶集群的樞紐。

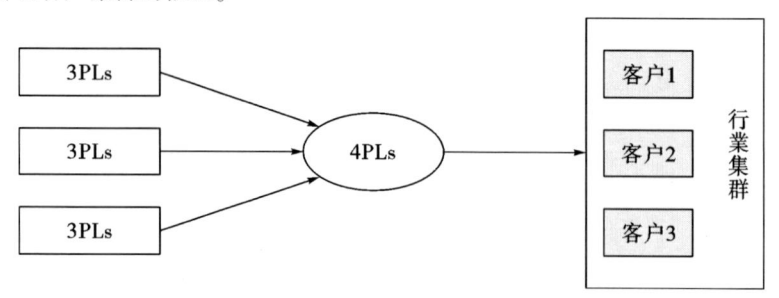

圖 10.9 第四方物流的行業創新型運作模式

單元小結

物流管理在供應鏈管理中佔有非常重要的地位。供應鏈管理環境下的物流管理與傳統相比產生了許多不同的特點，表現在信息共享、協同運作、合作雙贏、快速回應等方面。供應鏈物流管理戰略由全局性戰略、結構性戰略、功能性戰略和基礎性戰略構成。第三方物流是由供方與需方以外的物流企業提供物流服務的業務模式，具有功能專業化、服務個性化綜合化、關係契約化、合作聯盟化、信息網路化等特徵。與企業自營物流相比，第三方物流可以在作業利益、經濟利益和管理利益三方面帶來優勢。目前，我國第三方物流發育尚不成熟，服務功能不全，增值服務薄弱，諸多原因導致多數工商企業不願將物流業務外包。第三方物流的運作模式可分為基於單個第三方物流企業的運作模式和基於合作關係的第三方物流運作模式，后者主要有垂直一體化物流等幾種形式。第四方物流供應商是一個供應鏈的集成商，它對公司內部和具有互補性的服務供應商所擁有的資源、能力和技術進行整合和管理，提供一整套供應鏈解決方案。

思考與練習題

簡答(述)

1. 怎樣理解物流管理在供應鏈管理中的重要地位？
2. 供應鏈管理環境下的物流環境有哪些特徵？
3. 供應鏈管理環境下的物流管理有哪些特徵？
4. 物流管理戰略體系由哪幾部分構成？
5. 什麼是第三方物流？怎樣理解「第三方」？第三方物流有何特徵？
6. 與企業自營物流相比，第三方物流有哪些優勢？
7. 我國第三方物流的發展現狀怎樣？主要存在哪些問題？未來有什麼發展趨勢？
8. 我國物流企業可按照哪些標準來分類？有哪些類別？
9. 資產型物流公司與非資產型（即管理型）物流公司在經營運作中分別面臨什麼風險？
10. 什麼是物流業務外包？物流業務外包有幾種形式？
11. 物流業務外包有什麼風險和障礙？如何降低風險、消除障礙？
12. 物流外包與第三方物流之間有何關係？怎樣進行物流外包決策？
13. 怎樣選擇第三方物流服務商？
14. 第三方物流的運作模式有哪些？
15. 什麼是第四方物流？第四方物流有何特徵？
16. 第四方物流的服務內容有哪些？第四方物流有哪幾種運作模式？
17. 第四方物流與第三方物流有何區別？

情境問答

1. 某專業倉儲企業的服務對象主要是國際知名跨國公司，該倉儲企業在全國主要城市設有倉庫，貨品的年份撥量較大。近年來，客戶對包含運輸、包裝、流通加工、裝卸搬運、配送和物流信息等多環節的綜合物流服務的需求明顯增長，公司面臨著從傳統倉儲企業向綜合服務型物流企業轉型的壓力。請問該公司需要在哪些方面提升，才能符合綜合服務型物流企業的要求？

2. 某倉儲公司倉庫的固定資產價值超過 8,000 萬元，而每年的利潤只有不足 500 萬元，資產回報率較低。公司領導認為，為提升利潤率，需開展物流增值服務，開發更多的利潤貢獻率高的優質客戶。你認為可以通過哪些手段達到該目標？

3. 品匯是一家從事名牌商品折扣銷售的電子商務企業，銷售的商品包括品牌箱包、鞋子、化妝品、時裝和飾品等多個品類的上千個品牌。每天超過幾十萬件的發貨量和數以萬計的退換貨讓公司物流部應接不暇。在部門會議上，員工小張提議將物流業務外包以解決當前資源緊張的問題，但遭到了強烈的反對。理由是外包將給公司帶來一系列潛在風險。如果你是小張，你能提出哪些風險應對的策略來說服反對者？

綜合分析

目前，許多貨主企業已紛紛實施物流業務外包。表 10.4 是 CC 公司 M5 廠成品庫到 SC2 營業所的產品調撥噸位及第三方運輸成本數據。假如你是該公司的物流經理，請以一月份的運量為例，通過計算說明如何確定第三方物流公司的報價是否合理。

表 10.4　CC 公司 M5 廠 SC2 營業所產品調撥噸位及第三方運輸成本數據

月份	運量（噸）		
一	837.38	M5 到 SC2 的里程（單位：千米）	100
二	504.1	一般運輸車輛噸位（單位：噸）	15
三	736.57	營運規費（單位：元/噸·月，全年只繳 10 個月）	47
四	784.95	保險費（單位：元，含交通強制險和第三者責任險）	12,000
五	723.11	二級維護與年審（單位：元/年，含排污、車船使用稅等）	1,500
六	987.98	車輛購置費（單位：元）	200,000
七	735.45	車輛折舊期（單位：年，按直線折舊法①計算）	8
八	658.04	車輛油耗（單位：升/100 千米）	30
九	1,086.05	目前平均油價（單位：元/升）	7.73
十	436.98	司機工資（正負駕駛，單位：元/月）	1,800
十一	219.83	車輛平均維修費（單位：元/千米）	0.25
十二	412.93	高速公路收費（此噸位車輛，單位：元/輛）	190
合計	8,195.38	普通公路收費（此噸位車輛，單位：元/輛）	80

備註：貨運車輛的通行費按載重噸位計收，這裡為簡化計算，往返都按上表所列費用計算。

---

① 根據國家有關規定，營運車輛按行駛里程法進行折舊，這裡為簡化計算，變通處理，按直線折舊法計算。

案例分析

案例1:「大眾包餐」公司的困惑

「大眾包餐」是一家提供全方位包餐服務的公司,由上海某大飯店的下崗工人李楊夫婦於1994年創辦,如今已經發展成為蘇錫常和杭嘉湖地區小有名氣的餐飲服務企業之一。「大眾包餐」的服務分為兩類:遞送盒飯和套餐服務。盒飯主要由葷菜、素菜、鹵菜、大眾湯和普通水果組成。可供顧客選擇的菜單有:葷菜6種、素菜10種、鹵菜4種、大眾湯3種和普通水果3種,還可以定做飲料佐餐。儘管菜單的變化不大,但從年度報表上看來,這項服務的總體需求水平相當穩定,老顧客通常每天會打電話來訂購。但由於設施設備的緣故,「大眾包餐」會要求顧客們在上午10點前電話預訂,以便確保當天遞送到位。在套餐服務方面,該公司的核心能力是為企事業單位提供冷餐會、大型聚會,以及一般家庭的家宴和喜慶宴會。客戶所需的各種菜肴和服務可以事先預約,但由於這項服務的季節性很強,又與各種社會節日和國定假日相關,需求量忽高忽低,有旺季和淡季之分,因此要求顧客提前幾周甚至1個月前來預定。大眾包餐公司內的設施佈局類似於一個加工車間。主要有五個工作區域:熱制食品工作區、冷菜工作區、鹵菜準備區、湯類與水果準備區,以及一個配餐工作區,專為裝盒飯和預訂的套菜裝盛共享。此外,還有三間小冷庫供儲存冷凍食品,一間大型干貨間供儲藏不易變質的物料。由於設施設備的限制以及食品變質的風險制約了大眾包餐公司的發展規模。雖然飲料和水果可以外購,有些店家願意送貨上門,但總體上限制了大眾包餐公司提供柔性化服務。李楊夫婦聘用了10名員工:兩名廚師和8名食品準備工,旺季時另外雇傭一些兼職服務員。

包餐行業的競爭是十分激烈的,高質量的食品、可靠的遞送、靈活的服務以及低成本的營運等都是這一行求生存謀發展的根本。近來,大眾包餐公司已經開始察覺到來自愈來愈挑剔的顧客和幾位新來的專業包餐商的競爭壓力。顧客們愈來愈需要菜單的多樣化、服務的柔性化,以及回應的及時化。李楊夫婦最近參加了現代物流知識培訓班,對準時化運作和第三方物流服務的概念印象很深,這些理念正是大眾包餐公司要保持其競爭能力所需要的東西。但是他們感到疑惑,大眾包餐公司能否借助於第三方的物流服務。

根據案例提供的信息,請回答以下問題:
1. 大眾包餐公司的經營活動可否引入第三方物流服務?請說明理由。
2. 大眾包餐公司實施準時化服務有無困難,請加以解釋。
3. 在引入第三方物流服務時,你有何建議?

案例2:美的公司物流完善之路的啟示

一、案例背景

從20世紀90年代末期開始的家電行業價格戰,一方面把家電這一原來百姓眼中的「幾大件」變成了普及的物品,另一方面此起彼伏的價格戰也把整個行業拖進了深淵。成本的過快增長在相當程度上抵消了銷售額的增長,直接成為利潤下降的罪魁禍首。以2000年為例,空調大戰導致美的公司主營業務利潤從上一年同期的22.19%降至17.89%。彩電大戰使行業老大、老二績優不保,四川長虹、深康佳淨利潤分別下降40.69%及40.53%,毛利率分別降至17.34%及17.28%。深康佳甚至出現了大額的虧損。

在這種情況下,各家電企業紛紛採取措施進行自救。由於能夠大幅減低成本,物流成了很多家電企業的「救命稻草」。其中比較典型的有兩種類型。一種是以海爾公司為代表的通過成立物流本部,進行事業部層面的供應鏈整合,來提高物流效率。而另一種就是以美的為代表的通過第三方物流的專業化管理來降低物流成本。

供應鏈上物流的速度以及成本一直是令中國企業苦惱的老大難問題,據統計,中國製造企業有

90%的時間花費在物流上，只有10%用於製造；中國企業物流倉儲成本占據了總銷售成本的30%～40%。中國企業本來在基於產品創新的超額營利方面較之發達國家企業就不占優，而供應鏈上的支出又使得原本不豐厚的利潤變得更加微薄。

中國有其特定的歷史國情，落後的基礎設施、破碎且混亂的分銷體系、不成熟的3PL能力、地方保護主義、不穩定且不嚴格執行的法律都給中國企業供應鏈體系的成熟與完善設置了障礙。

二、美的公司物流完善歷程：五年三大步

在上市以後，美的公司為了既可滿足消費者對產品越來越苛刻的差異化需求和願意支付的價格，又可確立在接近飽和的中國家電業生存空間中的獨特地位，在管理層融資收購改革（MBO）的同時，用五年的時間進行了一場「低成本差異一體化」的物流完善之路，就是通過不斷完善的物流設計保證公司總成本領先，又能實行適度差異化。根據PMG供應鏈成熟度模型的劃分，我們可以把美的公司的物流完善之路劃分為三層：「Ⅰ級：通過物流中心內部整合」；「Ⅱ級：通過安得物流進行外部整合」；「Ⅲ級：信息化上馬完善整條供應鏈」。

美的集團進行改組，使用「事業部制」和分級法人提高反應速度。各「事業部」均通過相對獨立的后勤體系來覆蓋市場。

1. 虛擬物流中心（1998—1999）

空調、風扇這樣季節性強的產品，斷貨或者壓貨是常有的事。各事業部的上千個型號的產品，分散在全國各地的100多個倉庫裡，有時一個倉庫甚至就是只存兩三種商品的「窗口」，光是調來調去就是一筆巨大的開支。而且因為信息傳導渠道不暢，傳導鏈條過長，市場信息又常常誤導工廠的生產，造成生產過量或緊缺。

為減少無效物流，在保證事業部銷售的前提下，美的在1998—1999年走出了物流完善的第一步：開始建立「內部虛擬物流中心」，通過物流中心內部整合資源。初步改善整合現物流環節中不合理方面，並為長期物流發展做準備。內部虛擬物流中心以滿足事業部所有日常銷售的倉儲運輸要求為最高目標。

內部虛擬物流中心以各事業部原有物流人員與操作流程為基礎，並分別運作以保證與現在工作的連續性。物流中心的組織定位是行政上隸屬集團，業務上服務於事業部。

虛擬物流中心的主要工作：

● 倉儲整合。開始進行本部和外部倉庫的全面整合，並合理設計全國的倉儲網路。

● 與第三方物流公司的集中業務聯繫。在不改變剛簽訂的物流合同的情況下，統一開展與第三方物流公司的業務，實現統一標準管理。

● 物流業務流程及規範的標準化。包括制定流程、規章、職責等。

值得注意的是，在這一階段，內部虛擬物流中心對倉庫管理進行全面的整合，包括統一租賃、管理、監控等。並且在不具備整合的IT系統支持下（此時ORACLE系統正在上馬），各事業部物流人員仍按照原有流程執行發貨運輸。發貨計劃也暫時沒有整合。

2. 神來之筆般的安得物流（2000—2001）

在美的重整供應鏈的一系列「潤物細無聲」的動作中，安得物流公司的成立，是尤其令人側目的一個亮點。2000年美的通過建立自己的第三方物流公司——安得物流，不僅解決了別的企業為之頭痛的物流成本居高不下的問題，還造就了一個新的利潤增長點。

安得物流公司的主要業務是建立自己的平臺，包括倉儲平臺和網路平臺。美的把各個事業部原先分散的倉儲資源整合起來交給安得，使安得在全國建立了比較健全的倉儲網路。信息技術平臺在8月份也可以試運行。安得還掌管家電事業部的全部運輸業務和空調事業部1/3的運輸業務。

安得的出現使得美的公司總部的物流工作量大量減少，工作趨向監督、管理。美的公司總部的工作就變為了整合、招標：

●物流的全面整合集成化。包括發貨運輸計劃整合和倉儲整合。
●集中招標管理第三方物流公司。對物流公司進行統一招標管理、評估及合同簽訂。
●集成的 IT 系統實施應用。IT 系統支持事業部各自的庫存補貨計劃自動化，並根據不同的發貨計劃制定運輸計劃。

安得的出現還使美的公司根據安得的價格，可以去壓外面運輸公司的價，使得運輸費削減了 10% 以上，一年下來可以節省幾百萬元。

同時，服務水平也提高了。家庭電器事業部的倉儲業務以前也是外包，現在 2,000 多萬臺產品的運輸、倉儲全部交給安得，安得 24 小時發貨，做到貨物先進先出，減少積壓折價的壓力，還實現電腦管理、信息反饋，這些是以前沒法做到的。美的以前的裝車時間需要 60 分鐘，現在加快到每 20 分鐘裝一車，以前上午 10 點前能發車的很少，現在早上 8 點半就可以大批發車了。

由於儲運資源的整合，在物流公司投入運作的半年內，美的各事業部運輸成本平均下降了 10%，全集團的倉儲成本也下降了 10%。

但是由於歷史原因，有些運輸公司與銷售客戶有著捆綁的關係，安得還不能把整個美的集團的儲運業務全部整合，因此對運輸的管理還不到位。在這個階段，美的一般採取招標的形式來選擇物流服務商，安得也是競標方之一。

第三方物流公司的招標由總部和事業部共同完成，並按照公開、公平、高效的原則執行，物流公司招標每年定期舉行一次。招標小組包括三個事業部的代表，共同起草競標要求，同時接受應標書，並按另行制定的嚴格評估標準進行審評。

3. 開創時代的第四方物流（2002 年以來）

2002 年 11 月 1 日，美的企業集團旗下的威尚科技產業發展集團布下了其物流戰略至關重要的一子，該集團旗下的安得物流公司在廣州正式成立「安得供應鏈技術有限公司」。這家註冊資金僅為 160 萬人民幣的新公司一亮相，就在華南物流界引起強烈反響。其業務定位在「為客戶提供高端服務」的「第四方物流」——這在國內物流業尚屬首次。

國內第四方物流還處在摸索階段，供應鏈和物流大家都在談，但核心的一點就是技術。「病人找醫生看病，醫生開了處方，然後病人拿著處方去藥店抓藥——第三方物流是藥店，而供應鏈公司就是開處方的醫生。」

第四方物流公司本身可能，或者說現在只是個概念。但這是一個信號，標誌著美的公司將以高效高質，低成本和先進的信息技術支持提供全方位最佳的客戶物流服務（當然，美的公司自己可以先享用信息＋物流的好處）。

從 2002 年中期起，安得物流公司開始利用自主開發的信息系統，使美的集團在全國範圍內實現了產銷信息的共享。有了信息平臺做保障，美的原有的 100 多個倉庫精簡為 8 個區域倉，在 8 小時可以運到的地方，全靠配送。這樣一來美的集團流通環節的成本降低了 15%～20%。

同時從市場第一線到工廠生產的信息傳遞鏈條大大縮短，各事業部更有效地實現了訂單生產，減少了生產環節不必要的浪費——靠製造環節降低成本，以物流增加收入，是分享第三利潤源的共贏過程。

圍繞效益這個考核的第一標準，美的展開了名為「供應鏈整合」的管理創新活動。各事業部內採用「成本倒逼法」，從產品最后的售價，推導出各環節的造價。在原材料採購環節，通過網上公開招標投標，杜絕了暗箱操作帶來的成本黑洞；在製造環節，進行技術改造，增加合格率，降低消耗。降低成本往往在設計環節就開始了。

在這個階段，美的公司總部的主要工作集中在規劃和整合方面。將倉庫管理、運輸管理及具體運作全權下放到少數幾個優秀的第三方物流公司管理，美的公司總部只負責日常的協調監督和以下幾方面的工作。

先進的物流規劃——針對物流和零售發展趨勢，如電子商務、現代零售業態的飛速發展等，探討實踐應對策略和方案，包括：物流規範及流程改進；物流趨勢分析；物流管理信息化、網路化；電子商務等的策劃與實施；集團IT系統發展——在物流完善的情況下，依重要次序，開始相關環節的供應鏈整合，如計劃預測銜接、客戶服務銜接等。

三、物流改進方案比較

隨著沃爾瑪15億美元賣出自己的配送企業，國內對如何完善物流的爭論越來越激烈。是進行事業部層面的供應鏈整合，還是進行集團層面的物流整合呢？

事業部層面進行供應鏈整合的代表是海爾，即成立物流推進部，內分倉儲、採購、運輸三大部分，把海爾內部的物流進行全面整合，平臺搭建好了后再外包給社會上的第三方物流公司，這樣做比較平穩。

集團層面進行物流整合的代表是美的，先讓各事業部的物流業務各自社會化，再由第三方物流公司進行整合，安得正是充當了這個角色。

那麼到底哪個途徑的物流完善更好呢？

（一）事業部層面的供應鏈整合

●前提條件

新產品開發、採購、訂單處理、生產、物流、計劃預測、行銷和客戶服務等各部門功能運作正常，管理水平較高，各部門單獨提高、改善的空間小。以上的完整供應鏈由一個實體（公司或事業部等）管理，可以行使權力並承擔責任。

●整合內容

新產品開發流程拓展；考慮到供應鏈中下游的生產、銷售、客戶等需要；採購模式考慮到產品開發及生產的需求，並進行定期評估；訂單信息自動更新，可作為計劃預測的依據；生產計劃、銷售計劃、倉儲計劃、運輸計劃等高度集成；對物流配送環節的特別改進著重於用最低成本在合適時間到達合適地點；銷售預測綜合考慮客戶庫存、促銷活動、市場情況等以不斷提高準確性。

●整合結果

高效運作的事業部；更低的成本；更好的客戶服務；緊密合作、高度協調的實體。

●優點

整個供應鏈的全面整合是管理運作的一個飛躍；進一步完善已成功運行的事業部體制，支持事業部的活力和積極性；供應鏈由上至下的整合，形成產、供、銷一體化，將會對企業現在薄弱的計劃預測環節提供最大的幫助。

●缺點

供應鏈整合要在三個事業部重複進行，設計、培訓、實施、投資等較大；事業部供應鏈的各環節還都在管理上有很多單獨提高、改進的機會，基礎較薄弱；整個供應鏈的整合需要較高的管理實施水平和良好的跨部門協作。

（二）集團層面的物流整合

在集團層面的整合專注於物流方面的改進，以規模優勢取得低成本，高效率的客戶服務水平。

●前提條件

供應鏈各環節迫切需要進行物流改進；倉儲運輸作為后勤服務可以在集團層面上統一規劃執行，並且有助於直接提高客戶服務質量。

●整合內容

統一各事業部在本部和外部的倉儲管理；集中安排各事業部的運輸；對第三方物流公司進行集中、公開、高效地招標。

●整合結果

以規模優勢贏得更低的物流成本；合理的倉儲安排進一步提高客戶服務水平；在統一規範的物流

管理和評估標準、物流遠景規劃、專業物流人才培養上傾註更多精力；脫離了繁瑣后勤事物的行銷公司可以更專注於市場開拓。

● 優點

專注於物流問題的解決，而不是過早跳躍到整個供應鏈的整合上；合理發揮規模優勢；顯著加強物流職能；除日常倉儲運輸外，專職人員關注物流發展趨勢，不斷提高運作水平，完善信息系統支持，並提供物流培訓。

● 缺點

事業部有可能誤解為權力被削弱，在感情和觀念上需要時間來接受這種整合方法；整個供應鏈的全面整合，如產供銷一體化，在事業部內仍可以獨立有效地進行；對事業部與物流中心的銜接合作要求較高。

根據案例提供的信息，請回答以下問題：
1. 低成本戰略與差異化戰略有矛盾嗎？美的公司是怎樣實施「低成本差異一體化」戰略的？
2. 為什麼說物流成了很多家電企業的「救命稻草」？
3. 美的公司的物流完善之路經歷了哪幾個階段？每一階段分別進行了哪些變革？
4. 「安得供應鏈技術有限公司」是怎樣提供「第四方物流」服務的？
5. 為什麼說「成本倒逼法」是成本控制的有效手段？
6. 美的公司對分銷渠道進行了怎樣的變革？
7. 海爾與美的這兩家公司的物流管理有什麼不同？各有何優劣？
8. 海爾與美的這兩家公司的管理模式，你認為哪一家更優？為什麼？
9. 請評價案例中作者對這兩種管理模式優缺點的評價。

案例 3：ACCENTURE 的第四方物流服務

在歐洲，ACCENTURE 和菲亞特公司的子公司 NEW HOLLAND 成立了一個合資企業 NEW HOLLAND LOGISTICS S. P. A，專門經營零配件物流。NEW HOLLAND 擁有該公司 80% 的股份，ACCENTURE 擁有 20% 的股份。NEW HOLLAND 為合資企業投入了 6 個國家的倉庫，775 個雇員以及資本投資和運作管理的能力。ACCENTURE 則投入了管理人員、信息技術、運作管理和流程再造的專長。零配件管理運作業務涵蓋了計劃、採購、庫存、分銷、運輸和客戶支持。該合資企業在過去 7 年裡的總投資回報為 6,700 萬美元。大約 2/3 的節省及運作成本的降低，20% 來自於庫存管理，其他 15% 來自於運費節省。同時，NEW HOLLAND LOGISTICS S. P. A 實現了超過 90% 的訂單完成準確率。

1998 年，COMPAQ 公司為降低成本，提高在供應鏈管理上的競爭力，聘請了 ACCENTURE 規劃其在歐洲的維修與回收物流管理。ACCENTURE 為 COMPAQ 進行了一年的諮詢，建議 COMPAQ 將維修和回收管理外包，以達到其最初的目標，同時提升服務水平。為此，ACCENTURE 為 COMPAQ 做了一系列的工作。首先，ACCENTURE 根據 COMPAQ 的情況為其撰寫了招標書。在招標書中，ACCENTURE 列出了 COMPAQ 需要外包的五大環節，包括維修中心、中央倉庫、分庫、回收系統和運輸，並對這五大環節做了具體說明。例如，對於維修中心，標書中包含了對於需要外包的物流服務的描述和質量要求，對比了 COMPAQ 當時的信息系統和理想的信息系統，明確了物流企業和 COMPAQ 在外包協議中各自的責任，列示了物流外包項目的實施方法和時間安排。然后對物流企業的投標書中應包含的集中維修環節進行了具體說明。招標書還對 COMPAQ 保留的業務和外包業務間的關係做了說明，以幫助競標者瞭解全局。招標書對第三方物流公司的投標書提出了明確的要求。要求參與投標的第三方物流公司詳細說明如何滿足 COMPAQ 的物流要求，並要求投標公司對自身的信息系統、組織架構、簡歷和以前的成功案例給出詳盡的說明，同時要求第三方物流公司說明目前為 COMPAQ 提供服務的年收入金額及其占物流公司整體年收入的比例，以此確定 COMPAQ 業務在該第三方物流公司業務體系中的

地位。招標書還要求投標者提供未來成本預測、公司績效管理、報價等多項內容，以便評標。接下來，ACCENTURE 為 COMPAQ 對參加競標的公司根據其投標書和其他情況進行評估，競標公司包括 TNT、DHL、EXEL、UPS 等物流公司。評估內容包括解決方案評估、公司整體評估、信息系統評估、商業條款評估、財務狀況評估五個部分。ACCENTURE 分五個小組進行評測，評出滿足要求的公司，然後經過小組審批、團隊審批和總部審批，選出 2～3 家公司進入最後的議價階段，在評估過程中，ACCENTURE 主要考慮參與投標的第三方物流公司的信息系統能否和 COMPAQ 的系統順利銜接、成本核算是否有效、物流公司在業務銜接過程中對 COMPAQ 自身業務的影響程度。當然，價格是一個非常重要的因素。最後，ACCENTURE 為 COMPAQ 選中了 EXEL，原因在於 EXEL 在倉庫、運輸、計劃、單據、財務和調配等很多方面都有較好且具體的跨區域解決方案，COMPAQ 能夠通過 EXEL 把客戶服務水平提高一個臺階。

經過業務外包后，COMPAQ 在客戶服務上的成本節約了 20%。

在英國，ACCENTURE 和泰晤士水務有限公司的一個子公司——CONNECT 2020 也進行了第四方物流的合作。泰晤士水務是英國最大的水務公司，營業額超過 20 億美元。CONNECT 2020 成立的目的旨在為供水行業提供物流和採購服務。CONNECT 2020 把它所有的服務外包給 ACTV，一家由 ACCENTURE 管理和運作的公司。ACTV 年營業額為 1,500 萬美元，主要業務包括採購、訂單管理、庫存管理和分銷管理。目前的運作成果包括：供應鏈總成本降低 10%，庫存水平降低 40%，未完成訂單減少 70%。

在本案例中，ACCENTURE 所扮演的角色是一個典型的第四方物流服務商，它為客戶提供供應鏈解決和實施方案，為客戶規劃業務流程和系統配置，同時為客戶尋找第三方物流公司。

根據案例提供的信息，請回答以下問題：
1. ACCENTURE 為 COMPAQ 提供了何種類型的第四方物流服務？
2. ACCENTURE 與泰晤士水務的合作屬於第四方物流營運的何種模式？
3. 物流招標一般包括哪些步驟？對招標方和投標方而言，哪些環節是比較關鍵的？為什麼？
4. 物流提案即物流投標書是否是最終的物流服務方案？為什麼？

單元 11

供應鏈管理環境下的庫存管理

【知識目標】
1. 能列舉典型的供應鏈庫存管理策略（或方式）
2. 能闡釋 VMI 的概念與內涵
3. 能簡述 VMI 的實施步驟
4. 能闡釋 VMI 與 JMI 的主要區別
5. 能闡釋 VMI 與集中化的多級庫存控制策略的主要區別
6. 能闡釋牛鞭效應的概念與內涵

【能力目標】
1. 能分析傳統庫存管理方法的局限性
2. 能分析供應鏈庫存管理策略（或方式）的優勢
3. 能分析 VMI 的優點與風險
4. 能分析 VMI 成功實施的關鍵
5. 能正確選擇供應鏈庫存管理策略（或方式）
6. 能分析牛鞭效應對供應鏈績效的影響
7. 能分析牛鞭效應的成因
8. 能提出減弱牛鞭效應的對策與舉措

引例：摩托羅拉公司的庫存管理模式

　　摩托羅拉公司位於天津港保稅區的原料庫採用全球先進的供應商 HUB 系統管理模式，大約有 30 家零部件供應商在摩托羅拉公司天津工廠周邊地區設有工廠或倉庫。摩托羅拉公司每天將原材料、零部件的需求計劃提供給這些供應商，供應商根據摩托羅拉公司的需求計劃管理庫存，並且每天安排 4 次送貨。這使摩托羅拉公司真正實現了 JIT 生產。

引導問題：
1. 摩托羅拉公司採用了何種庫存管理模式？
2. 這種庫存管理模式有何優點？
3. 這種庫存管理模式可能存在哪些風險？
4. 摩托羅拉公司採用該庫存管理模式成功的原因是什麼？
5. 供應鏈庫存管理策略與傳統庫存管理策略有什麼區別？有什麼優勢？

庫存管理是供應鏈管理的重要內容之一。由於企業組織與管理模式的變化，傳統庫存管理方法的弊端日漸暴露。在供應鏈管理環境下，迫切需要採取一系列新的庫存管理策略與方法。

11.1 庫存與庫存管理的認知

無論是對為生產服務的製造業庫存進行管理，還是對為商業服務的商業庫存進行管理，其主要目的都是為了在有效降低庫存持有成本的同時，防範「缺貨成本」的發生。庫存管理的目標就是要在庫存成本與庫存服務水平之間尋求平衡。

11.1.1 庫存

11.1.1.1 庫存的概念

庫存（Stock）是「儲存作為今后按預定的目的使用而處於閒置或非生產狀態的物品。廣義的庫存還包括處於製造加工狀態和運輸狀態的物品」（GB/T18354-2006）。在一般情況下，人們設置庫存的目的是防止短缺，就像水庫裡儲存的水一樣。另外，它還具有保持生產過程連續性、分攤訂貨費用、快速滿足用戶訂貨需求的作用。但是，庫存也是一種無奈的結果。它是由於人們無法準確預測未來的需求變化，才不得已採用的應付外界變化的手段，也是因為人們無法使所有的工作都做得盡善盡美，才產生一些人們並不想要的冗余與囤積——不和諧的工作沉澱。

11.1.1.2 庫存成本

庫存管理的核心問題是如何在滿足對庫存需要的前提下，保持合理的庫存水平，即在防止缺貨的情況下，控制合理的庫存總成本。總的來說，持有一定的庫存，就必然要占用資金。一般而言，年庫存總成本＝購入成本＋訂貨成本＋儲存成本＋缺貨成本。

1. 購入成本

購入成本即商品的購買成本，包括支付的貨款、運輸費用（含裝卸搬運費用及運輸保險費用）以及在物流過程中發生的商品損耗等。

2. 訂貨成本

一般的，訂貨成本是指每訂購一次貨物所發生的費用，主要包括差旅費、通信費以及跟蹤訂單所發生的費用。在年度總需求量一定的情況下，訂貨次數越多，總的訂貨成本越高。

3. 儲存成本

儲存成本是指為保管存儲物品所發生的費用，包括庫存資金占用成本[①]、倉庫設施設備的投資成本、倉庫設施設備的資金占用成本、倉庫的營運成本（如保管費、管理費、商品養護費、保險費、設施設備的維護費以及損耗等）。這些費用隨著庫存量的增加而增高。

[①] 包括融資成本和機會成本。

4. 缺貨成本

缺貨成本是指由於缺貨而產生的損失，包括不能為顧客服務而仍然要支付的費用，由於緊急訂貨等支付的特別費用，失去了對顧客的銷售而沒有得到的預定收益，以及由於一些難以把握的因素造成商譽受損，由此而產生的不良后果等。

11.1.1.3 庫存分類

庫存是一項代價很高的投資，無論是對生產企業還是流通企業，正確認識和建立一個有效的庫存類型管理計劃都是很有必要的。按照不同的劃分標準，有不同的庫存類型，以下主要以庫存的作用、生產過程、用戶對庫存的需求特性作為分類標誌來劃分庫存類型。

1. 按庫存的作用分類

（1）週轉庫存。也稱循環庫存，是為滿足日常生產經營需要而保有的庫存，其合理存在的前提是企業能夠正確地預測需求和補貨時間。週轉庫存的大小與採購批量直接相關。

（2）安全庫存。也稱保險庫存，是「用於應對不確定因素（如大量突發性訂貨、交貨期突然延期等）而準備的緩衝庫存」（GB/T18354-2006）。換言之，安全庫存是為了防止不確定因素的發生（如供貨時間延遲，庫存消耗速度突然加快等）而設置的庫存。安全庫存的大小與庫存安全系數及與庫存服務水平等因素有關。

（3）調節庫存。用於調節需求與供應的不均衡、生產與供應的不均衡以及各個生產階段產出的不均衡而設置的庫存。

（4）在途庫存。處於運輸狀態以及停放在相鄰兩個工作地之間或相鄰兩個組織之間的庫存。在途庫存的大小取決於運輸時間以及該期間的平均需求。需要注意的是，在進行庫存持有成本的計算時，應將在途庫存看作是運輸出發地的庫存，因為在途的物品還不能使用、銷售或隨時發貨。

（5）投資庫存。持有投資庫存不是為了滿足目前的需求，而是出於其他原因，例如價格上漲、物料短缺等而囤積的庫存。

（6）季節性庫存。季節性庫存是投資庫存的一種形式，是企業為滿足可預知的需求而持有的庫存。例如，重大節假日來臨時，需求急增，零售商提前備貨以應對這期間需求的變化，這種庫存即為季節性庫存。

2. 按生產過程分類

（1）原材料庫存。它是指企業已經購買的，但還未投入生產的存貨。

（2）在製品庫存。它是指經過部分加工，但尚未完成的半成品存貨。

（3）產成品庫存。它是指已經製造完成並正等待裝運發出的存貨。

3. 按用戶對庫存的需求特性分類

（1）獨立需求庫存。它是指用戶對某種庫存物品的需求與其他種類的庫存無關，表現出對這種庫存需求的獨立性。這種需求是由市場決定的，一般不可控。例如，像對家用洗衣機或家用冰箱這種產成品的需求，這類需求什麼時候發生？每次需要多少？事先是不知道的。但這種需求也不是完全無規律可循，它的需求平均值、方差（波動範圍）、長期變化趨勢以及季節性變化特徵，還是可以根據歷史數據和其他相關因素進行

預測的。

(2) 相關需求庫存。它是指企業對某種庫存物品的需求與其他種類的庫存有關，根據這種相關性，企業可以精確地計算出它的需求量和需求時間，因而這種需求是一種確定型需求。例如，對一定數量的洗衣機來說，洗衣桶、電動機等零部件和原材料的需求數量，完全可以根據產品物料清單（BOM）來決定。

一般來說，來自市場和企業外部的需求是獨立需求，又稱為顧客需求；由企業內部生產需要而產生的需求是相關需求，又稱為生產需求。

11.1.2 庫存管理

11.1.2.1 庫存管理的概念與內涵

庫存管理（Inventory Management）是指為了滿足企業生產經營的需要而對計劃存儲、流通的有關物料進行管理的活動。其主要內容包括庫存信息管理及在此基礎上所進行的決策與分析工作。庫存管理是物流管理的重要內容之一，其核心問題是如何保證在滿足用戶或企業對庫存需要的前提下，保持合理的庫存水平，即在防止缺貨的情況下，控制合理的庫存總成本。

庫存的存在主要是為了防範「缺貨成本」的發生。一般而言，在防止缺貨成本發生的同時，庫存的存在也帶來了資金的佔用及其機會成本（即資金佔用成本）的產生，同時也增加了存儲管理成本。因此，這裡就有一個悖論，當庫存增加時，缺貨成本發生的概率減少，而庫存的資金佔用成本和管理成本增加；當庫存減少時，雖然庫存的資金佔用成本及管理成本減小，但是缺貨成本發生的概率卻增大了。庫存管理就是要解決這個悖論問題。

11.1.2.2 庫存管理的目標

庫存好比一把雙刃劍，庫存水平過高會增加企業的庫存持有成本，庫存水平過低又會使缺貨成本上升。因此，庫存管理的目的是，在保證滿足顧客需求的前提下，通過對企業的庫存水平進行合理控制，達到降低庫存總成本，提高服務水平，增強企業競爭力的目的。

庫存管理的總目標是通過適量的庫存達到合理的供應，使得總成本最低。具體包括以下分目標：

(1) 合理控制庫存，有效運用資金；
(2) 以最低的庫存量保證企業生產經營活動的正常進行；
(3) 及時把握庫存狀況，維持適當的庫存水平；
(4) 減少不良庫存，節約庫存費用。

總之，通過有效的庫存管理，應使物流均衡順暢，既能保障生產經營活動的正常進行，又能合理壓縮庫存資金，取得良好的經濟效益。

11.1.2.3 庫存管理績效的評價指標

庫存管理績效的評價指標主要有平均庫存值、可供應時間和庫存週轉率。

1. 平均庫存值

平均庫存值是指某時段範圍內全部庫存物品價值之和的平均值。一般以期初和期末庫存物品價值之和的算術平均值來表示。通過該指標，可以讓企業管理者瞭解企業資產

的庫存資金占用狀況。

2. 可供應時間

可供應時間是指現有庫存能夠滿足多長時間的需求，計算公式如下：

可供應時間＝平均庫存值/需求率

3. 庫存週轉率

庫存週轉率是指在一定期間庫存週轉的速度，計算公式如下：

庫存週轉率＝一定期間銷售額/一定期間平均庫存值

提高庫存週轉率對於加快資金週轉，提高資金利用率和變現能力具有積極的作用。可通過重點控制耗用金額高的物品、及時處理過剩物料、合理確定進貨批量和削減滯銷存貨等方式來提高庫存週轉率。但是庫存週轉率過高將可能發生缺貨現象，並且由於採購次數增加會使採購費用上升。

11.1.3 庫存控制

庫存控制即存貨控制（Inventory Control），是指「在保證供應的前提下，使庫存物品的數量合理所進行的有效管理的技術經濟措施」（GB/T18354－2006）。

11.1.3.1 獨立需求庫存控制

對於獨立需求庫存控制，主要是確定訂貨點、訂貨量以及訂貨週期等參數。一般採用訂貨點法確定何時訂貨，採用經濟訂貨批量法確定每次訂貨的最佳批量。獨立需求庫存控制模型一般分定量庫存控制模型和定期庫存控制模型兩種。

1. 定量庫存控制模型

定量庫存控制也稱訂貨點控制，該法也稱定量訂貨法。該模型主要建立在以下條件的基礎上：訂貨批量固定、訂貨提前期固定、產品價格固定、產品的需求基本固定。定量庫存控制方法具有兩個基本特點，一是「雙定」，即訂貨點和訂貨批量都是固定的，二是「定量不定期」，即由於物料的消耗不均衡，若每次訂購的貨物批量都相同，則訂貨間隔期往往不同。按照該模型進行庫存控制，就需要連續不斷地檢查庫存量，當庫存下降到訂貨點時，按固定的訂貨數量向供應商訂貨。故該模型也稱連續檢查庫存控制模型。按照該模型進行庫存控制需確定訂貨點和訂貨批量兩個參數。

（1）訂貨點的確定。訂貨點即訂購點，也稱再訂貨點或再訂購點，是指當庫存量下降到必須再次訂貨的時點時，倉庫所具有的庫存量。計算公式為：

訂貨點＝日平均消耗量×訂貨提前期＋安全庫存量

即　　$ROP = \dfrac{D}{365} \times L_t + SS$

式中：ROP——（再）訂貨點；

　　　D——庫存物品的年需求量或年需求率（件/年）；

　　　L_t——訂貨提前期（天）；

　　　SS——安全庫存量（件）。

其中，安全庫存量的設定，需考慮庫存物品的需求特性以及訂貨提前期等因素。一般可根據客戶的重要度、產品特性手工設置安全係數（安全係數與庫存服務水平有

關)。安全庫存量可以根據需求量變化、提前期固定，提前期變化、需求量固定，或者需求量和提前期同時變化三種情況，分別通過計算來確定[①]。

(2) 訂貨批量的確定。定量庫存控制模型中的訂貨批量是指經濟訂貨批量（Economic Order Quantity，EOQ），它是指「通過平衡採購進貨成本和保管倉儲成本核算，以實現總庫存成本最低的最佳訂貨量」（GB/T18354-2006）。

理想的經濟訂貨批量是指不考慮缺貨，也不考慮數量折扣以及其他問題的經濟訂貨批量。計算公式為：

$$EOQ = Q^* = \sqrt{\frac{2DC_r}{H}}$$

式中：D——庫存物品的年需求量或年需求率（件/年）；

P——單位物品的購進成本（元/件）；

C_r——單次訂購費用（元/次）；

H——單位庫存保管費（元/件·年）。

在實際運作中，多種因素可能引起缺貨。在這種情況下，允許缺貨的經濟訂貨批量就是指訂購成本、儲存成本和缺貨成本最小時的訂貨批量。在實際應用 EOQ 公式時，除了考慮缺貨成本外，一般還要考慮採購數量折扣和運輸數量折扣等因素對總成本的影響。

(3) 定量訂貨法的適用範圍。訂貨點法主要適用於需求量大、需求波動性大、缺貨損失較大的庫存物品的控制。具體而言，主要適於以下物品：

①消費金額高、需要實施嚴格管理的重要物品；

②根據市場的狀況和經營方針，需要經常調整生產或採購數量的物品；

③需求預測困難的物品等。

2. 定期庫存控制模型

定期庫存控制也稱固定訂貨週期控制，以這種方式進行訂貨的方法稱定期訂貨法。採用該法控制庫存也具有兩個基本特點，一是「雙定」，即預先確定訂貨週期和最大庫存水平，二是「定期不定量」。由於物料消耗不均衡，若訂貨間隔期相同，則每次訂貨的數量往往不同。按照該模型進行庫存控制，就需要週期性地檢查庫存水平，將庫存補充到最大。因此，該模型也稱週期性檢查庫存控制模型。採用該模型進行庫存控制，不存在固定的訂貨點，但也要設立安全庫存量。

按照該模型進行庫存控制需確定三個參數：訂貨週期、最大庫存量與訂貨量。

(1) 訂貨週期的確定。這裡的訂貨週期指訂貨間隔期，它是相鄰兩次訂貨的時間間隔。一般按照經濟訂貨週期求解。所謂經濟訂貨週期（Economic Order Interval，EOI），是指通過平衡採購進貨成本和保管倉儲成本核算，以實現總庫存成本最低的最佳訂貨週期。

計算公式為：

$$EOI = T^* = \sqrt{\frac{2C_r}{HD}}$$

[①] 胡建波. 物流基礎［M］. 3 版. 成都：西南財經大學出版社，2014.

其中：C_r——單次訂貨費用（元/次）；

　　　H——單位庫存保管費（元/件·年）；

　　　D——庫存貨物的年需求量或年需求率（件/年）。

（2）最大庫存量的確定。最大庫存量一般是通過對庫存物品需求的預測來確定的，應該滿足訂貨週期、訂貨提前期和安全庫存三方面的要求，計算公式為：

$$Q_{max} = \bar{R}_d(T + \bar{L}_t) + SS$$

其中：Q_{max}——最大庫存量（件）；

　　　$\bar{R}_d$——（$T + \bar{L}_t$）期間對庫存物品的平均日需求量（件/天）；

　　　T——訂貨週期（天）；

　　　$\bar{L}_t$——平均訂貨提前期（天）；

　　　SS——安全庫存量（件）。

對於定期訂貨法，安全庫存量的設定及計算方法與定量訂貨法類似，但要注意，該法與定量訂貨法的區別是，需要在訂貨週期（訂貨間隔期）內備有一定的安全庫存[①]。

（3）訂貨量的確定。訂貨量即庫存補充量，計算公式為：

$$Q_i = Q_{max} - Q_{Ni} - Q_{Ki} + Q_{Mi}$$

其中：Q_i——第 i 次訂貨的訂貨量（件）；

　　　Q_{max}——最高庫存量（件）；

　　　Q_{Ni}——第 i 次訂貨點的在途到貨量（件）；

　　　Q_{Ki}——第 i 次訂貨點的實際庫存量（件）；

　　　Q_{Mi}——第 i 次訂貨點已售待出庫貨物數量（件）。

（4）定期庫存控制方法的適用範圍。定期庫存控制方法可以簡化庫存控制的工作量，但由於庫存消耗的不均衡，缺貨風險高於定量庫存控制方法，因此該法主要適用於需求較穩定或需求量不大、缺貨損失較小的庫存物品的控制。

3. 庫存補給策略

在定量訂貨和定期訂貨庫存控制模型的基礎上，產生了一系列庫存補給策略（訂貨策略），最基本的有四種：

（1）（Q, R）策略。該策略的基本思想是，對庫存進行連續檢查，當庫存量降低到訂貨點水平 R 時，即發出訂單，每次訂貨量保持不變，都為固定值 Q。該策略適用於需求量大、需求波動大、缺貨成本高的物質，例如 A 類物質。

（2）（R, S）策略。該策略和（Q, R）策略一樣，都是連續性檢查類型的策略，也就是要隨時檢查庫存狀態，當發現庫存量降低到訂貨點水平 R 時，開始訂貨，補貨后總的庫存量不能超過設定的最大庫存量（常量 S）。顯然，最大訂貨量為（S−R）。該策略和（Q, R）策略的不同之處在於其訂貨量是根據實際庫存而定，因而訂貨量是可變的。該策略同樣適用於 A 類物質。

（3）（t, S）策略。這是每隔一定時期檢查一次庫存，並發出訂單，把現有庫存補

[①] 參見胡建波．物流基礎［M］．成都：西南財經大學出版社，2011．第十一章第四節庫存管理的內容。

充到最大庫存水平 S 的策略。如果檢查時庫存量為 I, 則訂貨量為 S-I。該策略不設訂貨點, 只設固定檢查週期和最大庫存量。該策略適用於一些不很重要或用量不大的物資, 例如 C 類物質。

(4) (t, R, S) 策略。該策略是 (t, S) 策略和 (R, S) 策略的綜合。這種補給策略有一個固定的檢查週期 t、最大庫存量 S、固定訂貨點水平 R。當經過一定的檢查週期 t 後, 若庫存量低於或等於訂貨點 R, 則發出訂單, 否則, 不訂貨。訂貨量 Q 的大小等於最大庫存量 S 減去檢查時的庫存量 I。例如, 當經過固定的檢查時期到達 A 點, 如果此時庫存量 I_1 已等於或低於訂貨點水平線 R, 就應發出訂單, 訂貨量 Q 等於最大庫存量 S 與當時的庫存量 I_1 的差 $(S-I_1)$; 如果此時庫存量 I_1 比訂貨點水平位置線高, 則無須訂貨, 等待第二個檢查期的到來。如此週期進行下去, 實現週期性庫存補給。

11.1.3.2 相關需求庫存控制

以上策略適用於獨立需求環境下的庫存控制系統, 它是以經常性地補充庫存並維持一定的庫存水平為特徵的。連續檢查和定期檢查就是這種系統的兩種基本控制策略。對於相關需求的庫存控制系統有 MRP 和 JIT 系統, 詳見本書第七單元, 在此不再贅述。

11.2 辨識傳統庫存管理方法的局限性

傳統企業管理是相對於供應鏈管理而言的, 其核心思想是企業本位, 即以單個企業為對象的企業營運管理。庫存控制的主要目的是針對單個企業的庫存進行管理, 確定訂貨點及訂貨量, 確保單個企業的庫存總成本最低。

11.2.1 傳統庫存管理方法

傳統庫存控制方法主要包括: 對單一品種實施庫存控制的定量訂貨法、定期訂貨法、雙堆訂貨法等, 對多品種實施庫存控制的 ABC 分類法[①]、多品種聯合採購法等。這些方法一般是利用經濟訂貨批量來決定庫存量, 而經濟訂貨批量是利用數學方法求得在一定時期內庫存總成本最低時的訂貨批量, 它的運用受到許多與現實不相符的假設條件的約束。另外, 傳統管理模式下的庫存控制方法主要針對單一企業而設定, 企業間的協作程度普遍偏低, 對市場的反應速度不快, 方法的實施需要依靠大量的歷史數據, 並結合經驗進行預測分析, 獲取信息的時間長, 信息的準確度不夠高, 一旦需求預測不準或市場發生突變, 對企業經營運作將產生難以估量的影響。

11.2.2 傳統管理模式下庫存控制的局限性

傳統庫存控制方法與供應鏈管理環境下的庫存管理方法相比, 存在許多不同之處。

[①] ABC 分類法 (ABC Classification) 是指「將庫存物品按照設定的分類標準和要求分為特別重要的庫存 (A 類)、一般重要的庫存 (B 類) 和不重要的庫存 (C 類) 三個等級, 然後針對不同等級分別進行控制的管理方法。」——中華人民共和國國家標準《物流術語》(GB/T18354-2006)。

在傳統管理模式下，企業庫存控制側重於優化單一企業的庫存成本，主要從儲存成本和訂貨成本出發，確定經濟訂貨批量和訂貨點。從庫存管理的角度看，這種庫存控制方法有一定的適用性，但從供應鏈管理的角度分析，該方法只能實現供應鏈局部庫存的優化，不能避免節點企業間庫存的重複設置，不能實現供應鏈系統庫存的全局最優。其局限性主要體現在以下幾方面：

11.2.2.1 基於傳統模型的假設條件的真實性較差

假設條件之一，對物料的需求是連續的。現代企業面向市場，面向客戶，產品的生產數量是變化的，對物料的需求是不均衡、不穩定的，對庫存的需求是非連續的。

假設條件之二，庫存消耗以後，立即補貨。在傳統庫存管理中，庫存量一旦低於訂貨點或庫存被消耗，就會立即發出訂單，補充庫存。這種不依需求而定的做法沒有必要，也很不合理，在需求非連續的條件下，必然造成大量的庫存積壓。

11.2.2.2 沒有整體觀念，缺乏合作性與協調性

在傳統管理環境下，企業都是獨立的單元，企業間缺乏合作與協調，缺乏全局觀念。例如，製造商的生產計劃一般根據自己的產能制訂，一味追求規模經濟效益。零售商也往往以自己為中心，總是希望供應商的產品能夠「隨叫隨到」，有時為了能採購到緊缺商品，甚至不惜誇大訂貨量。企業這種「畫地為牢、各自為政」的意識普遍存在，由於不信任、競爭和敵對的態度導致的組織障礙，更是影響到企業庫存控制的成效。

11.2.2.3 庫存績效指標的設置不合理

傳統管理環境下的庫存控制，其考核指標是基於單個企業或單個部門的，沒有考慮到供應鏈的整體績效，如很多企業僅使用庫存週轉率等指標對庫存控制的優劣進行評定，沒有考慮到對用戶需求的反應時間和服務水平，而類似於缺貨率、訂單滿足率、準時交貨率或延遲交貨率（誤點交貨率）、客戶訂貨週期等服務指標也常常被忽略。比如某些企業經常用倉儲費用考核物流成本和庫存控制水平的高低，卻忽略了運輸費用的存在，由於這兩項費用具有「二律背反」的特徵，僅考核其中的某一項指標，並不能說明企業物流總成本的控制情況，這種「短視」現象在單一企業的庫存控制中普遍存在。

11.2.2.4 庫存控制策略過於簡單化

許多公司對所有的貨物採用統一的庫存控制策略，貨物的分類沒有反應供應與需求中的不確定性。在傳統的庫存控制策略中，多數是面向單一企業的，採用的信息基本上來自企業內部，其庫存控制沒有體現供應鏈管理的思想。

事實上，無論是生產企業還是物流企業，庫存控制的目的都是為了保證供應鏈運作的穩定性與連續性，供應鏈系統能以最低的成本滿足市場需求，特別是不穩定的需求。而瞭解和跟蹤不確定因素是第一步，接下來要利用跟蹤到的信息去制定相應的庫存控制策略。這是一個動態的過程，因為不確定因素在不斷地變化。此外，有的供應商在交貨與質量方面的可靠性高，而有的供應商差；對貨品需求的可預測性有的強，有的弱。庫存控制策略應能反應這些情況。

11.2.2.5 庫存信息的共享度低

供應鏈各節點企業的需求預測、庫存狀態、生產計劃等都是供應鏈管理的重要基礎

數據，而在傳統的管理模式下，這些數據分佈在不同的節點企業。為了快速回應用戶需求，必須實現數據同步傳輸，即時信息共享，為此，需要將各節點企業的信息系統有效集成。然而，在傳統的管理環境下，許多企業的信息系統未有效集成，節點企業提供的信息往往是延遲和不準確的。由於信息延遲或誤差影響到庫存量的精確度，短期生產計劃的實施也會遇到困難。例如企業制訂生產計劃需要獲得關於需求預測、當前庫存量、採購運輸能力、生產能力等信息，這些信息需要從不同節點企業的數據庫中獲得，數據調用的工作量很大。數據整理完后制定主生產計劃，再根據物料需求計劃（MRP）制訂採購計劃和車間作業計劃，整個過程一般需要很長時間。時間越長，製造商對市場需求的反應能力也就越弱，生產出過時的產品和造成過高的庫存也就不足為奇了。

11.3 供應鏈庫存管理策略的選擇[①]

傳統意義上，供應鏈各節點企業不可避免地持有庫存，其主要目的是為了應對供需的不確定性，但這往往導致庫存的重複設置。在供應鏈管理環境下，加強上下游企業的合作，即時信息共享，降低供需的不確定性，以信息代替庫存，從根本上解決供應鏈系統庫存量居高不下的問題，從而減少資金占用，降低庫存成本，提升供應鏈系統的競爭力。

供應鏈管理環境下的庫存管理策略主要包括：供應商管理庫存（VMI）、聯合庫存管理（JMI）、協同計劃、預測與補貨（CPFR），以及多級庫存控制等策略。

11.3.1 供應商管理庫存

11.3.1.1 基本概念

國外有學者認為：「供應商管理庫存是一種在用戶和供應商之間的合作性策略，其目的是以最低的成本優化產品的可獲得性，在一個相互同意的目標框架下由供應商管理用戶的庫存，這樣的目標框架被經常性地監督和修正，以產生一種連續改進的環境。」

我國國家標準《物流術語》（GB/T18354-2006）對供應商管理庫存（Vendor Managed Inventory，VMI）的定義是，「按照雙方達成的協議，由供應鏈的上游企業根據下游企業的物料需求計劃、銷售信息和庫存量，主動對下游企業的庫存進行管理和控制的庫存管理方式」。VMI的核心思想是供應商在用戶的允許下設立庫存，確定庫存水平和補給策略，擁有庫存控制權。換言之，供應商在共享用戶的POS數據或MRP信息及庫存信息的前提下，主動預測需求，制訂建議訂單和補貨計劃，在用戶確認的基礎上實施有效補貨。實施VMI，供需雙方都變革了傳統的獨立預測需求的模式，最大限度地降低了需求預測的風險與不確定性，降低了交易費用，降低了供應鏈系統成本。

[①] 胡建波，陳敏. 供應鏈庫存管理策略 [J]. 企業管理，2013（4）.

案例 11-1 2004年北京富士通系統工程有限公司在對我國汽車整車和零部件行業進行深入細緻的調查之後，結合富士通多年為日本汽車行業的服務經驗，推出了應用於汽車行業基於VMI（供應商管理庫存）模式的富華恒通綜合物流管理系統。採用VMI庫存管理模式，可以使企業降低庫存成本、加快反應速度。據測算，實施VMI可以實現在提高顧客滿意度的同時降低50%的庫存成本，庫存降低近30%，平均庫存週轉率提高一倍，缺貨損失降低20%，庫存積壓減少23%。

實施VMI，雖然下游企業的庫存決策主導權由上游企業把握，但是，在零售店鋪的空間安排，商品貨架布置等店鋪空間管理等方面的決策權仍然由零售商主導。VMI是建立在供應商和用戶之間戰略夥伴關係基礎上的供應鏈庫存管理方法，它突破了傳統的「庫存由庫存擁有者管理」的模式，不僅可以降低供應鏈系統的庫存水平，加速庫存和資金的週轉，降低供應鏈系統成本，還能為用戶提供更高水平的服務，使供需雙方共享利益，實現「雙贏」。以零售商為例，實施供應商管理其庫存的模式如圖11.1所示。

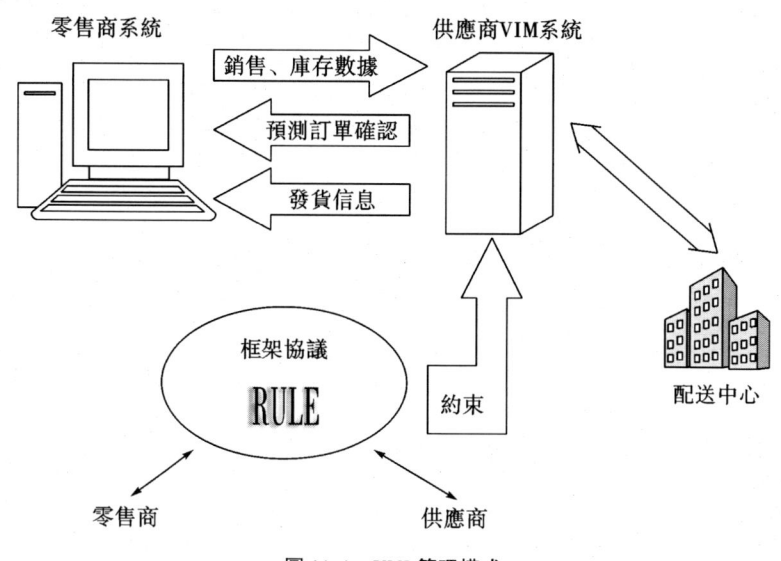

圖 11.1 VMI 管理模式

11.3.1.2 VMI 的優點

實施 VMI 有以下優點：

對於用戶來說，實施 VMI 可以省去訂貨業務，節省訂貨費用；可以優化採購流程，提高流程效率，降低供應成本；可以加快庫存週轉，減少資金佔用，降低庫存成本；可以降低供應風險（有穩定的貨源保障）；可以實現資源的外向配置，提升企業競爭力。

對供應商而言，實施 VMI 首先可以加強供應商與客戶的合作，強化客戶關係管理（CRM），確保有穩定的需求。在市場轉型，競爭激烈的今天，這具有非常重要的戰略意義。其次，通過共享客戶的 POS 數據或 MRP 信息以及庫存信息，有利於供應商準確

地預測需求，科學地制訂生產計劃和補貨計劃，防止盲目生產產生庫存或貨品的非正常調撥增大運輸成本，抑或備貨不足出現脫銷。再次，有利於供應商合理設置庫存，減少庫存資金投入，提高資金的營運能力。最後，可最大限度地降低供應商經營運作的不確定性。

對供應鏈系統而言，實施 VMI，可以實現上下游企業的戰略聯盟，加強企業間的合作；可以實現供需雙方的即時信息共享，提高供應鏈的系統性、集成性、敏感性和回應性；可以有效降低供應鏈系統的庫存量，降低系統成本；可以有效提升供應鏈系統的競爭力。

11.3.1.3 VMI 的實施

1. VMI 實施的關鍵

實施 VMI 的關鍵之一：供應商共享用戶的 POS 數據或 MRP 信息。為此，需要改變傳統的訂貨及訂單處理方式，將供應商的信息系統與客戶的 POS 系統或 ERP 系統集成，實現需求信息的共享。

實施 VMI 的關鍵之二：庫存狀態透明。供應商要能即時跟蹤用戶的庫存狀態、共享庫存數據，並結合 POS 數據或 MRP 信息預測需求，制訂建議訂單計劃。為此，需將供應商的信息系統與客戶的 WMS（倉庫管理系統）或 IMS（庫存管理系統）集成，實現庫存數據、信息的共享。

實施 VMI 的關鍵之三：供應商準確預測需求。為此，供應商應建立需求預測偏差率等 KPI 指標，動態分析零售商的 POS 數據或製造商的 MRP 信息，即時把握用戶的庫存週轉率、庫存週轉期等反應市場「晴雨」狀態的數據，採用科學的預測方法（例如：德爾菲法、部門主管討論法等定性預測方法；移動平均法、指數平滑法、線性迴歸法等定量預測方法），借助專業的預測軟件，建立科學的預測模型，參考歷史銷量，準確預測需求。

2. VMI 的實施步驟

（1）溝通並制定合作框架協議。供應商和用戶充分溝通，將合作概念化並擬訂框架協議。要在協議中建立 VMI 運作規程，建立起對雙方都有利的庫存控制系統，確定處理訂單[①]的業務流程、庫存控制參數（如再訂貨點、最低庫存水平、最高庫存水平等）以及庫存信息的傳遞方式（如 EDI 或 Internet）；要明確庫存所有權及其轉移的時間以及訂貨責任等事宜。具體而言，VMI 實施的框架協議應包含以下內容，供需雙方在實施 VMI 的過程中需要對其進行經常地監督和修正。

第一，存貨所有權問題。包括所有權轉移時間及雙方責任範圍的界定。

第二，資金流問題。主要是付款條款的擬訂，包括付款方式、有關文件準備等。

第三，績效評估標準的制定。合理的評估指標是全面評價供應鏈營運績效的基礎，

[①] 不是由用戶向供應商下訂單，而是由供應商根據用戶的 POS 數據或 MRP 信息產生建議訂單由其確認。

管理會計為此提供了可行思路，例如作業成本法（ABC）[①] 和平衡計分卡（BSC）[②] 等。

第四，保密問題。供需雙方在多大程度上共享信息並明確相應的責任。需要簽訂保密協議或制訂保密條款。

第五，技術支持問題。雙方需就現有的信息技術手段進行改造還是投資引進先進的信息系統進行協商。

第六，供應商的運輸方式選擇和倉庫建立。供應商將如何滿足所有參與實施 VMI 的客戶在送貨時間與送貨地點等方面的要求；倉庫的位置和面積，要考慮不斷增長的產品需求。

第七，存貨安全保證。結合存貨所有權的轉移時間明確劃分雙方的責任，從而有效保證存貨的安全。

第八，退貨條款的制定。包括退貨提前期，退貨的運費支付等。

第九，例外條款的擬訂。包括意外事件的防範措施、報告及處理制度等。

第十，罰款條款的擬訂。其目的是為了明確雙方在一些具體情況下的責任範圍。例如，供應商裝重了貨或者裝了空箱，他將承擔哪些額外的費用；如果用戶取消訂購產品，但由於信息渠道或其他原因導致供應商已經送貨，誰將承擔責任。

第十一，參與 VMI 的供應商資格認定標準、潛在的供應商選擇、供應商培訓和退出計劃。

第十二，代表供應商管理存貨的機構其能力、聲譽、財務狀況等需要達到的標準。

第十三，貨品的種類與補充計劃。即在實施 VMI 的期初應包含哪些產品（品種），何時增加新產品。

第十四，組織結構調整。供應商和用戶組建多功能小組來輔助 VMI 的實施；全體員工必須理解並接受 VMI，才能保證順利實施。

（2）試驗性實施。該階段是合作雙方的磨合期。通過「試合作」，可以進一步發現問題並修改、確認協議中的相關內容。

（3）全面實施。全面實施 VMI 需要 IT 手段的支持，銷售時點信息要及時傳送給供應商；庫存、產品控制和計劃系統都必須在線，使供應商完成日常補貨業務。

過去許多企業自行開發和擴展管理信息系統（MIS）作為解決辦法，直接將雙方的 MIS 系統連接，也有企業將 MRPⅡ 或 ERP 的功能擴展后直接互聯。隨著科技發展，更多專業化軟件相繼出現。國外常用的基於 Internet 的方案包括 i2、Manugistics 和 mySAP 技術。高露潔公司從 1999 年開始採用 mySAP R3 來實施 VMI，聯想集團公司在 1998 年採用了 mySAP R3/ERP 系統，在 2002 年採用了 i2/SCM 系統。

[①] 作業成本法（Activity-Based Costing，ABC）由美國芝加哥大學的青年學者庫伯和哈佛大學教授卡普蘭於 1988 年提出，目前被認為是確定和控制物流成本最有前途的方法。該法在物流領域的應用稱為物流作業成本法（Logistics Activity-Based Costing），它是「以特定物流活動成本為核算對象，通過成本動因來確認和計算作業量，進而以作業量為基礎分配間接費用的物流成本管理方法」。——中華人民共和國國家標準《物流術語》（GB/T18354-2006）。

[②] 平衡計分卡（Balance Score Card，BSC）是由哈佛商學院羅伯特·卡普蘭和戴維·諾頓於 1992 年發明的一種績效管理和績效考核的工具，被譽為「75 年來最偉大的管理工具」。BSC 是一個戰略實施的工具，實施 BSC 可將公司的戰略落實到可操作的目標、衡量指標和目標值上。目前 BSC 已廣泛應用於西方國家。

3. 實施 VMI 應注意的事項

第一，相互信任。合作需建立在相互信任的基礎上，否則就會失敗。用戶要信任供應商，不要干預供應商對發貨的監控，供應商也要多做工作，使用戶相信他們不僅能管好自己的庫存，也能管好用戶的庫存。只有相互信任，通過交流和合作才能解決存在的問題。

第二，IT 支持。只有採用先進的信息技術手段，才能保證數據傳遞的及時性和準確性。例如，利用條碼技術和自動識別與數據採集（AIDC）技術來確保數據的準確性，利用 EDI 或 Internet 將銷售時點信息和庫存信息傳輸給供應商，並且庫存與產品的控制和計劃系統都必須是在線的、準確的。

第三，庫存權屬。與傳統買賣關係相比，庫存物品的所有權權屬有所不同。在過去，買方在收到貨物時，所有權也同時轉移了，而實施 VMI，供應商擁有庫存直到物料被消耗或產品被售出。同時，由於供應商具有管理庫存的責任，VMI 庫存管理系統就能夠突破傳統的條塊分割的庫存管理模式，以系統的、集成的管理思想進行庫存管理，使供應鏈系統能夠實現同步化的運作。

4. 實施 VMI 應遵循的原則

第一，合作性原則。在實施 VMI 時，相互信任與信息透明是很重要的，供應商和用戶都要有良好的合作精神，才能確保合作取得成功。

第二，互惠原則。VMI 不是關於成本如何被分配或由誰來支付，而是致力於使合作雙方的成本都得到節省，實現「雙贏」。

第三，目標一致性原則。合作雙方都明白各自的責任，並在觀念上達成一致。雙方的權利、義務和責任在框架協議中都有具體的約定。

第四，連續改進原則。實施 VMI，應及時發現在運作中存在的問題並加以改進，使供需雙方能共享利益並消除浪費。

11.3.1.4 VMI 的支持技術

VMI 的支持技術主要包括：EDI/Internet、ID 代碼、條碼、條碼應用標示符、連續補貨計劃等。

1. ID 代碼

供應商要有效地管理用戶的庫存，必須對用戶的商品進行正確識別，為此，需要對商品進行編碼，通過獲得商品的標示（ID）代碼並與供應商的產品數據庫相連，以實現對用戶商品的正確識別。目前國外企業已建立了應用於供應鏈的 ID 代碼的類標準系統，如 EAN-13（UPC-12）、EAN-14（SCC-14）、SSCC-18 以及位置碼等，我國也建有關於物品編碼的國家標準，可參考使用。

供應商應盡量使自己的產品按國際標準進行編碼，以便在用戶庫存中對本企業的產品進行快速跟蹤和分揀。因為用戶（如批發商、分銷商）的商品有多種多樣，有來自不同供應商的同類產品，也有來自同一供應商的不同產品。實現 ID 代碼標準化，有利於採用 EDI 系統進行數據交換與傳送，提高供應商對庫存管理的效率。目前國際上通行的商品代碼標準是國際物品編碼協會（EAN）和美國統一代碼委員會（UCC）共同編製的全球通用 ID 代碼標準。

2. EDI/Internet

EDI 是一種在處理商業或行政事務時，按照一個公認的標準，形成結構化的事務處理或信息數據格式，完成計算機到計算機的數據傳輸。我們現主要介紹 EDI 如何應用到 VMI 方法體系中，如何實現供應商對用戶庫存的管理。

供應商要有效地對用戶的庫存進行管理，採用 EDI 進行供應鏈商品數據交換，是一種安全可靠的方法。為了能實現供應商對用戶的庫存進行即時掌握，供應商必須每天都能瞭解用戶的庫存補給狀態。因此採用基於 EDIFACT 標準的庫存報告清單能夠提高供應鏈的運作效率，每天的庫存水平（或定期的庫存檢查報告）、最低的庫存補給量都能自動地生成，這樣，就大大提高了供應商對庫存的監控效率。

用戶（如批發商、分銷商）的庫存狀態也可以通過 EDI 報文的方式通知供應商。

在 VMI 管理系統中，供應商有關裝運與發票等工作都不需要特殊的安排，主要的數據是顧客需求的物料信息記錄、訂貨點水平和最小交貨量等，需方唯一要做的是能夠接受 EDI 訂單確認和配送建議，以及利用該系統發送採購訂單。

3. 條碼

條碼是 ID 代碼的一種符號，是對 ID 代碼進行自動識別且將數據自動輸入計算機的方法和手段，條碼技術的應用解決了數據錄入與數據採集的「瓶頸」，為供應商管理用戶庫存提供了強有力的支持。

條碼是目前供應鏈管理中普遍採用的一種技術手段。為有效實施 VMI 管理系統，應盡可能使供應商的產品條碼化。條碼技術的應用，對提高 VMI 庫存管理的效率，效果是非常顯著的，它是實現庫存管理電子化的重要工具，可以使供應商對產品庫存的控制一直延伸到和零售商的 POS 系統進行連接，從而實現對用戶庫存的供應鏈網路化控制。

4. 連續補貨計劃

連續補貨計劃（Continuous Replenishment Program，CRP）是「利用及時準確的銷售時點信息確定已銷售的商品數量，根據零售商或批發商的庫存信息和預先規定的庫存補充程序確定發貨補充數量和配送時間的計劃方法」（GB/T18354–2006）。CRP 將零售商或批發商向供應商發出訂單的傳統訂貨方法，變為供應商根據用戶庫存和銷售信息決定商品的補給數量。這是一種實現 VMI 管理策略的有力工具和手段。為了快速回應用戶「降低庫存」的要求，供應商通過和用戶（分銷商、批發商或零售商）建立合作夥伴關係，主動提高向用戶交貨的頻率，使供應商從過去單純地執行用戶的採購訂單變為主動為用戶分擔補充庫存的責任，在實現供應商快速回應用戶需求的同時，也使用戶減少了庫存。

11.3.2 聯合庫存管理

VMI 是一種供應鏈集成化運作的決策代理模式，它把用戶的庫存決策權委託給供應商，由供應商代理用戶行使庫存決策的權力。該策略在大幅度減少用戶庫存的同時，將庫存責任和風險轉嫁給了供應商。而聯合庫存管理則是一種供應鏈成員企業風險共擔的

庫存管理模式。

11.3.2.1 基本概念

聯合庫存管理（Joint Managed Inventory，JMI），是一種在 VMI 的基礎上發展起來的上下游企業權利責任平衡和風險共擔的庫存管理模式。它是「供應鏈成員企業共同制訂庫存計劃，並實施庫存控制的供應鏈庫存管理方式」（GB/T18354-2006）。JMI 強調供應鏈節點企業同時參與，共同制訂庫存計劃並實施庫存控制，使各成員企業都從相互之間的協調性考慮，使各節點的庫存管理者對需求的預期保持一致，從而有效遏止了「牛鞭效應」。JMI 體現了供應鏈戰略聯盟的新型企業合作關係，強調了供應鏈成員企業之間的互利與合作。

聯合庫存管理的思想可以從分銷中心的聯合庫存功能談起。地區分銷中心體現了一種簡單的聯合庫存管理思想。傳統的分銷模式是分銷商根據市場需求直接向廠商訂貨，比如汽車分銷商（或批發商），根據用戶對車型、款式、顏色、價格等的不同需求，向汽車製造商訂貨，商品一般要經過較長的一段時間才能到達。但顧客通常不想等待這麼久，因此經銷商不得不進行備貨，大量的庫存使經銷商難以承受，以至破產。據估計，在美國，通用汽車公司銷售 500 萬輛轎車和卡車，平均價格是 18,500 美元，經銷商維持 60 天的庫存，庫存持有成本是車價值的 22%，一年的總庫存成本達到 3.4 億美元。而採用地區分銷中心，就大大改變了庫存居高不下的現象。現在，借助現代信息技術手段，通過建立經銷商一體化的戰略聯盟，把各個經銷商的庫存信息集成在一起，實現信息共享，就可以很好地解決這一問題。借助信息系統，每個經銷商可以查詢其他經銷商的庫存信息，尋找配件並進行交換，同時，經銷商們在製造商的協調下達成協議，承諾在一定條件下交換配件並支付一定的報酬，這樣，就可以使每個經銷商的庫存量降低，庫存服務水平提高。

JMI 管理模式如圖 11.2 所示。

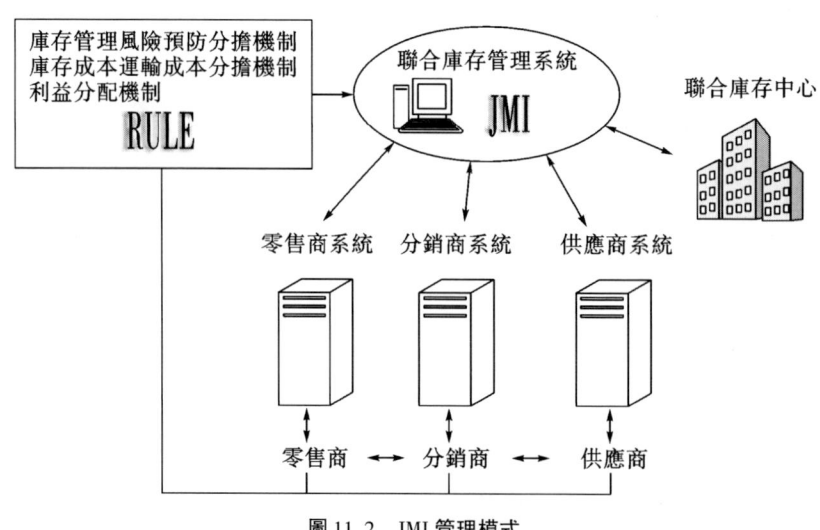

圖 11.2　JMI 管理模式

實施 JMI，需要在供應鏈中建立合理的風險、成本與效益平衡機制，建立合理的庫存管理風險的預防與分擔機制，建立合理的庫存成本與運輸成本分擔機制，建立與風險成本相對應的利益分配機制，在對供應鏈成員企業進行有效激勵的同時，最大限度地避免供需雙方的短缺行為以及供應鏈「局部最優而整體不優」現象的出現。

11.3.2.2　JMI 的優點

實施聯合庫存管理有如下優勢：

第一，優化供應鏈庫存管理運作程序。由於 JMI 將傳統的「多級」「多點」庫存管理模式轉化為核心企業對供應鏈庫存的管理，即「單點」庫存管理，核心企業通過對各種原材料、零部件和產成品庫存實施有效控制，就能達到對整個供應鏈庫存的優化管理，從而優化了供應鏈庫存管理的運作程序。

第二，提高供應鏈運作的穩定性。實施 JMI，可以把供應鏈系統管理進一步集成為上游和下游兩個協調管理中心，庫存連接的供需雙方從供應鏈整體的觀念出發，同時參與，共同制訂庫存計劃，實現供應鏈的同步化運作，從而部分消除了由於供應鏈環節之間的不確定性和需求信息扭曲所導致的供應鏈庫存波動。通過協調管理中心，供需雙方共享需求信息，從而起到了提高供應鏈運作穩定性的作用。

第三，減少物流環節，降低物流成本，提高供應鏈的營運效率。在傳統的庫存管理模式下，供應鏈上各節點都設置了庫存，隨著供應鏈物流結點數量的增加，貨物的運輸路線錯綜複雜，迂迴交叉，導致不合理運輸。實施 JMI，可以簡化供應鏈庫存層次結構，降低供應鏈系統的庫存數量及庫存成本，減少倉儲設施的數量及相應的儲存保管費用，優化運輸路線，降低物流運作成本，提高供應鏈的營運效率。

第四，對製造商而言，供應商的庫存可直接放入核心企業的倉庫中，不但保障了核心企業原材料、零部件供應、取用的方便，而且核心企業可以統一調度、統一管理、統一進行庫存控制，為核心企業快速高效的生產運作提供了強有力的保障。

第五，對經銷商而言，可以建立覆蓋整個經銷網路的庫存池、一體化的物流系統，不僅使經銷商的庫存量下降，使整個供應鏈系統的庫存水平降低，而且還能快速回應用戶需求，降低經銷商的缺貨成本，提高庫存服務水平。

第六，實施 JMI 為實現零庫存管理、JIT 採購以及精益供應鏈管理創造了條件。同時，也為其他科學的供應鏈物流管理如連續庫存補充、JIT 供應等創造了條件。

第七，JMI 體現了供應鏈管理的基本原則，使供應鏈成員企業實現了信息共享、風險共擔、利益共享，實現了「共贏」。

11.3.2.3　JMI 的實施策略

1. 建立供應鏈協調管理機制

為了發揮聯合庫存管理的作用，供應鏈各方應從合作的精神出發，建立供應鏈協調管理機制，建立合作溝通的渠道，明確各自的目標和責任，為聯合庫存管理提供有效的機制。沒有一個協調的管理機制，就不可能進行有效的聯合庫存管理。建立供應鏈協調管理機制，要從以下幾個方面著手。

第一，建立供應鏈共同願景。要建立聯合庫存管理模式，首先供應鏈各方必須本著

互惠互利的原則，建立共同的合作目標。為此，要理解供需雙方在市場目標中的共同之處和衝突點，通過協商形成共同的共贏願景。

第二，確定聯合庫存的協調控制方法。聯合庫存管理中心擔負著協調供應鏈各方利益的角色，起著協調整個供應鏈的作用。聯合庫存管理中心需要確定優化庫存的方法，包括庫存如何在多個需求商之間進行調節與分配，確定庫存的最高水平、最低水平與安全庫存量的大小，並進行需求預測等。

第三，建立利益分配與激勵機制。要有效運行基於協調中心的庫存管理，必須建立一種公平的利益分配機制，並對參與各方進行有效激勵，防止機會主義行為，增強企業間的協作性和協調性。

2. 建立供應鏈信息系統

為了提高供應鏈需求信息的一致性和穩定性，減少由於多重預測導致的需求信息扭曲，應增強需求信息的透明性，並使各成員企業能及時共享這些信息。通過構建整個供應鏈的庫存管理網路系統，使信息同步傳輸，提高供應鏈成員企業的協作效率，降低成本，提高質量。為此，應建立供應鏈信息系統，以保證需求信息在供應鏈中的暢通和準確性。要將條碼技術、掃描技術、POS 系統和 EDI 集成起來，並且要充分利用 Internet 的優勢，在供應鏈中建立暢通的信息溝通橋樑和聯繫紐帶。

3. 發揮第三方物流系統的作用

借助第三方物流系統來實現聯合庫存管理。可以把庫存管理的部分功能委託給第三方物流公司，這有利於企業將資源和能力集中於核心業務，增強供應鏈的敏捷性和協調性，提高服務水平和運作效率。

第三方物流系統是供應商和用戶之間的橋樑和紐帶，為企業提供諸多好處（如圖 11.3 所示）。

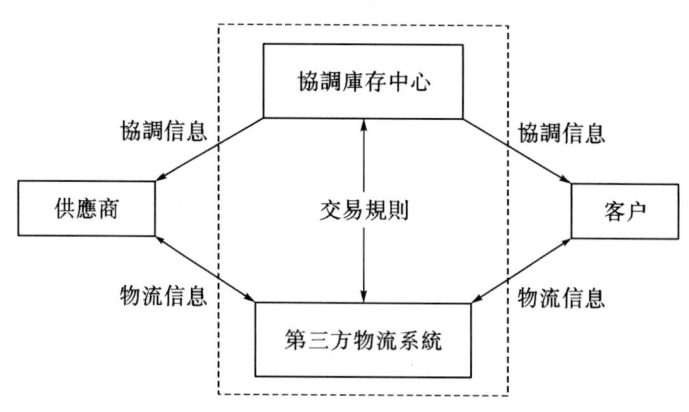

圖 11.3　第三方物流系統在供應鏈中的作用

面向協調中心的第三方物流系統使供應鏈各方都取消了各自獨立的庫存，增加了供應鏈的敏捷性和協調性，並且能夠大大改善供應鏈的用戶服務水平和運作效率。

4. 選擇合適的聯合庫存管理模式

供應鏈聯合庫存管理有兩種模式：

第一，集中庫存模式。各個供應商的零部件都直接存入核心企業的原材料庫中，即將各個供應商的分散庫存變為核心企業的集中庫存。集中庫存要求供應商採取如下的運作模式：按核心企業的訂單或訂貨看板組織生產，一旦物料被消耗，立即採取多頻次小批量的配送方式將原材料、零部件補充到核心企業的倉庫。在這種模式下，庫存管理的重點在於核心企業根據生產的需要，保持合理的庫存量，既能滿足企業生產經營的需要，又要使庫存總成本最低。

第二，無庫存模式。供應商和核心企業都不設立庫存，核心企業實行無庫存生產方式。此時，供應商直接向核心企業的生產線進行多頻次、小批量地供貨，並與之實行同步生產、同步供貨，從而實現「在需要的時間把所需要的品種和數量的原材料（或商品）送到需要的地點」的運作模式。這種準時化供貨模式，由於完全取消了庫存，所以效率最高、成本最低。但對供應商和核心企業運作標準化、配合程度、協作精神的要求也高，對運作過程的要求也嚴格，而且雙方的空間距離不能太遠。

11.3.3 多級庫存優化與控制

基於協調中心的聯合庫存管理是一種戰略同盟式供應鏈庫存管理策略，是對供應鏈進行局部優化控制，而要進行供應鏈的全局性優化與控制，則必須採用多級庫存優化與控制方法。因此，多級庫存優化與控制是供應鏈資源的全局性優化。

11.3.3.1 多級庫存優化與控制概述

多級庫存的優化與控制是在單級庫存控制的基礎上形成的。一般至少包括供應—生產—分銷三個層次。多級庫存優化與控制的策略主要有兩種：一種是非中心化（分佈式）策略，另一種是中心化（集中式）策略。非中心化策略是各個庫存點獨立地採取各自的庫存控制策略，例如，把供應鏈庫存控制分為製造商成本中心、分銷商成本中心、零售商成本中心，然後根據各自庫存成本制定優化控制的策略。這種策略在管理上比較簡單，但不能保證供應鏈的整體優化。如果信息的共享度低，多數情況下產生的是次優結果。因此，非中心化策略需要實現信息共享。

而集中式策略是將控制中心放在核心企業，由核心企業對供應鏈系統的庫存進行控制，協調上下游企業的庫存活動。例如，圍繞大規模生產組裝型企業建立多級庫存優化系統，就是採用集中式策略將核心企業作為供應鏈庫存管理的控制中心、信息中心和協調中心。採用中心化策略，所有庫存點的控制參數是同時決定的，充分考慮到了各個庫存點的相互關係，通過協調可實現庫存的優化。但實施中心化策略管理協調的難度大，特別是當供應鏈的層次較多，即供應鏈的長度較長時，協調控制的難度會進一步加大。

實施多級庫存優化的首要任務是明確庫存控制目標，一般地，應使供應鏈系統的庫存成本最小，即在訂購成本、儲存成本、缺貨成本、運輸成本之和最小的基礎上，協調供應鏈物流系統各結點的庫存，使庫存量最低（資金占用最少）。在激烈的市場競爭中，供應鏈庫存管理更強調敏捷製造和基於時間的競爭。但是，無論是基於成本的控制，還是基於時間的控制，都要體現集成的、多級庫存控制的思想。

實施供應鏈多級庫存控制策略，應考慮以下幾個問題：

第一，明確庫存優化的目標。傳統的庫存優化問題無不例外地進行庫存成本優化，在強調敏捷製造、基於時間的競爭條件下，這種成本優化策略是否適宜？供應鏈管理的兩個基本策略，ECR 和 QR，都集中體現了顧客回應能力的基本要求，因此在實施供應鏈庫存優化時要明確庫存優化的目標，是成本還是時間？成本是庫存控制中必須考慮的因素，但在市場競爭日益激烈的環境下，僅優化成本顯然不夠，還應該把時間（庫存週轉時間）的優化也作為庫存優化的主要目標來考慮。

第二，明確庫存優化的邊界。供應鏈庫存管理的邊界即供應鏈的範圍。在庫存優化中，一定要明確所優化的庫存範圍。傳統的多級庫存優化模型主要是針對供應鏈下游，即關於製造商—批發商（分銷中心）—零售商的三級庫存優化，很少有關於零部件供應商—製造商之間的庫存優化。在供應鏈上游，也主要考慮的是關於供應商的選擇問題。

第三，關注多級庫存優化的效率。從理論上講，如果所有的相關信息都是可以獲得的，並把所有的管理策略都考慮到目標函數中去，中心化的多級庫存優化比基於單級庫存優化的策略（非中心化策略）要好。但實際情況未必如此，因管理控制的權力常常是下放給各成員企業及其相關部門的，因此多級庫存控制策略的益處也許會被組織與管理的問題所抵消。因而簡單的多級庫存優化並不能產生真正的效果，需要對供應鏈的組織、管理進行優化，否則，多級庫存優化策略的效率是低下的。

第四，明確採用的庫存控制策略。在單點庫存的控制策略中，一般採用的是週期性檢查與連續性檢查庫存控制策略。在週期性檢查庫存控制策略中，主要有（t, S）和（t, R, S）等策略，連續性檢查庫存控制策略主要有（Q, R）和（R, S）兩種策略。這些庫存控制策略對於多級庫存控制仍然適用。但是，到目前為止，關於多級庫存控制，都是基於無限能力假設的單一產品的多級庫存控制，對於有限能力的多產品的庫存控制是供應鏈多級庫存控制的難點和亟待解決的問題。

下面我們從時間優化和成本優化的角度分別探討多級庫存的優化控制問題。

11.3.3.2　常見的多級庫存優化與控制策略

1. 基於成本優化的多級庫存優化

基於成本優化的多級庫存控制實際上就是確定庫存控制的有關參數：庫存檢查週期、訂貨點、訂貨量。

在傳統的多級庫存優化方法中，主要考慮的是供應鏈的下游部分（生產—分銷）。我們把問題推廣到整個供應鏈的一般性情形，如圖 11.4 所示。在庫存控制中，考慮集中式（中心化）和分佈式（非中心化）兩種庫存控制策略情形。在分析之前，首先確定庫存成本結構。

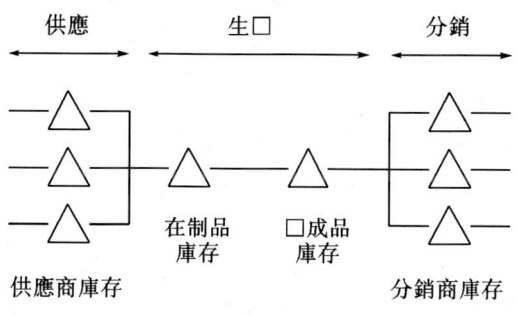

```
       供應           生□           分銷
    ←——→        ←——→       ←——→
       △                              △
       △          △      △      △
       △                              △
              在制品    □成品
              庫存      庫存
     供應商庫存                   分銷商庫存
```

圖 11.4　供應鏈多級庫存模型

（1）供應鏈的庫存成本結構。供應鏈的庫存成本包括庫存持有成本、交易成本和缺貨成本。

①庫存持有成本（Holding Cost，C_h）。在供應鏈的每個階段都持有一定的庫存，以保證生產、供應的連續性。這些庫存持有成本包括購置成本、訂購成本和儲存成本（包括庫存資金占用成本、倉庫設施設備的投資成本或租賃費用、倉庫的營運成本等）。庫存持有成本與庫存價值和庫存量的大小有關，從供應鏈上游到下游有一個累積過程。如圖 11.5 所示。

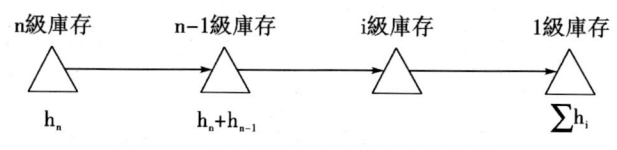

```
   n級庫存   n-1級庫存    i級庫存     1級庫存
     △  ——→  △   ——→    △   ——→    △
     h_n     h_n+h_{n-1}             Σh_i
```

圖 11.5　供應鏈庫存持有成本的累積過程

圖中，h_i 為單位週期內單位產品（或在製品）的庫存持有成本。若用 v_i 表示 i 級庫存量，則整個供應鏈的庫存持有成本為：$C_k = \sum h_i v_i$。

②交易成本（Transaction Cost，C_t）。即在供應鏈成員企業之間的交易過程中產生的各種費用，包括談判要價、準備訂單、商品檢驗費用、佣金等。單位交易成本隨交易量的增加而減少。交易成本與供應鏈企業之間的合作關係有關。通過建立一種長期的互惠合作關係有利於降低交易成本，具有戰略夥伴關係的供應鏈企業之間的交易成本是最低的。

③缺貨成本（Shortage Cost，C_s）。缺貨成本是由於產品供不應求，即庫存量下降到一定程度，企業不能滿足市場需求而產生的缺貨損失，包括因無貨可供造成違約而支付的違約金等。缺貨成本與庫存量大小有關。庫存量大，缺貨成本小；反之，缺貨成本高。為了降低缺貨成本，維持一定量的庫存是必要的，但是庫存過多必然會增加庫存持有成本。在多級供應鏈中，提高信息的共享度、加強供需雙方的溝通協調，有利於減少缺貨帶來的損失。

綜上所述，供應鏈總庫存成本為：$C = C_h + C_t + C_s$，多級庫存控制的目標就是優化總的庫存成本 C，使其達到最小。

（2）庫存控制策略。多級庫存控制策略包括中心化庫存控制策略和非中心化庫存

控制策略兩種。

①中心化庫存控制策略。目前關於多級庫存中心化控制策略的探討不多，採用中心化庫存控制的優勢在於，能夠對整個供應鏈系統的運行有一個較全面的掌握，能夠協調各個節點企業的庫存活動。中心化庫存控制是將控制中心放在核心企業，由核心企業對供應鏈系統的庫存進行控制，協調上游與下游企業的庫存活動。這樣，核心企業就成了供應鏈上的數據中心（數據倉庫），擔負著數據的集成、協調功能。如圖 11.6 所示。

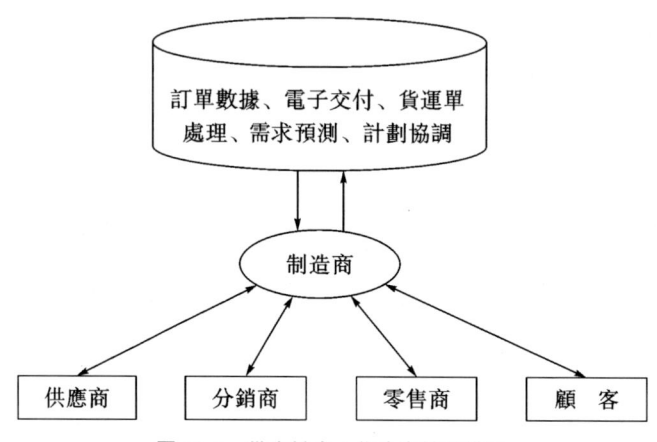

圖 11.6 供應鏈中心化庫存控制模型

中心化庫存優化控制的目標是使供應鏈總庫存成本最低。

從理論上講，供應鏈的層次可以是無限的，即從用戶到原材料供應商，整個供應鏈是 n 個層次的供應鏈網路模型，分一級供應商、二級供應商……k 級供應商，然后到核心企業（組裝廠）；分銷商也可以是多層次的，分一級分銷商、二級分銷商、三級分銷商等，最后才到用戶。但是，供應鏈層次並非越多越好，而是越少越好，因此實際供應鏈的層次並不是很多，採用供應、生產、分銷這樣的典型三層模型足以說明供應鏈的運作問題。如圖 11.7 所示：

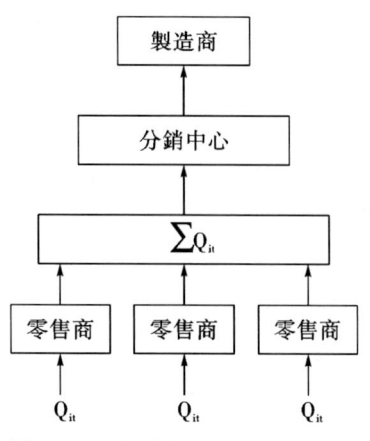

圖 11.7 三級庫存控制的供應鏈模型

當各個零售商的需求 D_{it} 獨立時，根據變化的需求確定的訂貨量為 Q_{it}，各個零售商的訂貨量匯總到分銷中心后，分銷中心向製造商發出訂單，製造商據此制訂生產計劃，經過 MRP 運算產生物料需求，對上游供應商發出採購訂單。整個供應鏈在製造商、分銷商、零售商三個地方存在庫存，即三級庫存。這裡假設各零售商的需求為獨立需求，需求提前期為同一分佈的隨機變量，同時系統銷售同一產品，即為單一產品供應鏈。這樣一個三級庫存控制系統是一個串行與並行相結合的混合型供應鏈模型。據此，建立如下的控制模型：

$\min\{C_{mk} + C_{cd} + C_{rd}\}$

式中，C_{mk}——製造商的庫存成本；

C_{cd}——分銷商的庫存成本；

C_{rd}——零售商的庫存成本。

就庫存控制策略而言，既可採用連續性檢查策略也可採用週期性檢查策略，這兩種策略各有特點。關鍵的問題是傳統的訂貨策略涉及有關參數的確定，而供應鏈管理環境下的庫存控制參數與傳統訂貨策略的參數應有所不同，否則就不能反應多級庫存控制的思想。因此，不能按照傳統的單點庫存控制策略進行庫存優化，必須尋找新的方法。

若按照傳統的定量訂貨法對庫存進行控制，經濟訂貨批量為：

$$Q^* = \sqrt{\frac{2D_i C_{ri}}{H_i}}$$

但以此作為多級庫存各階段供應商或分銷商的訂貨策略，就無法體現中心化庫存控制的思想。因為這樣計算的庫存信息實際上是單點庫存信息，沒有考慮到供應鏈的整體庫存狀態，因此採用該法實際上是優化單一庫存點的成本而不是優化整體供應鏈的成本。

若要體現供應鏈的集成控制思想，可以採用「級庫存」取代「點庫存」解決這個問題。因為點庫存控制沒有考慮多級供應鏈中相鄰節點的庫存信息，因此容易造成需求信息扭曲，產生「牛鞭效應」。採用級庫存控制策略后，每個庫存點不再是僅檢查本庫存點的庫存數據，而是檢查處於供應鏈整體環境下的某一級庫存狀態。這個級庫存和點庫存不同，我們重新定義供應鏈上節點企業的庫存數據，採用「級庫存」這個概念：

供應鏈的級庫存 = $\dfrac{某一庫存結點}{現有庫存} + \dfrac{轉移到或正在轉移}{給其后續結點的庫存}$

這樣，檢查庫存狀態時不但要檢查本庫存點的庫存數據，還要檢查其下游需求方的庫存數據。級庫存策略的庫存決策是基於完全對其下游企業的庫存狀態掌握的基礎上，因此避免了信息扭曲。建立在 Internet 和 EDI 技術基礎上的全球供應鏈信息系統，為企業之間的快速信息傳遞提供了保證，因此，實現供應鏈的多級庫存控制是有技術保證的。

②非中心化庫存控制策略。該策略是把供應鏈的庫存控制分為三個成本管理中心，即製造商成本中心、分銷商成本中心、零售商成本中心，每個成本中心根據本中心的具體情況制定庫存優化控制策略（見圖 11.8）。非中心化庫存控制策略要獲得供應鏈整體

優化效果，需要提高供應鏈的信息共享度，使供應鏈各節點企業即時共享市場信息。非中心化多級庫存控制策略能夠使企業根據自己的實際情況獨立、快速地作出決策，有利於發揮企業的獨立自主性和靈活機動性。

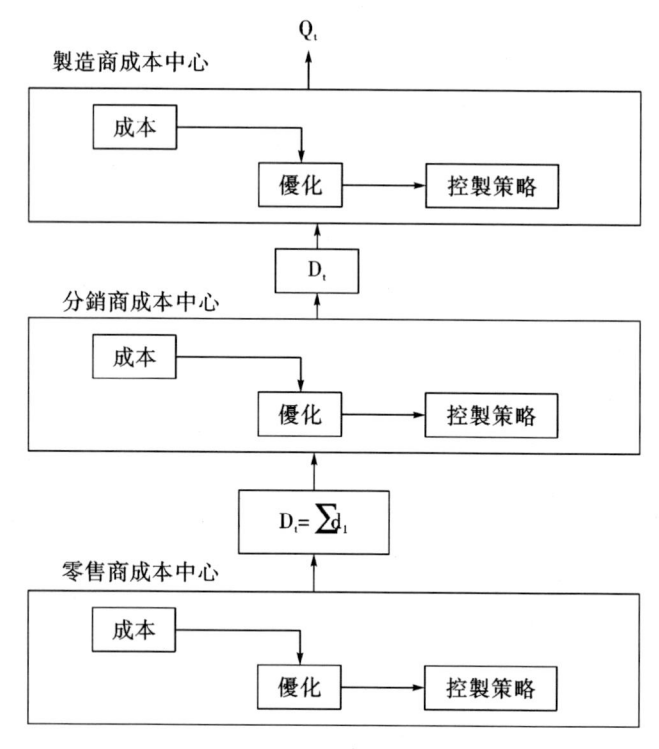

圖 11.8　多級庫存控制模式

非中心化庫存訂貨點的確定，可完全按照單點庫存的訂貨策略進行，即每個庫存點根據庫存的變化，獨立地決定庫存控制策略。非中心化的多級庫存優化策略，需要企業之間良好的協調，否則，可能會出現各自為政的局面。

2. 基於時間優化的多級庫存控制

前面探討了基於成本優化的多級庫存優化方法。近年來，隨著市場競爭的加劇，競爭模式已從基於成本的競爭轉變為基於時間的競爭，這即是敏捷製造的思想。因此，供應鏈的庫存優化不能簡單地僅優化成本。在供應鏈管理環境下，庫存優化還應該考慮對時間的優化，例如對庫存週轉期的優化、對供應提前期的優化、對平均上市時間的優化等。庫存週轉期過長，對產品的競爭力不利，因此，應從提高供應鏈系統對用戶需求的回應速度的角度提升供應鏈庫存管理水平。從很多實例可以看出，隨著提前期的增長，庫存量更高而且波動更大。縮短提前期，不但能夠維持更少的庫存，而且有利於庫存控制。

11.4 牛鞭效應的成因與減弱對策[①]

牛鞭效應是供應鏈中普遍存在的現象，其典型表現為從需求源到供應源，需求信息的波動、扭曲越來越明顯。牛鞭效應的存在，會對供應鏈企業群體產生不良影響，尤其是遠離需求源的上游企業，影響更加顯著。因此，分析牛鞭效應的成因，採取有效的對策與舉措，減弱乃至消除牛鞭效應，是供應鏈企業群體必須解決的共同難題。

11.4.1 牛鞭效應的概念與內涵

牛鞭效應（Bullwhip Effect）是指從供應鏈的下游到上游，訂貨量的方差逐級放大的現象。一般地，在未構築集成化供應鏈的企業群體中，如果上下游企業未加強合作，沒有充分實現信息共享，節點企業主要依據下游客戶的訂單進行需求預測，並在此基礎上制訂企業經營計劃、銷售計劃、生產計劃和採購與供應計劃，進一步向供應商下訂單，就不可避免地會引發牛鞭效應。如圖11.9所示：

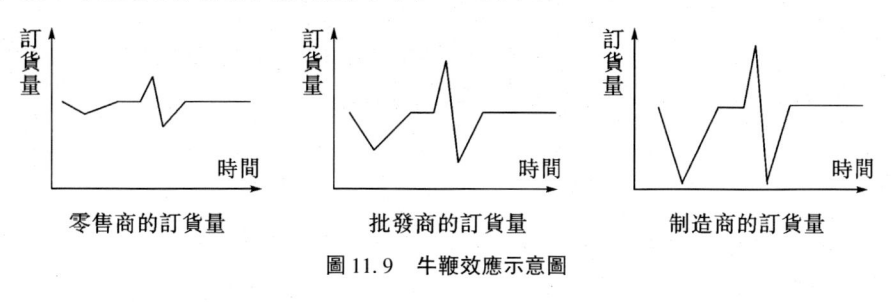

圖11.9 牛鞭效應示意圖

11.4.2 牛鞭效應對供應鏈績效的影響

牛鞭效應的存在，對供應鏈績效會產生不良影響，主要表現在供應鏈系統成本上升，供應鏈缺乏成本競爭力；供應鏈對市場需求的回應週期增長，回應能力減弱。具體表現在以下幾方面：

（1）過度生產，製造成本增加。從供應鏈的下游到上游，由於訂貨量逐級放大，必然導致製造商及零部件供應商過度生產，原材料成本、人工費用、能源水電費以及機器設備等固定資產的折舊加速，最終導致企業的生產成本上升。

（2）物流成本上升。由於製造商的產能擴大，在製造成本上升的同時，供應鏈系統的物流成本也會大幅度增加。首先是成品庫存增加，相應地，製造商及下游各節點企業的庫存成本就會上升，包括購置（購買）成本、訂購成本、儲存成本和缺貨成本（由於訂貨虛增，供應鏈柔性減弱，不能滿足用戶的真實需求而產生的缺貨損失）。其次，運輸成本增加，包括從上游到下游貨物正向運輸的成本，退貨、換貨等逆向物流成

[①] 本部分內容來源於：胡建波. 牛鞭效應的成因與減弱對策［J］. 企業管理，2011（8）.

本，以及因銷售不均衡而在目標市場之間發生的調貨成本。

（3）補貨的提前期增長。由於供應鏈各節點均持有較多的庫存，因此，庫存補充的提前期增長。相應地，供應鏈的柔性減弱，敏感性下降，市場需要的產品可能無法滿足，而市場不需要的產品則可能供過於求，最終導致季末打折、過期庫存、呆滯庫存增加。

總之，牛鞭效應的存在，導致過度生產，物流成本上升，補貨提前期增長，浪費了大量的人力、物力和財力，供應鏈績效大大降低。

11.4.3 牛鞭效應的成因

牛鞭效應產生的原因是多方面的，有供應鏈系統與結構的原因，也有運作層面的原因。

11.4.3.1 供應鏈系統與結構的原因

一般地，供應鏈由多個節點企業構成。若核心企業的供應鏈管理能力不夠強，集成化供應鏈系統未構築，則供應鏈的層次一般較多（例如供應鏈上游多層次的供應商網路，下游的多級分銷渠道），這必然會導致上游企業（如製造商、零部件供應商）離末端用戶的距離較遠。如果供應鏈信息系統（SCIS）未構築，則上游企業就無法即時共享末端用戶的需求信息。於是，用戶的需求信息從供應鏈末端自下而上傳遞，經過層層過濾，必然會扭曲、失真。特別地，當供應鏈「雙贏」機制未有效建立時，各節點企業為了追求自身利益的最大化，往往不會把所掌握的全部需求信息真實地與供應商共享。因此，多層次的供應鏈網路、未集成的供應鏈系統、節點企業獨立地進行庫存及訂貨決策是導致牛鞭效應產生的根本原因，而信息不共享則是牛鞭效應產生的直接原因。

11.4.3.2 運作層面的原因

導致牛鞭效應產生的運作層面的原因主要包括：

1. 非聯合預測需求及需求預測修正

通常，節點企業會基於下游客戶的訂單、歷史性銷售數據以及市場調查結果，獨立地預測需求。由於預測主體多元化，且下游客戶的訂單是各級預測主體的重要參考依據，為「保險起見」（比如設置安全庫存以降低供需不確定的風險、考慮到客戶的漏訂以及運輸與搬運等物流過程中的毀損等），各節點企業通常會有意識地加大訂貨量，這必然會導致需求信息（訂貨量）逐級放大。此外，預測方法的不正確選擇與運用，以及多個預測主體對預測值的連續修正也是產生牛鞭效應的原因。例如，移動平均法不太適合季節性及趨勢性需求的預測；指數平滑法在需求波動明顯時預測的誤差較大，以及當平滑系數取值較小時預測結果受先前預測值的影響較大等。而當各節點持有較多的庫存時，由於補貨提前期拉長，預測的準確度也會下降。

2. 價格波動

多種因素會引起價格波動，例如通貨膨脹、惡性競爭、批量優惠、降價促銷、自然災害、社會動盪等。對買方而言，當其權衡採購支出與儲存成本後，若低價對其有利，一般會提前大量採購。而當市場價格恢復正常時，由於客戶還保有較多的庫存，通常會

少訂購甚至不訂貨。這樣，下游企業的購買模式並不能反應末端用戶的需求（消費）模式。中間商較大的訂貨量波動，必然會誘發甚至加劇牛鞭效應。

3. 批量採購

通常，企業會批量採購貨品。這主要是為了降低訂貨成本和運輸成本。一般而言，訂貨成本主要與訂貨次數有關，而與訂貨批量無關。但若企業對某種貨品的年需求量（或需求率）一定時，如果訂貨批量大則訂貨次數少，最終訂貨成本低。另一方面，批量採購可實現貨物運輸的規模經濟性，從而降低運輸成本。但由於訂貨成本和運輸成本與儲存成本及缺貨成本之間呈二律背反關係，因此，多數企業會在綜合考慮這些背反因素后以經濟訂貨批量（EOQ）的方式向供應商發出訂單。此外，由於訂單處理會產生成本，供應商從自身利益出發，往往也會要求客戶有一個最小的訂貨量。若供應商對客戶訂貨時間（即下單時間）未作明確規定，則客戶訂單可能隨機分佈，但往往服從一定的統計規律。如果訂貨週期高度重疊（需求集中），就會導致「牛鞭」效應高峰的出現。批量採購是引發牛鞭效應的又一原因。

4. 商品短缺時客戶的博弈行為

當產品供不應求時，製造商往往會限量供應，經銷商為得到足額的供貨量，必然會故意誇大訂貨量。而當需求緩解時，許多客戶會大幅度減少訂單量。這種由於短缺博弈導致的需求信息的扭曲，最終必然會引發牛鞭效應。基於限量供應的潛在博弈，導致製造商無法區分增長的需求中哪些是真實的，哪些是虛假的，這在一定程度上會誤導製造商的需求預測與生產計劃的制定，最終導致供應鏈庫存成本居高不下。

5. 庫存責任失衡

隨著市場的轉型，買方在交易中越來越擁有優勢，對供應鏈而言，即是「勢力下移」。於是，供方墊資鋪貨的現象越來越普遍，無疑，這是供應商對買方的一筆無息信貸。相應地，庫存資金的壓力與風險自然轉移到了供方。特別地，為了獲得客戶的訂單，一些供應商還承諾無償退貨與換貨，以此來激勵客戶多訂貨。在無約束退貨政策的鼓勵下，經銷商自然願意多訂購。因為擁有存貨，可以與貿易夥伴易貨；可以低價出售以加速資金的回籠，從而緩解企業資金緊張的壓力，促進現金流量的平衡；甚至可以成為與供應商博弈的籌碼。在這樣的背景下，經銷商常常會加大訂貨量，這自然會導致牛鞭效應的出現。

6. 應對環境變化

政治法律、社會文化、經濟、技術、自然等環境要素的變化，都會增大市場的不確定性。例如，突其如來的大地震，使人們對救災物資、生活必需品以及建材等物質的需求激增；突發的疫情，使人們對預防瘟疫的藥品產生旺盛的需求。中間商（包括批發商、零售商）為成功地應對這些不確定性，理性的選擇是持有較大的安全庫存量。因此，下游企業在向供應商訂貨時，不可避免地會加大訂單量，這也是引發牛鞭效應的原因之一。

11.4.4 牛鞭效應的減弱對策

基於上述原因，筆者從供應鏈系統與結構以及運作兩方面入手，提出以下對策與

舉措：

1. 實現供應鏈的簡約化和集成化

要減弱牛鞭效應，首先應從供應鏈系統與結構入手，減少供應鏈環節，構築集成化供應鏈系統。例如，在供應鏈下游，製造商可實施「前向一體化」戰略，越過批發商和零售商等中間環節，直接與用戶（或消費者）建立聯繫；抑或採取直營模式，通過配送中心向零售商供貨，再由零售商向用戶銷售產品，以此來優化分銷渠道；而在供應鏈上游，製造商應盡可能直接與供應源建立聯繫，避免從中間商處採購原物料，同時，精簡供應商隊伍，減少同類供應商數量，加強與關鍵供應商的合作，建立高效的供應商網路。在此基礎上，核心企業應加強對上下游企業的管理，借助於 EDI、因特網等信息技術手段，同步協調運作，最終提高供應鏈的系統性和集成性，提升供應鏈的敏感性和回應性，從根本上消除牛鞭效應。

2. 實現信息共享

構築供應鏈信息系統（SCIS），讓上游企業共享零售商的 POS 數據與信息，從而避免需求信息的扭曲、失真。例如，松下（中國）公司將零售商的 POS 系統、地區倉庫的 WMS 與公司總部的信息系統實施集成，借助於高效的信息網路，公司總部的庫存經理動態、即時地掌握銷售物流系統中的庫存量及其變化的信息，在此基礎上預測需求並補貨，有效遏制了牛鞭效應。

3. 穩定價格

製造商可以制定穩定的價格策略，通過減少對批發商或零售商折扣的頻率和幅度的方式，來減少對經銷商提前採購商品的激勵。抑或在促銷期間，限制經銷商的採購數量，也是可行的選擇。在第一利潤源泉和第二利潤源泉逐漸枯竭的今天，製造商可以通過加強對物流活動的科學管理，借助先進的物流技術和手段，採用作業成本（ABC）等方法，對物流成本進行科學的核算與控制，從而實現「天天低價」。在保持價格不變的前提下，可根據經銷商已經實現的銷售業績來對其進行讓利和返點。通過減少價格波動，以此來減弱牛鞭效應。

4. 實現小批量訂貨

借助計算機輔助訂貨（CAO）、電子訂貨系統（EOS）等先進的信息技術手段，實現多頻次小批量訂貨，從而減弱牛鞭效應。但 JIT 採購會增大供應物流成本，因此，可實施物流業務外包，借助第三方物流公司來實現多頻次小批量的貨物配送，以此來降低物流成本。或者對客戶實施基於混合訂購的總量（總採購金額）打折，而非基於單一品種的批量優惠，這樣既可以實現單一品種貨物的小批量採購，又可提高車輛的實載率，降低客戶的運輸成本。

5. 減弱商品短缺時客戶的博弈行為

當產品供不應求時，可根據經銷商的歷史性銷售業績來限量供應，而非基於客戶訂貨量進行一定比例的限額供應，這樣可有效避免經銷商為獲得足額的供貨量而故意誇大其訂單量。其次，與客戶充分溝通，讓其瞭解企業的生產計劃與供應計劃及相關信息，事前規避，減弱或消除客戶參與博弈。再次，加強與客戶的合作，參與到客戶採購計劃

的制訂中去，把握主動權，既可防止訂貨虛增，又可據此制訂或調整生產計劃，以便充分滿足客戶的需求。最后，採取有約束的退貨政策，促使客戶在下訂單時更加「謹慎」「穩健」。這些策略與舉措，都有利於減弱商品短缺時客戶的博弈行為，從而減弱牛鞭效應。

6. 實施供應商管理庫存

供應商管理庫存（VMI）是消除牛鞭效應的一個有效方法。根據供需雙方達成的協議，由下游企業向上游企業提供銷售信息（或物料需求計劃）和庫存信息，上游企業主動對下游企業的庫存進行管理和控制（包括補貨）。這就規避了供需雙方在非合作情況下的博弈行為，避免了需方有意識地將需求信息放大，從而減弱牛鞭效應。

7. 實施聯合庫存管理

從風險管理的角度來看，實施 VMI，企業將庫存風險轉嫁給了供應商，而實施聯合庫存管理（JMI），則實現了上下游企業權利責任平衡和庫存風險共擔。具體而言，上下游企業在信息共享的基礎上共同制訂庫存計劃，並實施庫存控制，從而有效避免了需求信息的扭曲、失真，遏制了牛鞭效應。

8. 實施協同計劃、預測與補貨

協同計劃、預測與補貨（CPFR）是一種全新的供應鏈庫存管理策略。借助銷售時點系統（POS）、電子數據交換（EDI）、連續補貨計劃（CRP）等 IT 手段，上下游企業加強合作，即時共享信息，聯合預測需求，共同制訂供應鏈計劃，同步協調運作，最終提高供應鏈效率，降低供應鏈系統的庫存量，提高客戶滿意度。成功實施該策略，必將有效減弱乃至消除牛鞭效應。

9. 採用中心化庫存控制策略

採用多級庫存控制策略也是減弱牛鞭效應的有效方法。相較而言，中心化庫存控制策略比分佈式（非中心化）庫存控制策略更容易實施且更有效。分佈式庫存控制策略要求各節點企業在信息共享的前提下獨立地對庫存進行控制，但由於各節點企業之間存在利益衝突（供應鏈節點企業之間本質上是「競合」關係），因此很難從根本上消除牛鞭效應。而採用中心化庫存控制策略，可由核心企業在集成上下游企業信息系統的基礎上，對供應鏈系統的庫存進行集中控制。特別地，在優化供應鏈，減少物流環節，建立上游供應配送中心及下游銷售配送中心的前提下，只需將供應商、配送中心和零售商（或用戶）的信息系統進行集成，就可實現核心企業對庫存的集中控制。

單元小結

庫存是儲存作為今後按預定的目的使用而處於閒置或非生產狀態的物品，廣義的庫存還包括處於製造加工狀態和運輸狀態的物品。一般可按照庫存的作用、生產過程、用戶的需求特性等標準對庫存進行分類。通常，年庫存總成本包括購入成本、訂貨成本、儲存成本和缺貨成本。庫存管理的總目標是「通過適量的庫存達到合理的供應，使得總

成本最低」。庫存管理的評價指標主要有平均庫存值、可供應時間和庫存週轉率（期）等。庫存控制是在保證供應的前提下，使庫存物品的數量合理所進行的有效管理的技術經濟措施。對於獨立需求庫存，主要是通過訂貨點、訂貨量和訂貨週期等參數進行控制，分定量庫存控制模型和定期庫存控制模型兩種。而相關需求庫存控制系統主要有MRP 和 JIT 系統。傳統庫存控制方法主要針對單個企業的庫存進行管理，體現企業本位思想。而供應鏈庫存管理策略體現了集成管理思想，上下游企業在信息共享的前提下，共同參與對供應鏈庫存的管理和控制，可以避免庫存的重複設置，減弱乃至消除牛鞭效應，有效降低供應鏈庫存成本。主要包括 VMI、JMI、CPFR 以及多級庫存優化與控制等策略。

思考與練習題

簡答(述)

1. 怎樣理解庫存概念？庫存與儲存、倉儲、保管等概念有什麼區別？
2. 一般地，庫存成本由哪幾項構成？
3. 庫存有哪些分類方法？
4. 簡述庫存管理的內涵與目標。
5. 庫存管理績效的主要評價指標有哪些？
6. 簡述庫存控制策略。
7. 何為經濟訂貨批量？在實際應用 EOQ 公式時，通常要考慮哪些因素？
8. 簡述常見的四種庫存補充策略。
9. 定量訂貨法和定期訂貨法分別適用於哪些物品的庫存控制？
10. 何為經濟訂貨週期？怎樣計算？
11. 採用定量訂貨法和定期訂貨法進行庫存控制，哪種情況下需要設置更多的安全庫存？為什麼？
12. 簡述傳統庫存管理方法的局限性。
13. 常見的供應鏈庫存管理策略有哪些？
14. 何為 VMI？有何特點？如何實施？
15. 何為 JMI？有何優點？如何實施？
16. 簡述多級庫存優化與控制策略。
17. 何為牛鞭效應？牛鞭效應對供應鏈績效有何影響？
18. 簡述牛鞭效應的成因與減弱對策。

情境問答

1. 王經理是一家工程機械廠的物流經理。該廠在生產過程中嚴格控制庫存並盡量降低庫存，原材料和零配件庫存量一直很低。然而自 2007 年年底到 2008 年上半年，國際和國內鋼材等原材料的價

格大漲,導致該廠原材料和零配件採購成本大幅上升,遭受很大損失;另一方面又造成供應緊張,生產大受影響。因此,王經理認為,專家和教科書上有關降低庫存量、甚至零庫存的觀點是一種誤導,是錯誤的。對於王經理的觀點,你的看法是什麼?請闡述理由。

2. Y公司為海南省一家果蔬批發企業,其主要客戶為北京、天津、上海等地的大型連鎖超市。企業在年終進行本年度成本核算時,庫存成本一欄包含了庫存持有成本、訂貨成本和缺貨成本三項。你認為該企業的庫存成本核算是否合理?為什麼?

3. 某零售企業為了降低成本,每次訂貨都嚴格採用EOQ模型計算經濟訂貨批量,一段時間後發現總成本並無明顯下降。你認為問題可能出在哪裡?

計算

1. 遠大公司對A物品的年需求量為1,200單位,單價為10元/單位,單位物品年平均儲存成本為單位物品單價的20%,每次訂購成本為300元。求經濟訂貨批量和庫存總成本。

2. 某商業企業的X型彩電年銷售量為10,000臺,訂貨費用為100元/次,每臺彩電年平均儲存成本為10元/臺,訂貨提前期為7天,訂貨間隔期為15天,其間,平均每天的銷售量為25臺,安全庫存量為100臺。求經濟訂貨週期和最大庫存量。

綜合分析

1. 自從20世紀六七十年代日本豐田公司實行準時制(JIT)生產方式以來,消除無效勞動和浪費,實現零庫存,成為製造企業生產管理的重要目標。但也有管理者認為,零庫存是一把「雙刃劍」,雖然可以減少浪費、使物流活動合理化,但不能保障供應,難以應對意外變化。你認為這種觀點正確嗎?為什麼?

2. 製造業和物流業聯動是提升製造業和物流業發展水平的重要途徑。供應商庫存管理(VMI)是實現兩業聯動的有效切入點。請分析如何實現供應商庫存管理及其對兩業聯動的重要意義。

案例分析

案例1:SP公司的供應鏈管理

SP公司是一家經營休閒類服裝及專業體育用品的知名公司,其產品具有很強的時尚性和流行性。根據國內權威的市場調研機構的調研結果,SP公司的產品在國內同行中品牌聲譽和品牌價值都名列前茅。

SP公司的銷售渠道採用兩級模式,一級為全資子公司,二級是加盟經銷商。SP公司每年制訂總的銷售計劃,據此召開春夏和冬季兩次訂貨會。所有子公司和加盟經銷商在訂貨會上以期貨方式下達合同,所訂購的貨物在四個月後可以到達店鋪進行銷售。

訂貨後,SP公司的銷售部門首先匯總期貨訂貨合同,與年初制訂的銷售計劃相核對,以確保訂貨的合同金額可以完成年度銷售任務。再由銷售部門與生產部門進行協商,形成總的生產和供應計劃來組織原材料採購和生產。

服裝類產品的完整價值鏈包括:產品研發、採購、製造、物流、銷售等環節。在這一領域中有兩

類企業：一類專注於產品研發和品牌經營，將產品生產業務外包給 OEM① 工廠；另一類自身擁有工廠，加工並經營自己的品牌。

SP 公司屬於前者，專注於產品研發、品牌經營和銷售渠道建設，將之作為自己的核心競爭力；將自己不擅長的生產製造業務外包給 OEM 工廠。目前 SP 公司仍自營物流。

SP 公司所在行業的各品牌公司所使用的供應商資源經常是相同的，有時甚至是直接競爭的品牌公司共用同樣的 OEM 工廠和原材料供應商。

SP 公司近期為了提高銷售額與市場佔有率，採取了很多措施。其主要策略是，加大了對經銷商的讓利和返點，促使經銷商大量購進貨物，並且擴展產品品牌。

但令人擔憂的是：公司採取這些策略後，庫存效率有很明顯的下降，並且產生了其他的庫存問題。

根據案例提供的信息，請回答以下問題：

1. 企業通常使用哪些指標來考核庫存的效率？請寫出計算公式。
2. SP 公司持有庫存可能會帶來哪些不良影響？
3. 根據案例內容，SP 公司採用什麼形式的 DP 點？採用這種形式的 DP 點運作，SP 公司面臨的困難是什麼？
4. 結合案例內容，公司與直接競爭對手共用同樣的 OEM 工廠和原材料供應商可能會帶來哪些問題？

案例 2：雀巢公司與家樂福公司的 VMI 實踐

一、兩家公司的背景

雀巢公司是全球最大的食品製造商，總部位於瑞士威偉市（Vevey），由亨利·雀巢（Henri Nestle）於 1867 年創立。該公司目前在全球範圍內擁有 200 多家子公司，500 多家工廠，22 萬名員工。其產品行銷 80 多個國家和地區，涵蓋嬰幼兒食品、乳製品及營養品、飲料、冰淇淋、冷凍食品及廚房調理食品、巧克力及糖果、寵物食品與藥品等類別產品。雀巢公司 1983 年進入臺灣，1987 年進入中國大陸，在過去的幾十年中，業務發展迅速。

家樂福（Carrefour）是全球第二大連鎖零售集團，歐洲第一大零售商，1959 年在法國成立。該公司是大賣場業態的首創者，現擁有 11,000 多家營運零售單位（在中國大陸有 206 家分店，在臺灣地區有 48 家分店），業務遍及世界 30 個國家和地區。集團以三種主要經營業態引領市場：大型超市、超市以及折扣店。此外，家樂福還在一些國家發展了便利店和會員制量販店。2004 年公司員工總數超過 43 萬人。2005 年，家樂福在《財富》雜誌編排的全球 500 強企業中排名第 22 位。

二、VMI 的實施過程

雀巢和家樂福這兩家公司在推行 ECR 策略時下了很大力氣。從 1999 年開始，兩家公司進行了更加密切的合作，在臺灣等地實施了供應商管理庫存（VMI），並希望將成果進行推廣。

VMI 是供應商根據銷售及安全庫存的需求，替零售商下訂單或補貨，而實際的銷售需求則是供應商依據零售商提供的每日庫存與銷售數據進行統計預測得來。通常，供應商有一套管理系統來處理相關事務。這樣，將有效縮短供應商對市場需求的回應時間，降低供應商與零售商的庫存量，提早安排生產，降低缺貨率。

---

① OEM 即原始設備製造商（Original Equipment Manufacturer），是指擅長產品生產，但不具備產品研發設計及品牌經營能力的公司。而 ODM 即原始設計製造商（Original Design Manufacturer），是擅長產品設計研發、品牌經營，也直接進行生產的製造商。

臺灣雀巢公司從1999年10月開始，積極與家樂福公司合作，建立VMI示範計劃的整體運作機制，其總目標是提高商品的供應率，縮短家樂福公司的庫存週轉天數，縮短訂貨週期，降低合作雙方的物流運作成本。具體指標包括：雀巢公司對家樂福物流中心的產品到貨率達到90%，家樂福物流中心對零售店鋪的產品到貨率達到95%，家樂福物流中心的庫存週轉天數下降到預設標準，家樂福公司對雀巢公司的建議訂單修改率下降到10%等。另外，雀巢公司希望將新建立的模式拓展到其他領域加以運用，以增強對市場的掌控能力並獲得更大的規模效益，而家樂福公司也會與更多的重要供應商進行相關合作。

整個計劃是在一年之內建立一套VMI的運作環境，並且可以循環執行。具體而言，分為兩個階段：

第一階段包括確立雙方投入資源、建立評估指標、就所需條件進行談判，確定整個運作方式以及系統配置。時間大約為半年。

第二階段為后續的半年，主要是修正系統與運作方式，使之趨於穩定，並通過評估不斷發現問題並加以改善，直至系統自動運行。

在人力投入方面，雀巢與家樂福雙方均設置了一個協調機構，其他部門如物流、採購、信息等部門則以協助的方式參與。在經費的投入上，家樂福公司主要是在EDI系統建設上進行了投資，而雀巢公司除了EDI系統建設外，還引進了一套VMI系統。

計劃的執行可細分為五個階段：

(1) 評估雙方的運作方式及系統在合作上的可行性；
(2) 一把手的推動與團隊建立；
(3) 建立溝通協調系統；
(4) 建立同步化系統與自動化流程；
(5) 持續訓練與改進。

在系統建設方面，雀巢與家樂福雙方均採用EDI來進行數據傳輸，而雀巢公司的VMI管理系統則是通過外購來實現的。雀巢公司在法國家樂福公司及其他國家雀巢公司的建議下，充分考慮系統需求特性后，最後選用了Infule的EWR的產品。

經過近一年的推進，雀巢公司和家樂福公司的VMI運作逐漸形成了如下模式：

——每日9:30以前，家樂福公司通過EDI將庫存結餘數據及出貨信息等傳送到雀巢公司。

——9:30~10:30，雀巢公司將收到的資料合併至EWR的銷售資料庫系統中，並產生預測的補貨需求，系統將預測的需求量寫入后端的BPCS ERP系統，根據實際庫存量計算出可行的訂貨量，產生建議訂單。

——10:30以前，雀巢公司以EDI方式將建議訂單傳送給家樂福公司。

——10:30~11:00，家樂福公司在確認訂單並進行必要的修改后將其回傳至雀巢公司。

——11:00~11:30，雀巢公司依據確認后的訂單進行揀貨與發貨。

三、VMI的實施效果

實施VMI的成效是顯著的。除構築了一套VMI運作系統及形成了相應的運作模式外，關鍵績效指標（KPI）也得以提升：雀巢公司對家樂福物流中心的產品到貨率從原來的80%左右提升到了95%；家樂福物流中心對零售店鋪的產品到貨率由原來的70%左右提升到了90%左右，並且仍然在繼續改善中；庫存週轉天數由原來的25天左右下降到了目標值以下；訂單修改率也由原來的60%~70%下降到了10%以下。

對於雀巢公司來說，最大的收穫是與家樂福公司建立了良好的合作夥伴關係。過去，雙方是單純的買賣關係，家樂福公司享受著大客戶的種種優惠，而雀巢公司則盡力推出自己的產品，但雙方都忽

略了真正的市場需求，從而導致暢銷品經常缺貨，而滯銷品則庫存積壓。經過合作，雙方有了更多的瞭解，也有了共同解決問題的意願，並使原本就存在的各種問題的癥結點一一浮現，這對從根本上改善供應鏈的整體效率非常有利。與此同時，雀巢公司也開始考慮將 VMI 系統運用到其他領域。

根據案例提供的信息，請回答以下問題：

1. 實施 VMI，對供需雙方各有何好處？對整個供應鏈系統又有什麼益處？
2. 結合案例，談談 VMI 成功實施需要具備哪些條件？
3. 為什麼說「對於雀巢公司來說，最大的收穫是與家樂福公司建立了良好的合作夥伴關係」？你是怎樣理解這句話的？

單元 12

供應鏈績效評價與激勵機制

【知識目標】

1. 能簡述供應鏈績效評價的作用
2. 能列舉供應鏈績效評價的原則
3. 能簡述供應鏈績效評價指標體系
4. 能闡釋標杆管理的內涵
5. 能簡述標杆管理的實施過程

【能力目標】

1. 能分析供應鏈績效評價的必要性
2. 能分析供應鏈績效評價指標的特點
3. 能運用 KPI 對供應鏈績效進行評價
4. 能判斷標杆管理的類型
5. 能列舉供應鏈激勵手段

引例：X 公司的供應鏈績效管理

X 公司是一家快速消費品製造企業，李彬是 X 公司新任命的供應鏈總監，他上任後接到的第一個任務，就是盡快把公司居高不下的庫存降下來，並盡快改善客戶對產品交付時間長、缺貨多的抱怨，提高公司供應鏈的營運效率。

李彬首先翻閱了公司最近半年的庫存和銷售報表，發現庫存規模不斷增大，平均交付時間也越來越長，數據表明，X 公司的產銷協調出現了比較大的問題。

調查得到的某類產品的數據報表如表 12.1 所示：

表 12.1　　　　　X 公司某類產品最近 3 個月的相關數據報表

月份	月初庫存（臺）	銷售數量（臺）	預測銷量（臺）	交付時間（小時）
1	500	300	500	90
2	600	350	600	100
3	700	400	700	110
4	800	當月未完		

面對這些數據，李彬意識到了問題的嚴重性。因為行業的平均庫存週轉天數也就是 15 天左右，而訂單交付時間，一般也就是 72 小時。

為了進一步發現 X 公司供應鏈營運管理問題的原因，李彬與銷售、生產計劃部門、物流部門進行了進一步溝通，發現了如下問題：

（1）物流部門目前對客戶承諾的本地配送時間是在 24 小時以內。造成交付時間變長的原因是有大量的訂單缺貨，需要長時間的等待，使交付時間變長。

（2）生產計劃部門反饋說，接到的銷售部門的預測數據多數不準。當問及有無對銷售預測的量化評價標準時，銷售部門反饋說都是憑記憶和感覺，沒有量化的指標。

（3）銷售部門反饋說，市場競爭太激烈，他們也不知道公司有大量的庫存，對於公司的經營狀況，銷售部門只覺得是供應不足導致的。

經過調研，李彬決定從供應鏈績效 KPI 管理、部門溝通管理多方面入手，改善 X 公司的供應鏈績效。

引導問題：

1. 如何進行供應鏈績效評估？
2. 怎樣才能實施有效的供應鏈績效管理？
3. 為評價銷售預測、庫存管理、訂單交付水平需要建立哪些績效指標？這些指標如何計算？
4. 為什麼李彬在分析了某類產品的相關數據報表後感覺到了問題的嚴重性？
5. 怎樣計算庫存週轉天數？請計算 1、2、3 月 X 公司的庫存週轉天數，並比較庫存週轉天數和平均交付時間與行業平均水平的差距。
6. 根據 X 公司的現狀，如何從產銷配合的流程上改善 X 公司供應鏈的績效？

從事管理活動，需要對管理的效果進行度量和評價，以此判斷管理的績效。在供應鏈管理中，科學、全面地分析和評價供應鏈的營運績效極為重要。供應鏈績效評價的方法主要有指標體系法（KPI 法）、平衡記分卡（BSC）法、標杆法以及運用 SCOR 模型進行供應鏈績效評價。

12.1 供應鏈績效評價的認知

12.1.1 供應鏈績效評價的必要性

為了保證供應鏈管理目標的順利實現就必須進行供應鏈績效評價。績效評價是供應鏈管理的重要一環。

我們以零售商為例加以說明。對於零售商的銷售人員，一般是按照銷量來評價其績效的，然而，如果採購部門採購不到適銷對路的優質商品，銷售部門又如何能提高銷量？反之，若採購部門採購到適銷對路的優質商品，但配送中心不配合、門店銷售人員不積極，商品又怎麼能夠銷得出去？企業的銷售指標又怎麼能完成？另一方面，對採購人員而言，企業一般是按照採購成本的節約額度來評價其績效的，如果僅僅根據這一指標評價其績效，就極有可能會導致商品採購質量的下降。由此可見，供應鏈是一個新的系統，必須重新制定評價標準和激勵機制，即建立符合供應鏈管理實際的供應鏈績效評價指標。

12.1.2　供應鏈績效評價的含義和作用

進入 21 世紀，績效問題已成為眾多企業特別關注的熱點。飛速變化的市場，使每家企業都更加關注自身的發展問題，越來越多的企業希望通過績效評價來促進自身的發展。但很多企業對於績效，特別是供應鏈績效的理解並不準確，績效管理的成效也不夠理想。因此，要進行供應鏈績效評價，首先就要明確供應鏈績效評價的內涵。

12.1.2.1　績效評價與供應鏈績效評價的含義

績效是組織期望的結果，是組織為實現其目標而在不同層面上的有效輸出，它包括個人績效和組織績效兩個方面。

績效評價是對個人或組織工作產生的效益以及影響效益的工作效率、對待工作的態度、人際關係、勤奮程度等經過一定考核後給出經濟性、效率性或者效果性評價，以衡量其是否與組織的期望相一致。績效評價不是為評價而評價，評價的最終目的是為了發現影響績效實現或者提高的瓶頸，並尋求改善的方法。

績效評價首先是結果評價，但如果某些因素對結果有明顯、直接的影響，績效評價就與這些因素密不可分了。影響績效的因素如圖 12.1 所示。

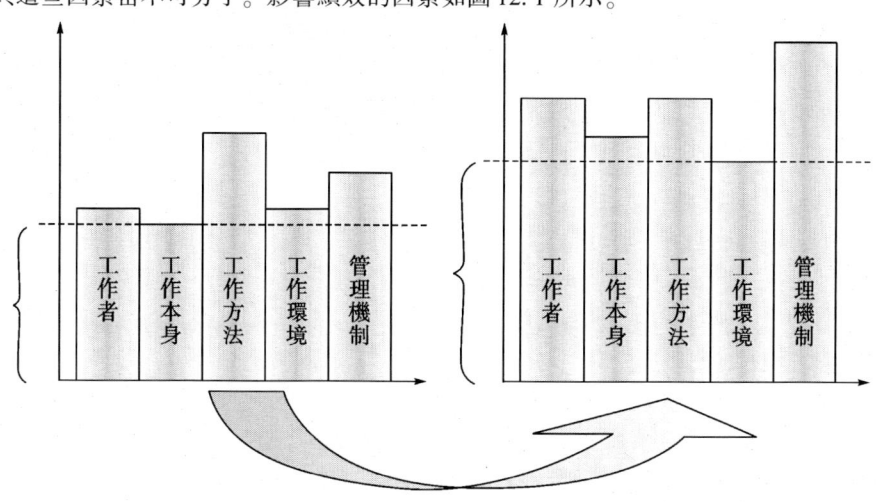

圖 12.1　績效因素示意圖

供應鏈績效評價是根據供應鏈管理運行機制、基本特徵以及要達到的目的，設計科學合理的指標來恰當地反應供應鏈整體營運狀況以及上下節點企業之間的營運關係，從而找出影響供應鏈績效的問題，尋求解決的辦法。換言之，供應鏈績效評價就是對供應鏈營運過程及其所產生的效果進行全面、系統、科學地度量、分析與評估。

簡單地說，供應鏈績效評價就是要回答如下兩個問題：
①供應鏈目前的營運狀況如何？
②供應鏈要怎樣營運才更好？

12.1.2.2　供應鏈績效評價的作用

為了能評價供應鏈的實施給供應鏈企業群體帶來的效益，方法之一就是對供應鏈的

運行狀況進行必要的度量，並根據度量結果對供應鏈的運行績效進行評價。因此，供應鏈績效評價主要有以下四個方面的作用：

①評價供應鏈整體運行效果，瞭解供應鏈整體運行狀況，找出供應鏈營運方面的不足，及時採取措施予以糾正。

②評價供應鏈成員企業，激勵供應鏈成員企業，吸引優秀企業加盟，剔除不良企業。

③評價供應鏈成員企業間的合作關係。主要考察上游企業對下游企業提供的產品及服務的質量，從用戶滿意的角度評價上、下游企業之間的合作夥伴關係。

④績效評價還可以起到對企業的激勵作用，包括核心企業對非核心企業的激勵。

12.1.3 供應鏈績效評價指標的特點

根據供應鏈管理運行機制的基本特徵和目標，績效評價指標應具有如下特點：

12.1.3.1 供應鏈績效評價指標要能恰當地反應供應鏈整體營運狀況以及上下節點企業之間的營運關係

供應鏈績效評價指標可以評價從最初供應商開始直至最終用戶為止的整條供應鏈的營運狀況。例如，供應鏈總營運成本指標等。只有將各節點企業綜合進行分析，才能尋求提高供應鏈整體效率的措施和方法，才能在競爭中佔有優勢。

供應鏈績效評價指標除了反應供應鏈整體營運狀況外，還可以反應上下節點企業之間的營運關係，而不是孤立地評價某一節點企業的營運情況。例如，對於供應鏈上的某一供應商來說，該供應商所提供的某種原材料價格很低，如果孤立地對該供應商進行評價，就會認為該供應商的運行績效很好。若其下游企業僅僅考慮原材料價格這一指標，而不考慮原材料的加工性能，就會選擇該供應商所提供的原材料，而當該原材料的加工性能不能滿足該節點企業生產工藝要求時，勢必會增加生產成本，從而使這種低價格原材料所節約的成本被增加的生產成本所抵消。所以，評價供應鏈運行績效的指標，不僅要評價該節點企業的營運績效，而且還要考慮該節點企業的營運績效對其上層節點企業或整個供應鏈的影響。

12.1.3.2 供應鏈績效評價指標是基於業務流程的績效評價指標

供應鏈管理的績效評價相對於現行企業管理的績效評價來說有所不同。現行企業的績效評價指標主要是基於職能部門的績效評價指標，而供應鏈績效評價指標則是基於業務流程的績效評價指標。供應鏈績效評價指標與現行企業績效評價指標的比較見圖 12.2 和圖 12.3 所示。

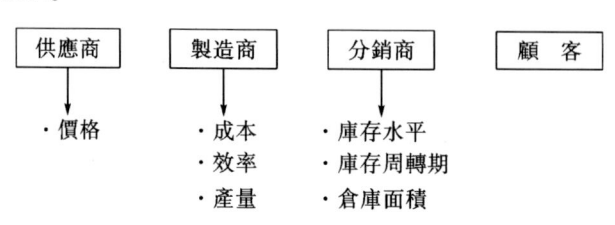

```
供應商        製造商        分銷商        顧 客
  │            │            │
  ▼            ▼            ▼
·價格        ·成本        ·庫存水平
             ·效率        ·庫存周轉期
             ·產量        ·倉庫面積
```

圖 12.2 現行企業基於職能的績效評價指標示意圖

```
供應商 → 製造商 → 分銷商 → 顧客
```

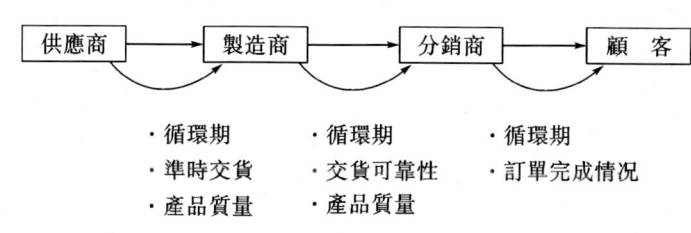

- 循環期   ・循環期   ・循環期
- 準時交貨   ・交貨可靠性   ・訂單完成情況
- 產品質量   ・產品質量

圖 12.3　基於供應鏈業務流程的績效評價指標示意圖

　　基於職能的績效評價追求的是每個節點自身的最優，這種簡單的個體最優並不能帶來供應鏈整體以及最終結果的最優。按照供應鏈系統管理的觀點，每個節點都只是完整的供應鏈流程中的一個部分，因此基於流程的績效評價更注重點與點之間的銜接，更注重上游節點對下游節點的影響，更加重視整個流程結束以後的效果。

12.1.3.3　供應鏈績效評價指標的內容具有廣泛性

　　反應供應鏈績效評價的指標比現行企業的績效評價指標更為廣泛，它不僅代替會計數據，同時還提出一些方法來測定供應鏈的上游企業是否有能力及時滿足下游企業或市場的需求等問題，涉及的內容非常廣泛。

12.1.3.4　供應鏈績效評價是一種動態的即時評價與分析

　　供應鏈績效評價不僅在內容上全面反應整個供應鏈及其內部企業和上、下節點企業的關係，而且在時間上也打破了現行企業側重於事後評價的傳統，在供應鏈營運的過程中即時地進行度量，並及時採取措施，提高供應鏈的整體效率。

　　總之，現行企業績效評價側重於單個企業，評價的對象是某個具體企業的內部職能部門或員工個人，不能對供應鏈整體以及業務流程進行即時評價和分析，側重於事後分析。而供應鏈績效評價指標應該能夠恰當地反應供應鏈整體營運狀況以及上下節點企業之間的營運關係，而不是孤立地評價某個節點企業的營運情況。

12.1.4　供應鏈績效評價應遵循的原則

　　隨著供應鏈管理理論的不斷發展和供應鏈管理實踐的不斷深入，為了科學、客觀地反應供應鏈的營運情況，應該尋求與之相適應的供應鏈績效評價方法，並建立相應的績效評價指標體系。在實際運作中，為了建立能有效評價供應鏈績效的指標體系，應遵循如下原則：

（1）突出重點。要對關鍵績效指標進行重點分析，從而有重點地對整個供應鏈的突出問題進行評價。

（2）建立能反應供應鏈業務流程績效的評價指標體系。

（3）突出營運狀況的整體性。評價指標要能反應整個供應鏈的營運情況，而非僅僅反應單個節點企業的營運情況。

（4）即時分析與評價。應盡可能採用即時分析與評價的方法，把績效度量的範圍擴大到能反應供應鏈即時營運的信息上去，這比僅進行事後分析要有價值得多。

（5）重視對節點企業之間關係的評價。在衡量供應鏈績效時，要採用能反應供應商、製造商及用戶之間關係的績效評價指標，把評價的對象擴大到供應鏈上的相關企業。

12.2 供應鏈績效評價指標體系的構建

12.2.1 供應鏈績效評價指標體系法的內涵

指標體系法是進行綜合評價時最常用的方法。供應鏈績效評價指標體系法是指根據各個具體的單項績效指標在指標體系中所處的地位、所起的作用、所包含的信息量以及所反應的指標體系的綜合程度，採用各種評分法或者分析法確定各個指標的權重系數，再用算術平均法或幾何平均法對規範化後的各個指標進行加權計算，從而得到其綜合指數值，以此綜合評價某一時期某一供應鏈在營運績效方面的總體水平的分析方法。

12.2.2 供應鏈績效評價指標體系

進行供應鏈績效評價，就要建立相應的績效評價指標體系。供應鏈績效評價指標體系是由相關績效評價指標所構成的一個綜合的有機體系，如表 12.1 所示。

表 12.1　　　　供應鏈績效評價指標體系

一級指標	權重	二級指標	權重	三級指標	權重
供應鏈績效水平 P		整個供應鏈流程績效	W_1	產銷率	W_{11}	節點企業的產銷率 A	W_{111}
						供應鏈產銷率 B	W_{112}
						核心企業產銷率 C	W_{113}
				平均產銷絕對偏差 D	W_{12}		
				產需率	W_{13}	節點企業產需率 E	W_{131}
						核心企業產需率 F	W_{132}
				供應鏈產品出產循環期	W_{14}	供應商零部件出產循環期 G	W_{141}
						核心企業產品出產循環期 H	W_{142}
				供應鏈總營運成本 I	W_{15}		
				……	W_{1n}		
		供應鏈節點企業關係績效	W_2	準時交貨率 J	W_{21}		
				成本利潤率 K	W_{22}		
				產品質量合格率 L	W_{23}		

根據表 12.1，供應鏈績效評價綜合指數 P 可以通過公式計算出來：

$$P = A \times (W_1 \times W_{11} \times W_{111}) + B \times (W_1 \times W_{11} \times W_{112}) + C \times (W_1 \times W_{11} \times W_{113}) + D \times (W_1 \times W_{12}) + \cdots + J \times (W_2 \times W_{21}) + K \times (W_2 \times W_{22}) + \cdots$$

12.2.3 供應鏈績效評價指標

12.2.3.1 供應鏈績效評價的一般性統計指標

供應鏈績效評價指標是對整個供應鏈的運行效果和供應鏈節點企業之間的合作關係做出評價的具體指標。一般由用戶滿意度、產品質量、成本和資產管理等方面的指標構成，如表12.2所示。

表 12.2　　　　　　　　供應鏈績效評價的一般性統計指標

用戶滿意度和產品質量方面的指標	・市場佔有率 ・準時交貨率 ・發運錯誤率 ・客戶回頭率 ・退貨率 ・產需率 ・貨損率 ・商品完好率	・訂單滿足率 ・商品脫銷率 ・訂單準確率 ・循環時間 ・客戶投訴率 ・促銷率 ・產品合格率 ・飽和率 ・缺貨率
成本和資產管理方面的指標	・產品單位成本 ・人工成本 ・倉庫成本 ・庫存水平 ・供應週轉期 ・淨資產利潤率	・銷售百分比成本 ・管理成本 ・運輸成本 ・庫存週轉期 ・銷售利潤率 ・總資產利潤率

除以上一般性統計指標外，供應鏈的績效評價還可輔以一些綜合性的指標，如供應鏈生產效率等指標，也可以用某些定性評價指標體系來反應，如企業核心競爭力等指標。

對供應鏈的績效評價一般可從三個方面考慮：一是內部績效度量，即主要對供應鏈上的企業內部績效進行評價，常見的指標有：成本、客戶服務、生產率、良好的管理、質量等。二是外部績效度量，主要是對供應鏈上企業之間運行狀況的評價，如用戶滿意度、最佳實施基準等。三是綜合供應鏈績效度量，要求提供能從總體上反應供應鏈營運績效的度量方法。這種方法必須是可以比較的。如果缺乏整體的績效衡量，就可能出現製造商對用戶服務的看法和決策與零售商的想法正好相反的現象。綜合供應鏈績效的度量主要從用戶滿意度、時間、成本、資產等幾個方面展開。

12.2.3.2 供應鏈績效評價指標

1. 反應整個供應鏈業務流程的供應鏈績效評價指標

這類指標是指反應從最初的供應商一直到最終用戶為止的整條供應鏈營運績效的評價指標。主要包括以下指標：

(1) 產銷率

產銷率是指在一定時段內，已銷售的產品數量與已生產的產品數量的比率，即：

$$產銷率 = \frac{一定時段內已售出的產品數量}{一定時段內生產的產品數量} \times 100\%$$

產銷率可反應供應鏈在一定時期內的產銷經營狀況，該指標在一定程度上反應了供應鏈企業生產的產品是否適銷對路。其時間單位可以是年、月、日。隨著供應鏈管理水平的提高，可以選擇越來越短的單位時間，比如以天為單位。根據評價重點的不同，可將產銷率指標細分為如下三個具體指標：

①供應鏈節點企業的產銷率。

$$供應鏈節點企業的產銷率 = \frac{一定時段內節點企業已售出的產品數量}{一定時段內節點企業生產的產品數量} \times 100\%$$

該指標反應供應鏈節點企業在一定時期內的經營狀況。

②供應鏈核心企業的產銷率。

$$供應鏈核心企業的產銷率 = \frac{一定時段內核心企業已售出的產品數量}{一定時段內核心企業生產的產品數量} \times 100\%$$

該指標反應供應鏈核心企業在一定時期內的經營狀況。

③供應鏈產銷率。

$$供應鏈產銷率 = \frac{一定時段內供應鏈各節點已售出的產品數量之和}{一定時段內供應鏈各節點企業生產的產品數量之和} \times 100\%$$

該指標反應了供應鏈資源（包括人、財、物、信息等）的有效利用程度，產銷率越接近100%，說明資源利用率越高。同時，該指標也反應了供應鏈庫存水平和產品質量，該值越接近100%，說明供應鏈成品庫存量越小。

(2) 平均產銷絕對偏差

$$平均產銷絕對偏差 = \frac{\sum_{i=1}^{n} |P_i - S_i|}{n}$$

式中：n——供應鏈節點企業的個數；

P_i——第 i 節點企業在一定時段內生產的產品數量；

S_i——第 i 節點企業在一定時段內從已生產的產品中銷售出的產品數量。

該指標反應了供應鏈在一定時期內的總體庫存水平，其值越大，說明供應鏈成品庫存量越大，庫存費用越高；反之，說明供應鏈成品庫存量越小，庫存費用越低。

(3) 產需率

產需率是指在一定時期內，節點企業已生產的產品數量與其上層節點企業（或用戶）對該產品的需求量的比率。該指標反應了供應鏈節點企業或核心企業滿足用戶需求的程度。

上下層節點企業之間的關係如圖 12.4 所示：

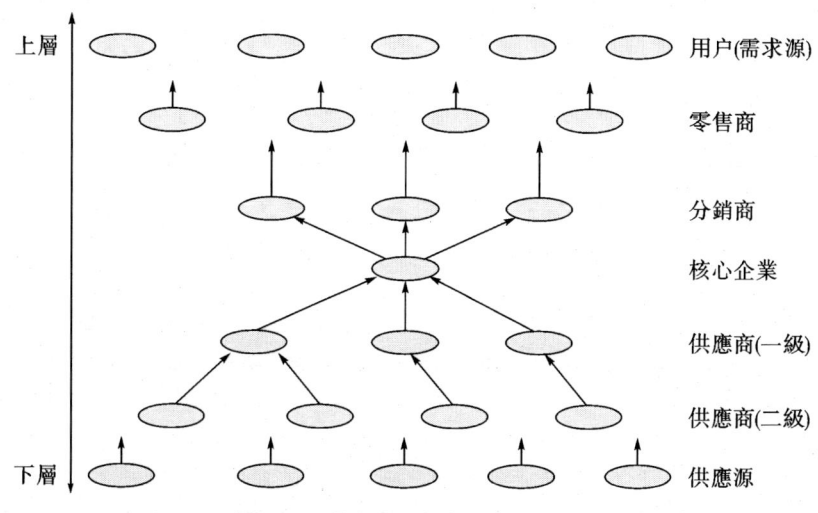

圖 12.4　供應鏈層次結構模型示意圖

具體而言，產需率可細分為如下兩個指標：
①供應鏈節點企業的產需率。

$$供應鏈節點企業的產需率 = \frac{一定時段內節點企業已生產的產品數量}{一定時段內上層節點企業對該產品的需求量} \times 100\%$$

該指標反應了上、下層節點企業之間的供需關係。產需率越接近100%，說明上、下節點企業之間的供需關係協調，準時交貨率高；反之，說明準時交貨率低或者企業的綜合管理水平較低。

②供應鏈核心企業的產需率。

$$供應鏈核心企業的產需率 = \frac{一定時段內核心企業生產的產品數量}{一定時段內用戶對該產品的需求數量} \times 100\%$$

該指標反應了供應鏈的整體生產能力和快速回應市場需求的能力。若該指標數值大於或等於100%，說明供應鏈整體生產能力較強，能快速回應市場需求，具有較強的市場競爭力；若該指標小於100%，則說明供應鏈生產能力不足，不能快速回應市場需求。

(4) 供應鏈產品出產循環期或節拍

當供應鏈節點企業生產的產品品種數量較多時，供應鏈產品出產（或投產）循環期一般是指節點企業混流生產線上同一種產品的出產間隔期。當供應鏈節點企業生產的產品為單一品種時，供應鏈產品出產循環期是指產品的出產節拍。由於供應鏈管理是在市場需求不斷變化的經營環境下產生的一種新的管理模式，一般而言，節點企業（包括核心企業）生產的產品品種數量較多，因此，供應鏈產品出產循環期主要是指混流生產線上同一種產品的出產循環期。具體而言，它可細分為如下兩個指標：

①供應鏈節點企業（或供應商）零部件出產循環期。該指標反應了節點企業的庫存水平以及對其上層節點企業需求的回應程度。該循環期越短，說明該節點企業對其上層節點企業需求的快速回應性越好。

②供應鏈核心企業產品出產循環期。該指標反應了整個供應鏈的在製品庫存水平和成品庫存水平，同時也反應了整個供應鏈對市場或用戶需求的快速回應能力。核心企業產品出產循環期決定著各節點企業的產品出產循環期，即各節點企業的產品出產循環期必須與核心企業的產品出產循環期合拍。該循環期越短，說明整個供應鏈的在製品庫存量和成品庫存量都比較少，總的庫存費用比較低，同時也說明供應鏈管理水平比較高，能快速回應市場需求，並具有較強的市場競爭力。若要縮短核心企業的產品出產循環期，一方面應使供應鏈各節點企業的產品出產循環期與核心企業的產品出產循環期合拍，使核心企業的產品出產循環期與用戶需求合拍；另一方面，可採用優化產品投產計劃或優化生產運作管理的辦法，縮短核心企業的產品出產循環期，提高供應鏈整體管理水平和供應鏈營運管理效益。特別是採用優化產品投產順序和計劃來縮短核心企業或節點企業的產品出產循環期，既不需要增加投資又不需要增加人力和物力，而且見效快，是一種值得推廣的好辦法。

（5）供應鏈總營運成本

供應鏈總營運成本包括供應鏈通信成本、供應鏈庫存成本以及各節點企業外部運輸總成本。它反應了供應鏈的營運效率。

①供應鏈通信成本。供應鏈通信成本包括各節點企業之間的通信費用（如EDI、因特網的建設和使用費用）、供應鏈信息系統開發和維護費用等。

②供應鏈庫存總成本。供應鏈庫存總成本包括各節點企業的在製品庫存和成品庫存成本、各節點企業之間的在途庫存持有成本。

③各節點企業外部運輸總成本。各節點企業外部運輸總成本等於供應鏈所有節點企業之間運輸費用的總和。

（6）供應鏈核心企業產品成本

供應鏈核心企業產品成本是供應鏈管理水平的綜合體現。根據核心企業產品在市場上的價格確定出該產品的目標成本，再向上游追溯到各供應商，確定出相應的原材料、配套件的目標成本。只有目標成本小於市場價格，各成員企業才能獲利，供應鏈才能得以發展。

（7）供應鏈產品質量

供應鏈產品質量是指供應鏈各節點企業（包括核心企業）生產的產品或零部件的質量。主要包括產品質量合格率、廢品率、退貨率、貨損率、貨損物價值等指標。

（8）新產品開發率

$$新產品開發率 = \frac{在研究新產品數 + 儲備新產品數 + 已投產新產品數}{現有產品總數} \times 100\%$$

該指標反應了供應鏈的產品創新能力。該指標越大，說明供應鏈整體創新能力和快速回應市場需求的能力越強，具有旺盛和持久的生命力。

（9）專利技術擁有比例

$$專利技術擁有比例 = \frac{供應鏈企業群體專利技術擁有數量}{全行業專利技術擁有數量}$$

該指標反應了供應鏈的核心競爭力。該指標越大，說明供應鏈整體技術水平高，核心競爭力強，其產品不會輕易被競爭對手所模仿。

2. 反應供應鏈上、下節點企業之間關係的績效評價指標

根據供應鏈層次結構模型（見圖 12.4），對每一層次的節點企業逐個進行評價，從而發現問題，解決問題，以優化對整個供應鏈的管理。在該層次結構模型中，我們可以把供應鏈看成是由不同層次的節點企業組成的遞階層次結構，上層節點企業可看成是其下層節點企業的用戶。由於供應鏈是由若干個節點企業所組成的一種網路結構，如何選擇節點企業、如何評價節點企業的績效以及由誰來評價等問題必須明確。因而可以採用相鄰層節點企業評價的方法，通過上層節點企業來評價和選擇下層節點企業，這樣更直接、更客觀，依次遞推可覆蓋供應鏈企業群體，從而可對供應鏈的營運績效進行有效評價。

綜合反應供應鏈上、下節點企業之間關係的績效評價指標主要是滿意度指標，其具體內容如下：

(1) 滿意度

滿意度即用戶滿意度，它是指在一定時段內，上層節點企業 i 對相鄰下層節點企業 j 的綜合滿意程度。它由準時交貨率、成本利潤率和產品質量合格率三項指標組成，同時，上層節點企業有必要對下層節點企業的上述三項指標分別賦予一個相應的權數 α、β、λ，且須滿足 $\alpha + \beta + \lambda = 1$ 的條件。公式如下：

$$C_{ij} = \alpha_j \times \text{下層節點的準時交貨率} + \beta_j \times \text{下層節點的成本利潤率} + \lambda_j \times \text{下層節點的產品質量合格率}$$

在滿意度指標中，權數的取值可隨上層節點企業的不同而不同，即可以對 α、β、λ 有不同的權數取值，但是，對於同一個上層節點企業，在計算與其相鄰的所有下層節點企業的滿意度指標時，其 α、β、λ 的權數取值應該是一樣的。這樣，通過滿意度指標就能評價不同節點企業的營運績效以及這些不同的營運績效對其上層節點企業的影響。

滿意度指標值低，說明該節點企業的營運績效差，生產能力和管理水平低，並且影響上層節點企業的正常營運，從而也對整個供應鏈產生不良影響。因此，應把這種滿意度指標值低的節點企業作為重點對象，或對其進行全面整改，提升其滿意度指標；或重新選擇和補充新的節點企業。在每兩個相鄰的上、下節點企業間都依次進行，則整個供應鏈上的所有企業都完成了績效評價。

在供應鏈的最后一層為最終用戶。對供應鏈整體的營運績效評價是要以最終用戶的滿意度指標為最終標準的。其公式可調整為：

$$\text{最終用戶滿意度} = \alpha \times \text{零售商準時交貨率} + \beta \times \text{產品質量合格率} + \lambda \times \frac{\text{實際的產品價格}}{\text{用戶期望的產品價格}}$$

在上式中，可用售后服務滿意度來取代產品質量合格率，因為不合格產品是絕對不允許流出供應鏈的，而售后服務則是最終用戶越來越重視的環節，是客戶價值的重要內容，必須引起供應鏈企業群體的高度重視和關注。

(2) 準時交貨率

準時交貨率是指下層供應商在一定時段內準時交貨的次數占其總交貨次數的百分比。

$$\text{準時交貨率} = \frac{\text{一定時段內準時交貨次數}}{\text{一定時段內總交貨次數}} \times 100\%$$

公式中的「一定時段」可以是一個月、一個季度、半年或一年。

供應商準時交貨率低，說明其協作配套的生產能力達不到要求，或者是對生產過程的組織管理或物流管理跟不上供應鏈運行的節拍要求；供應商準時交貨率高，說明其生產能力強，生產管理水平高，物流服務水平高。

(3) 成本利潤率

成本利潤率是指單位產品淨利潤占總成本的百分比。即：

$$成本利潤率 = \frac{單位產品淨利潤}{單位產品總成本} \times 100\%$$

該指標反應供應商所供產品的盈利能力和競爭能力。在市場經濟條件下，產品價格是由市場決定的，因此在市場供求關係基本平衡的條件下，供應商生產的產品價格可以看成是一個不變的量。按照成本加成定價的原理，產品價格等於成本加利潤，因此產品成本利潤率越高，說明供應商的盈利能力越強，企業的綜合管理水平越高。在這種情況下，由於供應商在市場價格水平下能獲得較大利潤，其參與合作的積極性必然增強，必然對企業進行有關投資和改造，以提高生產效率。

(4) 產品質量合格率

產品質量合格率是指質量合格的產品數量占產品總產量的百分比。用公式表示為：

$$產品質量合格率 = \frac{質量合格的產品數量}{產品總產量} \times 100\%$$

該指標反應了供應商提供產品的質量及其綜合管理水平，這也是反應企業競爭力的重要指標。質量不合格的產品數量越多，則產品質量合格率就越低，說明供應商提供產品的質量不穩定或質量差，供應商必須承擔對不合格產品進行返修或報廢的損失，這樣就增加了供應商的總成本，降低了其成本利潤率。同時，產品質量合格率指標也與準時交貨率密切相關，因為產品質量合格率越低，會使得產品的返修工作量加大，必然會延長產品的交貨期，使準時交貨率降低。

12.2.4　供應鏈績效評價指標體系法的局限性

用指標值對供應鏈的績效進行評價，既可以用作供應鏈自身縱向的對比，也可以與其他供應鏈進行橫向對比。通過供應鏈自身縱向對比，可以找出其營運中存在的問題，並以此作為管理的重點對供應鏈進行全面整改，提高其管理水平和生產能力；通過與其他供應鏈進行對比，可以找出供應鏈自身的差距，重新整合和構築供應鏈，創造新的競爭優勢。但與其他方法一樣，供應鏈績效評價指標體系法也存在一些不足之處，主要表現為以下幾個方面：

第一，供應鏈績效評價指標體系法無法保證所建立的績效指標一定能保持獨立性，因而績效指標間會發生相互影響和信息重疊的現象，致使在加權綜合時，交叉部分得到了重複加權，因而加大了交叉部分的影響。

第二，在供應鏈績效評價指標體系法中，人為績效指標的建立帶有一定的主觀性，不能檢驗所建立的指標是否都與績效指標體系所要反應的績效總水平密切相關。

第三，供應鏈績效評價指標中的權數確定，只考慮了專家或決策者對指標重要性的主觀評價，並未從客觀上考慮指標所含的信息量占指標體系全部信息量的比例。

第四，利用指標體系進行評價時，在指標數較多的情況下，尤其是採用層次分析法（AHP）確定權重係數時，給專家打分增加了判斷難度和主觀性，從而增加了計算的複雜性，並會產生較大的誤差。

第五，在供應鏈績效評價指標體系法中，運用算術平均法計算綜合指數值時，若指標之間的數值相差懸殊，誤差就較大。用幾何平均法計算綜合指數值時，若指標體系中有些數值很小或為零，就失去了綜合意義。

此外，指標體系的綜合評價法只能適用於可量化的指標體系，並需要有足夠多的統計資料；而關於定性指標體系也有一定的局限性。隨著情報和統計系統的健全和完善，對定性指標定量化處理方法的研究和數量化技術的發展，供應鏈績效指標體系評價方法上的問題將會得到解決。

拓展閱讀　SCPR 模型

2003 年 10 月，中國電子商務協會供應鏈管理委員會（Supply Chain Council of CECA，簡稱 CSCC）推出了「中國企業供應鏈管理績效評價參考模型」（Supply Chain Performance Metrics Reference Model, SCPR），這是我國第一個正式由全國性行業組織制訂並推薦使用的定量評價供應鏈管理績效水平和科學實施供應鏈管理工程的指導性工具。CSCC 吸取了眾多供應鏈績效模型的優點，並參考了大量中國企業的供應鏈實證數據，對國外發達國家先進的供應鏈績效指標進行了本土化改造，最終形成了適合我國本土企業的供應鏈管理績效評價參考模型。SCPR 的主要指標包括：訂單反應能力（從訂單實現角度評價企業對客戶需求反應的水平）、客戶滿意度（通過滿意度來反應供應鏈管理績效）、業務標準協同（評價供應鏈上各節點企業業務上的標準協同狀況）、節點網路效應（反應加入供應鏈的企業數量，互動能力等因素）、系統適應性（從建設方式、業務適應能力等角度評價企業的供應鏈管理績效）五大類共 45 個三級指標。目前 SCPR 已在許多企業中成功應用。

12.3　供應鏈企業績效標杆管理

績效評價是一種手段，目的是通過對企業經營績效的度量，可以發現問題，找出解決問題的辦法。尤其是在供應鏈管理環境下，一個節點企業運行績效的高低，不僅關係到該企業自身的生存與發展，而且影響到整個供應鏈其他企業的利益，因此，建立績效評價指標只是手段，其目的是為了激勵各成員企業。在現代企業管理的評價方法體系中，除了供應鏈績效評價指標體系外，還出現了由美國供應鏈協會（SCC）制定的供應鏈運作參考模型（Supply－Chain Operations Reference－model，SCOR）以及由美國施樂公司確立的經營分析方法——標杆法（Benchmarking）。SCOR 模型採用流程參考模式，包括分析公司目標和流程的現狀，對作業進行績效量化，將其與目標數據對照分析。標杆法得到了越來越多的應用，被廣泛地應用於建立績效標準、設計績效過程、確定度量方法及管理目標上。

12.3.1 標杆管理概述

12.3.1.1 標杆管理的由來

標杆管理，也稱「基準管理」，是一種有效的管理方法。標杆管理產生於20世紀70年代末80年代初，美國為應對日本企業的威脅而展開「學習日本經驗」的運動，施樂公司在這場運動中首開標杆管理先河，隨后西方企業紛紛跟進，形成了「標杆管理浪潮」。據統計，有近90%的世界500強企業採用了標杆管理，如施樂、AT&T、柯達、Ford、IBM等行業領袖，那些通過標杆管理取得了系統突破的企業其投資回報在五倍以上。標杆管理的出現在西方管理學界掀起了巨大的波瀾，它與企業再造、戰略聯盟一起並稱為20世紀90年代三大管理方法。如今標杆管理的使用範圍已經超出了企業，很多非營利性組織也開始積極採用。

12.3.1.2 標杆管理的內涵

美國生產力與質量中心對標杆管理的定義是：標杆管理是一個系統的、持續性的評估過程，通過不斷地將企業流程與世界領先企業相比較，以獲得幫助企業改善經營績效的信息。

可見，標杆管理就是要確立具體的企業榜樣，解剖其各個指標，不斷向其學習，發現並解決企業自身的問題，最終趕上並超越榜樣企業的一個持續漸進的學習、變革和創新的過程。一般而言，標杆法除要求測量榜樣企業的績效外，還要發現這些企業是如何取得成功的，並利用這些信息作為制定本企業績效目標、戰略和行動計劃的基準。必須指出的是，這裡的榜樣企業並非僅僅局限於本行業中的佼佼者，它可以是在各種業務活動中出色的優秀企業。而對於行業領導者來說，也應該經常性地開展標杆活動。一個企業如果不關注其競爭對手的發展，雖有可能在一時一事占據一定的優勢，但不可能在市場上始終處於領先地位。

案例 12-1 施樂是最早採用標杆管理的公司之一。它將標杆管理作為贏得競爭優勢的主要手段。施樂首先在某些製造活動中實行標杆管理，從而推動產品性能的改進和質量的提高。之後又在其製造業中成功地推行了這一管理制度。施樂的最高管理層直接對所有的成本中心和業務單元進行標杆管理，並且1981年，這一管理體制已在企業範圍內被廣泛應用。最開始，在一些部門，如檢修、服務、保養、開具發票、收款、配送部門進行績效標杆管理是有些困難的。直到這些部門認識到其產品的生產是一個過程而非功能群的時候才得以推行。而正是這些過程在整合的同時，公司不斷與其他企業進行比較，通過對競爭對手的運作流程仔細地觀察，施樂從其競爭對手的具體運作環節中提煉出最好的方法和實際操作的方式。通過標杆管理，施樂的物流和配送中心單元達到了相當理想的業績水平，使其年生產率翻了一番。

12.3.1.3 標杆管理的類型

根據標杆法在實施過程中發揮的不同作用，可將標杆管理劃分為三種基本類型：戰略性標杆管理、操作性標杆管理、支持性活動的標杆管理。

1. 戰略性標杆管理（Strategic Benchmarking Management）

戰略性標杆管理通常涉及以下問題：

（1）競爭對手關注哪些目標市場？
（2）競爭對手的競爭戰略是什麼？
（3）支持競爭對手戰略的資源狀況怎樣？
（4）競爭對手的競爭優勢集中於哪些方面？

為了回答上述問題，戰略性標杆管理要求將本企業的競爭戰略和其他企業的競爭戰略進行比較。戰略性標杆管理通常包括和領先的競爭者進行比較，並且要求企業對領先的市場競爭者的戰略有一個深刻的理解。利用這些信息，企業可以建立戰略規劃以便和競爭者抗衡。

2. 營運標杆管理（Operational Benchmarking Management）

操作性標杆管理是以職能活動的各個方面為重點，找出最有效的方法，以便在各個職能活動中都能取得最好的績效。為了解決主要矛盾，一般選擇獲得最高收益率的職能活動作為標杆。

3. 支持性活動的標杆管理（Support Activity Benchmarking Management）

在支持性活動的標杆管理過程中，企業內部的支持性部門可以通過與外部供應商提供同樣的支持性活動或者是服務的比較，表明自己活動的成本效用。企業內的支持功能應該顯示出比競爭對手更好的成本效用，通過支持性活動標杆控制內部間接費用並防止費用上升。目前，已有越來越多企業開始重視並使用支持性活動的標杆管理。

12.3.2 標杆管理的實施

12.3.2.1 標杆管理實施成功的關鍵要素

標杆管理的成功實施受到多因素的影響，其中有些是關鍵性的因素。

1. 管理者的重視與支持

企業管理者必須要把標杆管理實施過程看成是向其他企業學習和改進本企業工作的一個有效途徑。在實施中尤其要得到企業高層管理者的重視與支持，企業應將標杆管理的實施當成「一把手」工程來抓。在一些經營還過得去的企業裡，有些人不願承認競爭對手的優勢而認為標杆管理不必要，這種思想十分有害。所謂「人無遠慮，必有近憂」，就算目前本企業暫時領先，但市場是千變萬化的，稍有放鬆就會落後。因此，從思想深處認識到標杆管理的重要意義是非常關鍵的。

2. 全員參與

標杆管理的成功實施還依賴於企業全體員工的積極參與。只有全體員工都充分認識到了標杆管理帶來的好處，並都積極參與到實施過程中來，標杆管理才能夠取得實效。當然，在實施過程中，不能搞形式主義。標杆管理是企業獲取競爭優勢的重要舉措。

3. 數據和信息的搜集與處理

企業對數據和信息的收集與處理能力是標杆管理實施成功的關鍵因素之一。標杆管理的一個重要任務就是確定數據來源。企業必須注意搜集有關數據和信息。首先要瞭解哪些企業是第一流的，然後要分析為什麼這些企業能夠成為第一流的企業，最後還要確定標杆管理實施效果的定量分析方法。標杆管理的成功實施依賴於細緻的、準確的數據和信息處理，這是整個標杆管理實施過程的一個重要組成部分。

一個較為常用的方法是從商業期刊或者圖書館的資料庫獲得相關數據和信息。商業

期刊及其他出版物經常報導一些經營或管理出色的企業，其中就有關於該企業的績效評價等內容。

學術研討會和工業界的交流會也是很好的信息來源，特別是對具體的操作層。這些會議通常就不同的主題進行討論，交換思想。一些處於領先地位的企業經常被邀請做報告，通過這些會議可以獲得哪些企業是最優秀的線索，因此，企業管理人員要經常參加各種學術會議或研討會之類的活動。然而，我國許多企業出於各種各樣的原因，參加這些活動的人員很少，自己把自己封閉起來了。

企業的供應商是另一種重要的信息源。企業的採購人員可以向供應商詢問哪些企業是標杆管理的最好對象。企業也可以依靠專業諮詢機構或者其他專家選擇標杆目標。

因特網是一個資源龐大的信息庫，通過因特網可以獲得大量有益的信息。

總之，企業不但要獲得一定數量的信息，而且對這些數據和信息的質量也必須把關。企業要努力搜集那些有用的、準確信息，而不是看這些信息是否方便易得。

12.3.2.2 標杆管理的實施過程

羅伯特·坎普提出了標杆實施的五個階段，如表 12.3 所示。

表 12.3　　　　　　　　　標杆管理實施五階段

過程	階段名稱	標杆管理實施階段
階段 1	計劃階段	確定哪些產品、過程或者職能部門需要實施標杆管理；確定實施標杆管理的目標；確定需要的數據和信息來源
階段 2	分析階段	分析為何標杆企業會成功；怎樣把標杆企業的成功做法導入本企業；確定未來的趨勢和績效水平
階段 3	整合階段	和企業的主要負責人溝通標杆實施中的新情況；建立運作層的工作目標和具體的職能目標
階段 4	行動階段	確定具體行動的負責人；制訂一套對標杆計劃和目標進行評審和修改的程序；建立標杆管理的溝通機制
階段 5	成熟階段	在企業的各個層次上繼續堅持開展標杆活動；在標杆管理過程中不斷提高績效水平

1. 計劃階段

計劃是首要的、同時也是最關鍵的階段。在此階段，企業要提出哪些產品或者職能需要實施標杆管理，選擇哪家企業作為標杆目標，需要什麼樣的數據和信息來源等。標杆計劃應該集中精力解決標杆實施的過程和方法，而不是追求某些數據指標。

2. 分析階段

本階段的主要工作是數據和信息的收集與分析。企業必須分析為什麼被定為標杆的企業更好一些，它在哪些方面真正是優秀的，本企業與標杆企業的差距到底有多大，怎樣把標杆企業的成功經驗用於本企業的改進等等。這一階段是很關鍵的，因為若目標定位不準，將導致后續工作偏離預定目的。

3. 整合階段

本階段要將標杆管理實施中的新發現在組織內進行溝通，使有關人員瞭解和接受這些新發現。然后基於新發現建立企業的運作目標和操作目標。

4. 行動階段

該階段要確定項目及子項目負責人，具體落實績效標杆計劃和目標，建立一套報告系統，能夠對計劃和目標進行修改和更新。

5. 成熟階段

當企業的標杆能成為制定績效計劃、績效目標的方法時，就進入了成熟階段，也即正常運作階段。

12.3.2.3 實施標杆管理的收益

> **案例 12－2** Camp 公司明確指出，公司在實施標杆管理后所獲得的巨大收益，包括以下幾個方面的內容：一是使在任何行業中最好的運作方式都能夠創造性地運用到標杆管理功能的過程中去；二是可以促進和鼓勵那些需要利用標杆管理結果的專業人士進行調查研究；三是標杆管理打破了在具體運作中根深蒂固的企業結構問題，使其發生了巨大的變化。

總體上看，企業實施標杆管理能獲得如下利益：

首先，標杆管理的實施能幫助企業辨別最優秀的企業及其優秀的管理功能，並將其成功的做法導入本企業的經營運作中，以通過標杆活動改進工作績效。該過程可以激勵管理人員更好地完成計劃，使人們發揮出更高的創造性，取得實施標杆管理的實際效益。

其次，實施標杆管理可以克服阻礙企業進步的頑疾。管理者通過對比其他企業的經營狀況，找出本企業存在的深層次的問題和矛盾，再根據標杆企業成功的做法，決定採取何種措施實現企業的持續發展。

再次，實施標杆管理有助於企業在競爭中明察秋毫。例如，通過實施標杆管理，企業可能會發現過去沒有意識到的技術或管理上的突破。

最後，標杆管理的實施過程使得企業間各個部門的結合更加緊密。

12.4　供應鏈企業的激勵機制

供應鏈管理中的激勵就是要調動節點企業的積極性以實現供應鏈管理的目標，因此，激勵對供應鏈績效的影響不容忽視。

12.4.1　建立供應鏈企業激勵機制的重要性

供應鏈是企業的集成，供應鏈管理就是要從戰略的高度、從整體的利益出發來管理這些企業的集合體，追求供應鏈整體績效的提高。但是我們必須承認：供應鏈上的企業都是獨立的法人實體，有著各自獨立的經濟利益，且都以利潤最大化為目標。在面對整體與局部利益的時候，有的節點企業為了獲得更有利的競爭地位，可能會作出損害其他企業利益的行為，從而使整個供應鏈利益受損。如何協調供應鏈整體與節點企業局部的利益關係？一種有效的方法就是建立供應鏈企業激勵機制。

12.4.2 供應鏈企業激勵機制的特點

激勵機制並不是一個新話題。在組織行為學中就專門討論激勵問題，在委託—代理理論中也研究激勵問題。這裡我們將激勵的概念和範圍擴大到了整個供應鏈及其相關企業上，從廣義的激勵角度研究供應鏈管理環境下的激勵和激勵機制的建立問題。

激勵是一個心理學範疇，在管理學的應用中，對激勵的研究一般限於個人行為的範圍。供應鏈激勵因其對象包括團體（供應鏈和企業）和個人（管理人員和一般員工）兩部分而將研究範圍擴大為個人的心理和團體的心理。一般地講，供應鏈涵蓋的社會範圍很大，具有社會性，供應鏈的團體心理即是社會心理。供應鏈的社會心理作為一個「整體」具有「個體」——個人心理的一般特性，即基於需要產生動機進而產生某些行為以達到目標。但是整體畢竟不是個體的簡單相加，供應鏈的社會心理同時又有其獨特的一面。

作為眾多企業的集合，供應鏈管理系統也存在同樣的問題。比如，成員企業的積極性不夠高，核心企業的開拓精神不強烈，有些企業是小富即安，更有一些企業僅安於維持現狀、做到不虧損就心滿意足了，或者是受到競爭壓力和外部某些壓力（例如項目失敗，市場需求疲軟等）而退縮、喪失進取心等。一個企業如同一個人一樣，也有需要、行為、動機和目的，也有心理活動，也有惰性，當然也需要激勵。供應鏈激勵是供應鏈管理的一項重要工作。供應鏈包含組織層（即供應鏈層）、企業層和車間層等三個層面，可激勵的對象包括供應鏈自身、成員企業、企業管理人員、一般員工。其中管理人員（企業家）和一般員工的激勵屬於企業激勵機制的範疇，因此供應鏈激勵主要專注於供應鏈環境下的成員企業。

12.4.3 供應鏈激勵機制的激勵手段

在供應鏈管理過程中，合作協調是保持績效的重要保障，而保持長期的供需雙贏的合作夥伴關係，對供應商的激勵是非常重要的，沒有有效的激勵機制，就不可能維持良好的供應關係。在激勵機制的設計上，要體現公平、一致的原則，給予供應商價格折扣和柔性合同以及採用贈送股權等，使供應商和本企業共同分享成功，同時也使供應商從合作中體會到供需合作雙贏的好處。一般而言，有以下幾種激勵手段供參考。

12.4.3.1 價格激勵

在供應鏈管理環境下，成員企業間是合作關係，但是各個企業的利益不能被忽視。供應鏈各成員企業間的利益分配主要體現在價格上。價格包含供應鏈利潤在所有成員企業間的分配、供應鏈優化而產生的額外收益或損失在所有企業間的均衡。

價格對企業的激勵是顯然的。高的價格能激勵企業，提高企業積極性，不合理的低價會挫傷企業的積極性。供應鏈利潤的合理分配有利於供應鏈企業間合作的穩定和運行的順暢。

但是，價格激勵本身也隱含著一定風險，這就是逆向選擇問題。即製造商在挑選供應商時，由於過分強調低價格的談判，他們往往選中了報價較低的企業，而將一些整體水平較好的企業排除在外。其結果影響了產品的質量、交貨期等。當然，看重眼前的利益是導致這一現象的一個不可忽視的原因，但出現這種情況的最為根本的原因是：在簽

約前對供應商的不瞭解，沒意識到報價越低，意味著違約的風險越高。因此，使用價格激勵機制時要謹慎，不可一味強調低價策略。

12.4.3.2 訂單激勵

供應鏈獲得更多的訂單是一種極大的激勵，在供應鏈內的企業也需要更多的訂單激勵。一般地說，一個製造商擁有多個供應商。多的訂單對供應商是一種激勵，為了爭取更多的製造商的訂單，供應商之間會進行競爭，這對製造商而言是有利的。

12.4.3.3 合同激勵

合同是用來詳細說明並約束採購商的訂購行為以及供應商滿足其訂購合同要求的法律文本。合同激勵模式有回購合同激勵和彈性數量合同激勵兩種。

回購合同激勵。製造商通過承諾以低於進貨的價格買回因銷售季節結束時所有剩餘商品，從而增加分銷商特別是零售商進貨的數量。

彈性合同激勵。在彈性數量合同中，製造商允許零售商在對需求量進行觀測後改變訂購數量。例如，如果有 Q 單位貨物，那麼製造商可以發送給零售商 $Q_1 = (1 + X) Q$ 單位的貨物，而零售商至少承諾購買 $Q_2 = (1 - Y) Q$ 單位貨物。（X、Y 的取值範圍在 0～1 之間）。彈性合同給了零售商一個很大的彈性空間，零售商可以根據實際需求增加數量，或者減少數量，零售商有了更大的主動權。彈性數量合同與回購合同很相似，因為製造商都會為此承擔一部分庫存積壓的風險，但是彈性數量合同不要求回購商品，當商品回購成本較高時，彈性數量合同比回購合同會更有效。但兩者的結果是一樣的，都能夠激勵零售商提高採購貨物的數量，從而增加了供應鏈的整體收益。

12.4.3.4 商譽激勵

商譽是企業的無形資產，對於企業極其重要。商譽來自於供應鏈內其他企業的評價以及在公眾中的聲譽，反應企業的社會地位（包括經濟地位、政治地位和文化地位）。委託—代理理論認為：在激烈的競爭市場上，代理人的代理量（決定其收入）取決於其過去的代理質量與合作水平。從長期來看，代理人必須對自己的行為負完全的責任。因此，即使沒有顯性激勵合同，代理人也會努力工作，因為這樣做可以改進自己在代理人市場上的聲譽，從而提高未來收入。

從我國目前的情況看，一個不可否認的事實是：外資企業和合資企業更看重自己的聲譽，也擁有比較高的商業信譽。他們為自己的聲譽，也為自己的未來利益，努力提高自身代理水平與合作水平。這是經過市場經濟的長期洗禮而形成的無形資產，是他們在激烈的市場競爭中頗具實力的一個重要原因。我國有些較差的國有企業在計劃經濟條件下成長，長期以來習慣於聽命上級領導的指示，對縱向關係十分重視，而對橫向關係則沒有提高到戰略的高度來認識。久而久之，企業沒有養成良好的合作精神。除了履行合同的意識較差外（如不能按期交貨、不按合同付款、惡意欠債等），企業之間相互拖欠貨款已經不是個別現象了，甚至發展成按期付款反而被看作不正常的奇怪現象。這些行為嚴重影響了企業的聲譽。聲譽差，一方面使企業難以獲得訂單，另一方面也埋下了風險的種子。

為了改變這種狀況，應該從企業長遠發展的戰略目標出發，提高企業對商業信譽重要性的認識，不斷提高信守合同、依法經營的市場經濟意識。整個社會也要逐漸形成一

個激勵企業提高信譽的環境，一方面通過加強法制建設為市場經濟保駕護航，嚴懲那些不遵守合同的行為，另一方面則要大力宣傳那些遵紀守法、信守合同、注重信譽的企業，為這些企業獲得更廣泛的認同創造良好的氛圍。通過這些措施，既可打擊那些不遵守市場經濟游戲規則的企業，又可幫助那些做得好的企業贏得更多的用戶，起到一種激勵作用。

12.4.3.5 信息激勵

在信息時代裡，信息對企業意味著生存。企業獲得更多的信息意味著企業擁有更多的機會、更多的資源，從而獲得激勵。信息對供應鏈的激勵實質上屬於一種間接的激勵模式，但是它的激勵作用不可低估。在供應鏈企業群體中利用信息技術建立起信息共享機制，其主要目的之一就是為企業獲得信息提供便利。如果能夠快捷地獲得合作企業的需求信息，本企業就能主動採取措施提供優質服務，必然使合作方的滿意度大大提高。這對與合作方建立信任關係有著非常重要的作用。因此，企業在信息不斷產生的條件下，始終保持對瞭解信息的慾望，也更加關注合作雙方的運行狀況，不斷探求解決新問題的方法，這樣就達到了對供應鏈企業激勵的目的。

信息激勵機制的提出，也在某種程度上克服了由於信息不對稱而使供應鏈成員企業相互猜忌的弊端，消除了由此帶來的風險。

12.4.3.6 淘汰激勵

淘汰激勵是負激勵的一種。優勝劣汰是事物生存的自然法則，供應鏈管理也不例外。為了使供應鏈的整體競爭力保持在一個較高的水平，供應鏈必須建立對成員企業的淘汰機制，同時供應鏈自身也面臨淘汰。淘汰弱者是市場規律之一，保持淘汰對企業或供應鏈都是一種激勵。對於優秀企業或供應鏈來講，淘汰弱者使其獲得更優秀的業績；對於業績較差者，為避免被淘汰的危險它會不斷上進。

淘汰激勵是在供應鏈系統內形成一種危機激勵機制，讓所有合作企業都有一種危機感。這樣一來，企業為了能使供應鏈管理體系獲得群體優勢的同時自己也獲得發展，就必須承擔一定的責任和義務，對自己承擔的任務，從成本、質量、交貨期等方面負全面的責任。這一點對防止短期行為和「一錘子買賣」給供應鏈群體帶來的風險也起到一定的作用。危機感可以從另一個角度激勵企業發展。

12.4.3.7 新產品/新技術的共同開發和共同投資

新產品/新技術的共同開發和共同投資也是一種激勵機制，它可以讓供應商全面掌握新產品的開發信息，有利於新技術在供應鏈企業中的推廣和開拓供應商的市場。

傳統的管理模式下，製造商獨立進行產品的研究與開發，只將零部件的最后設計結果交由供應商製造。供應商沒有機會參與產品的研究與開發過程，只是被動地接受來自製造商的信息。這種合作方式最理想的結果也就是供應商按期、按量、按質交貨，不可能使供應商積極主動關心供應鏈管理。因此，供應鏈管理實施較成功的企業，都將供應商、經銷商甚至用戶納入產品的研究開發工作中來，按照團隊的工作方式（Team Work）開展全面合作。在這種環境下，合作企業也成為整個產品開發中的一分子，其成敗不僅影響製造商，而且也影響供應商及經銷商。因此，每個人都會關心產品的開發工作，這就形成了一種激勵機制，構成對供應鏈上企業的激勵作用。

12.4.3.8 組織激勵

在良好的供應鏈管理環境下，企業間的合作愉快，供應鏈的運作也順暢，會減少衝突。換言之，一個良好組織的供應鏈對供應鏈及供應鏈內的企業都是一種激勵。

減少供應商的數量，並與主要的供應商和經銷商保持長期穩定的合作關係是製造商採取的組織激勵的主要措施。但有些企業對待供應商與經銷商的態度忽冷忽熱，零部件供過於求時和供不應求時對經銷商的態度兩個樣；產品供不應求時對經銷商態度傲慢，供過於求時往往企圖將損失轉嫁給經銷商，因此得不到供應商和經銷商的信任與合作。產生這種現象的根本原因，還是由於企業管理者沒有建立與供應商、經銷商長期合作的思想，僅僅追求短期利益。如果不能從組織上保證供應鏈管理系統的運行環境，供應鏈的績效也會受到影響。

12.4.3.9 信任激勵

信任激勵是一種精神激勵。

社會學家霍斯莫爾（1995）認為，信任是當個體面臨預期損失大於預期收益且不可預料的事件發生時，所做出的非理性的選擇行為，該觀點一針見血地道出了信任的本質。

供應鏈企業之間的信任可以概括為：供應鏈成員企業在充分瞭解供應鏈團隊規則、相關企業的權利與義務、核心能力以及各自所期望的報酬后，所做出的選擇行為。

信任關係的發展遵循一條相互作用、螺旋上升的路徑。隨著企業間合作的不斷加強，企業會制定共同的戰略和運作目標，建立合理的收益分配機制，使這種合作夥伴關係得以穩定；同時又會進一步增進雙方的信任，雙方將從長期合作關係中獲得最大利益。

12.4.4 供應鏈協議

供應鏈激勵需要一個好的規則來評判好與壞。供應鏈協議（Supply Chain Protocol, SCP）充當了這一角色。供應鏈協議將供應鏈管理工作進行程序化、標準化和規範化，為供應鏈績效評價和激勵的實現提供了一個平臺。

12.4.4.1 供應鏈協議的定義

供應鏈協議是將供應鏈管理工作進行程序化、標準化和規範化的協定。供應鏈協議為激勵目標的確立、供應鏈績效評價和激勵方式的確定提供了基本依據。激勵目標要與激勵對象的需要相聯繫，同時也要反應激勵主體的意圖和符合供應鏈協議。激勵方式視績效評價結果和激勵對象的具體需要而定。

供應鏈的運作以快速、高效、敏捷等特點而顯示出競爭優勢，吸收了許多先進管理方法如 JIT、MRP Ⅱ、CIMS、FMS 等的優點。但是，供應鏈在運作時存在著安全性、法律法規、協商時間、供應鏈優化、主動性限制、供應鏈淘汰機制等現實問題。這些問題的存在，制約了供應鏈功能的發揮。針對這幾個根本性問題，相應地提出供應鏈協議，以規範對供應鏈運作的管理。供應鏈協議是根據供應鏈產品生產模式的特點，結合《關稅和貿易總協定》（GATT）、ISO 9000、EDI、TCP/IP 等多方面知識，將供應鏈管理工作程序化、標準化和規範化，使供應鏈系統能有效控制、良好運作、充分發揮功能。簡單地講，供應鏈協議就是在一系列標準（供應鏈協議標準，簡稱 SCP 標準）支持下的

擁有許多條目的文本（供應鏈協議文本，簡稱 SCP 文本），並且這些文本固化於一個網路系統（供應鏈協議網路系統，簡稱 SCPNet）中。供應鏈協議強調供應鏈的實用性和供應鏈管理的可操作性，重視完全信息化和快速回應的實現。

12.4.4.2 供應鏈協議的內容

供應鏈協議的內容分為三個部分：供應鏈協議文本（SCP 文本）；供應鏈協議標準（SCP 標準）；供應鏈協議網（SCPNet）。

供應鏈協議文本是供應鏈管理規範化、文本化、程序化的主體部分，包括十個部分：①定義；②語法規範；③文本規範；④供應鏈的組建和撤銷；⑤企業加入供應鏈條件、享受權利、應擔風險以及應盡義務；⑥供應關係的確立與解除；⑦信息的傳遞、收集、共享與發布；⑧供應、分銷與生產的操作；⑨資金結算；⑩糾紛仲裁與責任追究。

供應鏈協議標準包括產品標準、零配件標準、質量標準、標準合同、標準表（格）單（據）、標準指令、標準數據、標準文本以及 SCPNet 標準等。

供應鏈協議網，分為硬件和軟件兩部分。硬件為：Internet/Intranet/Extranet、客戶機、工作站、網管中心。軟件為：數據庫、網路系統、SCPNet 支撐軟件。

在供應鏈協議環境下，企業以期貨形式在 SCPNet 上發布訂單（接受訂單），尋求供應商。在這種靈活機制下，保持企業的主動性，並將不能適應的企業從供應鏈上淘汰出局。企業以接受 SCP 文本某某條款的形式在供應鏈中運作，極大地減少加入、組建供應鏈所需花費的較長談判時間。供應鏈通過網管中心來協調由於供應鏈的優化而帶來的利益問題。網管中心一般設在核心企業，並由核心企業負責管理。在經濟活動中，供應鏈由於有供應鏈協議的嚴格規定而實實在在地存在，並廣泛地形成供應鏈與供應鏈間的競爭。

單元小結

供應鏈績效評價是對供應鏈的績效水平作出判斷，以發現供應鏈運作中存在的問題，不斷反饋，不斷改進的活動。供應鏈績效評價指標是基於業務流程的績效評價指標。供應鏈績效評價指標應能恰當地反應供應鏈整體營運狀況以及上下節點企業之間的營運關係。在建立供應鏈績效評價指標時，應從整個供應鏈流程績效和供應鏈節點企業關係績效兩方面考慮。績效標杆管理是一種建立績效標準、過程、測量方法和目標的方法。供應鏈管理的激勵是調動節點企業積極性以實現供應鏈管理的目標。激勵對供應鏈績效的影響不容忽視，它是進行績效管理的重要手段。目前供應鏈激勵方式主要有價格激勵、訂單激勵、合同激勵、商譽激勵、信息激勵、淘汰激勵、新產品/新技術的共同開發、組織激勵、信任激勵等。

思考與練習題

簡答(述)

1. 簡述績效評價的含義與作用。
2. 影響績效的因素有哪些？
3. 供應鏈績效評價的內容有哪些？
4. 供應鏈績效評價指標有哪些？
5. 簡述供應鏈績效評價指標的特點。
6. 簡述供應鏈績效評價應遵循的原則。
7. 簡述標杆管理的含義。
8. 簡述標杆管理的類型。
9. 簡述標杆管理的實施過程。
10. 簡述供應鏈激勵機制的重要性，並舉例說明供應鏈激勵機制的特點與手段。

案例分析

案例1：AS連鎖超市的供應鏈績效管理

一、公司概況

AS連鎖超市集團公司的前身是一家具有50年歷史的國有批發企業。在改革創新思路的指引下，自1997年12月公司創辦第一家大賣場超市起，該企業在省內得到了快速發展。經過公司管理者的不懈努力，該公司目前已成為省內最大的連鎖超市企業。公司註冊資本1.2億元，已經連續五年保持了在全省連鎖超市中銷售規模第一的領先地位，現共有大賣場、綜合超市、標準超市、便利店四種超市業態的大小門店300多家，其中單店面積最大的達2萬多平方米。省內十個地市均有該公司的門店，有員工近萬人，2002年銷售額達18億元，稅後利潤達3,000多萬元；2003年銷售額達28億元，稅後利潤達5,000多萬元；2004年銷售額達34億元，稅後利潤達6,000多萬元。目前公司正以每年新開125家門店的規模，快速地向前發展。

二、公司部門本位主義思想嚴重

雖然公司取得了輝煌的業績，但在營運中仍然存在一些問題，其中比較典型的是部門本位主義思想嚴重。在公司，經常都會聽到一些員工對其他部門產生抱怨，一旦有什麼問題，總是把原因向其他部門推。比如，配送中心的員工經常抱怨商品管理部訂購的商品過多，門店銷售業績不好，經常退貨；門店的員工經常抱怨暢銷品總是賣斷貨，而滯銷品總是源源不斷地向門店配送；商品管理部則認為是門店銷售不力，配送中心的營運效率不高。一些員工還感到，與供應商和顧客相比，和本公司其他部門人員的溝通反倒更困難。

三、問題原因分析

公司的供應鏈總監認為，這應該從公司的績效評價指標體系去考查。因為公司為部門設定的績效指標僅僅是考核部門業績的指標，缺乏公司整體供應鏈績效的考核指標，這樣，對各部門業績的評價是孤立的，是部門利益對其產生了激勵作用。所以各部門都追求本部門利益的最大化，都站在本部門利益的角度去思考問題，很少有人能夠從公司供應鏈整體效益的角度去考慮問題，這直接導致了信息

在公司內部不能快速準確地流動，導致公司的供應鏈資源得不到有效利用，公司內部部門間不能實現資源共享，從而影響了公司整體的經濟效益。

四、採取的措施

在深入分析了問題存在的原因後，公司實施了完善的供應鏈績效評價和激勵機制，以確保公司內部各部門以及供應鏈業務流程各環節，都要以滿足消費者的需求為目標。

對於配送中心來說，就是要做到如何科學管理、合理地安排存貨，並能快速、準確、準時地將商品配送到門店，以滿足門店銷售的需要。對於門店而言，就是要做到科學、合理地制訂要貨計劃，並盡量提高商品的銷量，不至於使商品在門店積壓形成庫存。為此，必須要有一整套科學、合理的績效評價指標體系，根據這些指標對供應鏈各環節的業務進行一體化考核，並且所下達的經濟指標和任務完成程度的獎懲，不應有輕有重，而應一視同仁。

對於商品管理部，要對商品的總集、商品的引進速度、商品的價格、商品的庫存週轉、商品的適銷率、新品成活率等指標進行考核。對於配送中心，要對門店的需求滿足率、庫存週轉率（期）、配送時效、人均勞效、總費率、帳實相符、需求滿足率、訂貨平均成本、缺貨率以及缺貨成本等指標進行考核。對於門店，要對銷售、利潤、消費者需求情況的把握（對所在門店區域消費者總的需求變化能及時掌握，並及時向上游反饋）、購物環境（包括賣場環境、收銀速度、方便消費者、商品陳列等）、要貨準確率、逆向物流成本等指標進行考核。

在對供應鏈業務流程進行一系列 KPI 指標考核的基礎上，建立科學、完善、合理的激勵機制。具體而言，就是要在對各部門各環節獨立考核的基礎上，形成對完整供應鏈業務流程的綜合考核機制（即部門考核占 80% 的權重，公司整體績效考核占 20% 的權重）。例如，庫存週轉率、銷售利潤率、消費者需求滿足率等一些需要供應鏈各環節協同運作才能取得成效的指標，在相關部門的績效考核中要占到 20% 的權重。因為如果這些指標只是針對供應鏈中某個環節進行單獨考核，而不與整體供應鏈績效掛勾，必然會出現「局部最優」，但「整體不優」的局面。無法想像，如果採購部門採購不到適銷對路的優質商品，銷售部門又如何能提高銷量？反之，若採購部門採購到適銷對路的優質商品，但配送中心不配合、門店銷售人員不積極，商品又怎麼能夠銷得出去？企業的銷售指標又怎麼能完成？另一方面，若僅僅根據採購成本的節約額度來評價採購人員的績效，又怎能確保所購商品的質量？

因此，在供應鏈系統中，如果門店的銷售任務及利潤完不成，其他相關部門也必須承擔相應的責任；配送中心的庫存週轉率或庫存週轉期達不到要求，對其他有關部門也必須追究責任。同理，在對某部門進行獎勵時，對供應鏈中相關部門也必須根據其所發揮的作用給予相應的獎勵，以促使供應鏈上各環節各部門的員工都能從公司供應鏈績效最大化的角度去思考問題，最終實現利潤最大化的企業經營目標。

根據案例提供的信息，請回答以下問題：
1. 如何正確處理供應鏈績效與部門績效之間的關係？
2. 如何將供應鏈績效評價與部門績效評價有機結合？
3. 怎樣根據企業的實際情況設置供應鏈績效評價指標？
4. 根據 AS 連鎖超市集團公司的實際情況，你認為應該設置哪些供應鏈績效評價指標？

案例 2：美孚 5 年標杆管理

「速度—微笑—安撫」的金三角標杆管理，讓美孚加油站的平均年收入得到 10% 的回報。

2000 年，埃克森美孚公司全年銷售額為 2,320 億美元，位居全球 500 強第一位。人均產值為 193 萬美元，約為中國石化的 50 倍。而讓美孚公司取得如此驚人業績的關鍵，正是其實施的標杆管理。1992 年，美孚石油還只是一個每年有 670 億美元收入的公司，但年初的一個調查讓公司決定對公司的

服務進行變革。當時美孚公司詢問了服務站的4,000位顧客什麼對他們是重要的，結果得到了一個令人震驚的數據：僅有20%的被調查者認為價格是最重要的。其餘的80%的被調查者想要三件同樣的東西：能提供幫助的友好員工、快捷的服務和對他們的消費忠誠予以認可。

根據這一發現，美孚開始考慮如何改造遍布全美的8,000個加油站，討論的結果是實施標杆管理。公司由不同部門人員組建了3個團隊，分別以速度（經營）、微笑（客戶服務）、安撫（顧客忠誠度）命名，以通過對最佳實踐進行研究作為公司的標杆，努力使客戶體會到加油也是愉快的體驗。

速度小組找到了Penske，它在Indy500比賽中以快捷方便的加油站服務而聞名。速度小組仔細觀察了Penske如何為通過快速通道的賽車加油：這個團隊身著統一的制服，分工細緻，配合默契。速度小組還瞭解到，Penske的成功部分歸於電子頭套耳機的使用，它使每個小組成員能及時與同事聯繫。

微笑小組考察了麗嘉—卡爾頓賓館的各個服務環節，以找出該飯店是如何獲得不尋常的顧客滿意度的。結果發現卡爾頓的員工都深深地銘記：自己的使命就是照顧客人，使客人舒適。微笑小組認為，美孚同樣可以通過各種培訓，建立員工導向的價值觀，來實現自己的目標。

安撫小組到「家居倉儲」去查明該店為何有如此多的回頭客。在這裡他們瞭解到：公司中最重要的人是直接與客戶打交道的人。這意味著企業要把時間和精力投入到如何招聘和訓練員工上。安撫小組的調查改變了公司的觀念，使領導者認為自己的角色就是支持一線員工，讓他們把出色的服務和微笑傳遞給客戶，傳遞到公司以外。

締造「友好服務」

美孚提煉了他們的研究結果，並形成了新的加油站概念——「友好服務」。美孚在佛羅里達的80個服務站開展了這一試驗。「友好服務」與其傳統的服務模式大不相同。希望得到全方位服務的顧客，一到加油站，迎接他的是服務員真誠的微笑與問候。所有服務員都穿著整潔的制服，打著領帶，配有電子頭套耳機，以便能及時地將顧客的需求傳遞到便利店的出納那裡。希望得到快速服務的顧客可以開進站外的特設通道中，只需要幾分鐘，就可以完成洗車和收費的全部流程。

美孚公司由總部人員和一線人員組成的實施團隊，花了9個月的時間構建和測試維持友好服務的系統。「友好服務」的初期回報是令人振奮的，加油站的平均年收入增長了10%。1997年，「友好服務」擴展到公司所有的8,000個服務站。

根據案例提供的信息，請回答以下問題：
1. 美孚公司的標杆管理屬於戰略性標杆管理還是營運標杆管理？
2. 美孚公司的標杆管理屬於內部標杆管理還是外部標杆管理？
3. 美孚公司是如何進行標杆管理的？

國家圖書館出版品預行編目(CIP)資料

供應鏈管理實務 / 胡建波 編著. -- 第二版.
-- 臺北市 : 崧博出版 : 崧燁文化發行, 2018.09
　面 ；　公分

ISBN 978-957-735-489-1(平裝)

1.供應鏈管理

494.5　　　　　107015323

書　名：供應鏈管理實務
作　者：胡建波 編著
發行人：黃振庭
出版者：崧博出版事業有限公司
發行者：崧燁文化事業有限公司
E-mail：sonbookservice@gmail.com
粉絲頁　　　　　網　址
地　址：台北市中正區重慶南路一段六十一號八樓 815 室
8F.-815, No.61, Sec. 1, Chongqing S. Rd., Zhongzheng Dist., Taipei City 100, Taiwan (R.O.C.)
電　話：(02)2370-3310　傳　真：(02) 2370-3210
總經銷：紅螞蟻圖書有限公司
地　址：台北市內湖區舊宗路二段 121 巷 19 號
電　話：02-2795-3656　　傳真：02-2795-4100　網址：
印　刷：京峯彩色印刷有限公司（京峰數位）

　　本書版權為西南財經大學出版社所有授權崧博出版事業有限公司獨家發行電子書及繁體書繁體版。若有其他相關權利及授權需求請與本公司聯繫。

定價：550 元
發行日期：2018 年 9 月第二版
◎ 本書以POD印製發行